编委会

主　编：田建文　何昕孺

编　者：（排名不分先后）

戴国礼　何　军　梁晓婕　何　嘉　秦　垦　朱丽珍

马惠玲　石志刚　李晓莺　张　波　段淋渊　黄　婷

焦恩宁　周　旋　王玉静　杨　柳　尹　跃　王　燕

曹有龙　张曦燕　安　巍

枸杞篱架栽培

田建文　何昕孺　主编

黄河出版传媒集团
阳光出版社

图书在版编目（CIP）数据

枸杞篱架栽培 / 田建文, 何昕孺主编. -- 银川 : 阳光出版社, 2022.9
ISBN 978-7-5525-6497-6

Ⅰ. ①枸… Ⅱ. ①田… ②何… Ⅲ. ①枸杞－栽培技术 Ⅳ. ①S567.1

中国版本图书馆CIP数据核字(2022)第168553号

枸杞篱架栽培　　田建文　何昕孺　主编

责任编辑　马　晖
封面设计　赵　倩
责任印制　岳建宁

黄河出版传媒集团
阳光出版社　出版发行

出 版 人　薛文斌
地　　址　宁夏银川市北京东路139号出版大厦（750001）
网　　址　http://www.ygchbs.com
网上书店　http://shop129132959.taobao.com
电子信箱　yangguangchubanshe@163.com
邮购电话　0951-5047283
经　　销　全国新华书店
印刷装订　宁夏银报智能印刷科技有限公司
印刷委托书号　（宁）0024453

开　本　787 mm × 1092 mm　1/16
印　张　24.75
字　数　380千字
版　次　2022年9月第1版
印　次　2022年11月第1次印刷
书　号　ISBN 978-7-5525-6497-6
定　价　58.00元

主栽品种

宁杞1号

宁杞2号

宁杞5号

宁杞7号

新优品种系

宁农杞9号

科杞6081

科杞6082

宁农杞9号整株

整形修剪

干字形树形

枸杞篱架栽培干字形树形效果图

干字形结果图

病虫害

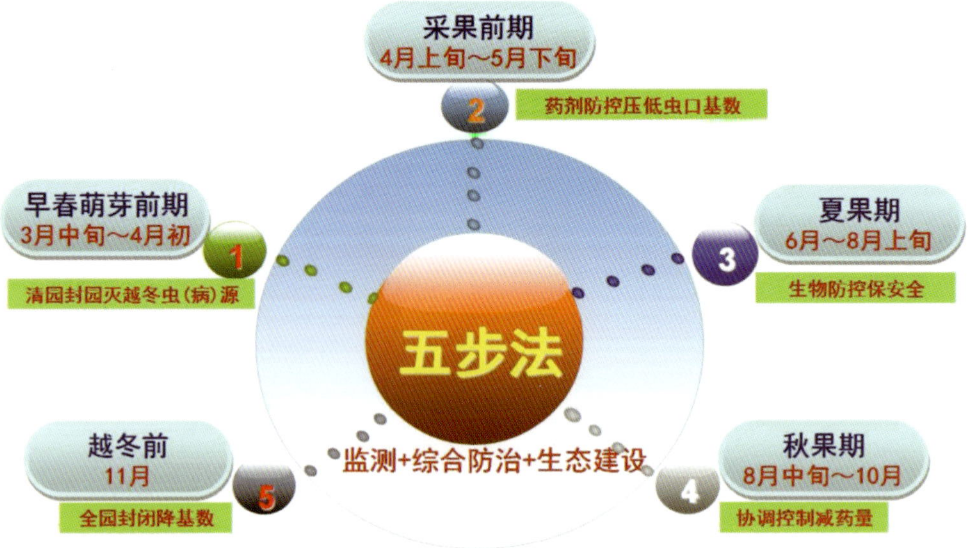

枸杞病虫害“五步法”绿色防控技术

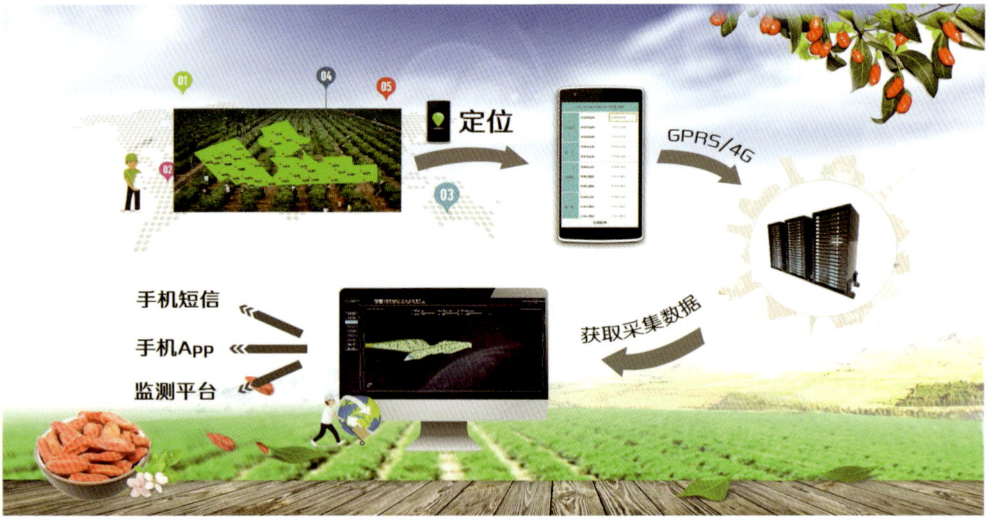

枸杞病虫害监测预报技术

篱架栽培示范基地

枸杞矮篱架栽培示范基地 – 百瑞源贺兰山基地

枸杞矮篱架栽培示范基地 – 中杞天景山基地

枸杞高篱架栽培示范基地－玺赟小盐池滩基地

枸杞简化高篱架栽培示范基地－百瑞源花豹湾基地

杞园生草示范基地

玺赞庄园小盐池清耕园

压砂地枸杞篱架生草基地

银川芦花台园林场生草基地

中杞天景山杞园生草基地

前　言

枸杞是中国历史悠久、药食同源、驰名中外的经济作物，随着现代科学对枸杞营养保健功效的不断研究和发掘，其在医药、食品、保健、养生、美容等领域的应用已受到世界范围内广泛关注。国内已形成宁夏、甘肃、青海、新疆、内蒙古5大产区，并成为当地优势特色产业，在促进西北部地区经济高质量发展、生态环境改善等方面发挥着重要的作用。

近年来，在国内科研人员的不懈努力下已培育出一批性状优良、果实品质多样化的枸杞新品种，各产区也探索形成了适宜于各自生态环境条件的栽培管理技术体系。但随着枸杞产业向规模化、标准化和机械化的发展，在良种良法配套、农机农艺融合化方面的研究还很薄弱。如何提高质量、增加效益，促进枸杞由传统生产模式向现代生产模式的转变，是枸杞产业持续发展面临的新任务和新课题。

针对枸杞生产的现状，结合近几年的研究与实践，我们编写了《枸杞篱架栽培》，内容包括建园选址、品种选择、整形修剪、生草栽培、土肥水管理、病虫害绿色防控、采收与制干、机械装备的发展、品质与效益分析等。应用国内外先进技术，结合自己的研究成果，将新品种、新技术、新方法进行组装整理，着重对近年来的科研成果和经验进行归纳总结，提出未来技术的发展趋势，力求体现现代枸杞生产的科学性、系统性和实用性，以期对枸杞产业发展有指导意义和参考价值。

《枸杞篱架栽培》是参编者共同努力的结果，凝结着大家的智慧和心血。我们期望本书的出版能够给枸杞生产管理者、经营者、科技人员等提供有益的参考，助推枸杞产业健康可持续发展。

由于我们现有的研究深度和资料收集范围有限，文中的不足和疏误之处在所难免，敬请读者批评指正。

编著者

2022年7月

目 录

第一章 建园选址 / 001
第一节 园地选择 / 001
第二节 行向、行距与树篱高度 / 013
第三节 园地规划 / 024

第二章 品种选择 / 033
第一节 品种的选择 / 033
第二节 生产中的主栽品种 / 037
第三节 新优品系 / 048

第三章 整形与修剪 / 052
第一节 篱架的架式与树形 / 052
第二节 修剪依据与方法 / 055
第三节 篱架栽培树形及整形技术 / 072

第四章 枸杞园生草栽培 / 084
第一节 生草栽培的研究进展 / 084
第二节 枸杞园生草栽培的方式及作用 / 094
第三节 生草栽培对枸杞园的影响 / 097
第四节 枸杞园生草栽培模式的研究 / 110

第五章　土肥水管理 / 127
　　第一节　枸杞园土壤管理 / 127
　　第二节　枸杞园施肥管理 / 131
　　第三节　枸杞园水分管理 / 157

第六章　枸杞病虫害绿色防控技术 / 168
　　第一节　枸杞主要害虫 / 168
　　第二节　枸杞主要病害 / 174
　　第三节　枸杞病虫害监测预报技术 / 176
　　第四节　枸杞病虫害绿色防控技术 / 184

第七章　枸杞采收与制干 / 189
　　第一节　枸杞果实的适时采摘 / 189
　　第二节　枸杞鲜果无损采摘专用机械与装备 / 193
　　第三节　枸杞鲜果贮藏 / 206
　　第四节　枸杞鲜果制干 / 212

第八章　篱架栽培机械装备的发展及应用 / 214
　　第一节　枸杞机械化栽培管理模式的发展 / 214
　　第二节　枸杞篱架栽培适用机械与装备 / 216

第九章　品质与效益分析 / 225
　　第一节　枸杞的有效成分和功效作用 / 225
　　第二节　不同产地枸杞果实品质分析 / 240
　　第三节　不同篱架树形对枸杞果实品质的影响 / 245
　　第四节　效益分析 / 278

第十章　枸杞篱壁栽培技术规范 / 287

附　录 / 304

附录1　环境空气质量标准 / 304

附录2　农田灌溉水质标准 / 311

附录3　土壤环境质量农用地土壤污染风险管控标准 / 321

附录4　农业灌溉设备滴头和滴灌管技术规范和试验方法 / 327

附录5　枸杞 / 343

附录6　枸杞苗木质量 / 348

附录7　枸杞病害防治技术规程 / 352

附录8　枸杞虫害防控技术规程 / 358

附录9　枸杞水肥旬管理表 / 365

附录10　枸杞主要害虫田间发生情况调查表 / 366

附录11　防治枸杞病虫害推荐使用农药名录（宁夏产区）/ 370

附录12　枸杞病虫害安全防治历 / 371

参考文献 / 373

第一章　建园选址

枸杞是多年生经济作物，与一年生作物不同，一旦栽种建园，就在同一地点生长、结果多年。建园要考虑栽种地区气候、土壤、给排水、品种、株行距、配套林网等因素，一旦栽种后发现某一因素不适宜，其不良影响将会逐年增加，给枸杞生产管理带来极其不利的后果，有时甚至会造成整体经营行为无法持久或经济效益远低于同行业平均水平。近年来，随着鲜食、锁鲜、原浆等新的消费形式出现，各具特色的新优品种（系）不断涌现，枸杞产业的发展前景更加广阔。枸杞产区水肥一体化技术已得到广泛应用，篱壁建园技术与配套农用机械研究日趋成熟，农业自动化导航机械日益普及。基于预期销售目标的“品种专业化”、基于品种与气候适应性的“良种区域化”、基于水肥一体的“栽培集约化”、基于机械化管理的“种植规模化”、基于电子导航的“高程度机械化”，成为枸杞建园过程中需要考量的新要素。

第一节　园地选择

一、气象条件

气象条件是园地选择的最主要因素。无论采用哪种建园方式、选择怎样的品种都必须要考虑枸杞的生态适应性，做到适地适树。

枸杞在自然状态下为灌木，自然分布区域在我国的“胡焕庸线”以西。2021年，利用中国数字标本馆数据库检索到585条标本收录结果，各省（区）采集到宁夏枸杞的标本数量如图1-1。20世纪60年代，为满足医疗卫生福利需求和人们日常保健对枸杞的需要，各省（区）引种积极性极高，宁夏大部分县市

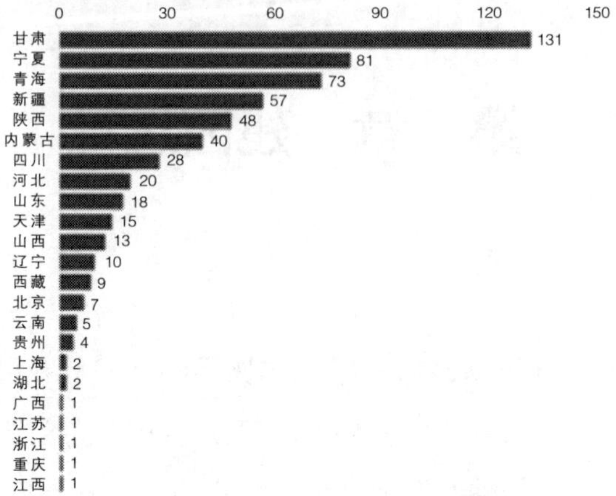

图1-1　基于 CVH 数据的宁夏枸杞自然分布

资料来源：中国数字标本馆。

均有栽培，全国共有20余地区对宁夏枸杞进行了引种。但目前种植面积超过5万亩的只有宁夏、青海、甘肃、新疆、内蒙古西部5省（区）。在枸杞引种栽培中，有的地区获得了成功，经济收益大，有的没有成功。究其原因主要是宁夏枸杞在当地气候条件下“不适生”，没有生长量，或虽有生长结实，但由于盛果期降水量大、果实开裂或霉变导致有产无收。因此，种植宁夏枸杞应充分考虑其“耐寒不耐热、喜水不耐涝、不喜高湿”的生物学特性。在考虑大气环境影响之后还需考虑小地形可能造成的隐患，例如，洼地的早春冷空气沉积可能发生的冻害，背阴坡可能造成的日照时数减少以及历史上雹灾发生的概率。

二、土壤条件

20世纪50年代，在国家明确提出坚持林果上山，不与粮棉争地的发展方针下，国家对基本农田的管控越来越严，耕地非粮食使用会被限制，原则上已栽植枸杞的基本农田，更新可以，新植将不被许可。枸杞对土壤、地势的适应能力很强，适宜上山下滩种植。

土壤是枸杞生长结果的基础，是水分和养分供给的源泉。土壤深厚、土质疏松、通气良好，则土壤中微生物活跃，就能提高土壤肥力，从而有利于根系生长，对提高果实产量和品质有重要意义。因此，选择土壤质地好的地块或对土壤贫瘠的地块进行改良就成为确保后续产量的关键。

1. 土层厚度

根系从土壤中吸收水分和养分。一般来讲，土层深厚、土质肥沃、土壤理化性状良好，则根系强大，根系在土层内分布既深又广，从而地上部生长也就健壮；反之，土层浅薄、土壤结构坚硬、土质瘠薄，则根系分布浅，根系生长不良，也会影响地上部的生长发育。枸杞对土层厚度及土壤肥力的要求不严格，在贫瘠的土壤条件下也能正常生长，但在深厚、肥沃的土壤条件下生长更好，树势强健，连续结果能力强。

（1）土层深厚的优点

①确保水分和养分的充分供给。土层深厚，土壤中含有的水分和养分才能满足根系需要，形成强大根系；根系扎得越深，越有利于吸收深层养分；肥料吸收利用率越高，树体越健壮。

②防止根系旱害和低温、高温的危害。土层深厚，根系深，可利用土壤深层水分。深层土壤中水分、温度的变幅较小，可增强枸杞抗旱能力，减轻或避免低温或高温对根系的危害。在夏季，特别是沙质土壤的果园，土壤地表温度有时可高达50～60 ℃，致使浅层根系死亡，影响枸杞生长发育。如宁夏同心的润德枸杞园，根深约60 cm，常常遭受旱害，产量不稳；而宁夏同心的菊花台枸杞园，根深达120 cm，产量高且连年稳产。可见，土层深厚是树体健壮、高产的前提和基础。

③增强抗生理病害的能力。土层深厚，树体健壮，也可增强抗生理病害能力。热胁迫是夏季高温造成的，根系浅，树势弱，是生理病害发病的诱因。此外，根系分布浅，土壤水分变幅大，常影响矿质元素的可给态，从而导致枸杞树生理病害的发生。

④防止喷施药剂时土壤表层积累危害。枸杞生产中防治病虫害、草害而喷施的铜制剂、硫制剂等物质，大都积累在土壤表层。如果根系分布深，则可以避免药害。

（2）土壤有效深度的影响因素

①地下水位。根系为了获得生活能力，须进行呼吸作用。如果长期浸于水中而缺乏呼吸作用所必需的氧气，根系就会窒息。建园时，地下水位在60 cm以上的枸杞园，必须布设排水设备；地下水位在50~120 cm范围内，随着地下水位的降低，枸杞产量增加。

②黏土层。土壤下层若存有坚硬的黏土层（即不透水层），则通气不良，根系生长会受到阻碍，树势也会衰弱。枸杞园表土层下如存有通气和透水不良的黏土层同样不利于树体生长，甚至会因生长发育不良而逐渐枯死。

③砂砾层。砂砾层保水力差，根系因水分不足，不利于树体生长和结果。通常改善土壤的通气性和保水性，必须进行深耕。在底层铺保水性强的土壤或其他物质，并施入有机肥料，提高土壤的保水力。

④其他。钙积层是土壤中富含次生碳酸盐的矿质土层，常发生在干旱和半干旱土壤剖面的中下部，主要因碳酸盐从表土层向下淋溶淀积而成。碳酸钙含量高的钙积层常胶结，影响水盐运行，水、气通透性极差，在不合理灌溉条件下易导致次生盐渍化或次生沼泽化。

由此可以看出，根系分布深度受地下水位和下层土性的限制。但限制根系生长的根本原因是氧气（土壤通气性）、水分（土壤湿度）及养分（土壤中可吸态养分）。

2. 土壤理化性状

枸杞生产力高的丰产园和低产的不良园，其土壤的理化性状不相同。丰产枸杞园下层土壤结构良好，即下层土壤富含粗孔隙，通气性和保水性好，土壤结构良好，在地表下60~90 cm的土层内，“固相”“气相”“液相”三者的比例适当；化学性状良好，富含钙、镁。因此，根系分布深，树体健壮。

土壤三相即“固相”（土壤质粒所占容积）、“液相”（土壤水分所占容积）和“气相”（土壤空气所占容积），其组成比例对枸杞生产很重要。由于枸杞常年生长在同一地点，根系扩展范围内，细根数量多少与土壤结构等有密切关系，土壤的固相率、空气率、坚实度、透水性等因素影响着树体生长发育以及产量的提高。宁夏枸杞的适生区在干旱或半干旱区，这些地带普遍存在钙积层，如要实现60～90 cm处的土壤均能满足枸杞对良好“三相”的需求，应在定植时开80 cm深的沟，在沟底深耕施入有机肥或施用绿肥，改善土壤结构和理化性状，促进土壤团粒结构的形成，减轻土壤容重，提高土壤孔隙率，增强通气和透水保水能力，确保枸杞能丰产稳产。

3. 土壤温度

根系生长与土温有密切关系。一般土温越低，根系的吸水能力越弱。Kramer 用土壤温湿计测定土壤温度与吸水的关系，结果表明，土温越低，土壤吸水量越少。而低温引起吸水作用衰退的直接原因是土壤水溶液的黏稠度增加，蒸汽压减少，水分移动性降低，根细胞原生质的黏稠度增加，其细胞的生理性渗透作用减少。土壤温度除直接影响吸水外，还影响根系的生长。

枸杞在春季地温8～14 ℃时根系生长迅速，20～25 ℃时根系生长稳定。随着气温持续升高，根系生长逐渐停止。当地温下降到21～24 ℃时根系再次开始生长，地温下降到10 ℃以下停止生长。不同品种发育起始温度和停止温度略有差异，具体表现为物候期的提前和延后。枸杞休眠期根系对温度不敏感，尤其是低温，但进入春梢生长期，若地温骤降至0℃以下，可能会造成枸杞的冻害，严重时会造成死亡。在土壤出现最高温度或最低温度时，采取提前灌水、降低或提高地温的措施，可有效避免低温对枸杞的不良影响。

4. 土壤酸碱度

西北地区枸杞种植区土壤大多由石灰岩分化而来，土壤一般为碱性。大量的研究结果表明，pH 和石灰饱和系数较高的枸杞园生产力高。土壤酸化会导致树体生长不良，可能是由于土壤酸化后对植物有害的铝、锰的浓度过高所致，也可能因为土壤酸化影响土壤原有微生物种类数量平衡，导致有害微生物成为优势菌群，如镰刀菌属的微生物。酸性土壤中易发生磷、钙、铁等缺乏症，可以通过施用石灰调整土壤 pH 或施用堆厩肥或鸡粪对土壤进行改良。

宁夏枸杞的适生区年降水量在400 mm 以下，土壤呈碱性，pH 一般在7以上，盐含量也较高。盐碱土中的有害成分，主要是钠盐类，如碳酸钠、碳酸氢钠、氯化钠、硫酸钠等。盐碱土中还含有钙、镁等，且含量较多，但对枸杞的危害程度很低。

盐碱土对枸杞的危害，决定于盐类浓度，主要由于土壤溶液的浓度大于植物的细胞液浓度，迫使细胞液从内向外渗透，从而引起原生质分离（质壁分离）。另外，各种盐类对根系还有腐蚀作用，使植物萎蔫枯死。

5. 土壤的养分吸收能力

土壤具有吸收和保持肥料养分的能力，并随时供给植物吸收利用，可谓养分的贮藏库。因此，土壤吸肥和保肥能力与枸杞丰产栽培有密切关系。

（1）盐基置换容量与盐基饱和度　土壤胶体表面的盐基易被其他盐基所置换，如将氯化钾施于土壤，则钾与土壤表面的盐基（主要为钙）相置换，钾为土壤胶体所吸附，土壤溶液中即溶解相当量的钙。土壤所能吸收的盐基最大量叫盐基置换容量（又称土壤的阳离子代换量或吸收容量）。盐基置换容量越大的土壤，保肥力越强，对植物生长发育越有利。盐基置换容量大小与土壤胶体含量和胶体种类有关。土粒越细，胶体含量越多，盐基置换容量越大，如一般沙土的盐基置换容量为1～5 mg/100 g，黏土则高达25～30 mg/100 g。有机胶体的盐基置换容量比无机胶体大5～50倍，腐殖质的盐基置换容量为150～700 mg/100 g。因此，要想提高沙质土壤的盐基置换容量和保肥力，增施有机肥料是最有效的措施。

自然状态的土壤，土壤胶体的表面不是完全为盐基所饱和，一部分为氢离子置换成不饱和状态。盐基离子占交换性阳离子的百分含量，称为盐基饱和度。盐基饱和度与果园生产力有关，果园生产力越高的土壤，其置换性钙含量或钙的饱和度越高。

（2）磷的吸收　土壤胶体一般带负电，吸收带正电的盐基（阳离子），带负电的 SO_4^{2-}、NO_3^-、Cl^- 等几乎不被吸收，但磷酸离子例外，反而吸收良好。土壤对磷的吸收机制很复杂，一般与土壤中的氧化钙、铁、氧化铝等结合成不溶性化合物而被吸收的情况较多。因此，如何控制其吸收固定，提高利用率，是生产中的重要问题。

（3）土壤养分吸收力与植物生长发育的关系　植物所需要的养分由土壤供给，所以，吸肥保肥力强的土壤对植物生长发育有利。吸肥保肥力差的土壤，如沙土地施肥后肥料易于流失，对植物养分供给易中断，须随时供给。在保肥力差的土壤中，一次性施大量肥料，不仅流失浪费，且易使土壤水溶液浓度增高，引起生理干燥，使植物生长发育发生障害；而吸肥保肥力极强的土壤，如黏土，施用少量肥料则被土壤吸收，根系不能充分利用，对枸杞生长发育也有不利。

6. 土壤团粒结构与有机质

土壤具团粒结构，其中非毛管孔隙和毛管孔隙适度，则土壤通气性、透水性良好，保水性强，有益微生物活动旺盛，促进有机物的氧化分解，增加土壤中可给态养分。有机物的分解，主要在团粒表面进行，可缓慢分解不断释放养分供树体吸收利用。同时，即使大量降水，有机质也易于渗入土中，减少地面径流和土壤侵蚀。

（1）施用有机物　有机物在微生物的作用下，转变成有机质，对土壤肥力起主要作用。有机质是以腐殖质为主的特殊有机物质，其中包括胡敏酸等复杂的高分子化合物。当胡敏酸受低温或干燥的影响，即转变成不溶解的物质，并与土粒结合在一起，或胶膜包被着土粒，使分散的土粒互相胶结起来，形成大小不同的团粒结构。因此，欲维持并形成团粒结构，必须经常施入易于分解的有机物，尤以施入新鲜的有机物对团粒结构形成更为有效。

腐殖质除对团粒结构维持和形成有重要作用外，还有其他作用。

①容水量增大。腐殖质是有机胶体，能吸收、保持大量的水分和养分，其吸水量可高达自身重的5～6倍，比黏土高10倍。因此，土壤中腐殖质丰富，则容水量增大，有效水增加。

②盐基置换容量增大。腐殖质可吸收、保持大量可溶性物质，尤以对盐基的吸收、保持力强。盐基置换容量平均为80～400 mg/100 g，比矿质土粒高5～6倍。故可提高土壤的保肥、保水能力。腐殖质能使土壤缓冲性显著增大，防止土壤反应的急变。若在土壤中发生铜和其他重金属危害时，可以减轻其有害作用。

③养分的供给。腐殖质是植物所需氮、磷和其他矿质元素的供给源。土壤中的氮素，主要存在于有机物中，植物吸收的氮素，主要靠有机质分解而获得。有机物中还含有钾、钙、硫、铁及微量元素，当有机物分解时，这些物质则变为可给态，供树体吸收。

④促进微生物活动。有机质是微生物不可缺少的能源。土壤有机质丰富，

则有利于微生物繁殖，促进有机物的分解转化，使化学变化顺利进行。

腐殖质对提高土壤生产力十分重要。一般土壤腐殖质越多，则果园生产力越高。因此，土壤中腐殖质的多少，是判断土壤生产力的主要指标。

（2）腐殖质的消耗　有机质是对土壤肥力起决定性作用的主要物质，在微生物作用下分解，产生无机物质和有机物质作为植物生长的能源，因而逐渐减少。为了维持地力，必须每年补充其所消耗的腐殖质的量。土壤腐殖质的消耗量，依气候、土质、栽培制度等有很大差异。例如高温干燥、沙质土壤、果园采用清耕法等，则腐殖质消耗量大。

在土壤中，耕土层厚30 cm的地力维持，1.5亩地每年最低限度的堆肥用量为2 400 kg。如用分解迅速的豆科绿肥补充，其腐殖质残留量约为6%，1.5亩须用豆科绿肥4 000 kg。如果从远地运到果园，产生费用很大。因此，果园生草栽培技术逐渐应用普及，这是生产有机物、维持地力较好的果园土壤管理方法。

（3）施用石灰（氯化钙）　在酸性土壤中施入石灰，可促进微生物活动，加速有机物分解，间接促进团粒结构形成。有人认为，石灰不但有间接效果，且腐殖质与石灰结合才会对团粒结构形成发生作用。

（4）耕耘　耕耘可使土壤通气、渗水良好，有机物和无机物充分混合，因而土壤微生物活动加强，促进有机质分解和团粒结构形成。但耕耘不当破坏团粒结构的情况也有，应加以注意。

7. 连作对土壤产生的影响

受枸杞自身生长特点及传统种植模式影响，枸杞连作障碍现象严重影响了枸杞园土地生产力和经济效益，已成为限制枸杞产业可持续发展的主要因素之一。枸杞生产以矮化密植栽培模式为主，品种更新较快，品种经济寿命相对较短，如宁杞7号取代宁杞1号大约15年时间，随着新优品种的不断涌现，这一过程会逐渐缩短。在品种更新时，就不可避免地会在原地进行更新种植。多年的田间调查和试验研究发现，种植超过10年的枸杞园开始出现枸杞子产量和品质降低、病虫害加重等现象。而园地再植枸杞也表现出抑制枸杞生长，证实了枸杞连作障碍现象的存在。

（1）连作障碍的成因　园地进行更新再植时出现的“连作障碍”也被称为“忌

地现象”，即在同一园地上连续栽植同一树种，往往表现出树体生长不正常，有生长慢、结果晚的现象，严重时树体早衰死亡。据资料报道，许多种果树都有忌地问题，但再植后表现程度不同。果树连续再植造成不同程度的生育不良，主要是土壤环境受到污染致使根系生长发育得不到所需要的营养，加之受土壤中的有毒物质损伤，树体衰弱抗性降低，不能正常结果。

科研人员对枸杞的连作障碍机制有较多的研究。肖龙敏等研究分析了5年生、10年生、15年生和24年生的宁夏枸杞根际 AM 真菌的分布情况和土壤理化性质，并利用 PCR-DGGA 技术分析了不同种植年限宁夏枸杞根际土壤的微生物多样性。结果表明，不同种植年限宁夏枸杞根际土壤 pH、速效磷、速效钾、硝态氮存在显著差异，速效磷、速效钾、硝态氮含量在种植10年时达到最大，这可能与长期施肥及植物对氮、磷、钾的利用率有关；测序结果表明，随着种植年限的增长，宁夏枸杞根际土壤的微生物多样性呈一定程度的下降趋势，宁夏枸杞根际 AM 真菌的香农指数在种植 5 年时最高，条带数最多，为11条，在种植10年时显著降低（与种植5年的枸杞相比）；在种植24年时达到最低。根际细菌的香农指数在种植5年时最高，条带数最多，为31条，说明 5 年生宁夏枸杞根际中细菌种类最多，在种植15年时显著降低（与种植10年相比）。通过相关性分析发现，孢子密度差异显著，孢子密度与铵态氮显著正相关，菌根侵染率与铵态氮呈负相关。AM 真菌物种丰度与速效钾、硝态氮显著正相关，与土壤 pH 显著负相关，均匀度指数与 pH 正相关，与速效磷、铵态氮显著负相关。由此可见，树龄和土壤因子在一定程度上影响根际微生物群落结构。纳小凡、郑国琦等的研究结果同样表明，连作地显著抑制再植枸杞苗地径的增加。与对照样地相比，连作地再植枸杞根际土壤细菌物种数显著降低，细菌群落 α 多样性下降；连作和对照样地间枸杞非根际细菌群落结构无明显差异，连作显著改变再植枸杞根际细菌的群落结构。对细菌群落丰度的统计分析发现，连作地枸杞根际浮霉菌门、非根际假单胞菌门的相对丰度较对照样地显著降低。此外，冗余分析结果表明，枸杞园土壤 pH 和有效磷含量是影响枸杞非根际土壤细菌群落结构变化的主要因素，分别解释了41.8% 和35.4% 的群落结构变化。这些结果证实连作能够显著抑制再植枸杞生长、影响再植枸杞根际细菌群落结构和多样性，干扰枸杞与土壤细菌群落间的互作关系。连作显著促进再植枸杞根际及非根际土壤中细菌和真菌的丰度，但连作对真菌的促进作用明显高于细菌，导致细菌/真菌比例失衡，使再植枸杞根际及非根际土壤微生物环境偏向于真菌型。基于距离的冗余分析结果表明，土壤pH、电导率、硝态氮和有效磷含量是影响枸杞根际土壤真菌群落变化的主要因素，而土壤硝态氮和有效磷含量则是解释非根际土壤真菌群落变化的主要因素。这些结果说明长期施用化肥可能是改变连作地再植枸杞根际土壤真菌群落结构及枸杞－真菌互作关系的主要因素之一。张俊华、郑国琦对土壤线虫的研究结果表明，随着树龄的增加，夏季根际土壤线虫总数逐渐减少，春季和秋季枸杞根际线虫总数先增加后减少，其中9年生树的根际土壤线虫总数最多。各树龄根际均以食细菌线虫所占比例最大，食真菌线虫和捕食－杂食类线虫比例很小，树龄＜3年和＞9年时植物寄生线虫比例相对较大。夏季枸杞根际20～40 cm 比0～20 cm 土壤线虫数量增加49.4%。随着树龄的增加，枸杞根际土壤线虫多样性指数、均匀度指数和丰富度指数均呈减小—增大—减小的趋势，而优势度指数先减小后增大。整体上，随着树龄的增加，春季和秋季土壤线虫数量先增加后减少，夏季土壤线虫数量呈逐渐减少的趋势，线虫多样性下降，土壤逐渐退化。此外，在幼林和树龄＞9年后需要抑制土壤植物寄生线虫的繁殖，以减少后期因线虫引起的病害。

（2）克服连作障碍的方法　连作造成园地污染的原因是多方面的。基于养分需求，由于长期吸收同一种类的大量或微量元素，致使土壤缺乏营养，则应科学地补充某几种矿质元素和微量元素，可以土壤施用也可根外追肥。如果需要在原地栽植则应在原树行间重新植穴，避免旧坑栽新树。同时最好更换土壤，可将通气良好的秸秆铺放在坑内，改善土壤通透性。

项目组近年来借鉴了葡萄建园过程中的改土方案，按图1-2方式开宽60 cm、深80 cm 的定植沟，沟底垫20 cm 的草方或牛羊粪作水肥拦蓄层，根据原有土壤质地拌沙（土）40 cm，改良主要根系分布区的土壤团粒结构，使其达到土壤固相为40%～50%、液相为20%～40%、气相为15%～37% 的良好固液相比值。实践结果表明，应用该方法进行土壤改良，生荒地在4年内不施有机肥且树体生长仍然旺盛，较土壤未改良生产园增产30% 以上，实现早果丰产，如宁夏农垦前进

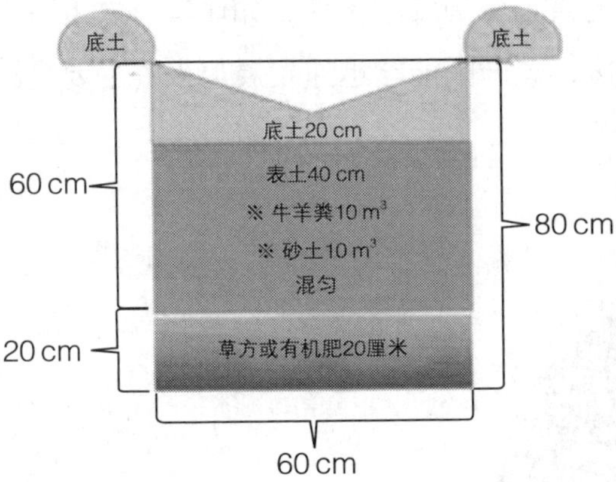

图1-2 改土方案

农场、百瑞源红寺堡种植基地使用该技术取得良好效果；在宁夏农林科学院现代农业综合试验基地枸杞种质资源圃中重茬忌地土壤改良后可提前一年进入盛果期，未出现严重的生长抑制现象。

三、灌溉条件

农业的命脉在于水。枸杞适宜种植区域普遍表现为降水少，在亩均灌水配额少于300 m³ 的地区，即便是在滴灌条件下，也难获得高产，种植枸杞必须具备充裕的灌溉条件。近年来国家对地下水资源的管控越来越严格，依靠地下水灌溉的区域，一定要落实好国家水资源采集的管理政策，做好用水配额的报批工作。扬黄灌区，要与当地政府协商需水配额，地表径流引水也要做好水资源论证，明确年可采集水配额指数。

四、社会人文条件

园址应选择具备充沛人力资源的地区。枸杞是劳动密集型产业，生产成本中用工成本占76% 以上（图1-3），其中整形修剪、果实采收时令性强，人员需求量大，占生产用工成本的79%（图1-4）。因此，要根据修剪与采收人员的来源和数量来确定适宜种植规模，且最好能够建在修剪技术工数量多的地区。如当地无充沛的人力资源，需考虑有充足的人力资源安置条件，如住宿、饮水等生活配套。如地广人稀的青海诺木洪产区，该产区能够迅速发展起来，主要是具备人员安置条件。

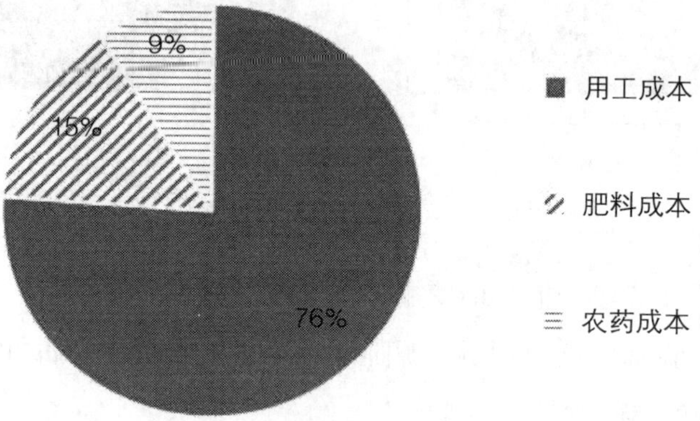

图1-3 枸杞生产成本占比

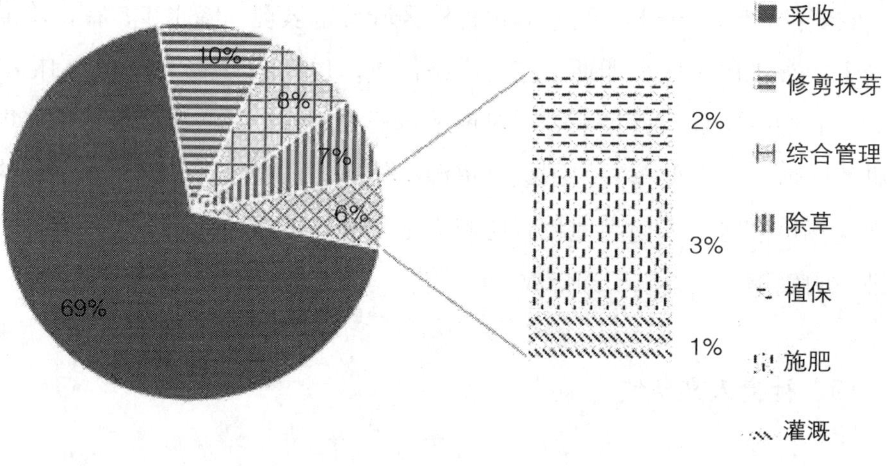

图1-4 采收与修剪在劳动力成本中的占比

第二节　行向、行距与树篱高度

一、光能利用与产量

枸杞和其他农作物一样，其体内的干物质90%～95%是植物利用太阳辐射的光能，通过光合作用把所吸收的CO_2和水合成为有机物。光合作用是绿色植物吸收利用太阳能的一个过程，也就是太阳能经过叶绿素制成有机物的过程。人们不断地利用各种途径或改进技术，以便最大限度地利用太阳能，提高光合作用效率。这不只是获得高产的基础，也是实现农业现代化的重要标志之一。

太阳辐射中约有一半是光能。但在实际生产中落在农田上的光能，一部分被反射掉，一部分投于非光合器官，一部分投于地面，还有一部分在光合过程中或被呼吸作用所消耗。有研究报道，在生产因素和环境因子都处在最适状态下，管理最好的亩产600 kg以上的小麦光能利用率仅为1.46%～1.89%。而枸杞产区以青海诺木洪的产量最高，干果产量700 kg/667 m^2，宁夏产区历史最高干果产量为400 kg/667 m^2，大多数生产基地干果产量仅200 kg/667 m^2，说明枸杞生产过程中对光能利用率较低。为此需从光能利用出发，了解枸杞对光能的利用、产量形成的基础及增产的途径等。

枸杞对光的需要程度（又称需光度）与品种原产地的地理位置和长期适应的自然条件有关。这种适应性尤以在幼年阶段表现更为明显，一般说来树木在充足的光照下都能正常生长发育，这是多年生树木的共性。

1. 光能与产量的形成

绿色植物是地球上进行光合作用，制造有机物的庞大“工厂”，也是完成物质循环的巨型能量转换站。它使太阳光能以化学能的方式贮藏起来，成为地球上所有生命所需能量的基本来源，所以说植物的光合作用是一个贮存太阳能的过程。

枸杞栽培主要以收获果实为经济产量，以有机物总量为物质基础，即根、茎、叶、花、果等的生物产量。经济产量的多少又决定于光合生产物质分配到经济产品器官中的数量，即经济产量在生物产量中的比值，称为经济系数，其相互关系如下式：

$$Yp=A\times P\times H \tag{1-1}$$

$$Mp=Yp-C \tag{1-2}$$

$$Bp=Mp\times K \tag{1-3}$$

$$K=Bp/Mp \tag{1-4}$$

式（1-1）中，Yp 为光合产量；A 为光合面积；P 为光合强度；H 为光合时间；

式（1-2）中，Mp 为生物产量；C 为消耗；

式（1-3）中，Bp 为经济产量；K 为经济系数。

从式（1-1）至（1-4）中可以看出：果园的经济产量取决于5个方面，即光合面积、光合强度（也有称光合能力）、光合时间、光合产物的消耗和分配利用（即经济系数），统称为光合系统的生产性能，即光合性能。为了获得高产就应从改善光合性能入手。

植物光合能力的高低与光照强度有着密切关系。一般用光响应曲线来反映叶片适应不同光照强度的能力。在光补偿点时，光合作用固定的CO_2与呼吸作用释放的CO_2相等，因而不能积累干物质，光补偿点的高低对于植物生长发育有着重要意义。研究结果表明，代表性品种宁杞1号的光补偿点约在111.96 $\mu mol\cdot m^{-2}\cdot s^{-1}$。当光照强度达到一定强度后，光合速率不再随着光照强度的增加而上升，即达到光饱和点。代表性品种宁杞1号的光饱和点约在1 800 $\mu mol\cdot m^{-2}\cdot s^{-1}$。叶片的光补偿点和光饱和点因品种、生长期、着生位置的不同而有较大的差异。这除与植物本身特性有关外，与外界生态因子也有关。因而可以改变生态条件，以降低其光补偿点，积累干物质。也可选择高光饱和点的品种或使用提高光饱和点的措施，从而为提高光能利用率找到途径，为高产打下良好的物质基础。

2. 提高光能利用率的途径

在长期生产实践中，人类选择了积累干物质较快的作物，采用密植、复种、间作等措施，以便充分利用光能求得高产。但怎样才能更多地向光要粮、向光要产量，是当前研究工作中应当探索的问题。

光合潜力是指在空气中CO_2含量正常，其他环境因子处于适宜状态时单位面积、单位时间内由光能所决定的生物生产潜力。国内广泛使用黄秉维提出的光合潜力估算方法来计算光合生产潜力，即用太阳总辐射乘以能量转换系数，把光合潜力数值根据各种作物的经济系数（如玉米约为0.6，水稻、小麦为0.35～0.50，甘薯在0.7以上）换算成粮食产量。这个产量的数值就表示该地区在充分利用了光能条件下的理想产量。这个方法简单，每个参数的选择都经过考虑和验证。总的来说，农业生产潜力很大，但农业技术水平很低，土壤肥力不足，高光合效率品种缺乏，环境灾害防止措施不足，还不能为各种作物生长发育以及产量形成创造出最适宜的环境条件，与理想产量还有很大距离。

光能利用率是指单位面积内植物光合作用累计的有机物所含的能量（一般指光合作用转化成化学能而贮于有机物中可用部分的能量），与同一面积内日光能量的比例（即与同面积内投入太阳辐射能总量的比率）。照射在叶面上的太阳能，并未全部被叶片吸收，其中一部分被反射、散射到空中，一部分被透过，其中大部分转化为热能，或在蒸腾和呼吸作用过程中被消耗，或用于增高叶温而重新散失到空中，只有极少部分（0.55%～1.10%）的能量被光合作用所利用。到目前为止，无论是自然植被还是人工栽培的农作物，光能利用率都是很低的（表1-1）。

表 1-1　太阳的光能利用率

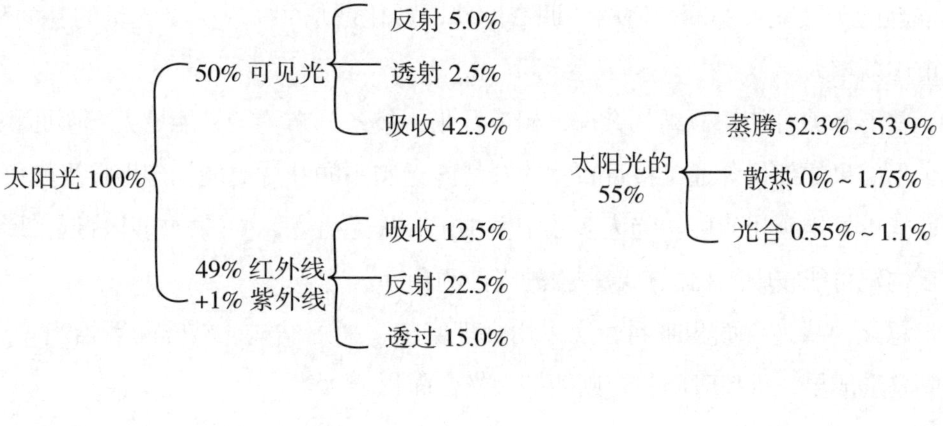

果树的光能利用率计算常用下列计算公式：

$$\eta = M/Q \times 100 \quad (1\text{–}5)$$

式中，η 为光能利用率；M 为单位面积内收获物总干重；Q 为单位面积内入射太阳辐射。

在果树经济产量构成的方程式中可以看出果树的产量来源于光合作用，因此提高光合效率（光合生产率）是果树高产的物质基础。从能源角度看，太阳辐射能是光合过程中唯一能源，要想提高单位面积的产量，就要提高太阳辐射能的利用率。

在果树的光合产量和经济产量的公式中，主要参数是光合面积、光合能力和光合时间。因此提高光能利用率的总体目标是扩大叶面积、增强光合能力、延长光合时间，提高光合产物向产品器官中的分配比例及减少光合产物的消耗。

（1）光合面积　一般主要指叶面积。叶面积的大小通常以叶面积系数（又称叶面积指数，系单位面积内总叶面积与土地面积之比）来表示。这个系数是可变的，果树的分枝力、新梢生长次数、土地的肥沃程度、管理技术及环境条件等都对叶面积增长的快慢、多少有影响。一般丰产果园的叶面积系数在3~5。通常行向、株行距、整形修剪可控制叶面积系数。

果园中群体或个体的受光量由外向内递减，最内层因树冠或叶幕层加厚，叶片相互重叠受光量低于30%，常为非生产区，对果实品质来说最好的受光量是40%以上。因此在考虑叶面积系数时，也应注意有效叶面积的数量。现代果树栽培趋向于矮化、小冠、密植，调查发现，矮化栽培30%以上受光量的叶面积比重逐渐增大。

整形修剪可使树冠结构合理，树姿开张，枝条分布均匀，能扩大光照面积，减少不结果的部位。通常接近直立的叶片比近水平的叶片更能均匀地接受光照，从而能更好地利用光能。绝大多数宁夏枸杞叶片近直立，中国枸杞叶片近平展，宁夏枸杞可能较中国枸杞有着较强的光能利用率。

总之，从光合面积来看，应采用合理密植，树冠结构、枝叶配置恰当，早春叶幕形成早，维持时间长，则能扩大光合面积。

（2）光合能力　植物的最大净光合速率称为光合能力。光合能力的大小，一般以光合强度来表示，故又称为光合强度。它是以单位时间、单位面积上同化 CO_2的能力作衡量指标。光合能力主要受树种、品种特性所制约，也受外界条件影响。光合能力改善是提高作物产量的主要途径。因此，高光效种质的筛选是挖掘光合增产的途径，农作物上已有大量研究，枸杞的筛选工作现在只是开始。据何昕孺的研究，枸杞的最大净光合速率与光饱和点和比叶重呈显著正相关。通常同一品种叶片的叶龄和叶绿素含量多少与光合能力有着较显著的相关性。生产实践证明，不同叶色的叶片光合强度不一样。如氮素供给水平低会导致叶绿素含量下降，叶片衰老同样会导致叶绿素含量下降，而树膛内部的叶片随着叶幕层的增厚叶绿素含量下降，净光合速率降低。

（3）光合时间　整个枸杞生长期利用太阳进行光合作用的时间称为光合时间。适当延长光照时间可以增加有机质的积累总量。延长光合时间的措施：一般在定植时要选好地形、坡向，也可延长光合时间，主要是延长叶片的寿命，延长叶的功能期，防止叶片早衰，从而提高光合产量。要达到这些目标，就应做好增施肥水、病虫害防治，保持叶片健康、正常生长。

3. 光合产物的消耗和分配

光合产物的消耗共有三个方面，即呼吸作用、器官脱落和过量的营养生长。正常的呼吸作用是供给生存的能量，这种消耗是必要的，有积极意义的。但在阴云、干旱、高温等环境，叶片不能正常进行光合作用，而呼吸作用旺盛，使树体内不能有效的积累营养，反而要过度消耗贮存的营养。

光合产物主要是有机物，它的分配利用有三个方面，一是用在呼吸作用中的消耗，二是用于根、茎、叶、花、果、种子等新器官的生长发育，三是作为贮存营养，供树体呼吸消耗和下一生长季各器官生长发育的养分。至于各部分的分配比重会因品种的特性、环境条件和农业技术而改变。枸杞在不含主干的前提下，果枝、叶片、果实分别占总重的比例为5%、15%和80%，盛果期幼龄树的经济系数在0.5左右，随着树龄的增加，树干增粗，经济系数逐年下降。

据研究，矮化树生成的光合产物，绝大部分分配到果实中去。而乔化树则除果实以外，还分配一部分用于枝干生长（表1–2）。

表 1-2　乔化树和矮化树生产率比较

单位：kg

项目	全量		每平方米土地干物重、干物质		每千克叶子制造的干物质	
	矮化树	乔化树	矮化树	乔化树	矮化树	乔化树
果实	13.7	58.1	1.71	0.94	8.86	3.22
叶片	1.56	16.0	0.19	0.29	—	—
枝干	2.58	52.8	0.32	0.86	1.65	2.93
合计	17.9	123.9	2.26	2.10	11.47	7.15

资料来源：洪建源.苹果的矮化密植栽培[J].百泉农专学报，1979（1）：42-51.

对光合生产率的分析，可以结合实际情况进行试算和分析判断。例如在一般管理条件下，一个果园的叶面积系数为3，光合时间约为150 d，光合能力为4 g/（m^2·d），光合产物的消耗约为一半。按公式计算如下：

$$Yp=666.7\,m^2\times3\times4\,g/（m^2\cdot d）\times150\,d=1\,200\,060\,g\approx1\,200\,kg$$

$$Mp=1\,200\,kg-1200\,kg/2=600\,kg$$

$$Bp=600\,kg\times0.5=300\,kg$$

折合实际产量时，枸杞鲜干比约为5：1，则计算出的鲜果果实产量为300 kg × 5=1 500 kg。

以此与实际产量相比较，从产量及影响产量形成因素的各个方面找出问题，以便制定措施、改进技术，求得高产。

二、行向与适宜树篱高度

果园的地理位置、果树的行向、栽植密度、树冠的形状和大小，以及冠层内枝量和枝类组成的比例、分布空间等，都会影响到树冠的光能截获和冠层内光的分布，进而影响果实的产量与品质。

1. 行向

20世纪世界各地研究表明，密植的树篱型树冠是较好的栽培形式。在篱壁式果园中，树冠上层叶片和外围叶片对树冠下层和内膛遮阴，同一个果园内相邻两行的树冠相互遮阴都会影响果实的产量和品质。目前，连行树篱光照状况以何种行向较好仍存在争议。舒里金、唐纳德等人认为南北成行有利，而罗新书等研究认为，我国北部地区应选择北东（NE）22.5°行向，中部地区应采用东西行向，南部地区采用东西行向为最佳。刘永朝等通过利用天文三角公式计算太阳在果树生育期“春分 、夏至 、秋分 、霜降”时不同纬度地区某日各时刻的位置，计算树体的影长并确定影长系数，绘出太阳方位角 A 与影长系数 ctg α 的关系图。 再根据设计的五种行向，取三行树篱在 A−ctg α 关系图中求得不同纬度、不同行向、树冠两个面的冠底部与冠中部受光时数，以确定果园在不同纬度地区的最佳行向。结果表明，同一纬度地区，随着南北行向东西行的转变，树篱第一面受光时数逐渐增加，第二面受光时数逐渐减少，但总时数是增加的。这可能是有的研究者认为东西行较为有利的原因。但受光总时数最多时，树篱两侧受光不均匀，第二面受光时数最少，早晨与傍晚一些受光时数的光强较弱；南北行受光时数较少，但树篱两侧受光均匀，第二面受光时数较多，且有利于通风。因此行向需考虑到既要获得较多的总受光时数，又要考虑到第二面受光时数不得太少，以保证树冠底部的日受光时数。篱壁式果园的最佳行向与受光时数也是一个矛盾的统一体，确保较高受光量的前提下，纬度与行向的南偏西角呈正相关。地理纬度在40°及以上时可采用南北行，随着纬度的降低，行向为南西30°、南西45°；到20°时，行向为南西60°。根据不同纬度地区最佳行向的变化趋势可得出如下结论：在赤道附近采用东西行向最为有利，树篱两侧可获得最多的受光总时数，在中、高纬度地区宜采用南北行，可使树篱两侧受光均匀并获得一定的受光总时数，在0°～40° N 地区是一个由东西行逆时针向南北行转变的过渡带，以此设计的行向既可使树篱的第二面有一定的受光时数，又可使树篱两侧获得较多的受光总时数，这样篱壁式果园能就够充分地利用太阳光能。（表1−3）

我国枸杞人工栽培面积较大的宁夏、甘肃、青海等省（区）的主要纬度分布在35°～45°，南北行向更加利于受光，且受光较为均匀一致，采用篱壁式栽培不易发生偏冠。随纬度的降低，适度增加行向的南偏西角度，有利于增加受光量。

表 1–3　纬度与最佳行向

单位：h

纬度	最佳行向	总受光小时数	第二面受光小时数	树冠底部日受光数小时数（二分）	
				第一面	第二面
20° N	南西（SW）60°	74.4	23.6	5.5	2.5
30° N	南西（SW）45°	61.8	21.7	4.0	2.2
40° N	南西（SW）30°	54.5	21.8	3.0	2.1
40° N	南北行	51.8	25.9	2.4	2.4
50° N	南北行	46.8	23.4	2.1	2.1

资料来源：刘永朝.篱式果园最佳行向探讨[J].山东农业大学学报（自然科学版），2008（3）：393–398.

2. 篱高与行距

果树的树形及其冠层结构对产量有很大影响。前人的许多研究证明，弱光对产量的影响有负效应，当树冠某区域光照受限制时，果形小、单果质量小，导致株产降低，最终造成减产。Wagenmakers 对6种树形的光照分布与产量关系试验结果表明，当下部光照分布达到35% 以上，产量分布从上到下增多，从内到外也增加；当下层光照分布低于30% 时，株产量就会降低。

鉴于此，在确定行向后，采用怎样的树形和行距就成为在管理方便的前提下提高产量和品质的关键。

在矮化密植果园中，随着树冠的增大，常常在株间出现枝条交接相连，当整行连接时，形成一道篱壁，行间相互遮阳成为决定矮化密植果园光分布是否合理的一个重要因素。苹果等强阳性树种的研究结果表明，正常结实率需要3.0～3.5 h 的直射光照。枸杞是强阳性树种，行距的确定可借鉴苹果的测算。

刘永朝对不同冠形行间距计算的数学模式为：

$S=H\times \text{ctg}\,\theta+D$　　（矩形截面）　　（1–6）

$S=H\times \text{ctg}\,\theta+(D_b+D_u)/2$　　（梯形截面）　　（1–7）

$S=H\times \text{ctg}\,\theta+D/2$　　（三角形截面）　　（1–8）

式中，S 行距；H 为树冠高度；D 为冠径；D_b 为底部冠径；D_u 为顶部冠径。

为满足树冠基部有3 h 的直射光照，时间有 $K=\cos\phi$（ϕ 为地理纬度），确形角 $\theta=\text{arctg}K$，为方便使用将确形角 $\text{ctg}\,\theta$ 值，即确形系数与维度换算列表如下表1–4：

表 1–4　确形角 ctg 值（确形系数）

纬度	20° N	25° N	30° N	35° N	40° N	45° N	50° N
确形角 /（°）	43.2	42.2	40.9	39.3	37.5	35.3	32.7
确形角 ctg 值	1.065	1.103	1.154	1.222	1.303	1.412	1.558

资料来源：刘永朝.密植果园冠形随纬度变化探讨[J].邯郸农业高等专科学校学报，2000（4）：36–37.

一般决定行距的主要因素有田间作业机械的通过性、树篱高度、树篱顶宽与底宽。当前，在枸杞园中主要开展的农事操作有施肥、植保、除草、修剪、采收等，作业机械与葡萄较为相近，主要为371 285W（50 hp）的居多，轮距多在1.2 m，加10% 左右的容差，冠间距在1.4 m 以上。传统的整形修剪习惯底部冠径在1.6 m，行距为3 m。宁夏地区纬度为35° ~39° N，确形角 ctg θ 为1.25左右，为避免因果枝拖地造成的产量损失，确定冠面到地表距离为0.2 m，当上下冠幅一致均为1.6 m，树篱高度应为1.32 m；当采用三角形树形时，顶冠径为0 m，最高树篱高度为1.96 m。在生产实践中，为了避免上强下弱，底部冠幅为1.6 m，顶部冠幅控制在1 m，这时理论最适树篱高度为1.56 m。按照刘永朝对不同冠形行间距确定的数学模式计算树篱高度的过程如下。

树形为矩形截面时：$H=(3-1.6)/1.25+0.2=1.32$（m）

树形为三角形截面时：$H=(3-\frac{1.6}{2})/1.25+0.2=1.96$（m）

树形为梯形树形时：$H=(3-\frac{1.6+1}{2})/1.25+0.2=1.56$（m）

为增加土地利用效率，也可以考虑在确保机械作业的前提下，尽可能地缩小冠幅，变习惯上的“两层主干形”为“多层主干形或主干形”，尽可能地缩短一、二级枝组的长度，将有效结果母枝尽可能控制在二、三级枝组，在保证行内枝量不变的前提下，通过冠径缩小，实现行距减小，实现单位面积行数增加20%，从而实现增加产量20%。当冠面高度被确定在1.7 m时，通过修剪适度增加枝量、增加叶幕层厚度，进而增加叶面积系数就成为后期提高产量的关键。也可以考虑采用枝条刚性系数较大的品系，改变果实成熟前枝条开张角度，扩大冠幅，适度增加阶段性的有效光照。

果树生产中为了充分利用光能，需要提高有效叶面积，这就要在整形修剪中增大树冠的表面积，同时提高其通风透光程度。李伟明提出树形评价的新标准“通风透光表面大”，即“树冠表面积相对较大而容积相对较小且通风透光程度相对较高的树形”。柱形树冠的表面积相对最大，但受枝条生长习性的限制，应用有限，纺锤形的树冠偏大，其树冠主要结构特点可概括为“一竖多横软耷拉”，此特点最符合“通风透光表面大”的评价标准，该树形具有早产、高产、优质、方便的优点，适合多数果树的习性，适宜经果林产业的迅猛发展和密植栽培的生产形势。在坚持篱壁栽培的原则下还应注意单株株形树体结构与园相的协调。

三、几种常用篱壁建园模式

篱架栽培模式融合了水肥一体化、农机农艺一体化所需的要素，是枸杞种植业实现集约化和规模化的必由之路。随着土地非农化政策的推行，枸杞种植用地将以山荒地、盐碱地、重茬忌地为主。近年来，国家枸杞工程技术研究中心在宁夏中宁天景山、小盐池滩等基地试验示范效果表明，该技术在上述地类极具优势。

枸杞的篱壁式建园技术随滴灌技术在生产上的应运而生，现已由最早0.7 m高的矮篱架建园发展成为现今较为成熟的1.5 m以上的高篱壁建园，在盐碱地种植枸杞衍生出与改土措施相结合的“增碳、隔盐、高篱壁”建园技术，在整形修剪方面衍生出基于篱壁的“干”字形整形技术。

1. 矮篱架型

2010年宁夏建设了大量基于滴灌的枸杞生产园，但在管理过程中发现，由于滴灌位置在行间，每滴灌1次，需中耕除草1次。枸杞全年滴灌，植株间除草次数在6次以上，为确保放置在地表的滴灌毛管不被损坏，每次除草均需将滴灌管提前移出，极为费工费时，如不移出滴灌管，滴灌毛管极易被损坏，大量使用滴灌种植枸杞的地块因滴灌毛管的维护难而放弃种植。调查发现，枸杞第一层冠面高度1 m，主干第一分枝高度在70 cm的生产园中，因主干支撑棍均一性差、易腐朽，造成植株倒伏问题突出。为解决滴灌毛管与主干支撑棍建园技术存在的问题，宁夏农林科学院枸杞科学所的研究团队提出了第一代枸杞篱架建园技术。该技术在百瑞源枸杞股份有限公司、宁夏菊花台庄园枸杞种植有限公司、宁夏中杞生态农业科技有限公司的种植基地均有应用，面积约1万亩。

篱架建园中立柱和架丝是主要建设成本，第一代枸杞篱架建园模式在确保冠面高度的一致性、架丝投入量少的标准下，使用了露土80～100 cm的水泥立柱，架丝只设立用于标识分支带的一层，并将滴灌管悬挂于架丝上，定植时植株使用支撑棍。为验证滴灌悬挂高度的合理性，项目组开展了不同悬挂高度、不同风速对滴灌管悬挂后水分耗散率的测定。试验结果表明，静风条件下，在空气温度24.5～34.5℃、空气湿度30%～60%时，30 cm高度以内，水分耗散量基本不受环境温湿度的影响。随着滴灌管悬挂高度的增高，水分耗散量随着温度的升高和湿度的减少而有所提高；同等风力条件下，随着滴灌管悬挂高度的升高，水滴落地飘移距离增加，水分耗散量增加；同等高度的前提下，随着风力的提升，水滴飘移距离增加，水分耗散量增加。水滴在有风的情况下，风力越大，且滴灌高度越高时，水分耗散量越大，水滴飘移距离越远。以耗散量5%为限，3级风状态下滴灌高度为50 cm时，水分耗散量较少，水滴飘移距离适中，有利于滴灌管的保护。滴灌高度70 cm时水分耗散量在5.5%，滴灌高度90 cm时水分耗散率为7.17%。

2. 高篱架型

在矮篱架技术示范推广中，因使用滴灌的基地普遍种植规模较大，多在生荒地，65～70 cm的架丝高度只能支撑露土1.0 m的主干支撑棍的直立，无法支持露土1.2～1.4 m的放顶绑扶要求。无绑扶前提下，放出的枝条极易遭到风损，因此大多基地只有一层1.0 m左右的冠面。由于立体结果面积小，产量无法提升成为各大基地普遍存在的问题。为此，宁夏农林科学院枸杞科学所提出了第二代高篱壁建园，树体分为三层。

3. 简化高篱架型

高篱架型在示范推广过程中发现，0.8 m的第二道架丝架设后生产人员穿行困难，且通常6.0 m的架材截为2 m只能分为3段，过于浪费。鉴于此，宁夏农林科学院枸杞科学研究所在其原有基础上进一步简化改良，将6 m的材料截为1.5 m，将树体的冠面高度降至1.4 m，只保留0.4 m和1.1 m架丝，确保主干支撑棍露土高度在1.4 m。这一改良方案较原有方案建设成本节约1/4以上，解决了人员穿行困难的问题。目前简化高篱架型生产上较为常用。

第三节　园地规划

一、防护林建设

1. 风的利用

风是一个气候因子，直接或间接地影响树体的生长发育。枸杞生产中以自交亲和品种为主，枸杞的花药在花朵绽放后2 h开始开裂散粉，6 h左右所有花药均开裂，通常花药居于柱头上方，在微风或虫媒的扰动下自交亲和的品种可以实现单花内部的自花授粉传粉，但前提是必须有空气扰动，使花药上的花粉能够落下来。微风还可消除辐射霜冻，降低地面，避免高温伤害，减少真菌病害。

2. 风的危害

大风（风速超过10 m/s）对果树生产不利，起破坏作用。强风使树枝强烈震动，影响树液流动，对果实的生长造成间接的影响。而强风延误喷药时机，会助长病虫害的发生，影响枝叶和果实生长。花期遇大风（6～7 m/s），影响昆虫传粉；空气湿度降低，柱头会变干，即使风不大，也会影响受精结实。果实成熟期大风，吹落或擦伤果实对产量威胁特别严重。大风引起土壤干旱，影响根系生长，黏土地土壤板结、龟裂，造成断根现象。大风在沙土地会造成移沙现象，有的植株根系外露，有的植株基部堆沙成丘使树干变矮，影响根系正常生理活动。冬季大风会增加土壤冻结深度，使根部受害。

我国西北、华北和东北地区，春季常发生旱风，致使空气干燥，造成植株新梢枯萎、幼果脱落，花早谢、叶片小，表现出生理干旱，影响早期生长和器官发育。枝叶满行后大风侵袭，会造成大量落果、枝折、树倒等严重损失。叶片受害不仅对当年的果实品质造成极坏影响，同时因不能同化贮存养分，而影响下年开花结实。枸杞扦插苗的根系大多属于茎源根系，抗风能力较弱，采用深沟浅栽逐年回填的方式确保根系深扎可起到一定的抗风作用，篱壁建园也能起到一定的辅助。

3. 防风林的作用

建园时，无论山区还是平原，都应营造防护林。营造防护林的主要目的是适应农业的发展和走集约经营的道路，把新开垦的土地或遭受自然灾害产量不稳的土地改造成良田。营造果园防护林的目的在于防止和减小风、沙、寒的侵袭，保证树体正常的生长发育，为丰产优质创造条件。

（1）改善果园的小气候　防护林可降低果园内的风速，减少风害，有利于昆虫的传粉。据赵锡如调查，防护林对降低风速效果明显。防护林保护下的果园风速平均降低35.7%。其次，在树高一定的情况下，林带降低风速的效果取决于林带的距离。在一般情况下，稀疏透风防护林以距林带10～15倍地带的效果最好。总的保护范围背风面等于防护林树高的25～35倍，向风面保护范围为树高的5倍。一般稀疏透风的防护林带较不透风的防护林带防护范围大。这是由于风遇到林带后，一部分气流飘越树冠而过，另一部分穿过林带间隙。当气流越过林冠后，由于压力风迅速下降，一直降到从林带间隙穿过的风面上，两风相交降低了风速。同时，从林带间隙透过的气流，托着从带上面过来的气流共同飘远使其不易达到地面，从而达到较好的防风效果。据观测，果园中树本身也起着防护林的作用，能降低风速15.4%。因此，果园防护林的防风效果要大于农田防护林。此外，据观测果园防护林对各种不同的风速，防风效果不同（表1–5）。一般同一林带，随风速的加大，防风效果会更加明显，所以营造果园防护林可以减轻由于强风或大风对果树造成的灾害。

表 1–5　果园防护林对不同风速的防风效果

风速 /（$m \cdot s^{-1}$）	降低风速 /%			
	1H	5H	9H	11H
＜3	5.0	21.1	36.9	52.7
3～5	14.4	28.5	46.9	53.1
5～7	14.6	62.9	72.0	70.3

注：H为林带高度。

资料来源：赵锡如.果园防护林对小气候的影响 [J]. 北京林业，1981（3）：27–34.

另据观测，果园防护林还有利于昆虫的传粉。多数果树为虫媒花，靠昆虫进行传粉。在传粉的昆虫中，蜜蜂的数量最多，作用最大。果园中，蜜蜂的出没及其数量取决于风速的大小（表1–6）。春季，蜜蜂一般在晴朗天气的中午出现最多，早晚出现少。风速＜0.5 m/s 时，蜜蜂数量多，上午、中午、下午差别不大。风速1.5 m/s 时，蜜蜂出现的数量少。风速2 m/s 时，下午及上午均未发现蜜蜂的活动。当风速达到3.4 m/s 时，果园里基本见不到蜜蜂活动。有防护林的果园，由于降低了风速，蜜蜂的数量明显增加。

表 1–6　一天中不同时间和不同风速的蜜蜂数

单位：个

风速 /（$m \cdot s^{-1}$）	9：00	12：00	16：00	小计	天气状况
小于 0.5	1	33	17	66	晴
0.6～1.0	1	27	12	51	晴
1.1～1.5	7	7	23	36	晴
1.6～2.0	0	21	0	21	晴
2.1～2.5	0	20	0	20	晴
2.6～3.0	0	3	0	3	阴

注：观测日期为4月27日至5月1日。

资料来源：赵锡如.果园防护林对小气候的影响 [J] .北京林业，1981（3）：27–34.

秦垦等研究表明，宁夏枸杞是虫媒花，已审定品种宁杞5号雄性不育，需要配置授粉树；已审定品种宁杞1号、宁杞4号、宁杞7号、宁杞10号自交亲和，其余品种均自交不亲和，对其平均单果质量及种子含量分析可知，种子含量与单果质量之间呈显著正相关。平均单果质量从大到小依次为品系间异花授粉＞同株异花授粉＞同株自花授粉。宁杞1号、宁杞7号的同株异花杂交及其与不同品种杂交的红熟果实坐果率差异小，但饱满种子数量之间存在较大差异。9个株系中宁杞1号单花内部自交单果质量仅相当于同株异花授粉的17%，材料间异花授粉较同株异花授粉单果质量可提高近30%。由此可知，自交不亲或雄性不育的品种必须配置授粉树且必须有传粉昆虫才能实现产量，自交亲和的品种在有传粉昆虫授粉的前提下也能实现平均单果重的提高。目前宁夏中宁地区已设置防风林，主花期蜜蜂活跃，确保枸杞产量。

（2）减轻灾害　果树受防护林保护，可减轻早春冻害，有利于果树性器官发育，促进授粉受精，提高坐果率及产量。在果树生产中，预防早春低温对果树的不良影响，是历来果树栽培的一项重要工作。营造果园防护林是防止低温对果树危害的有效措施。

果园防护林可调节果园内的温度、湿度。据观测，在气温较低且处于回升阶段的春季，受林带保护的果园，其平均气温高于空旷地0.9℃，而且有林带保护的果园，可减轻早春零下低温的危害。据赵锡如调查，4月1日至5月10日，空旷区零下低温共出现7次，平均温度为 −3.1℃，而林带内只出现6次，平均温度为 −2.3℃。在夏季防护林可降低高温对果树的危害，据新疆农业科学院林业科学研究所观测，夏季林带内可降低气温0.7～2.0℃。据山东省烟台地区林科站调查，6月24日14 h 林网内气温比对照点平均低0.7℃。此外，有林带保护的果园，由于果树蒸腾的水分滞留在林带周围的时间较长，因而空气中的水蒸气含量增加，相对湿度变大，减轻了春季的干燥空气对果树的不良影响以及干热风的危害。

适宜的温湿度对地处西北地区的枸杞生产具有重要意义。早春萌芽后温度提高可以有效地抵御早春冻害，在青海诺木洪农场早春萌芽后发生冻害的年份，普遍表现为有防护林的冻害轻或无，二年生枝花果量大，而农场周边新开地冻害重且二年生枝花果量小、抽枝晚。

（3）保持水土、防止风蚀　在山地果园及丘陵地果园营造防护林，可以涵养水源、保持水土、防止冲刷。防护林每年落下的大量枝叶，腐烂后形成松软的一层，可直接涵养经树冠落下或沿树干流下的雨水，既保护地面免遭雨滴的溅击和地面径流的侵蚀，又增加了有机质的含量。近年来，很多枸杞种植企业在沙荒地建园，建设防护林就显得尤为必要。

4. 防护林带的结构

果园防护林带可以分为稀疏透风林带及紧密不透风林带两种类型。

（1）稀疏透风林带　稀疏透风林带对来自正面的气流阻力较小，且部分气流从林带穿过，因而使上下部的气压层较小，大风越过林带后，风速逐渐恢复。故防风范围较大，排气较好，冷空气下沉较慢，辐射霜冻危害较轻。在寒冷及风沙地区，果园积雪积沙比较均匀。目前世界各国，均趋向于营造稀疏透风林带。据瑞士研究人员观测，均匀适度的透风林带，背风面30倍林带高度以内，平均降低风速28%。一般认为，理想的林带疏透度为35%~50%，通常乔木类的株距（2.0~2.5）m×（1.0~1.5）m可以达到这一疏透度。

（2）紧密不透风林带　这种林带由上到下都非常紧密，是由数行或多行高大乔木、中等乔木及灌木树种组成，很像高大紧密的一座树墙。因其上下郁闭，气流不易由林带通过，使向风面形成高压，迫使气流上升，但上升的气流在越过林带之后，很快向下进入果园恢复原来的风速，故防风范围较小。同时，由于冷空气不易排出，易遭辐射霜冻。寒冷风沙地区，果园内积雪积沙分布不匀。作为果园防风林，多不采用。

5. 防护林的配置

果园防护林的配置应根据地势地形、风向风速等因素综合考虑，才能收到较好的防护效果。

（1）林带的方位　防护林带设置应有效地防止风对果树的危害，同时要保证果园有良好的通风透光条件及有利于冷空气的排出。大型果园的防护林包括主林带和副林带，一般主林带的方向应与主要害风的风向垂直，但如因地形地貌及其他原因，主林带的方向不能与主要害风风向垂直时，林带和风向之偏角只要不超过25°~30°，其防风效果基本不受影响。为增强防护效果，在与主林带垂直或平行的方向设立副林带或折风线，形成防护林网。

（2）林带的距离　一般风速越大，林带间的距离越短。在山地背风坡的果园，可利用地形得到较好的防护效果，林带间的距离就可远些，而迎风面的果园林带距离则应近些。

林带的高度与防护范围密切相关，在一般情况下，背风面的有效防护范围为树高的25～30倍。而最大的防护作用为林带高的5～10倍。某些防护作用可延伸到林带高的40倍以上。据测定，在防护林高度的10倍范围内，风速降低75%；在防护林高度的15倍处，风速降低50%；在防护林高度的29倍处，风速降低25%。根据我国各地经验，一般情况下主林带间距400 m，风沙较小的地区可放宽至500～800 m。

（3）林带的宽度　林带内行数不同，降低风速的效果也不一样。随林带内行数的增多，降低风速的平均效果有随之减少的趋势。因此，在考虑防护林的长度和宽度时，必须与当地的最大风速相适应，不能无限制地增加防护林的长度及宽度。目前，国外防护林有从宽林带向窄林带发展的趋势。经验表明，行数少的林带具有较稳定的生物学特性和防风效果，通常为1～2行。要特别注意林带与末行果树的距离，一般果园南面的林带要求距末行果树不少于20～30 m。果园北面的林带不少于15～30 m。在山地果园中，主林带的方向同样应掌握与主要害风风向垂直的原则。在山谷中，主林带最好不要横贯谷地，应与谷向有一定的夹角，在谷地下部的一段应稍偏于谷口，以利冷空气排出。

6. 果园防护林树种的选择

正确选择果园防护林的树种，可以取得较好的防护效果，还可以降低成本，增加收益。在选择树种时，应遵循以下原则：

①对当地的环境条件有较强的适应性，因此，应尽可能选用乡土树种。

②林带的主要树种要求树体高大，生长迅速，能尽快达到最大的防护效果，并且寿命长，延长防护年限。

③树冠紧密且直立，根系深，根蘖发生少，抗风力强，对果树的抑制作用小。

④与果树没有共同的病虫害，也不是果树病虫害的中间寄主。例如，在北方洋槐虽生长迅速，枝叶茂密，但苹果炭疽病病菌在其上越冬，易引起炭疽病

的发生。

⑤具有较高的经济价值。例如，可用作架材、筐材、叶材以及建筑用材等。

⑥与枸杞主花期不一致，不存在传粉昆虫竞争关系（如国槐）。

通常一个树种很难同时符合上述几个条件。因此，果园防护林宜选用几个树种组成，以彼此弥补不足。枸杞防护林应选用杨、柳和国槐混交较为适宜。

二、灌排系统规划

水是农业的命脉，宁夏枸杞的主要种植区年降水量通常在400 mm以下，但年蒸发量大多在1 200 mm以上，在无灌溉条件下，枸杞很难获得产量。因枸杞又不耐涝，因此种植枸杞一定要做好灌排措施。

滴灌作为目前世界上最先进的节水灌溉技术，利用小孔径的管道，使水直接以水滴的形式，均匀渗透到根系周围，直接把水和养分输送到的根部，有利于促进作物有效地蓬勃生长，大大提高了对水和养分的吸收效率，从而提高产量和品质。随着水肥一体化技术的日益成熟，滴灌技术成为枸杞高效生产精准投入的重要手段。

为了确保灌溉均匀度和灌溉精度，现有的枸杞基地大多使用压力补偿式滴灌管，较为常用的有防倒吸压力补偿滴灌管和内镶圆柱压力补偿式滴灌管，也有使用耐特菲姆压力补偿式滴头的，但基本上都是管径16 mm、滴头间距0.4～0.5 m，滴头流量2.0～3.0 L/h。压力补偿技术，对于地面不平整且垄长较长的地块，可确保滴灌管内的水压和水肥滴出量均匀一致，同时可以节省铺设田间的材料用量，降低成本。防倒吸压力补偿滴灌管内置的滴头采用贴片式设计，小而轻巧，滴头内置硅胶片偏差控制在2个丝以内，保证流量偏差在7%以内。滴灌条件下，即便是地下水位再低的区域，也有可能因地势的变化出现低洼地的积水。因此一定要沿等高线在低洼处一定间距内开挖排水沟，丘陵地的排水系统可与附近的洼点汇集，结合洼点的取水井进行布设，使多余的地下水通过汇集作为灌溉水补充使用。开挖明沟排水工程量大，占地多，不利于机械操作与管理，特别是在土地黏重的地区，密集的排水沟更会严重影响作业。目前宁夏地区大多采用地下暗管排水，其优点是暗管埋于地下，地下水位降得快、深，提高了土地利用效率，有利于耕作和管理，改善了土壤的通气能力，促进有害物质的排出，促进土壤改良。缺点是前期成本较大，施工要求严格。

三、建园作业书编制

大型基地建园时一定要根据实际情况编制好作业说明书，作为基础资料，长期保存。重点要做好园地规划的电子地图，位置坐标最好精准到厘米级。

根据作业需要，新建枸杞基地园地规划用地一般生产用地面积占85%，防护林占4%~5%，道路占6%~8%，建筑用地占1%~2%，其他占1%~2%。作业说明书应包括建园目的和任务，主要品种和苗木来源，规划设计依据，当地的气候、土壤、地形地势、交通、水利、劳动用工，产销预测等。

1. 规划设计内容

作业区的规划包括行向、行距、株距，品种、授粉树配置，整形方案与篱架选型预设，道路与灌排系统设置，防护林设置，办公、农机具，初加工场地建筑物等。

2. 建园进度

大型基地一般很难一年内完成建园任务，要做好分年度分月度的计划。没有充分合理的准备，无法建设出可以持续丰产的茨（枸杞）园。

3. 设计图纸

设计图纸包括平面图、地形图、区划图、土壤分布图、农业作业道路图、灌排管网布设图、电路布设图，以及精准的定植行电子坐标定位图。

四、放样与定植

近15年来，美国农场主们利用GNSS（全球导航卫星系统 Global Navigation Satellite System）导引设备在田地里工作。GNSS 和其他高科技资源正在促进农业的转变。农场机械操作强调全程机械化、机械操控的无人化、农艺措施的精准化，而这一切得益于建园初期的厘米级精准放样与定植。

在园地规划和放样时，会遇到林网、田间道路、水网、定植行布设与开挖工程。传统的测设方法是采用经纬仪定向，花杆配合皮尺或钢尺量距。该方法工作量极大、测量精度也较低。随着光电技术的发展，如全站仪的出现，测设方法的工作量和劳动强度有所降低，勘测或放样的精度有所提高。但利用全站仪放样时，观测人员需要通过对讲机指挥棱镜操作人员不断移动、渐进放样，作业效率仍较低，劳动强度仍较高。随着 GPS 技术的发展与不断成熟，尤其是国产全球卫星导航定位系统的建设与运行，北斗 GNSS-RTK 技术极大地提高野外放样作业效率，利用该技术进行测绘与放样工作将逐步成为主流。建议新建基地一定要基于北斗 GNSS-RTK 技术，做好基地所有因子的综合设计，留好测绘基础物理桩点，推进北斗卫星导航技术在枸杞生产中的应用效果，提高枸杞栽培管理的现代化水平。

第二章　品种选择

选择适宜的优良品种是获得理想收益的根本保障。一个生产园产量的高低、果实品质的优劣、经济效益的大小，很大程度上取决于品种本身。在同样的栽培管理条件下，品种选择正确，可以获得最大的经济效益，反之经济效益明显降低。

第一节　品种的选择

一、品种选择的依据

1. 根据生态条件选择品种

枸杞产量的高低受环境条件等因素影响较大，因此在选用品种时必须考虑当地的土壤、肥水、旱涝、病虫害和生产水平等情况，做到因地制宜。对拟种植品种的适宜栽培产区和栽培条件要有充分的了解，可以根据品种审定证书中确定的适生区域，或根据选育资料和区域适应性试验结果进行判断，也可以通过实地考察，充分了解品种的需肥特性、生长特性和果实品质特点，确保拟种植品种能够适应当地气候环境或生态条件。

2. 根据栽培模式选择品种

枸杞种植能否丰产与栽培技术、管理水平的优劣密切相关。目前生产中存在枸杞栽培管理技术落后、果品品质下降、生产成本上升、总体经济效益降低等诸多问题。据李伟等调研，影响宁夏地区枸杞种植户生产效益的主要因素源于农户自身的生产经验、枸杞品种以及相关的种植方法。当前种植户的科技意识增强，对新品种、新技术感兴趣，但需考虑的是受保护的新品种虽然比常规品种体现出一定的优势，但如果对新品种的特性缺乏了解，品种种植技术要求不符合当地的种植习惯，则会阻碍新品种发挥优势。因此，要选择与当地生产管理水平、种植方式等相匹配的品种。生产中要想将新品种的优良特性转化为市场优势，须重视对种植户的技术指导和培训，从而提高农户使用新品种的技能，使新品种的优良特性得到最大程度的发挥。

另外，随着城市化进程的加快，留守在农村从事农业生产的人群文化水平相对较低、年龄偏大，且生产管理用工流动性较大，沿用传统小农经济栽培模式不便于机械化作业。种植者也需要考虑采用省力、易栽培管理的品种及栽培模式。

3. 根据市场需求选择品种

枸杞栽培最终的目的是面向市场和消费者以期获得较高的经济效益。近些年，随着人民生活水平的提高和食品工业的发展，市场对枸杞产品的选择也由原来的单一品种需求向多样化需求过渡，枸杞商品销售形式日益丰富，精深加工产品比重不断提高，应用形式有枸杞干果、枸杞粉、枸杞籽油、枸杞浓缩汁、速冻枸杞、枸杞保健酒等，但70%以上的枸杞仍以干果形式出售，产品结构单一，附加值普遍较低。近几年，宁夏产区企业的目标销售方向以鲜食、原浆、锁鲜制干干果、热风制干干果为主，但很少有品种能够满足单一商品销售方向需要，即便是适宜鲜食的科杞6082，全年也只有30%的果品符合鲜食或锁鲜的需要。因此，兼用型的品种更受企业和种植户的喜欢。枸杞干果仍将是枸杞的主要销售形式，具备鲜食与制干两用的品种将是未来的主要栽培品种。随着原浆销售量的逐年增加，具有鲜食与榨汁能力的品种也可能是新的选择方向。总之，选择品种要考虑满足当前市场多元化的需求，也要根据产业的发展动态顾及长远的发展。

4. 根据用途选择品种

现代医学研究表明，枸杞果、叶、花、根均具有较高的药用和营养价值，含有人体所需的蛋白质、维生素、氨基酸和微量元素等。其中枸杞果实（俗称枸杞子）含有甜菜碱、黄酮甙、香豆精甙、多酚、β－谷甾醇、蜂花酸、亚麻酸、枸杞胺、色素及锂、锌、硒、铜等30多种微量元素，功效广泛。因果实性状、成分和加工特性的差异，涉及药用、鲜食、加工等用途，如药用枸杞商品主要有宁夏枸杞干燥成熟的果实，加工商品有枸杞保健酒、枸杞原汁等饮品及甜菜碱、多糖、黄酮等枸杞活性成分提取物，应根据不同用途、需求选择品种。

二、品种选择的影响因素

选择品种考虑的因素比较多杂，不同地区生态条件差别较大，生产中可能出现的重要问题也不同，归结起来主要考虑产量、经济性、抗病虫害性、生育期等因素。

1. 丰产性

丰产性是品种非常重要的生物学特性，与品种的遗传性和生长条件有关。枸杞产量是枝条数量、枝长、单果重、果节长、冠径、每节果数、单叶面积等诸多农艺性状共同作用的结果。据钟鉎元调查，枸杞丰产性的主要性状有枝数、枝长、单果重和果节长，其中对提高产量作用最大的是枝数，其次是单果重。品种产量的高低还受生产园内所采用配套栽培技术及管理的影响。在枸杞生产实践中，授粉树的配置是建园过程首要考虑的问题，对于自交不亲和品种和雄性不育品种，建园时一定要配置授粉树，要掌握种植品种的物候节律，选择花粉量大、花粉活力持续时间长，能与主栽品种花期、果实习性、果期及树势基本一致的品种作为授粉树。只有主栽品种和授粉品种相互授粉，才能确保产量和经济效益，如主栽品种与授粉品种花期不遇，将直接影响主栽品种的坐果率、产量和品质。枸杞坐果率达到65%以上才能稳产丰产，一般株间配置授粉树以1：2~1：3为宜，当两品种差异过大时，可以考虑行间配置，但授粉树配置比例不得高于1：1。

2. 果实品质

选择适宜的品种除具有丰产性外，也要根据生产目的考虑果实的品质。药用枸杞要考虑药用功能，枸杞属药用植物，以果实入药的有宁夏枸杞、黄果枸杞、枸杞、北方枸杞、新疆枸杞、黑果枸杞、截萼枸杞、土库曼枸杞和云南枸杞，以中药枸杞子入药的仅有宁夏枸杞，其余均作为民族药或地方用药。鲜果枸杞是目前较受消费者喜爱的时令果品，据黄婷等通过对目标消费群体的调查，鲜食枸杞应具备果粒大、颜色多样、色泽光亮、果皮较厚、果皮强度和韧性好、口感好、脆硬度适中、籽少肉厚、多汁甘甜等品质。饮品加工枸杞要多汁、少籽、高糖、皮薄。

3. 抗裂果

裂果是枸杞生产中的主要问题之一。作为果实发育过程中发生的一种生理性病害，果实开裂会影响其外观及品质，导致果实商品价值降低，从而造成严重经济损失。枸杞裂果多发生在雨后成熟期，造成果实裂开、变黑。一旦发生裂果极易引起黑果病的发生，造成枸杞品相下降。枸杞裂果与品种的生理性和遗传性有着密切关系，枸杞的果型大小、果皮厚度、果实含水量、细胞密度、含糖量、含酸量、果皮发育质量均会影响枸杞裂果程度。宁杞1号果实果型较小、果皮厚、果实含水量低，裂果率低；宁杞5号、宁杞7号，果实果型较大、果皮较薄、果实含水量高，果实生长期气温干旱，在果实成熟期遇到降雨时，造成内压而容易裂果。

4. 抗逆性

抗逆性通常指品种对各种不良的外界环境条件（如冬季低温、夏季高温的剧烈变化、晚霜、干旱等）的抵抗能力。在降水、土壤和灌溉条件较差的地区，应选择抗旱力强的品种，蒙杞1号、宁杞1号根系活力在干旱胁迫复水后恢复能力强，对干旱胁迫具有较强适应能力，而宁杞5号木质部对干旱胁迫最敏感，干旱胁迫后导水率恢复慢，不适宜在严重干旱缺水地区栽植。在盐碱较重的地区，应选择耐贫瘠、耐盐的品种，枸杞植株的相对生长量和生物量会随着盐浓度的增加而下降，不同品种对盐胁迫的抗性差异较大。据梁晓婕研究报道，宁农杞9号枸杞的耐盐性强，宁杞7号枸杞的耐盐性弱。

三、适宜篱架栽培模式的品种

利用篱架设施种植枸杞，应根据枸杞品种的生长结果习性，选择培育树形及适宜的篱架架形。如宁杞1号、宁杞10号等品种生长势中庸，适宜矮篱架栽培；科杞6082等新品种生长势强，可选择高篱架栽培。何昕孺调查发现，长势强、成枝力较强和长势中等、成枝力较强，且中枝比例高的品种适宜篱架栽培模式的“干”字形树形。

第二节 生产中的主栽品种

一、宁杞1号

1. 品种来源

宁杞1号是宁夏农林科学院科研人员1973年从中宁原农家品种“大麻叶”的丰产园中采用单株选优方法选育的，后经无性扩繁形成的无性系。1987年通过成果鉴定后，在宁夏、内蒙古、新疆、青海等省（区）广为引种。

2. 品种特性

树势强健，树体紧凑、半开张，生殖生长势强。当年生枝灰白色，嫩枝梢部淡紫红色，多年生枝条灰褐色，结果枝细长而软，枝形弧垂或斜生，节间长1.34～1.48 cm，第一坐果距3～8 cm，每芽眼花果数2.2个。叶色深绿色，质地较厚，横切面平或略微向上突起，顶端钝尖，当年生枝单叶互生或后期有2～3枚叶并生，叶披针形，叶长2.65～7.60 cm，宽0.68～2.18 cm，长宽比3.31：1～3.42：1，嫩叶中脉基部及叶中下部边缘紫红色。花长1.6 cm，花瓣绽开直径1.5 cm，花冠喉部至花冠裂片基部淡黄色，花丝近基部有圈稀疏绒毛，花萼2～3裂。鲜果果实橙红色，果表光亮，腰部平直，果身具4～5条纵棱，先端钝尖或圆，果实纵径1.68 cm、横径0.97 cm，果肉厚0.111 cm，内含种子10～30粒；鲜果单果质量0.586 g，鲜干比4.4：1。干果商品等级率为特级56%～63.8%、甲级33%～37.7%、乙级以下10%，干果果实总糖含量54%、多糖含量3.90%、类胡萝卜素1.29 mg/g、甜菜碱0.93 g/100 g。

在宁夏银川3月下旬萌芽，4月下旬二年生枝现蕾，5月中旬一年生枝现蕾，6月上旬果熟初期，6月中旬进入盛果期，7月下旬发秋梢。对瘿螨、白粉病、根腐病抗性较强，对黑果病抗性较弱；阴雨后果皮表面易起斑点，雨后不易裂果；喜光照，耐寒、耐旱，不耐阴、湿。

3. 栽培技术要点

园地宜选灌淤土、轻壤土、淡灰钙土、砂壤土，地下水位不高于0.9 m。小面积人工耕作生产园，株行距1.5 m × 2.0 m，幼树期可加倍密植。大面积人工耕作生产园，株行距1.0 m × 2.8 m ~ 1.0 m × 3.0 m。幼树期整形以中、重度剪截为主，促发新枝加速树冠扩张，成龄树选用圆锥形或自然半圆形树形，一年生枝剪、截、留比例把握在各1/3较为适宜。降雨期需加强黑果病的防治。

二、宁杞2号

1. 品种来源

宁杞2号是宁夏农林科学院科研人员从当地优良品种大麻叶枸杞中采用单株选优方法选出来的优质高产适应性强的枸杞新品种。该品种已在宁夏、新疆、甘肃、内蒙古、湖北等省（区）推广种植。

2. 品种特性

树体架形硬、生长快。当年生枝条灰白色，嫩枝梢部淡红白色，多年生枝红褐色，结果枝细长而软，节间长1.41 cm，第一坐果距7 ~ 17 cm，每芽眼花果数2.03个。叶色深绿色，在二年生枝上簇生，叶卵状披针形或披针形。一年生枝上单叶互生或后期有2 ~ 3枚并生，条状披针形，长宽比4.10 ∶ 1 ~ 5.21 ∶ 1，厚0.457 mm。花长1.67 cm，花瓣绽开直径1.57 cm，花丝基部有圈特别稠密的绒毛，花瓣明显反曲，花萼多为单裂。鲜果梭形，先端渐尖，果实纵径2.43 cm、横径0.98 cm、果肉厚0.178 cm；鲜果单果质量0.64 g，鲜干比4.38 ∶ 1。干果商品等级率为特级71.3%、甲级15.20%、乙级10.8%，干果果实总糖52%、多糖3.21%、类胡萝卜素1.19 mg/g、甜菜碱0.89 g/100 g。

宁夏银川3月下旬萌芽，4月下旬二年生枝现蕾，5月中旬一年生枝现蕾，6月上旬果熟初期，6月下旬进入盛果期，7月下旬发秋梢。抗枸杞蚜虫、红瘿蚊和根腐病能力强，对枸杞锈螨抗性较宁杞1号和大麻叶优系差；雨后不易裂果；喜光照，耐寒、耐旱、耐盐碱，不耐阴、湿。

3. 栽培技术要点

在灌淤土、淡灰钙土，pH9.0～9.8，地下水位在0.9～1.0 m的各种土质上均能良好生长。小面积人工耕作生产园，株行距1.4 m×2.5 m，幼树期可加倍密植。大面积人工耕作生产园，株行距1.3 m×2.8 m～1.3 m×3 m。幼树早期修剪应注意短截，培养树冠骨架，成年树的强壮枝适当短截，促发侧枝结果，疏剪细弱枝以有利通风透光。夏季应及时抹芽、抽“油条”（剪去多余的徒长枝），使更多的养分集中供给花果生长，需留用的徒长枝（油条），应在适当位置及时摘心或别枝，不应长放。

三、宁杞3号

1. 品种来源

宁杞3号是宁夏农林科学院科研人员从当地优良品种大麻叶枸杞中采用单株选优方法选育出来的优质高产枸杞新品种。该品种于2004年3月19日由宁夏品种审定委员会进行了审定，2005年9月5日通过了国家林业局植物新品种保护办公室的品种审查，获得国家植物新品种保护权，是宁夏首个受保护的林木新品种。

2. 品种特性

树势强，生长快。当年生结果枝细软，弧垂生长，嫩枝梢部淡黄绿色，二年生枝灰白色，光滑无棘刺，结果枝细长而软。叶片绿色，叶横切面向下凹形，顶端渐尖，二年生枝叶条状披针形，簇生；当年生枝叶披针形，长宽比4.88：1。花绽开后紫红色，花冠喉部及花冠裂片基部紫红色，花冠筒内壁淡黄色，花丝近基部有圈稠密绒毛。鲜果果腰部略向外凸，果实纵径1.74 cm，横径0.89 cm，果肉厚0.207 cm；鲜果单果质量0.996 g，果实鲜干比4.31：1。干果特优级果率比宁杞1号增加89.80%，干果含枸杞籽粒11.11%、多糖6.33%、甜菜碱1.1 g/100 g、类胡萝卜素1.98 mg/g、水分76.85%。

在宁夏银川3月下旬萌芽，5月上旬二年生枝开花，5月下旬一年生枝开花至9月下旬，6月下旬开始果熟，至10月下旬止，10月下旬开始落叶。抗黑果病能力较强，对瘿螨、蚜虫抗性较弱；雨后不易裂果；喜光照，耐寒、耐旱，不耐阴、湿。

3. 栽培技术要点

园址选择在年平均气温4.4~12.8℃，≥10℃年有效积温2 000~4 400℃，年日照时数大于2 500 h，有灌溉条件，土壤活土层30 cm以上，地下水位1.2 m以下，含盐量0.20%以下，pH 8.0~9.13的中壤，轻壤土上较丰产。小面积人工耕作生产园，株行距1 m×2 m，幼树期可加倍密植。大面积人工耕作生产园，株行距1 m×3 m。栽植后于离地高约50 cm剪顶定干，在定干上部选留4~5个侧枝做第一层主枝，以后逐年增加树冠层次和枝条数量，培养具有4~5层圆锥形树冠，秋季修剪采用疏剪为主，少短截，原则是剪横不剪顺，去旧要留新，密处行疏剪，稀处留"油条"，清膛截底修剪好，树冠圆满产量高。生长季节及时抽除不需留用的徒长枝，及时进行园地松土除草及病虫害防治。

四、宁杞4号

1. 品种来源

宁杞4号是中宁县枸杞产业管理局科研人员从1985年开始选育，历时20年经过优树初选、复选、产量和质量测定、品种比较试验、区域试验等程序，从中宁大麻叶实生枸杞园中选育出的枸杞优良品种。2005年3月19日通过宁夏林木品种审定委员会审定，良种编号宁 S-SC-LB-001-2005。

2. 品种特性

树势强健，树冠开张。当年生枝灰白色，嫩枝梢部淡绿色，多年生枝深褐色，光滑少棘刺。叶片浓绿色，质地厚，二年生枝叶片披针形，当年生枝叶片部分反卷，嫩叶叶脉基部至中部正面紫色。花长1.59 cm，花瓣绽开直径1.53 cm，花丝中部有圈稠密绒毛，花萼2~3裂。二年生枝每芽眼花蕾数4~7朵。鲜果单果质量0.58 g，果实纵径1.83 cm，横径0.94 cm，具8棱（4高4低），先端多钝尖，果实鲜干比4.5∶1。干果总糖47%，多糖3.02%、类胡萝卜素1.09 mg/g、甜菜碱0.89 g/100 g。

在宁夏银川3月下旬萌芽，4月下旬二年生枝现蕾，5月中旬一年生枝现蕾，

6月上旬果熟初期，6月中旬进入盛果期，7月下旬发秋梢。抗干旱，耐盐碱；耐锈螨和根腐病能力强。

3. 栽培技术要点

以人工管理为主的生产园，株行距1.5 m × 2 m～1 m × 2 m。栽后土壤管理以机械为主的生产园，株行距1 m × 3 m 为宜。春季发枝后，每7～10 d 修剪1次，及时疏除根部主干和树冠中的徒长枝，并对各层延长枝及时进行短截修剪，促其在年度内形成2次枝或3次枝，使之迅速扩大树冠。

五、宁杞5号

1. 品种来源

宁杞5号，母树1999年被科研人员发现于宁杞1号生产园，后经无性扩繁成无性系，选育工作由宁夏农林科学院、育新枸杞种业有限公司、宁夏枸杞协会合作完成。该品种在生产中具有丰产、稳产、果粒大、鲜食口感好、采摘用工省、种植收益高等综合优势。2009年通过宁夏林木品种审定（宁 S-SC-LB-001-2009），在新疆、青海也有较好的表现。

2. 品种特性

树势强健，树体较大。当年生嫩枝的枝梢略有紫色条纹，二年生枝条黄灰白色，结果枝条细软多下垂。叶片深灰绿色，质地较厚，成熟叶片青灰绿色，叶中脉平展，二年生枝叶条状披针形，簇生；当年生枝叶互生、披针形，最宽处近中部，叶尖渐尖，叶长宽比4.12∶1～4.38∶1。花长1.8 cm，花瓣绽开直径1.6 cm，花柱超长、显著高于雄蕊花药，新鲜花药嫩白色、开裂但不散粉，花绽开后花冠裂片紫红色，盛花期花冠筒喉部鹅黄色，在裂片的紫色映衬下呈星形，花冠筒内壁淡黄色，花丝近基部有圈稠密绒毛，花萼2裂。鲜果橙红色，果表光亮，果腰部平直，果身多不具棱，纵剖面近圆形，先端钝圆，果实纵径2.54 cm，横径1.74 cm，果肉厚0.16 cm，内含种子15～40粒。鲜果单果质量1.1 g，果形指数2.2，果实鲜干比4.3∶1。干果特优级果率（5.60粒 /g）100%，果实含总糖56%，多糖3.49%、类胡萝卜素1.20 mg/g、甜菜碱0.98 g/100 g。

在宁夏银川4月中旬萌芽，4月下旬二年生枝现蕾，5月中旬一年生枝现蕾，5月下旬果熟初期，6月上中旬进入盛果期，7月中旬发秋梢。对瘿螨、白粉病、根腐病抗性较弱，蓟马抗性强；雨后易裂果；喜光照，耐寒、耐旱，不耐阴、湿。

3. 栽培技术要点

不能单一品种建园，生产栽培需配置授粉树。园地宜选中壤或轻壤，地下水位不得高于100 cm。小面积人工耕作生产园，株行距1.5 m × 2 m，幼树期可加倍密植。大面积人工耕作生产园，株行距1.0 m × 2.8 m ~ 1.0 m × 3.0 m，雄性不育无花粉，需配置授粉树，适宜授粉树宁杞1号、宁杞4号，混植方式1 ∶ 1 ~ 1 ∶ 2株间混植，生产园需放养蜜蜂。幼树期整形修剪需两级摘心，促使营养生长向生殖生长转化；成龄树选用圆锥形或自然半圆形树形，一年生枝剪、截、留比例把握在各1/3较为适宜。春秋两季徒长枝要随有随清，一年生枝成枝力过强，须在萌芽时疏除50%，确保单株果枝留枝量250条左右。

六、宁杞6号

1. 品种来源

宁杞6号是科研人员2003年在宁夏林业研究院枸杞资源圃内发现的1株天然杂交实生苗，后经无性扩繁形成无性系。选育工作由宁夏林业研究院人员完成，2010年通过宁夏林木品种审定（宁 S-SC-LB-008-2010），并于2011年获得国家植物新品种保护的认定。

2. 品种特性

树体生长旺盛，抽枝力强，枝条长而硬，当年生枝青绿色，梢端泛红色，多年生枝灰白色，具长针刺，结果枝花果数较少，每节间1 ~ 2朵。叶片展开呈宽长条形，叶片碧绿，叶脉清晰，幼叶片两边对称卷曲成水槽状，老叶呈不规则翻卷。合瓣花，花冠紫红色且紫红色一直延伸至花筒基部，花筒直径小。幼果细长稍弯曲，萼片单裂，个别在尖端有浅裂痕，果长大后渐直，成熟后呈长矩形。鲜果果实纵径2.273 cm，横径0.929 cm，果肉厚0.2 cm，含籽量少，口味甘甜无异味，适宜鲜食等优点。鲜果单果质量为1.29 g，果实鲜干比4.5 ∶ 1。多糖含量1.26%、类胡萝卜素含量1.5 mg/g、氨基酸总量89.1 mg/ kg。

在宁夏地区3月下旬开始萌芽，4月上旬大量萌芽展叶，5月上旬至下旬盛花期，6月中旬进入盛果期，10月下旬落叶，生长期245 d左右。木虱、瘿满的抗性较弱，第一次病虫害防治（主防枸杞瘿满、锈螨）要根据物候期提前3～5 d进行；雨后易裂果。喜光照，喜水肥。

3. 栽培技术要点

自交不亲，不可单一品种建园，生产栽培需配置授粉树。生产上采用宁杞6号：宁杞1号为2：1的比例进行株间混植或1：1的比例进行行间混植，均可达到丰产、稳产的目的。宁杞6号发枝力较强，老眼枝结果力强，可多留结果枝，对中间枝采取重短截促发侧枝。夏季修剪当年生徒长枝打顶后发出的侧枝仍较壮，部分枝条经二次打顶后发出的枝条才能更好地开花结果；注意疏除过密枝条。

七、宁杞7号

1. 品种来源

宁杞7号的母树2002年被科研人员发现于宁夏固原黑城地区宁杞1号生产园，后经无性扩繁形成无性系。选育工作由国家枸杞工程技术研究中心人员完成，2010年通过宁夏林木品种审定（S-SC-LB-009-2010）。

2. 品种特性

树势健壮，树姿半开张，一年生枝青绿色，梢端微具紫色条纹，二年生枝灰白色。叶片厚，青灰色，宽披针形，叶基部卵圆形，顶端渐尖、微凹，叶脉清晰。花绽开后花冠裂片紫堇色，花冠筒喉部鹅黄色，紫堇色未越过喉部，花冠檐部裂片背面中央有一条绿色维管束，开花后2～3 h花冠开始反卷，花冠紫堇色自花冠边缘向喉部逐渐消退，远观花冠外缘近白色，花丝近基部有圈稀疏绒毛。幼果粗直，花冠脱落处无清晰果尖，成熟后呈长矩形。鲜果果实纵径2.2 cm，横径1.18 cm，果肉厚0.12 cm，鲜果单果质量0.72 g，鲜干比4.1：1～4.6：1。混等干果290粒 /50 g，多糖含量3.97%，甜菜碱10.8 mg/g，类胡萝卜素1.385 mg/g。

在宁夏银川地区3月28—30日开始萌芽，4月6—8日大量萌芽展叶，4月12日新梢开始生长，5月4—10日当年生枝大量现蕾，5月17—30日新枝盛花期，6月中下旬当年生新枝进入盛果期，10月下旬落叶，生长期240 d左右。抗逆性和适应性较强，喜光照，耐寒、耐旱，不耐阴湿；抗黑果病能力强，对蓟马、白粉病抗性较弱。

3. 栽培技术要点

自交亲和，可单一品种建园。种植密度以株行距1 m × 3 m或1.5 m × 2.0 m最佳。成龄树休眠期修剪以二年生二级侧枝为主要选留对象，选留的原则是去强留弱，留枝长度视枝条强弱保持在20～30 cm，单株留枝量在40条左右为宜。夏季生长期主干、主枝及一级侧枝上萌发的多是徒长枝，所发新芽除选留的其余一律抹除，二级枝组上所发强旺枝选留的一定要在其20 cm左右时进行摘心，促花促果舒缓树势。通过休眠期修剪与夏季修剪的配合，单株枝量确保在250条为宜。

八、宁杞8号

1. 品种来源

宁杞8号是宁夏林业研究院科研人员从中宁、内蒙古、新疆等地通过自然选优引进的16个优良株之一，后经无性扩繁形成无性系。选育工作由宁夏林业研究院人员完成，于2012年7月通过国家林业局植物新品种保护的认定（品种权号20120109），2015年12月通过宁夏林木品种审定（良种编号宁S-SC-LB-001-2015）。

2. 品种特性

树体生长势中庸，冠形紧凑。成枝力弱，二年生枝现蕾开花极少，仅在枝条顶端或长针刺枝上结果，每节间3～4个花果簇生于叶腋，一年生枝花果量每节1～2朵花，枝条长而下垂。叶片呈宽长条形，嫩叶墨绿色，成熟后叶片灰绿色，叶片长宽比4.064：1。花1～2朵簇生叶腋，合瓣花，花冠裂片平展，呈圆舌形，紫红色，花冠筒长于花冠裂片，花药黄白色，花丝着生于花冠筒下部并与花冠裂片互生，花瓣喉部黄色，具红色纵向条纹。幼果细长弯曲，萼片单裂，果实长大后渐直，成熟后呈长纺锤形，两端钝尖，果粒大，鲜果果实纵径2.73 cm，横径1.14 cm，果肉厚0.245 cm，鲜果单果质量1.211 g，果实鲜干比4.5 ：1～4.8：1。鲜果多糖含量0.78%，氨基酸含量2.18 mg/100 g，类胡萝卜素含量2.1 mg/g，甜菜碱0.19 mg/100 g。干果特优果等级占77.3%。

在宁夏地区宁杞8号比宁杞1号物候期提前3～5 d。木虱、瘿螨、白粉病抗性较弱，第一次病虫害防治（主防枸杞瘿螨、锈螨）要根据物候期提前3～5 d进行。雨后易裂果。喜水肥。

3. 栽培技术要点

自交亲和性差，需混植建园，采用宁杞8号：宁杞1号为2：1的比例进行株间混植或1：1的比例进行行间混植，种植密度以株行距1 m × 3 m 为最佳，可达到丰产、稳产的目的。发枝力一般，老眼枝结果力弱，1～3年生幼树多长针刺，长针刺枝具结果能力，可保留结果，中间枝、徒长枝除用作整形补空外一律去除。老眼枝要轻短截（短截枝条的1/3～1/4），不宜进行重短截，通过休眠期修剪与夏季修剪的配合，单株枝量确保在220条为宜。

九、宁农杞9号

1. 品种来源

宁农杞9号是由内蒙古科研人员在“宁夏枸杞”生产园中发现的特异性单株，经无性扩繁选育成的新品种。选育工作由宁夏农林科学院（国家枸杞工程技术研究中心）与宁夏百瑞源枸杞产业发展有限公司人员合作完成，该品种具有生长旺盛、自交不亲和、耐热、果粒大、等级率高等特点。2014年12月通过宁夏林木品种审定委员会审定，定名为宁农杞9号。

2. 品种特性

树势强健，树冠开张，自然成枝力弱，剪截成枝力强。当年春梢青绿色，梢部具大量紫堇色条纹，枝条粗长、硬度中等，多年生枝灰白色，正常水肥条件下无棘刺，二年生枝花量小，每节间0.25个花果，一年生枝每节间1～3个花果簇生于叶腋。成熟叶片厚、深绿色、一年生枝上叶片常扭曲反折，叶长宽比为4.2：1。花蕾上部深紫色，花萼单裂，花瓣5，花冠筒裂片圆形，花瓣绽开直径1.61 cm，花喉部豆绿色，花冠檐部裂片背面中央有三条绿色维管束。鲜果果实纵横径比2.5：1，果肉厚0.181 cm，鲜果单果质量1.06 g，鲜干比4.3～4.7。干果等级率220粒 /50 g，干果多糖含量3.97%、甜菜碱含量1.08 g/100 g、类胡萝卜素含量1.342 mg/g。

在宁夏银川地区4月开始萌芽，4月下旬新梢开始生长，二年生枝少量现蕾，5月中下旬当年新梢大量现蕾，6月上旬果熟初期，7月上旬当年生新枝进入盛果期，10月下旬落叶，生长期240 d左右。喜温、喜光照，耐肥水、耐寒、耐盐碱水平与宁杞1号基本相当。

3. 栽培技术要点

自交不亲和，需混植建园。授粉树可选择宁杞1号、宁杞4号、宁农杞1号、宁农杞2号等，成龄树适宜永久株距1.5 m，人工耕作园栽植行距2 m为宜，机耕园栽植行距2.8～3.0 m。成龄树二年生二级侧枝是休眠期修剪的主要选留对象，选留的原则是去强留弱，留枝长度视枝条强弱长度在20～25 cm，单株留枝量在65条左右为宜。夏季生长期成龄树主干、主枝及一级侧枝上萌发的多是徒长枝，所发新芽除选留的外一律抹除，二级枝组上所发强旺枝选留的一定要在其15 cm左右时进行摘心，促花促果舒缓树势。通过休眠期修剪与夏季修剪的配合，单株枝量确保在220条为宜。

十、宁杞10号

1. 品种来源

宁杞10号是由宁杞4号、宁杞5号作为父本和母本杂交选育的枸杞新品种。选育工作由中宁县杞鑫枸杞苗木专业合作社完成，2017年通过宁夏林木品种审定委员会认定，定名为宁杞10号。该品种在宁夏、甘肃、青海、内蒙古、新疆等地进行区域试验时，均表现出果粒大、稳产的优异特性。

2. 品种特性

树势强健，萌芽力高，成枝力强，枝条柔顺。当年生嫩枝梢部有明显的紫色条纹。叶色为绿色，质地较厚，叶中脉平展，二年生枝叶宽披针形，簇生；当年生枝叶互生，宽披针形，最宽处近中部，叶尖急尖，叶片长4~6 cm，宽0.9~1.6 cm。花冠筒长0.53 cm，花瓣绽开直径2.17 cm，花柱长1.19 cm，花药长1.13 cm，新鲜花药淡黄色，开裂有花粉，花绽开后花冠裂片为堇色，花冠形状为漏斗状，着生方式为单生。盛花期花冠筒喉部鹅黄色在紫色裂片的映衬下呈圆形，花冠筒内壁青绿色，花丝近基部有圈稠密绒毛质。鲜果橙红色，果皮光亮，果腰部平直，果身多不具棱，纵剖面近似椭圆形，先端钝尖；鲜果果实纵径2.04 cm，横径1.13 cm，果肉厚0.13 cm，鲜果单果质量1.92 g，鲜干比为4~4.8：1。混等干果210粒 /50 g，干果枸杞总糖56.2%、枸杞多糖4.63%、甜菜碱0.051 g/100 g、类胡萝卜素2.946 mg/g。

在宁夏中宁3月中下旬萌动，3月下旬芽鳞开裂，4月上中旬展叶、老眼枝显蕾，同时七寸枝萌动；4月下旬老眼枝开花，同时七寸枝生长；5月上旬老眼枝结果，同时七寸枝现蕾；5月下旬七寸枝进入盛花期；6月上中旬老眼枝果熟进入采摘期，6月下旬进入采摘高峰；7月下旬夏果采摘结束，同时开始秋季修剪；9月下旬秋果开始采摘；10月下旬采摘结束。雨后不易裂果，抗逆性强。

3. 栽培技术要点

自交亲和，可单一品种建园。种植株行距一般为1.0 m × 2.7 cm。定植苗木宜选用高40 cm以上、半木质化、炼苗2周以上的健康苗木，整个生长季均可种植，最佳种植时间在雨季。栽植当年定干高度70~80 cm，定干后疏除距地面40 cm以内的所有枝条，40 cm以上、与主干夹角小于30° 的枝条全部疏除，与主干夹角30° ~45° 的强壮枝，枝长保留10 cm左右进行短截，培养第一层骨干枝，与主干夹角大于60° 的枝条，一般不进行短截或在15 cm处进行短截，培养临时性结果枝组。对二龄以上的树选留部分上年秋七寸枝，延长采摘期。1~2龄，以培养第一层树冠和主干为主，地径达到3 cm粗时，顶端选留距主干最近的直立枝作为第二层树冠的中央领导干。

第三节　新优品系

一、宁农杞1号

1. 品种来源

宁农杞1号由国家枸杞工程技术研究中心人员选育，2014年获得植物新品种权，品种权号20140107。

2. 品种特性

该品种生长势强，树姿较开张，自然成枝力3.2，剪截成枝力2.1。结果枝细长而软，当年生枝条浅绿色，仅在节间叶簇生的地方具紫色条纹，具少量棘刺，多年生枝棕褐色。当年生枝嫩叶翠绿色，成熟叶片深绿色，披针形或长椭圆状披针形，叶片常扭曲反折，正反面叶脉清楚，叶长宽比3.36∶1。花蕾上部深紫色，花冠筒裂片圆形，每一裂片上面具明显的三条脉纹，花萼2裂。鲜果果实长椭圆形，果色鲜红，青果具有明显果尖，成熟后不具明显果尖；鲜果果实纵径2.26 cm，横径0.97 cm，果肉厚0.13 cm，鲜果千粒重1 017.5 g，鲜干比4.35∶1。自交不亲和，不能单一品种建园，需配置授粉树。

二、宁农杞2号

1. 品种来源

宁农杞2号由国家枸杞工程技术研究中心科研人员选育而成，2014年获得植物新品种权，品种权号20140108。

2. 品种特性

该品种树势强健，树体紧凑，生殖生长势强，自然成枝力8.2，剪截成枝力4.3。结果枝细长而软，嫩枝条青绿色，不具紫色条纹和斑点，多年生枝棕褐色。叶深灰绿色，披针形或长椭圆状披针形，正反面叶脉清楚，叶长宽比4.3∶1。花淡紫色，花冠高脚碟状，筒细长，宽约2 mm，长约为花萼的2倍，花冠喉部筒状，檐部裂片不向外翻，花萼2裂。鲜果果实长椭圆形，果实先端突起，具有小的锥状尖头。鲜果果实纵径2.50 cm，横径1.10 cm，果肉厚0.17 cm，鲜果千粒重1 119.2 g，鲜干比4.6∶1。自交不亲和，不能单一品种建园，需配置授粉树。

三、宁农杞3号

1. 品种来源

宁农杞3号由国家枸杞工程技术研究中心科研人员选育而成，2015年获得植物新品种权，品种权号20150121。

2. 品种特性

该品种树势旺盛，树体开张，生殖生长势强，自然成枝力4.3，剪截成枝力2.8，一年生枝条长而硬，枝条褐色带有紫色条纹，无或极少有棘刺。叶深绿色，叶长椭圆状披针形，正反面叶脉清楚，叶长宽比3.92∶1。花冠较大、紫色，花雌雄蕊同位，雄性可育，花冠裂片椭圆形，上面具一条明显的脉纹，背面颜色较浅，具三条明显脉纹，喉部筒状，不向外翻卷。青果果体表面具不规则凸起，成熟鲜果果实长椭圆形，具有明显果尖，鲜果果实纵径2.33 cm，横径1.00 cm，果肉厚0.13 cm，鲜果千粒重1 083.7 g，鲜干比4.26∶1。自交不亲和，不能单一品种建园，需配置授粉树。

四、宁农杞8号

1. 品种来源

宁农杞8号由国家枸杞工程技术研究中心科研人员选育而成，2018年获得植物新品种权，品种权号20180324。

2. 品种特性

该品种株型直立，生殖生长势强。一年生枝长而软，灰褐色，无或极少有棘刺，多年生枝条褐色。叶片浅绿色强，窄披针形。花冠紫色，漏斗状，花冠裂片缘毛无或极少。鲜果果实长椭圆形，无表面突起，鲜果果实纵径3.46 cm，横径1.30 cm。

五、宁农杞10号

1. 品种来源

宁农杞10号由国家枸杞工程技术研究中心科研人员选育而成，2018年获得植物新品种权，品种权号20180114。

2. 品种特性

该品种以优良宁夏枸杞品种宁杞1号的花药为试材，利用离体培养技术获得的有生活力的枸杞单倍体。树势弱，生长缓慢，自然成枝力弱，枝条直立生长，树皮灰白色，当年生枝黄褐色，嫩枝绿色。叶黄绿色，长椭圆形，叶端钝，叶基部下延，叶柄短，叶脉绿色。花少且小，花冠紫色，4~5裂，深裂至喉部，花冠喉部黄绿色，花萼浅裂，花丝弯曲，花药偏黄且不开裂，花开后干枯脱落，枝条上着花1~3朵腋生。

六、科杞6081

1. 品种来源

科杞6081由国家枸杞工程技术研究中心科研人员选育而成，2018年获得植物新品种权，品种权号20180325。

2. 品种特性

该品种生长势极强，株型直立。一年生枝长而软，灰褐色，无或极少棘刺，多年生枝褐色。叶片长6.46 cm，叶片宽1.73 cm，叶厚0.07 cm；叶柄长中，叶形为宽披针形，叶尖急尖。花冠颜色为紫色，漏斗状，花冠裂片缘毛无或极少，喉部鹅黄。鲜果长椭圆形，具有明显果尖，鲜果果实纵径3.01 cm，横径1.21 cm。自交不亲和，不能单一品种建园，需配置授粉树。

七、科杞6082

1. 品种来源

科杞6082由国家枸杞工程技术研究中心科研人员选育而成，2018年获得植物新品种权，品种权号20180326。

2. 品种特性

该品种生长势极强，株型直立。一年生枝长而软，灰褐色，无或极少棘刺，多年生枝褐色。叶片宽披针形，叶片长4.87 cm，叶片宽1.52 cm，叶厚0.06 cm。花冠紫色，漏斗状，花冠裂片缘毛无或极少，喉部紫堇色。鲜果果实长椭圆形，无果尖，果实纵径2.65 cm，横径1.19 cm。自交不亲和，不能单一品种建园，需配置授粉树。

第三章　整形与修剪

整形与修剪技术是枸杞生产中重要的农艺栽培措施，是生产栽培过程中比较费工的作业，仅次于采收用工。如何使树体早结果、高产、稳产、优质、便于管理以及降低成本，是提高整形与修剪水平重要研究方向。在学习借鉴国内外果树经验的基础上，结合宁夏枸杞产区的生产实际与栽培条件，枸杞的经营管理方式与栽培模式也在变革，传统的整形修剪技术，也面临着由“精细化”向“简约化”转变的趋势。而简化修剪的途径一般以简化修剪技术、机械修剪方向为主。机械化修剪对树冠结构要求高，通常在纺锤形、树篱形等简化树形或矮化树形的基础上才能应用，并且要充分了解树体生长结果机制，才能获得较好的效益。

第一节　篱架的架式与树形

一、篱架的架式

1. 架式的材料

篱架搭架是建园的基础工序，也是建园中投入成本的主要项目之一。篱架常用材质为水泥制杆、木材杆、钢管杆等与铁丝、钢丝结合搭成不同架式，这些材质在耐受强度、使用寿命等方面随着生产时期和经济发展的不断优化。实际生产中选用架材，可根据当地情况，做到既经济节约，又简单实用。

木材杆经济、环保，可就地取材，但用材量大、不牢固，在生产中较少使用。国外木材资源丰富，用木柱普遍，鲜木材应晾晒3~6个月，去皮加工成方柱，埋土一端削成锥形。木柱韧性好，但在黏湿土壤中易腐烂。我国竹材丰富，在多雨地区或黏土中可用竹柱，12 cm 粗的竹柱埋入地下部分应涂沥青防腐，经防腐处理后寿命长于木柱。

水泥制杆经济、耐用，由钢筋骨架和沙、石、水泥浆制成，一般采用400号水泥、直径60 mm 钢筋、建筑用砂和卵石。生产园一般不可连作，种植结束后水泥杆不便于再回收，对环境会有不良影响。

镀锌钢管杆坚固耐用，价格远高于水泥杆，但环保、可回收重复利用，是现代化生产园的更新换代用柱，一般由工厂加工定制，可按要求配置横梁、固定爪或钩、孔等，到田间组合安装。多使用于科研院所及企业规模化、标准化种植基地。

2. 支架的建立

（1）边柱　边柱是承受整行架柱的最大负荷。它不仅承担立架面的压力，还承受中间各架负荷的拉力。在选材上，边柱规格要比中间立柱大20% 以上，长20～30 cm。边柱埋设深度在60～70 cm 或更深，在沙性松散的土壤内埋得要比在黏土中深，还要用内撑或外拉法加以固定。

（2）中柱　篱架行内每隔10～12m 直立埋设一根中柱，埋入土中深约50 cm。

（3）拉线　使用最多的拉线是镀锌铁丝。第一道拉线用于悬挂滴灌管，第二道、第三道拉线用于固定支撑竹竿或固定主枝。

3. 各种架式的构造及其特点

篱架主要是单干类型，即单臂篱架、双臂篱架、宽顶单篱架及改良架式。

（1）单臂篱架　每行设立一个架面并且与地面垂直，支柱上每隔50～70 m 拉一道铁丝，架面高度可根据气候、土壤、品种特性、整枝形式等加以调整，以不影响架面两边的光照为宜。单臂篱架的优点是架面光照及通风条件良好，有利于果实品质提高；病虫害防治、土壤耕作、摘心修剪等田间管理较为方便；适宜于密植、早期丰产和机械化管理。

（2）双臂篱架　有两个架面，两个架面之间有一定距离，树苗栽种在两个架面中间，枝干分别绑缚在两边架面上。双臂篱架的优点是增加架面面积，利于早期丰产；缺点是成本高、管理不方便、费工、通风透光条件不如单篱架，且易感染病虫害。

（3）"T"形架　又称宽顶篱架，是在单篱架的基础上，顶端加设一道横梁，宽约1 m，在横梁两端各拉2道架丝。

（4）"Y"形架　架面呈"Y"形，是单干双臂篱架的改良架式，架高1.8～2.0 m，全架分3段5道架丝，第一道架丝在篱架面上，距地面80 cm，从立柱第一道架丝至架顶均匀架设2～3道长度为40～120 cm的横梁，横梁两端拉架丝，将一条或两条主枝水平绑缚在篱架第一道架丝上，结果枝新梢分别倾斜绑缚在两边架丝上。这种架式通风透光更好，提高了结果部位，避免果实日灼，减轻了果实病害和污染；适合密植，易获得高产稳产，架面管理也方便。

（5）单十字飞鸟形架　架面由1根立柱、1根横杆和6条纵线组成，架高1.8～2.0 m，横杆长约160 cm，架设在距立柱顶部30 cm处，距地面120～140 cm立柱的两侧和距离横杆两侧35 cm、80 cm处各拉1道钢丝，总共6条钢丝。第一道架丝的位置可灵活控制，操作方便，省工，适合机械化修剪等管理措施。这种架式提高了劳动效率，能够缓和树势、改善果实着色提高品质，架面留梢量控制好可达到连年丰产。

二、篱架栽培常用树形

利用篱架栽培的果树（如葡萄、猕猴桃）一般在自然生长情况下干性弱，很难形成中央领导干，而且枝蔓纤长易相互缠绕，必须依附一定架式并通过人为修剪措施才能形成合理的树形。一般建园工作完成以后，在幼龄生长期的重点是搞好整形工作，不同架式整形的方法和树体结构成形所需的时间不同。在篱架整形中，多采用单干整形，主要有双臂双层水平形和双臂三层水平形。随着农业现代化的发展，为适应现代农业发展种植模式，经济林果产业中应用的树形不同，现仅将篱架栽培生产上应用较多的树形介绍如下。

1. 单干双臂树形

单主干，主干上两个主枝沿中心铁丝伸长，主枝的两侧培养结果枝组，与行向成直角固定在架面上，呈羽状排列。该树形主要应用在葡萄、猕猴桃等果树上。

2. 双臂双层树形

单主干，分别在第一和第二道铁丝分布主枝，主枝上再分布结果枝组。也可以由双主干构成，即分别培养一半矮干的植株，使其在行内与高干植株互相交替。

3. 多层“干”字形树形

树体有一个中干，所有分枝都在一个平面上，主干上的分枝顺着行向向两边对称延伸，全树有多层水平分枝，呈平面结构。

4. 细长纺锤树形

细长纺锤树形也称高纺锤形、圆柱形或主干形，树高3~4 m，中央领导干直立，中心干上直接着生不固定的结果枝组，主枝数量30~50个，在中央领导干上螺旋轮生分布，枝间距15~20 cm。该树形主要应用于苹果、梨、柑橘等矮化密植园。

5.“Y”字形

骨干枝沿行向延伸呈“Y”形，树高2.5~3.0 m，干高40~50 cm，两侧主枝分别引缚在两臂上，主枝分生的小侧枝，水平状拉引，间距保持25 cm，其上着生结果枝组，小侧枝均匀分布在架面上，呈鱼刺形。该树形主要应用于梨、葡萄、苹果等果树上。

6.UFO 形

UFO 形也称直立主枝形或扇形，树高3~4 m，干高50~60 cm，主干沿篱架第一道钢丝直接拉平（一边倒）或培养2个沿行向的水平骨干枝，每个水平骨干枝上着生6~12个平行直立主枝，枝间距15~20 cm。果实主要结在短果枝上，通过更新这些结果枝组，获得优质的果实和较高的产量。该树形主要应用于樱桃、梨等果树上。

第二节　修剪依据与方法

一、与修剪有关的生长特性

1. 萌芽力与成枝力

（1）萌芽力　枝条上的芽在自然条件下或剪截后的萌发能力。通常枝条上的顶芽和中上部侧芽易萌发，基部的芽不易萌发，呈潜伏状态。萌芽力一般用萌芽率表示，即枝条上萌发的芽数占枝条上总芽数的百分率。萌芽力的强弱影响枝量增加和结果的早晚。一般萌芽力与芽的质量、品种特性、树龄、修剪等有关。

（2）成枝力　枝条上的芽萌发后能抽生长枝的能力叫成枝力。抽生长枝多的表示成枝力强，少的则弱。通常以具体成枝数或长枝占总芽数的百分率表示成枝力。成枝力的强弱，因品种的特性不同而有很大差异，成枝力与萌芽力之间的关系没有绝对的正比关系。萌芽力强的品种，成枝力可能强，也可能弱。一般萌芽力和成枝力都强的品种易于整形，但枝条过密容易引起通风透光不良，内部结果少、产量低，修剪时要注意多疏剪，少短截，少留骨干枝，防止树冠郁闭。成枝力弱的品种，长枝比例小，不易培养骨干枝，短截枝的数量应较多，剪截程度亦应稍重。一般萌芽力强、成枝力弱的品种易形成中、短枝，成花、结果早，但生长量较小，培养骨干枝困难，应注意适当短截，促发分枝。

2. 芽的异质性、层性和干性

（1）芽的异质性　树体中的芽在生长发育过程中，在气候、营养水平、内部激素调节等因素的综合作用下，芽的大小、质量各不相同。一般基部芽因生长时气温较低，营养供应差，节上叶片小，发育不良，一般为瘪芽；枝条中上部的芽，因气温升高，叶面积增大，光合作用增强，养分充足而充实饱满；顶芽位于顶端，养分优先供给，分化也早，芽的质量最好。在整形修剪上利用芽的异质性可达到控制树势、抑制发枝的目的。如长放时，瘪芽不抽枝，饱满芽抽生壮的中短枝。在饱满芽处短截抽生强壮的长枝，在瘪芽处短截发枝较弱。

（2）顶端优势、层性和干性　顶端优势是指同一枝条上，顶端和上部的芽萌发和抽枝能力都强于下部的芽，其原因是树体中的养分、水分优先供给位置较高的芽，使顶部芽或枝条的生长优于下部，顶端优势的强弱与枝条着生角度、树势、芽的枝量、年龄及品种有关。

层性是指枝条在树冠中自然分层的能力，是顶端优势和芽异质性共同作用的结果。由于枝条具有明显的顶端优势，因此在中央领导干上，形成明显的分层现象。分层明显的称为层性强，分层不明显的称为层性弱。一般成枝力较强的品种，层形较弱；成枝力较弱的品种，层性较强。具有层性的树冠，由于层与层之间有间隔，有利于通风透光。

干性是指树干自身形成中心干并维持其生长势强弱的能力。自身形成中心干能力强且生长优势容易维持的，称为干性较强；反之，自身形成中心干能力较弱，且中心干生长优势不容易维持的，称为干性较弱。枸杞的干性弱，因此栽种需要设立支柱。

（3）生长势与枝量　生长势是指枝条生长的强弱程度。常用枝条生长的长短、粗细、直斜与平垂、分枝多少与强弱来综合衡量。生长长而粗的、直立的、分枝多的，生长势强；反之，为生长势弱。枝条的长势与其所处的部位及芽的质量有关，一般树冠外围枝条光照好，长势强，芽的部位高且质量好时，萌发出的枝条生长健壮。一棵树有许许多多的新梢，不能全都测量，简单的方法是以外围枝条的长度来判断树势的强、中、弱。枝条的生长势又与结果量有直接关系，结果过多，枝条生长减弱；结果偏少，长势增强。通常对树势强的以轻剪缓放为主，缓和树势，使其向中庸转化；对树势弱的以短截更新为主，复壮树势；树势中庸的，采用短截、疏枝、缓放并重，交替更新结果。

枝量是指在一定粗度的骨干枝上、单株树上或单位面积上的枝条总量，包括一年生枝、二年生枝、多年生枝。枝量反映了树体生长结果状况的外部特征。适宜的单株枝量或亩枝量是优质、丰产的基础，也是构成丰产树体结构的基本要素。如果枝量不足，会导致树体旺长，枝组不稳定，产量低，经济效益低；枝量过多，枝条密集，虽然容易成花，但树体贮藏营养不足，树势易衰弱，质量不高。因此只有保持适宜的单株枝量和亩枝量，才能既维持健壮树势，又获得优质、丰产和较高经济效益。一般幼龄树枝量少，但增长速度较快，成龄树的枝量多，树势也比较稳定，进入衰老期后，生长势逐渐减弱，枝量也减少。而单株枝量或亩枝量的多少，因品种、树龄及生产园立地条件和管理水平的不同而有差异。

二、修剪方法与时期

1.修剪技术方法

（1）短截　指剪去强壮结果枝、中间枝与徒长枝的一部分，目的是促进抽枝、缩短枝轴，调整树势与补空，使其生长状况尽量接近预期的状态。短截程度会影响剪口下芽的萌发状态，一般会影响花芽形成。依据短截的程度分为以下几种方法。

轻短截：只剪掉枝条上部的一小部分枝段（1/4左右）。在枝条上部处剪，枝条萌芽率高，剪口下可形成较多的中、短枝，单枝生长势较弱，可缓和树势。但短截枝条基部的光秃带比较长。

中短截：在枝条中上部饱满芽外剪截，剪去枝长的1/3至1/2。中短截后萌芽率提高，形成长枝、中枝较多，成枝力高，单枝生长势强，有利于扩大树冠和枝条生长，增加尖削度。一般多用于延长枝和培养骨干枝。

重截：在枝条中下部短截，一般剪口下只抽生1～2个旺枝或中枝，生长量较小，树势较缓和，一般多用于培养结果枝组。

通常短截要交错进行，根据枝条生长势角度、粗度进行不同程度短截，不可整齐划一。

（2）回缩　指将多年生枝组进行短截的方法，主要目的是树冠回缩、枝组更新、抑制长势。回缩的部位和程度不同，其修剪反应也不一样，如在长势旺的分枝处回缩，去除前面的下垂枝、衰弱枝，可抬高枝组的角度并缩短其长度，分枝数量当年减少，有利于养分集中；而在细弱分枝处回缩，则有抑制其枝组生长势的作用。回缩复壮技术的应用要根据品种、树龄与树势、枝龄与枝势等灵活掌握。

（3）疏剪　即从基部剪除的枝条。疏剪主要的对象是结果枝组上过细过密的结果枝、针刺枝及冠层内的病虫残枝、干枯枝、徒长枝。由于枸杞极易萌发根蘖条与徒长枝，在生长期要及时把树冠上的徒长枝、根颈基部的根蘖条及冠层，树膛内的横穿、斜生的枝条从基部剪除，如不及时剪掉会浪费树体大量养分。

疏剪的作用主要是减少结果枝数量，改善树体通风透光条件，提高叶片光合效能，减少树体养分的无益消耗，增加养分积累。

（4）长放 主要针对的是中等强度的结果枝，利用单枝生长势逐级减弱的特性，放任不剪，避免修剪刺激旺长，达到以果压树、平衡树势的目的。长放可以缓和枝条长势，促进中、短枝的产生，易于成花结果的作用。

（5）摘心和剪梢 摘心是对正在生长的枝条摘除顶端生长部分。摘心部位较长就叫剪梢，剪梢在枝条半木质化部位进行。摘心和剪梢是夏季重要的修剪方式，可抑制新梢生长，促发二次分枝，利于花芽形成和提高坐果率。春季对生长较旺的枝条进行摘心，可以削除顶端优势，促进其他枝梢的生长，如果不摘心，可能生长为徒长性果枝。强壮枝摘心后可达到培养骨干枝的要求，摘心后削弱了下部枝梢的生长势，也可能增加中、短果枝数量，提早形成花芽；还可以控制过旺的营养生长，有利于养分向花器供应，以提高坐果率。

（6）抹芽 抹去嫩芽或疏除过密新梢。春季萌芽期主干部位及强壮结果枝的背上部位具大量潜伏芽，除选留个别芽作为填空补缺，其余一律抹除，可节约养分、改善光照，养分集中供给，使保留芽正常生长，提高枝条质量。

（7）扭梢、别枝 主要针对当年生旺长的新枝，使原本向上旺长的枝条改变枝位枝向，从而削弱或缓和枝条生长，促进成花。扭梢就是对生长旺盛的新梢在半木质化时，用手捏住新梢基部捻转180°使其向下生长，扭梢可抑制枝梢旺长，促生花芽，是背上旺长新梢有效控制的良好方法。别枝就是将背上的旺长枝条别在留下的二年生下垂枝下，可抑制旺长，促生花芽。

2. 修剪的时期

枸杞可全年进行修剪，修剪时期一般分为休眠期修剪和生长期修剪。

（1）休眠期修剪 一般从深秋落叶到第二年春季萌芽前进行，不影响当年光合面积，但影响根系运输的营养物质和激素量。一般进入休眠期前枝梢内营养物质向下运转存储到根系、枝干和枝组中，充实根、干和枝，到第二年春季再由根、茎向枝梢运送。休眠期一、二年生枝内营养物质较少，修剪后枝芽量减少，但剩下的枝芽会得到较多的营养物质，所以休眠期修剪对局部促进作用大。休眠期修剪主要以疏除、回缩为主，疏除病虫枝、密生枝、徒长枝、过多细弱枝，回缩过大、过长或下垂的骨干枝和结果枝组；调整更新骨干枝、结果枝组的角度和延伸方向；短截强壮结果枝、徒长枝填空补缺等（大树改造最好在冬季进行）。修剪要达到平衡树势、调整从属关系、培养结果枝组、控制辅养枝、调整结果枝比例和改善光照的目的。

（2）生长期修剪　指萌芽后至落叶前进行的修剪。枸杞生长期修剪包括春、夏、秋三个时期的修剪。

①春季修剪。在萌芽后到花期前后进行修剪。目的是缓势促萌芽、抑制生长势、改变顶端优势。采用的修剪方法为抹芽、花前复剪等。这个时期树液已运到枝梢，所以修剪对植株整体的抑制作用较大，对局部促进作用相对较小。要及时抹除根和主干上萌蘖条，主、侧枝上的徒长枝，只留用于放顶、补空或需增加结果枝组的，其他多余的枝条也要及时清除，减少树体养分消耗。花前复剪是对过长的二年生结果枝剪除萌芽部分，促发枝条，调整生长势和花量。

②夏季修剪。在5月上旬至6月上旬进行修剪，目的是控制新梢生长，增加中、短枝，改善光照，控制树势或枝旺长，调节生长与结果的关系，促进花芽分化，提高坐果率。采用的主要方法为摘心、剪梢、短截、抹芽，其次为别枝、扭捎等。根据目的不同，不同的修剪方法应用的时间和对象不一样。促发结果枝应在5—6月对春季生长较旺或现蕾晚的斜生枝条在15～20 cm处摘心或剪梢，一般7～10 d就需摘心一次。补充树冠要对树冠顶部、中层萌发的徒长枝、中间枝进行短截或拿枝，促发侧枝补空。

③秋季修剪。7月下旬夏季采果结束至8月上中旬对当年春梢进行短截促发秋枝，增加成花量。在秋梢基本停止生长，疏除徒长枝，背上直立枝，调整树体光照条件。秋季修剪对树体整体抑制作用大，局部促进作用小，这时疏除徒长枝不易冒条，对弱树不建议进行秋季修剪。

3. 不同修剪技术的综合运用

因修剪的时期、轻重程度和方法等不同，同一修剪技术的反应，也不一样，应根据树势、修剪目的，灵活运用相应的修剪措施。

（1）调节树势　生产中为增强树势，休眠期修剪的程度应适当重些，提早修剪，生长期轻剪；而抑制旺树的长势，休眠期修剪量宜轻，修剪延迟，可通过将萌动枝芽剪除，贮藏的养分被消耗，从而削弱树势，同时生长期修剪宜重。为增强全树的长势，可采用少留枝干、留强枝的修剪办法。如果要减弱全树长势，则要多留枝、留弱枝。

（2）增加枝量　通常为增加新梢数量，除了采用短截增加分枝，也可采用摘心、扭梢等修剪措施，增加枝量。为减少新梢数量，可采用疏枝、长放等修剪措施。

（3）调节成花　为促进幼树成花或增加花芽数量，可采用轻剪、长放、疏剪等措施，缓和营养生长，促进花芽形成；也可采用摘心，调节营养生长与生殖生长，促进形成花芽。为增加旺树的花芽数量，可加大主枝角度，改善光照条件，增加营养积累，促进花芽形成；为减少老、弱树的花芽数量，可于休眠期重剪，生长期轻剪，增强树势，促进枝梢生长，减少花芽数量。

（4）徒长枝的利用和培养　树体成形后，往往由于管理不当或自然灾害等原因造成树冠受损或树体不正，结果面积减少，产量降低。一般利用徒长枝使树冠更新、改造。由于风害等原因使主干歪斜不易扶正的偏冠，在主干上选留粗壮的徒长枝予以补正。少数或个别枸杞植株的主枝折损，不能在原有枝上形成树冠，但主干茎基部和根部仍然完好，可选留基部强壮的徒长枝，重新培育主干，形成树冠。若树冠顶部出现空缺，宜选留靠近中心干较弱的徒长枝，特别是在夏季生长期对选留补顶的新徒长枝要及时摘心、剪顶，否则起不到补顶作用。当树冠基层下部空缺，补空范围大，需要培养主枝去补冠；补空范围小，可利用主枝或侧枝上发出的徒长枝补形。

4. 不同修剪反应的差异

树体反应是检验修剪正确与否的唯一客观标准，修剪是为了各主枝间生长平衡，主枝、副主枝、侧枝间要保持上下级枝间的主从关系，使得养分分配均匀，达到提高树体的生长机能。枝条生长的强弱和树势有关，但在同一株树上，树势是一致的，而各新梢的强弱因其母枝的粗细、位置、姿势、方向等情况不同，其所受的养分、水分、日照等各异，而表现出复杂的变化。因此不同的修剪方法对枝条的生长、结果有不同的反应，适宜修剪措施的判断主要以是否有利于多结果、结好果、稳结果。

（1）二年生枝短截程度的反应　短截可打破芽顶端优势、促发分枝，而不同品种因生长特性的差异，短截效果也有差异。2019年3—10月于宁夏青铜峡市金沙湾农业技术服务有限公司基地以5个枸杞品种（系）为试材，研究二年生枝不同长度短截处理下成枝力和结实力的差异。

①不同短截程度下枸杞的萌芽率、成枝力。萌芽力与成枝力的强弱对树冠的形成与结实力有很大影响。从表3-1数据看出，各品种（系）枸杞的萌芽力强，成枝力较低。各品种（系）的萌芽率从大到小依次为宁杞7号＞8-10＞Z44＞14-401＞7-8，其中短截15 cm萌芽率高，为79.6%~91.1%。各品种（系）的成枝力依次为8-10＞宁杞7号＞7-8＞14-401＞Z44，其中宁杞7号成枝力在短截15 cm时最高，为31.9%；其他品系的成枝力在短截20 cm时最高，为22.6%~33.9%。综合上述结果得出，结果枝的数量随着短截程度减轻而增加，而结果枝的长度随短截程度减轻而降低。说明短截程度轻更有利于结果枝的形成。

②不同短截程度下枸杞结果枝性状。各品种（系）枸杞短截程度越长，结果母枝花果总数、结果枝数越多（表3-2），5个品种（系）短截15 cm的结果母枝花果总数、结果枝数分别比短截10 cm的高11.5%~90.9%、15.7%~110.3%，短截20 cm处理的结果母枝花果总数、结果枝数分别比短截10 cm的高73.1%~122.7%、75.7%~275.1%，并有显著性差异；不同短截程度下各品种（系）结果枝的基粗、始蕾节位、节位数、单枝花果数均没有明显的变化规律，而8-10、14-401、Z44、宁杞7号结果枝枝长的变化为短截10 cm＞短截15 cm＞短截20 cm。说明短截20 cm降低了结果枝的长度，增加了结果枝的数量。

表 3-1　不同品种（系）枸杞的萌芽率和成枝力

品种（系）	处理	基粗 /mm	总芽数 / 个	萌芽数 / 个	萌芽率 / %	抽枝数 / 个	成枝力 / %
8-10	短截 10 cm	4.4 ± 1.1 a	11.8 ± 4.2 a	10.3 ± 4.2 a	85.8 ± 12.7 a	2.8 ± 1.2 a	28.0 ± 21.3 a
	短截 15 cm	4.4 ± 0.9 a	14.5 ± 4.9 a	12.8 ± 4.5 a	87.6 ± 7.2 a	4.2 ± 1.7 b	28.7 ± 11.0 a
	短截 20 cm	4.8 ± 1.4 a	14.9 ± 5.3 a	11.8 ± 5.5 a	76.2 ± 22.7 a	4.8 ± 1.9 b	33.9 ± 14.8 a
7-8	短截 10 cm	5.5 ± 1.4 a	11.6 ± 2.2 a	8.1 ± 2.0 a	70.0 ± 11.5 a	2.4 ± 0.8 a	17.4 ± 7.6 a
	短截 15 cm	4.0 ± 0.6 b	16.7 ± 4.5 b	13.1 ± 3.5 b	79.6 ± 10.7 b	4.3 ± 1.9 b	19.2 ± 10.6 a
	短截 20 cm	5.0 ± 1.1 a	19.1 ± 2.3c	15.1 ± 2.4 c	79.4 ± 9.1 b	5.0 ± 2.2 b	22.6 ± 10.4 a
14-401	短截 10 cm	4.4 ± 1.0 a	12.3 ± 2.9 a	9.5 ± 2.3 a	77.6 ± 9.3 a	2.6 ± 1.1 a	19.2 ± 14.2 a
	短截 15 cm	4.8 ± 1.0 ab	14.0 ± 3.6 a	11.6 ± 3.5 b	82.2 ± 8.2 a b	3.3 ± 1.4 a	23.1 ± 9.4 a b
	短截 20 cm	5.1 ± 1.0 b	17.1 ± 4.3 b	14.0 ± 3.3c	83.7 ± 11.9 b	4.4 ± 2.1 b	27.8 ± 17.3 b
Z44	短截 10 cm	4.5 ± 0.9 a	9.52 ± 3.0 a	7.9 ± 2.9 a	81.9 ± 16.6 a	3.2 ± 1.3 a	26.2 ± 14.9 a
	短截 15 cm	4.2 ± 0.9 a	11.0 ± 2.9 a	9.8 ± 2.9 b	89.0 ± 7.2 a	2.8 ± 0.9 a	25.6 ± 11.5 a
	短截 20 cm	4.7 ± 0.9 a	14.8 ± 3.5 b	12.4 ± 3.0c	84.6 ± 11.1 a	4.6 ± 2.3 b	30.3 ± 13.6 a
宁杞 7 号	短截 10 cm	4.5 ± 0.7 a	9.1 ± 2.5 a	7.9 ± 2.7 a	86.2 ± 12.2 a	3.3 ± 1.2 a	27.2 ± 13.6 a
	短截 15 cm	5.0 ± 1.1 a	11.0 ± 3.4 a	10.1 ± 3.3 a	91.1 ± 10.9 b	4.7 ± 2.0 ab	31.9 ± 20.6 a
	短截 20 cm	4.6 ± 0.9 a	16.8 ± 4.2 b	13.3 ± 3.8 b	80.2 ± 15.5 ab	4.8 ± 2.8 b	24.3 ± 16.3 a

注：同一列中不同小写字母代表0.05水平差异显著。

资料来源：何昕孺，张波，梁晓婕，等.枸杞结果母枝不同短截长度对结果枝性状的影响[J].林业科技通讯，2022（2）：38-41.

表 3-2　不同品种（系）枸杞结果枝的性状

品种（系）	处理	结果枝数 / 个	结果母枝花果总数 / 个	结果枝基粗 / mm	结果枝枝长 /m	结果枝始蕾节位数 / 个	结果枝节位数 / 个	结果枝花果数 / 个
8–10	短截 10 cm	2.6 ± 0.8 a	89.4 ± 58.0 a	3.1 ± 0.6 b	0.64 ± 15.3 b	12.5 ± 6.8 a b	43.2 ± 7.7 a	33.0 ± 16.5 a
	短截 15 cm	3.8 ± 1.5 b	116.2 ± 69.3 a b	3.2 ± 0.6 b	0.58 ± 11.5 b	9.7 ± 3.3 a	39.1 ± 6.6 a	29.1 ± 8.4 a
	短截 20 cm	5.0 ± 1.7c	157.1 ± 76.3 b	2.5 ± 0.6 a	0.40 ± 17.1 a	14.9 ± 6.6 b	38.1 ± 8.9 a	31.7 ± 12.1 a
7–8	短截 10 cm	2.2 ± 0.8 a	52.2 ± 31.6 a	3.1 ± 0.6 a	0.44 ± 16.2 a	12.4 ± 6.4 a	34.6 ± 9.2 a	22.9 ± 11.7 a
	短截 15 cm	4.2 ± 1.8 b	109.8 ± 55.1 b	2.8 ± 0.5 a	0.38 ± 12.8 a	9.0 ± 3.2 a	33.6 ± 7.2 a	27.2 ± 7.8 a
	短截 20 cm	4.9 ± 2.3 b	195.8 ± 96.8 c	3.0 ± 0.8 a	0.51 ± 24.9 a	13.9 ± 8.6 a	39.7 ± 12.1 a	41.0 ± 13.9 b
14–401	短截 10 cm	2.3 ± 1.1 a	93.8 ± 61.5 a	3.5 ± 0.9 a	0.49 ± 15.7 a	10.1 ± 6.2 a	36.6 ± 10.1 a	37.6 ± 16.2 a
	短截 15 cm	3.0 ± 1.3 a	108.5 ± 73.2 a	3.1 ± 0.7 a	0.48 ± 9.3 a	11.5 ± 3.7 a	38.5 ± 5.2 a	35.5 ± 12.2 a
	短截 20 cm	4.4 ± 2.1 b	182.2 ± 93.8 b	3.1 ± 0.7 a	0.42 ± 14.3 a	12.1 ± 3.7 a	40.4 ± 7.1 a	41.0 ± 9.9 a
Z44	短截 10 cm	2.6 ± 1.4 a	79 ± 61.8 a	2.9 ± 0.6 a	0.54 ± 19.3 a	9.8 ± 5.1 a	35.5 ± 8.6 a	30.3 ± 17.0 a
	短截 15 cm	2.9 ± 0.8 a	97.9 ± 62.3 a	2.8 ± 0.5 a	0.58 ± 15.2 a	9.8 ± 7.4 a	40.7 ± 6.8 a	36.9 ± 15.5 a
	短截 20 cm	4.5 ± 2.2 b	145.7 ± 66.5 b	2.8 ± 0.5 a	0.48 ± 18.1 a	11.8 ± 4.6 a	42.6 ± 7.3 a	34.6 ± 6.7 a
宁杞 7 号	短截 10 cm	2.4 ± 1.0 a	101.6 ± 58.8 a	3.2 ± 0.7 a	0.54 ± 20.6 a	7.6 ± 4.1 a	38.7 ± 10.7 a	44.1 ± 16.6 a
	短截 15 cm	3.4 ± 2.6 ab	138.9 ± 90.4 a	3.0 ± 0.4 a	0.54 ± 15.3 a	6.3 ± 2.2 a	36.2 ± 10.2 a	38.8 ± 16.2 a
	短截 20 cm	4.4 ± 2.6 b	239.2 ± 115.6 b	3.0 ± 0.6 a	0.49 ± 11.9 a	6.4 ± 2.1 a	36.1 ± 8.5 a	64.6 ± 33.8 b

注：同一列中不同小写字母代表0.05水平差异显著。

资料来源：何昕孺，张波，梁晓婕，等.枸杞结果母枝不同短截长度对结果枝性状的影响[J].林业科技通讯，2022（2）：38–41.

③枸杞结果母枝与结果枝相关性状分析。结果枝数、结果母枝枝长、结果枝的基粗、始蕾节位、节位数是结果母枝花果总数的主要影响因子（表3-3）。结果母枝花果总数与结果枝数、结果母枝枝长有极显著的正相关，与结果枝始蕾节位和节位数有显著相关性。各因子对结果母枝花果总数影响的大小依次为结果枝数（0.794）＞结果枝始蕾节位（-0.287）＞结果枝节位数（0.227）＞结果枝基粗（0.167）＞结果母枝枝长（0.104），其中结果枝数、结果母枝枝长、结果枝基粗和节位数的影响为正值，结果枝始蕾节位的影响为负值。间接通径系数表明，对结果母枝花果总数影响较大的因子为结果母枝枝长（0.330）、结果枝始蕾节位（0.121），结果枝数、结果枝基粗、结果枝节位数的影响较小。综合分析认为，结果枝数、结果母枝枝长、结果枝始蕾节位对结果母枝花果总数的影响较大。

表 3-3 枸杞枝条主要性状与结果母枝花果总数的通径分析

指标	相关系数	直接作用	间接作用					
			*X*1	*X*2	*X*3	*X*4	*X*5	合计
结果枝数 *X*1	0.794**	0.794		-0.026	0.003	-0.026	0.049	0.000
结果枝基粗 *X*2	0.098	0.167	-0.124		-0.056	0.132	-0.021	-0.069
结果枝始蕾节位 *X*3	-0.166*	-0.287	-0.008	0.033		0.086	0.010	0.121
结果枝节位数 *X*4	0.132*	0.227	-0.091	0.097	-0.108		0.007	-0.095
结果母枝枝长 *X*5	0.433**	0.104	0.376	-0.033	-0.027	0.014		0.330

注：*、**分别表示在0.05、0.01水平上显著、极显著相关。

资料来源：何昕孺，张波，梁晓婕，等.枸杞结果母枝不同短截长度对结果枝性状的影响[J].林业科技通讯，2022（2）：38-41.

结果母枝枝长、结果枝的节位数、始蕾节位、基粗是结果枝花果数的主要影响因子（表3-4），结果枝花果数与节位数、基粗有极显著的正相关，与结果母枝枝长有显著正相关，与始蕾节位有极显著的负相关。各因子对结果枝花果数影响的大小依次为结果枝始蕾节位（-0.537）＞结果枝节位数（0.514）＞结果母枝枝长（0.221）＞结果枝基粗（0.207），其中结果枝始蕾节位的影响为负值，结果枝节位数、结果母枝枝长、结果枝基粗的影响为正值。间接通径系数表明对结果枝花果总数影响较大的因子为结果枝始蕾节位（0.256）、结果枝基粗（0.151）。花芽分化是产量形成的生理基础，合理的修剪可控制花芽分化。试验结果中始蕾节位对结果枝及整个树体花果总数的影响较大。因此，生产中应考虑修剪对始蕾节位高低的影响。

表 3–4　枸杞枝条主要性状与结果枝花果数的通径分析

指标	相关系数	直接作用	间接作用				
			*X*4	*X*3	*X*5	*X*2	合计
结果枝节位数 *X*4	0.445**	0.514		–0.203	0.014	0.121	–0.068
结果枝始蕾节位 *X*3	–0.281**	–0.537	0.194		0.021	0.041	0.256
结果母枝枝长 *X*5	0.161*	0.221	0.032	–0.051		–0.041	0.060
结果枝基粗 *X*2	0.357**	0.207	0.300	–0.105	–0.044		0.151

注：*、**分别表示在0.05、0.01水平上显著、极显著相关。

资料来源：何昕孺，张波，梁晓婕，等.枸杞结果母枝不同短截长度对结果枝性状的影响[J].林业科技通讯，2022（2）：38−41.

（2）徒长枝短截、摘心的反应　2020年科研人员在宁夏农林科学院现代农业科研试验基地开展徒长枝利用试验。以2个枸杞品种（系）为试材，研究二年生背上枝短截和当年背上春梢摘心程度下分枝能力的差异。

2个枸杞品系的二年生背上枝短截留桩的发枝率为100%，促发枝条的长度在28.2～45.6 cm，基粗在3.23～3.71 mm，以水平枝、斜生枝为主，占比分别为14.29%～38.46%、58.82 %～85.71%（表3−5）。当年背上春梢在10 cm 处摘心发枝数的比率低，在半木质化后短截的发枝数较高，促发分枝的基粗在2.0～3.0 mm间，以水平枝、斜生枝为主（表3−6）。二年生枝留桩短截促发分枝以斜生枝为主，当年背上春梢摘心、短截以水平枝、斜生枝为主。综合分析认为，二年生背上枝短截留桩促发的分枝可用于培养结果枝组，当年背上春梢摘心及木质化后短截促发的分枝离冠面的距离较高，可用于当年增加结果枝数量，增加产量，次年应当疏除或短截降低枝位。

表 3–5 二年生枝留桩短截发枝情况

品系	处理	调查数量 / 个	发枝数 / 个	发枝数比率 /%	枝长 / cm	基粗 / mm	枝条角度占比 /%		
							0° ~30°	30° ~60°	60° ~90°
16–23–7–8	短截留桩 3 cm	9	9	100	28.2	3.63	21.43	71.43	7.14
	短截留桩 7 cm	6	6	100	39.6	3.64	14.29	85.71	0.00
14–104	短截留桩 3 cm	9	9	100	39.8	3.71	38.46	61.54	17.65
	短截留桩 7 cm	9	9	100	45.6	3.23	23.53	58.82	17.65

表 3–6 春梢摘心、短截发枝情况

品系	处理	枝数 / 个	发枝数 / 个	发枝数比率 /%	枝长 / cm	基粗 / mm	枝条角度占比 /%		
							0° ~30°	30° ~60°	60° ~90°
16–23–7–8	10 cm 摘心	10	3	30	40	3.76	0.00	33.33	66.67
	15 cm 处摘心	9	8	89	44	3.17	15.00	55.00	30.00
	半木质化后 10 cm 短截	10	10	100	35.5	2.93	22.58	58.06	19.35
	半木质化后 20 cm 短截	10	10	100	27.8	3.67	7.69	46.15	46.15
14–104	10 cm 摘心	10	7	70	49.6	2.61	44.44	44.44	11.11
	15 cm 处摘心	10	10	100	51.0	2.89	37.50	45.83	16.67
	半木质化后 10 cm 短截	9	9	100	46.8	2.79	40.91	50.00	9.09
	半木质化后 20 cm 短截	10	9	90	35.8	2.73	71.43	28.57	0.00

（3）回缩修剪的反应　2021年3—7月科研人员于宁夏农林科学院现代农业科研试验基地以3个枸杞品种（系）为试材，以3年生枝组为对象，研究不同回缩修剪程度下新梢生长状况的差异。

①回缩修剪程度下的新梢生长状况。3个品系随着回缩修剪程度越重，枝组上发枝数量越少（表3-7），未回缩修剪的枝组上平均枝条数量在7.3～9.0个，轻度回缩修剪枝组上平均枝条数量在5.0～7.3个，重度回缩修剪枝组上平均枝条数量在2.2～2.6个，整体上回缩修剪后结果枝占比均低于未回缩修剪，营养枝的占比增大，枝条长度、基粗、第一坐果距以及不同长度、开张角度枝条的占比因品系不同，而有一定差异。其中16-23-7-8随着回缩修剪程度越重，其枝条长度、基粗、第一坐果距越大，促发枝条整体以水平枝为主。未回缩修剪的枝条长度主要分布在0～60 cm 区间，短、中、长枝的比例为1.0：1.9：0.7；轻度回缩的枝条长度主要在20 cm 以上，短、中、长枝的比例为1.0：1.3：1.5；重度回缩的枝条长度以0～20 cm 占比多，短、中、长枝比例为1：0.8：0.8。说明16-23-7-8重回缩下刺激瘪芽萌发枝条的长势可能较弱，14-87的枝条长度、基粗、第一坐果距在不同程度回缩下无明显变化趋势。重度回缩结果枝占比比例低于未回缩，回缩修剪促发枝条以水平枝为主，且直立枝占比均比未回缩修剪高，说明14-87重回缩易形成徒长枝，未回缩修剪及重度回缩的枝条长度主要分布在60 cm 以上，短、中、长枝的比例分别为0.1：1：2.15、0：1：2，轻度回缩的枝条长度主要分布在20 cm 以上，短、中、长枝的比例为0.27：1：1.17。14-104随回缩程度越重，枝条基粗、第一坐果距越大，回缩修剪促发枝条的斜生枝、直立枝的占比高，其中重度回缩的短枝比例高。

综合分析认为，回缩修剪减少了当年结果枝数量，但增加了长枝的比例，有利于在翌年修剪恢复产量。在整形修剪中，可通过对部分枝组进行轻度回缩，既能促成一定数量长枝的形成，也能保证一定的产量。

表 3-7　不同回缩程度下枝条生长状况

品系	处理	平均发枝数量/个	新梢平均枝长/cm	新梢平均基粗/cm	平均第一坐果距/cm	结果枝占/%	营养枝占比/%	枝条长度占比/%			枝条角度占比/%		
								0~20 cm	20~60 cm	＞60 cm	0°~30°	30°~60°	60°~90°
16-23-7-8	对照（未回缩）	7.3	40.3	2.7	19.2	89.04	10.96	27.4	52.1	20.5	79.5	9.6	11.0
	回缩至第一分枝前	5.1	51.0	3.0	30.0	73.47	26.53	26.5	34.7	38.8	69.4	16.3	14.3
	回缩至第一分枝后	2.2	52.4	3.3	32.8	61.54	38.46	38.5	30.8	30.8	69.2	30.8	0.0
14-87	对照（未回缩）	9.0	63.0	2.7	23.9	98.46	1.54	3.1	30.8	66.2	89.2	4.6	6.2
	回缩至第一分枝前	7.3	55.9	2.4	26.5	86.30	13.70	11.0	41.1	47.9	75.3	8.2	16.4
	回缩至第一分枝后	2.5	60.1	2.4	23.8	26.67	73.33	0.0	33.3	66.7	80.0	0.0	20.0
14-104	对照（未回缩）	7.4	52.4	2.5	15.0	94.59	5.41	5.4	60.8	33.8	97.3	1.4	1.4
	回缩至第一分枝前	5.0	50.0	2.8	16.4	81.63	18.37	4.1	59.2	38.8	87.8	4.1	8.2
	回缩至第一分枝后	2.6	54.9	3.1	20.2	52.38	47.62	14.3	42.9	42.9	76.2	9.5	14.3

②回缩修剪程度下新梢营养元素。新梢不同部位中氮含量的顺序为叶片>果实>枝条（表3-8）。3个品系中回缩修剪与未回缩修剪枝条中的氮含量无显著差异；叶片中重度回缩修剪的氮含量显著高于未回缩修剪；16-23-7-8、14-87的轻度回缩、重度回缩果实中氮含量显著高于未回缩修剪处理，14-104回缩修剪的果实氮含量低于未回缩修剪处理，无显著差异。说明枸杞重度回缩修剪有利于氮营养积累至叶片中，轻度回缩修剪有利于氮营养积累在果实中。

新梢不同部位磷含量的顺序为叶片>枝条>果实。16-23-7-8重回缩修剪下枝条中的磷含量低，而14-104回缩修剪后枝条中磷含量高。3个品系在回缩修剪下叶片中磷含量均显著高于未回缩修剪处理，果实中的磷含量无显著差异。说明回缩修剪有利于磷营养积累至叶片中。

不同品系枝条、叶片中钾含量有较大差异，果实中的含量无显著差异。其中16-23-7-8钾含量在枝条中积累较多，回缩修剪下枝条、叶片中的钾含量均显著高于未回缩修剪；14-87、14-104轻度回缩修剪叶片中的钾含量高。

表3-8 回缩修剪新梢营养元素的差异

品系	部位	处理	氮/($g\cdot100g^{-1}$)	磷/($g\cdot100g^{-1}$)	钾/($g\cdot100g^{-1}$)
16-23-7-8	枝条	对照（未回缩）	1.04 ± 0.002 a	0.13 ± 0.0 c	1.29 ± 0.0 e
		回缩至第一分枝前	1.01 ± 0.045 a	0.13 ± 0.005 c	1.42 ± 0.013 f
		回缩至第一分枝后	0.98 ± 0.004 a	0.12 ± 0.004 b	1.41 ± 0.026 f
	叶片	对照（未回缩）	3.02 ± 0.12 e	0.21 ± 0.001 d	0.80 ± 0.004 c
		回缩至第一分枝前	2.95 ± 0128 e	0.36 ± 0.005 f	0.76 ± 0.016 b
		回缩至第一分枝后	3.31 ± 0.112 f	0.36 ± 0.006 e	0.90 ± 0.001 d
	果实	对照（未回缩）	2.26 ± 0.028 b	0.05 ± 0.002 a	0.40 ± 0.002 a
		回缩至第一分枝前	2.72 ± 0.05 d	0.05 ± 0.001 a	0.41 ± 0.004 a
		回缩至第一分枝后	2.54 ± 0.021 c	0.05 ± 0.002 a	0.39 ± 0.014 a

续表

品系	部位	处理	氮 /（g·100g⁻¹）	磷 /（g·100g⁻¹）	钾 /（g·100g⁻¹）
14–87	枝条	对照（未回缩）	1.08 ± 0.012 ab	0.13 ± 0.0 b	1.84 ± 0.40 e
		回缩至第一分枝前	1.15 ± 0.028 b	0.13 ± 0.001 b	1.87 ± 0.14 e
		回缩至第一分枝后	1.01 ± 0.011 a	0.13 ± 0.002 b	1.46 ± 0.05 c
	叶片	对照（未回缩）	2.75 ± 0.058 f	0.42 ± 0.002 c	1.25 ± 0.00 b
		回缩至第一分枝前	3.13 ± 0.017g	0.47 ± 0.007 e	2.40 ± 0.06 f
		回缩至第一分枝后	3.27 ± 0.026h	0.45 ± 0.004 d	1.59 ± 0.02 d
	果实	对照（未回缩）	2.26 ± 0.042 c	0.04 ± 0.001 a	0.40 ± 0.01 a
		回缩至第一分枝前	2.56 ± 0.092 e	0.05 ± 0.001 a	0.39 ± 0.01 a
		回缩至第一分枝后	2.42 ± 0.113 d	0.05 ± 0.000 a	0.41 ± 0.02 a
14–104	枝条	对照（未回缩）	0.83 ± 0.01 a	0.08 ± 0.00 b	1.64 ± 0.02 c
		回缩至第一分枝前	0.86 ± 0.02 a	0.10 ± 0.001 c	1.72 ± 0.01 d
		回缩至第一分枝后	0.81 ± 0.04 a	0.01 ± 0.003 c	1.51 ± 0.04 b
	叶片	对照（未回缩）	3.03 ± 0.14 d	0.20 ± 0.001 d	2.04 ± 0.03 e
		回缩至第一分枝前	2.96 ± 0.11 d	0.28 ± 0.004 e	2.33 ± 0.02 f
		回缩至第一分枝后	3.45 ± 0.00 f	0.30 ± 0.002 f	2.05 ± 0.02 e
	果实	对照（未回缩）	2.37 ± 0.16 c	0.04 ± 0.000 a	0.40 ± 0.02 a
		回缩至第一分枝前	2.13 ± 0.10 b	0.04 ± 0.001 a	0.40 ± 0.02 a
		回缩至第一分枝后	2.20 ± 0.07 b c	0.05 ± 0.001 a	0.41 ± 0.01 a

注：同一列中不同小写字母代表0.05水平差异显著。

第三节　篱架栽培树形及整形技术

一、合理的树形结构

整形修剪的目的就是培养合理的树体结构，树体结构是树体丰产、稳产的基础。不同树体结构树冠大小、枝叶生长、数量及分布不同，其产量、品质的差异也不同。树体结构的类型、大小、高度等直接影响树体对光的截获与利用以及对水肥的吸收、利用，进而影响树木的生长、果实产量和品质的形成。树体结构主要是由主干、中心干、主枝、侧枝、枝组等部分组成，是影响单株产量的重要因素，被用来评价树体的生长势和生产潜力。

1. 少主多侧、树势开张

骨干枝的级次和数量以及开张角度的大小是树体结构的两个重要因素。骨干枝的级次和数量以及开张角度的变化，会对树体内营养物质的运转、分配、内源激素的含量和分布等产生重要影响，进而影响产量和品质的形成。在骨干枝比较多的乔化大树上，用于建造树体骨架的数量多，骨架建造的时间长，开始结果晚，单位面积产量也较低，对树体结构控制不力时，往往降低果实品质；骨干枝少或无主多侧的树体则正相反。主枝角度开张过小时，树冠内膛的光照条件恶化，抑制花芽形成的内源激素增多，虽然可促进生长，但树体长势不稳，也不易成花，产量较低，果实质量也差；主枝角度开张过大时，树冠内膛的光照条件明显得到改善，但易萌生背上枝，背上枝又容易徒长，造成树势不稳，虽然容易形成花芽，但也容易出现大小年结果现象。因此，要通过整形修剪，维持树体的丰产结构，使主枝的开张角度保持在适宜的范围之内。

2. 枝量充足，结果枝组配备合理

充足的枝量是叶面积的基础，也是花量和产量的前提。因此合理的树体结构要有足够的枝量。枸杞树的枝条是由结果枝、中间枝、徒长枝组成的，而结果枝又分为当年春梢（七寸枝）、二年生枝（老眼枝）、二混枝、秋枝等枝条类型。不同枝条的结果能力有很大差别，其中春梢是主要的结果枝条，枝条一般粗0.3～0.4 cm、长20～60 cm，产量的高低，在很大程度上取决于春梢的高低。因此强调增加枝量，主要是增加20～60 cm长的枝条数量。所以，适宜而稳定的枝量，特别是春梢枝量是确保枸杞树体正常生长并获得优质高产的基础。合理的树体结构，不仅要有足够的枝量，还要有众多的结果枝组。大、中、小型结果枝组的配置应与骨干枝的结构相适应。树冠较大，骨干枝级次较低、数量又较少时，应以配置大、中型结果枝组为主；树体矮小而骨干枝的数量又较多时，则应以配置中、小型结果枝组为主。结果枝组在树冠内的分布应是里多外少、下部多上部少，高低错落、均匀着生。着生在主枝上的结果枝组，应以斜生背上为主，着生在侧枝上的枝组则应以两侧为主。

3. 叶幕成层，透光性好

叶幕温度、光照强度等环境指标是影响树体生长发育的主要因素，合理的叶幕层能够改善果实微域光照与温度条件，调节树体营养生长与生殖生长。苏雪玲的研究表明，宁夏枸杞果实发育期间，银川较高的平均温度和昼夜温差与德令哈较强的平均光强和较长的光照时数均有利于枸杞果实已糖积累，而限制白银产区枸杞果实糖分积累的主要因素是相对湿度较大、光强较弱。而不同树形结构的树冠大小、形状、枝叶的数量及比例在树冠内的空间分布不同，使得树冠内各部分的光照条件和分布状况存在差异。生产上，常用叶幕厚度和叶幕间距来表示树冠中叶幕的分布状况。叶幕厚度是同一层骨干枝上全部叶片的垂直厚度，叶幕间距是上下相邻两层叶幕间的垂直距离。叶幕的厚度和间距与树冠内部的光照条件密切相关，因而对果品质量有很大影响。受叶幕环境的影响，无论在哪一方向、哪一时刻，光照强度均随冠层高度的降低而减小。

二、枸杞的篱架栽培树形

在自然生长条件下枸杞基部萌蘖强，多干丛生，冠高3～4 m，呈灌木状。在宁夏枸杞600年人工驯化栽培历史中，通过整形修剪，枸杞树先由灌木转变为1925年冯玉祥描述的“树高一两丈，矮的也有五六尺”小乔木。20世纪80年代以前，枸杞种苗以实生苗和根蘖苗为主，这两类种苗通常需要多级剪截，形成多级次的枝组之后，2～3龄时进入初果期。多级次枝组主干高2 m以上，冠幅3 m的“三层楼”作为经典树形，在枸杞主产区宁夏中宁进行推广。20世纪80年代后，随着短枝型、耐肥水品种宁杞1号的出现和矮化密植技术的兴起，枸杞树逐步变为现今高1.4～1.6 m、冠幅1.5～2.0 m的自然半圆形。因宁夏枸杞枝芽的形成及开花结果习性都不同于一般果树，所以其整形修剪技术有以下特点：①不必考虑留里外芽的不同；②修剪量大，次数多；③结果枝组建快。采用“打横不打顺，清膛抽串条；密处行疏剪，缺空留油条；短截着地枝，旧梢换新梢”的修剪原则和“截底、剪顶、清膛、修围”4个修剪步骤，实现了“自然半圆形”和“纺锤形”树形。随着宁杞7号品种的选育与推广，针对该品种的特性提出了宁杞7号的适宜树形为低干矮冠两层自然半圆形。

枸杞的树形有很多种，究竟哪个树形好目前尚没有定论。但是总体原则是，在整形的基础上，继续培养和维持一个通风透光良好、枝条分布均匀、树冠圆满的丰产树形，调节生长与结果的关系，使宁夏枸杞达到持续高产。

目前枸杞篱架栽培研究的树形有三种，其培养方法如下。

1. 主干分层形（图3-1）

（1）树体基本结构　树体成形后主干高度80～100 cm、树高140～160 cm，全树有主枝6～9个，分两层着生在中心干，第一层3～5个、第二层3～4个，层间距40～45 cm。主枝分布均匀，上下层主枝不重叠，相互错开。该树形通风透光好，枝条分布均匀、果枝量大，丰产稳定性强。

（2）整形修剪方法　第一年，苗木栽植成活后，于苗高80～100 cm处剪顶（苗木基茎粗0.5～1.0 cm），剪口下10～15 cm范围内，选留3～4个生长于不同方向的健壮枝于15～20 cm处短截促发侧枝。如果定植的苗木没有分生侧枝，待萌发侧枝后以同样方法选留。在当年的生育期内，短截侧枝所抽生的枝条即为结果枝。一般定植当年即可形成10～15条结果枝条。

第二年，第一年选留的侧枝第二年发育为主枝（树冠的骨架），同时在主枝上萌发较多的侧枝。第二年整形修剪时，注意在主枝上选留生长于枝基中部着生于不同方向的强枝或直立中间枝2～3条，每枝间距10～15 cm，枝长15～20 cm处短截，促其分生侧枝扩大树冠，将其余徒长枝剪除。进入夏季生长期后，对强旺枝的分生侧枝要及时在枝条的20 cm处摘心，促发中间枝，中间枝所分生的侧枝即为结果枝，依次在主枝分生的侧枝上培育结果枝组；及时剪除植株基茎、主干和主枝上萌发的无用徒长枝。秋季生长期选留生长于树冠中部的直立中间枝1条，于高出冠面30 cm处短截，进入生长期，由短截的剪口下分生结果枝，形成上层树冠。

第三年和第四年，在第二年的基础上，选留和短截中间枝促发的结果枝，着重在侧枝上培育结果枝组，充实树冠。对树冠下层的结果枝组要进行剪弱枝、留壮枝，剪老枝、留新枝；对冠顶部要剪壮枝、留弱枝，控制好顶端优势；对中、上部冠层所萌发的中间枝实施交错短截，促发新枝，增加新的结果枝组，调节生长与结果的关系。

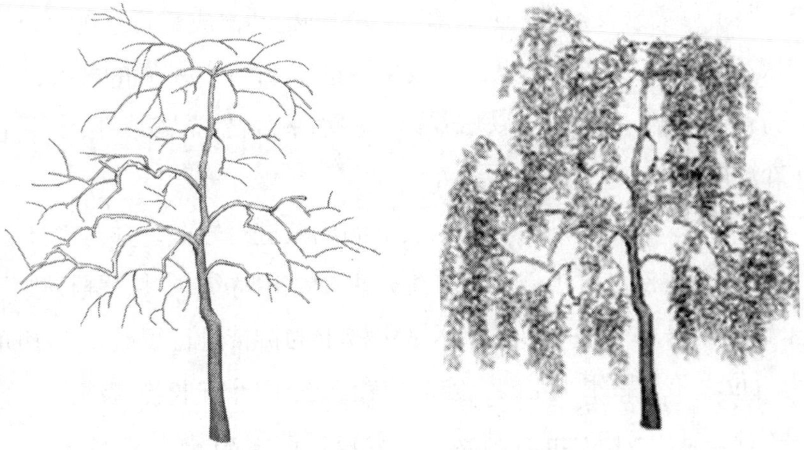

图3–1 主干分层形树形结构及结果示意图

2.“干”字形树形（图3–3）

（1）树体基本结构 树体成形后树高140～160 cm，有主干，树冠由基层与顶层组成，每层有2个主枝，分别向两边固定生长，每个主枝上有8～10个侧枝，侧枝上着生结果枝组，结果枝自由悬垂在篱架两侧。这种树形通风透光好，适于机械化作业和修剪等田间作业。

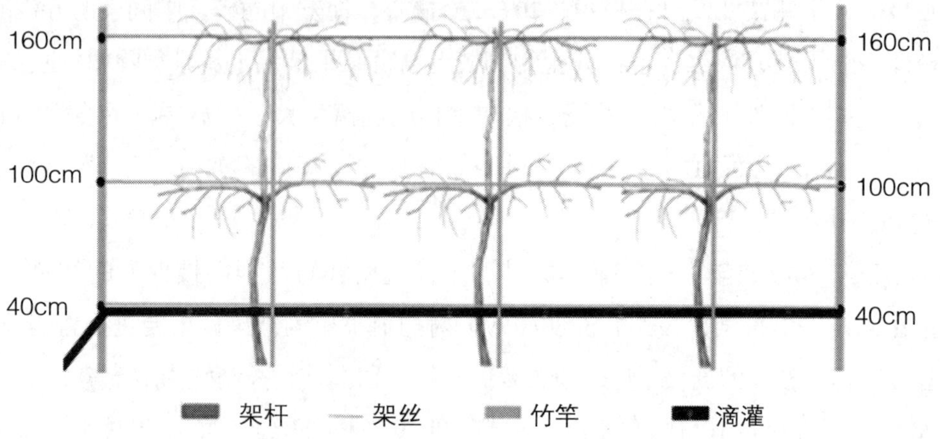

图3-2 “干”字形树形模式图

（2）整形修剪方法　第一年，在定植的枸杞幼苗成活后，在主干上选留一个强枝剪截定干，在剪口下萌发出的枝条中选留2个生长势强的枝条，反向绑缚在主干左右两侧的第二架丝上以培养第一层水平主枝，待第一层水平主枝生长至50 cm 处短截。

第二年，休眠期对第一层水平主枝上的侧枝进行短截，并对主枝上缺枝部位处背上的二年生枝进行短截。春季生长期抽生出的徒长枝、强枝进行短截以促发结果枝。采果期结束对第一层水平主枝上的侧枝进行短截，秋梢萌发生长期在主干上位于第一层水平主枝上方的位置，选留1个徒长枝绑缚在主干固定杆上，待其生长至130～150 cm 打顶以促发分枝，选留2个强壮的枝条，分别绑缚在主干左右两侧的第三架丝上以培养第二层水平主枝。

第三年和第四年，春季萌芽前对第一层水平主枝、第二层水平主枝上的侧枝进行短截，水平及斜向上生长的侧枝上选留2～3个二年生枝，斜向下生长的侧枝回缩，对主枝上缺枝部位处背上的二年生枝进行短截。春季生长期对第一层水平主枝、第二层水平主枝上抽生出的徒长枝进行短截以促发结果枝。采果期结束后对第一层水平主枝、第二层水平主枝上的侧枝进行短截，并对主枝上缺枝部位处背上的当年生枝进行短截，第四年整形后树形培养成形。（图3-2）

图3–3 “干”字形树形结构及结果示意图

3. 主干形树形

（1）树体基本结构　主干高度150～160 cm，中心干上主枝18~24个，主枝不分层，均匀分布在主干上，上下层主枝不重叠，相互错开。该树形适宜生长势强、成枝力强的品种（系）。

（2）整形修剪方法　第一年，早春定植枸杞幼苗成活后，在距地面90 cm处剪截定干，剪口下萌发出的枝条，选留1个生长势最强的枝条顺竹竿引绑培养成中心干，中心干长至160～170 cm时打顶。中心干自然分枝为结果枝的不作处理，坐果后自然下垂，中心干自然分枝为徒长枝且与中心干夹角在30°～45°以内的枝条，待枝条基部半木质化后，在15 cm处短截促发结果枝。

第二年，春季萌芽前，对中心干中下部的主枝在15～25 cm处短截，中心干上部的主枝在10～15 cm处短截，促发分枝。对第一年短截处理已促发出结果枝的徒长枝，回缩至徒长枝外侧最低结果枝的分枝处。在生长期，将主干、中心干上的芽在抽梢期尽早抹除，中心干上抽生的枝条只选留缺枝方向抽生的枝条用以补充树冠间隙，如抽生的枝条与中心干夹角在30°～45°，待抽生的枝条基部半木质化后，在15 cm处短截促发结果枝。中心干上的主枝短截后剪口下萌发的春梢留放的一般为结果枝，如短截后剪口下萌发出的是强枝，待枝条长至

15～20 cm 时短截促发结果枝。

第三年，春季萌芽前，主枝上选留2～3个水平或斜生的侧枝，侧枝在15～20 cm 处短截，侧枝上着生结果枝组。在生长期，主干、中心干及主枝距中心干10～15 cm 内的芽在抽梢期要尽早抹除。

4. 不同树形的树体结构的比较

2019—2021年，科研人员在宁夏农林科学院现代农业科研试验基地以6个枸杞品系为试材，研究不同树形下树体生长的差异。

（1）不同树形下产量及枝类组成的差异　2020年、2021年分别统计各品系枸杞不同树形的枝类占比（表3-9）。2020年6个品系中三种树形枝条的占比为中枝（20～60 cm）＞短枝（0～20 cm）＞长枝（60 cm 以上），其中主干分层形中枝占比为71.08%～97.41%，“干”字形中枝占比为77.02%～91.10%，主干形中枝占比为85.7%～93.66%。2021年随树龄增长、枝量增加，三种树形的中枝比例逐渐下降，长枝比例增幅明显，三种树形枝条的占比为中枝（20～60 cm）＞长枝（60 cm 以上）＞短枝（0～20 cm），其中“干”字形树形的中枝占比低，长枝占比高。2020年16-14-5-4“干”字形树形的枝量大，为94个，产量达1.09 kg，枝条量与其他两种树形有显著差异，其他品系的枝条量为38～75个，且各品系间树形无显著差异。2021年16-14-5-4、14-87在主干分层形、“干”字形下的枝量大，为114～123个，均与主干形有显著差异，单株鲜果产量达3.26～4.26 kg，其他品系不同树形的枝条量在60～103个，单株鲜果产量达1.95～2.78 kg（表3-10）。以2年的枝条量、产量为选择基础，14-87、14-104、16-23-7-8、16-14-5-4丰产性较好。

（2）不同树形下冠层特性的差异　2020年不同树形下的叶面积指数、散射辐射透过系数均无显著差异。2021年14-104、16-14-5-4“干”字形树形的叶面积指数均显著高于其他两种树形，散射辐射透过系数显著低于其他两种树形，透光小。14-87、16-23-7-8在三种树形下的叶面积指数、散射辐射透过系数均无显著差异（表3-11）。

表 3-9　枸杞各品系不同树形的枝类组成

单位：%

品系	树形	2020年			2021年		
		枝长 0~20 cm 占比	枝长 20~60 cm 占比	枝长＞60 cm 占比	枝长 0~20 cm 占比	枝长 20~60 cm 占比	枝长＞60 cm 占比
14-87	主干分层形	10.29	87.51	2.19	15.94	64.71	19.34
	“干”字形	20.72	78.67	0.62	22.51	50.05	27.44
	主干形	7.91	90.55	1.55	6.23	69.39	24.38
14-104	主干分层形	7.82	84.91	7.27	14.78	61.44	23.77
	“干”字形	9.50	87.18	3.33	11.26	58.51	30.23
	主干形	2.73	93.66	3.61	8.77	71.04	20.19
16-23-7-8	主干分层形	21.49	71.08	7.43	11.05	57.37	31.58
	“干”字形	21.01	77.02	1.97	23.58	43.26	33.16
	主干形	11.85	85.70	2.45	10.11	78.08	11.81
16-14-5-4	主干分层形	5.88	89.14	4.97	9.18	71.58	19.24
	“干”字形	8.32	91.10	0.59	10.62	58.69	30.69
	主干形	8.30	89.03	2.67	6.46	74.43	19.11
16-16-9-2	主干分层形	0.00	97.41	2.59	4.72	67.15	28.13
	“干”字形	11.19	88.27	0.55	3.75	50.67	27.74
	主干形	3.90	92.58	3.52	10.60	57.42	31.98
14-26-5	主干分层形	4.71	94.48	0.81	8.48	78.83	12.69
	“干”字形	8.06	90.85	1.09	13.70	64.97	21.33
	主干形	9.52	89.44	1.04	12.86	71.19	15.95

注：同一列中不同小写字母代表0.05水平差异显著。

表 3–10　枸杞各品系不同树形的枝条量、产量

品系	树形	2020 年		2021 年	
		单株枝条数量 / 个	单株鲜果产量 / kg	单株枝条数量 / 个	单株鲜果产量 / kg
14–87	主干分层形	59.67 a	1.4	123.67 c	3.42
	“干”字形	56.0 a	0.65	123.67 c	3.43
	主干形	75.67 a	0.84	99.67 b	2.38
14–104	主干分层形	65.33 a	0.53	88.67 bc	2.79
	“干”字形	73.33 ab	0.75	103.67 c	2.88
	主干形	69.0 a	0.78	59.50 a	1.95
16–23–7–8	主干分层形	54.67 a	0.45	68.5 ab	2.62
	“干”字形	59.0 a	0.97	86.67 bc	3.38
	主干形	48.33 a	0.76	91.33 c	2.72
16–14–5–4	主干分层形	51.33 a	0.69	114.0 b	3.26
	“干”字形	94.33 bc	1.09	121.3 c	4.26
	主干形	59.67 a	0.73	93.0 ab	2.69
16–16–9–2	主干分层形	38.67 a	0.54	85.0 c	2.37
	“干”字形	44.0 a	0.59	84.0 c	2.55
	主干形	44.3 a	0.50	63.0 b	1.99
14–26–5	主干分层形	54.67 a	0.84	86.67 b	2.14
	“干”字形	56.0 a	0.77	88.67 b	2.55
	主干形	67.67 ab	0.91	89.33 b	2.78

注：同一列中不同小写字母代表0.05水平差异显著。

表 3-11 枸杞各品系不同树形的冠层指标

品系	树形	2020 年		2021 年	
		叶面积指数	散射辐射透过系数	叶面积指数	散射辐射透过系数
14-87	主干分层形	0.95 a	0.34 a	1.41 b	0.57 b
	“干”字形	0.82 a	0.36 a	1.34 b	0.55 b
	主干形	0.83 a	0.40 a	1.43 b	0.57 b
14-104	主干分层形	0.74 a	0.38 a	1.46 b	0.57 c
	“干”字形	0.98 a	0.34 a	1.81 c	0.48 b
	主干形	0.78 a	0.37 a	1.35 b	0.64 c
16-23-7-8	主干分层形	0.82 ab	0.37 a	1.23 c	0.67 b
	“干”字形	0.65 a	0.41 a	1.43 c	0.62 b
	主干形	0.77 a	0.37 a	1.17 bc	0.70 b
16-14-5-4	主干分层形	0.77 a	0.36 a	1.37 cd	0.62 c
	“干”字形	0.87 ab	0.34 a	1.69 d	0.47 b
	主干形	0.84 a	0.32 a	1.23 bc	0.66 c

注：同一列中不同小写字母代表0.05水平差异显著。

三、不同时期树的整形修剪

1. 幼龄树整形修剪技术要点

幼龄树的任务是长好树、整好形，尽快扩大树冠，为早实早产打好基础。目前，生产中所栽植的枸杞树多为营养袋苗木，能否及早形成树冠并适期结果，重在生长期修剪。在夏季修剪中，可采用摘心的办法，增加骨干枝的级次和长度，迅速扩大树冠。

（1）培养骨干枝，幼树成形 枸杞树幼龄期树体生长旺盛，发枝能力强，在生长季短截或摘心枝条，一年内能萌发三四次枝，形成结果枝条多。枸杞树干性较弱，随着树冠扩大，主干支撑能力弱，树冠易东倒西歪，倾斜在地，枝条搭在地上，田间耕作极不方便。在幼龄期整形时，一定要用细木棍、竹竿设立支柱，进行扶干。枸杞枝条细长而软，在培养骨架时要选留强壮枝条，逐渐扩大树冠，过细的枝内养分积累少，不利进行优质生产，只有牢固的树体骨架，才能保证结果的永久性和合理性。

（2）轻剪多留，促进早期产量的提高　幼龄期树根系浅，贮藏营养物质少，应多留枝叶、轻剪、多放，用于养根和扩大根冠，边结果、边增加光合产物积累，同时要整理树体骨架，培养枝组，逐年提高产量。对幼龄树过多过重的短截，会减慢树冠的扩展速度，促发大量的强旺枝，不利于花芽分化和早结果，所以幼龄树采取以疏为宜、适当短截的手法。幼龄树在生长期要强化夏季修剪，直立的徒长枝要及时疏除，强壮枝在15 cm短截促发枝条，斜生、弧垂的枝条长放，开花结果后休眠期再剪，使树冠尽快达到预定的营养面积。同时，也要调整骨干枝和树冠上下的平衡，对个别徒长补冠的枝条应及时回缩，培养成适宜的结果枝组。

2. 成龄树整形修剪技术要点

（1）休眠期修剪　在2月至3月上旬进行修剪，主要是整理树冠和结果枝的去旧留新。按照“根颈剪除徒长枝，冠顶剪强留弱枝；中层短截中间枝，下层留顺结果枝；枝组去弱留壮枝，冠下短截着地枝”的顺序修剪。要调整结果枝组的密度，判断树势对各级骨干枝进行剪留，剪后短枝过多，果枝多，叶面积过小，树势减弱；长枝多，短枝少，结果枝少，产量会降低。通常对细弱枝条应以疏为主，或适当短截充实芽体和枝条粗度，对水平枝、斜生枝以短截为主。成龄树果实产量高，消耗养分多，要采取不同程度的回缩更新，控制树冠结果枝外移，减少非生产性的养分消耗，缩短根叶距离，从而有利于提高养分吸收。做到树冠紧凑稳固，冠层通风透光，枝条多而不密，内外结果正常。

（2）春季修剪　在展叶至新梢开始生长的4月中下旬，该时期树体无叶或少量光合面积，处于顶端优势形成初期，枝芽生长主要靠贮藏营养和根部养分、水分。春季修剪一方面是补充休眠期修剪的不足，以处理小的细弱枝或干枝为主，剪去冠层枝条被冬季风干的枝，避免枝条遇风摇摆互相摩擦碰伤嫩芽、嫩枝，特别是细弱枝条更易受到伤害。另一方面要将植株根颈、主干、膛内、冠顶（需偏冠补正的萌芽、枝条除外）所萌发和抽生的新芽、嫩枝抹掉或剪除，抹芽及时可以节约养分，使留下的枝芽得到更多的水分、养分供应。

（3）夏季修剪　在5—6月的营养生长与生殖生长共生期，处于营养转换期。植株前期靠贮藏养分，后期靠新叶营养，并处于芽、叶、枝、蕾、花、果等多器官竞争养分的阶段，新梢的生长占绝对优势。因枝叶生长量大，枝叶繁茂，需改善树体光照与通风。夏季修剪以疏剪、短截、摘心为主。

①疏除。夏季修剪首要任务就是疏除树干、膛内的无效枝叶，沿树冠自下而上，由里向外，剪除植株根颈、主干、膛内、冠顶处萌发的强枝、徒长枝，骨干枝上不能疏枝过多，否则会降低有效叶面积。

②短截、摘心。对树冠中萌发的背上枝、斜生枝待枝长20～30 cm，及时摘心促发分枝，增加结果枝，防止枝条徒长。整个夏季生长期对树冠中、上层由侧枝上萌发的背上、斜生的强旺枝条实行交错短截，一般每7～10 d 修剪一次。若因农事繁忙无暇顾及致使枝条徒长，应在10～15 cm 处短截，转为结果枝组，增加产量。

（4）秋季修剪　10月上旬进行，主要是剪除秋季（8—9月）植株冠层着生的徒长枝，以减少营养消耗。

第四章　枸杞园生草栽培

生草栽培主要是指在农作物行间或者果树行间密植一年生或者多年生草本植物，这种草本植物也可以作为绿肥被翻压到土壤中。生草栽培技术具有提高土壤养分含量、调节果园微域生态环境、提高果实产量和品质的作用，是一种能够有效防止土壤侵蚀、提高土壤肥力、增加微生物多样性以及控制杂草的现代生产管理模式。该技术的应用对于提高果园土壤质量和改善果园生态环境以及促进枸杞产业的健康可持续发展具有重要意义。

第一节　生草栽培的研究进展

很早以前，农民就认识到把种植草本植物作为增加土壤养分的一种耕作方法的重要性。一般认为果园生草始于美国，关于生草与清耕的比较试验开始于19世纪末20世纪初。20世纪50—70年代，果园管理开始运用生态学的观点来解决果园清耕制管理模式所面临的果园生态环境退化问题，此间开展了大量果园生草试验研究，极大地推动了果园生草制的迅速发展。20世纪70年代以来，欧美及日本等果树生产发达国家果园管理以建设生态园为目标，形成了以生态体系稳态平衡为基础，以优质高效生产为目标的现代果树生态栽培体系，满足公众对绿色食品、有机食品的需求。目前，欧美和日本的果园土壤管理以生草为主，实施生草的果园面积占果园总面积的55%~70%，有的国家甚至达到90%以上。我国果园生草栽培试验研究起步较晚，20世纪60年代才有零星报道，80年代开始起步，借鉴国外的先进经验，1998年全国绿色食品办公室将果园生草作为绿色果品生产技术体系在全国进行推广，但实际生产中清耕果园面积仍占果园总面积的90%以上，目前果园生草处于试验与小面积应用阶段。

一、果园生草的意义

果园生草是以果树生产为中心，运用生物共生和物质再生循环的生态农业基本原理，结合果树学、生态学、生态经济学及相关学科的技术成果，建立的高效、低耗、持续稳定的果园生产体系。其实质是多物种在人工构建的复合生态系统中的共生互利，充分利用果园生态系统内的光、温、水、气、养分及生物等自然资源。其栽培措施不仅针对果树生产本身，还需考虑果园的草本、动物和土壤微生物及其相互作用的共生关系，保护果园生态系统的多样性、稳定性，协调果树生产与环境间的关系，实现提高果园土壤肥力和生产力的目的。核心目标就是建立一个投入少、效能高、抑制环境污染和地力退化的可持续发展的果园生产体系，达到生产出高营养、无污染、安全的绿色果品。果园推行生草制是绿色植物保护技术的重要内容，也是发展可持续农业的重要内容之一。

二、果园生草小气候效应

小气候是植物生长发育重要的环境因子，与区域的大气候相比，小气候对植物生长发育具有更为直接的影响。有关果园生草小气候方面的研究主要是针对果园生草栽培后小气候因子的变化及其对果树生长发育的影响。目前的研究基本上集中在生草对果园气温、空气相对湿度、土壤温度等微气候因子影响方面。不同类型果园生草试验研究指出，生草栽培具有调节土壤温度的效果，并在一定程度上具有调节树冠空气温度和相对湿度的作用，且这种调节作用随着树种、生草类型、区域气候等的变化而表现出不同的特点。吴建军等对幼龄橘园行间种植黑麦草、紫云英的研究指出，行间生草具有冬季保暖作用，这种保暖作用在晴天的早晨更为明显，这对我国红壤区的幼龄橘园免遭冻害有重要作用。我国南方红壤区柑橘园内种植香根草，刈割后的香根草覆盖树盘，园内高温伏旱期日平均气温比清耕园降低2.8℃，空气相对湿度提高4.3%，这种降温保湿作用在高温期对柑橘的生长有益处。王建江等的研究表明，果园种植牧草一年后夏季，地表、5 cm、10 cm 三个层次上的地温分别比清耕园降低5.8℃、0.6℃和0.5℃，而在寒冷的冬季，由于牧草地被降低了园内风速，削弱了近地表层的乱流交换而使土温高于清耕果园，并且可以缓冲气温和湿度的急剧变化。柑橘园生草栽培在高温季节能一定程度调节树冠层空气温湿度，与清耕对照相比，地表温度日均值、最高值分别降低11.8 ℃和22.5 ℃，根际土温日均值、最高值也分别降低4.2 ℃和6.0 ℃，且树冠层日均空气温度下降0.4 ℃，日均空气相对湿度提高4%。刘殊的研究也认为，龙眼园生草起到了平稳地温的作用，在寒冷季节，可提高冠下气温0.2～0.5 ℃，提高叶温0.2～1.0 ℃，提高地表温度2.0～3.0 ℃，提高根际土温1.0～2.0 ℃；在炎热季节，降低气温0.5～0.6℃，降低叶温0.4～1.7 ℃，降低地表温度最高达10.7 ℃，降低根际土温2.5 ℃，有利于促进根系生长与吸收。惠竹梅等研究指出，在炎热季节，葡萄园行间生草可降低地表最高温度5.7～7.3 ℃，降低地表温度日较差6.7～7.6 ℃，也可降低20 cm 以内土层的温度，有利于根系的生长。葡萄园种植白三叶可调节温湿度，使葡萄园中气温、土温稳定，形成一个有利于葡萄生长发育的小气候微环境。梨园生草及桃园生草具有类似的效应。在果园生草系统中，由于果园引入活地被物，形成了“土壤—牧草—大气”下垫面环境，改变了传统清耕制果园“土壤—大气”下垫面的性质，从而改变了果园生态系统近地层光、热、水、气的交换，进而影响果园微气候环境。

三、果园生草土壤环境效应

1. 生草对土壤物理性质的影响

生草可降低果园土壤容重，提高土壤毛管孔隙度和非毛管孔隙度，促进土壤团粒结构的形成，改善土壤结构，且生草对果园土壤物理性质影响的强弱及其效应范围与生草类型、生草年限密切相关。葡萄园生草可改善土壤结构，减少土壤侵蚀。红壤幼龄龙眼园生草2年可降低表层、亚表层土壤容重0.68% 和0.63%，增加总空隙度0.52% 和1.29%，增加毛管孔隙度8.16% 和4.48%。与清耕相比，橘园种植香根草4年，表层土壤容重降低0.09 g/ cm^3，土壤孔隙度增加8%，且干旱季节土壤含水量提高0.6%～3.4%，持续干旱时期土壤水势下降速度减慢。

石质山地苹果园间作绿肥也可使表层土壤容重降低，土壤孔隙度增加。苹果园生草4年与清耕相比，可明显改善土壤物理性状，生草0～20 cm 土层，直径大于1.0 mm 的土壤团粒增加10.2%～12.2%；土壤容重降低4.2%～10.0%，土壤孔隙度增加4.65%～10.9%。乌克兰10年期的苹果园生草试验结果也表明，0～20 cm 和20～40 cm 土层水稳性土壤团粒含量分别增加19.6%～21.0% 和10.4%～15.6%，土壤透水吸水性提高了2倍。梨园、桃园、葡萄园生草试验也支持了上述研究结果。而果园清耕短期内影响容重和孔隙度，导致土壤容重上升，孔隙度减少，长期清耕使土壤团聚体破坏，土壤结构恶化。

2. 生草对果园土壤有机质的影响

土壤有机质是指存在于土壤中各种含碳的物质，它包括土壤中各种动、植物残体，微生物体及其分解和合成的各种有机物质。尽管土壤有机质只占土壤重量的很小一部分，但它在土壤肥力、环境保护、果园可持续发展等方面都具有很重要的作用。不同的地面管理模式对果园土壤有机质含量可产生明显影响。清耕导致果园土壤有机质的下降，特别是表层下降最明显。许多研究认为，果园生草增加土壤有机质含量，增加量随土壤和环境条件、生草种类及生草年限而变化，增加最多的是表土，尤其是表层，向下依次减少。红壤幼龄龙眼园行间生草（牧草自然生长，不割草）、套种绿肥牧草试验结果表明，果园行间生草、套种绿肥牧草均可提高0～40 cm 土层有机质、腐殖质含量，表层增幅大于亚表层。红富士苹果园种植白三叶3年，可明显提高苹果园0～40 cm 土壤养分，与清耕对照相比，有机质含量平均提高32%，以0～20 cm 最为显著，是清耕区1.5倍。红壤橘园套种圆明草，3年生圆明草可使0～20 cm 土层中有机质含量提高74.0%。在种植绿肥牧草（生毛苕子）压青的果园中，0～20 cm 土层中有机质比清耕增加22%。黄土塬区富士苹果园行间种植白三叶、黑麦草及高羊茅6年，可使0～20 cm 土层有机质含量增加0.19%～0.57%，较清耕对照提高24.4%～73.1%。太行山区苹果种植沙打旺，0～50 cm 土层有机质含量较清耕对照提高30.0%。生草（牧草自然生长，不割草）可使土壤腐殖质逐渐积累，生草3年后土壤有机碳较清耕增加2%，3～5年生草区有机质含量大于免耕区。葡萄园行间种植紫花苜蓿和多年生黑麦草，使0～60 cm 土层有机质平均含量升高，其中以种植多年生黑麦草增幅最大。随着生草年限的增加生草区土壤有机质含量持续增加，5年后清耕区有机质含量较生草区低很多，且清耕区表层土壤有机质下降最明显，长期生草有利于果园土壤有机质持续提高。

3. 生草对果园土壤营养元素的影响

土壤营养研究证实，生物体中含有的90余种元素，其中已被肯定的植物生长发育必需元素有16种：C、H、O、N、P、K、Ca、Mg、S、B、Fe、Mn、Cu、Zn、Mo、CI，除 C、H 和 O 主要来自于大气和水，其余元素则主要来自土壤，来自土壤的元素通常可以反复地再循环和利用。与果园清耕相比，生草可提高果园土壤速效 N、P、K（氮、磷、钾）的含量。龙眼园生草2年土壤中速效 N 和速效 K 比生草前分别提高了189.3%~217.1% 和12.8%~59.1%，速效 P 提高 $14.0 \times 10^{-6} \sim 26.1 \times 10^{-6}$；果园种植毛苕子，耕作层土壤中速效 N、P、K 含量有较大增加，与清耕园相比，速效 N 提高130.8%，其中速效 N 中以硝态 N 含量增加最多，速效 P 提高31.8%，速效 K 提高110.5%。梨园生草使速效 P 提高28%，速效 K 提高11%。在香蕉、龙眼园、山地板栗园以及苹果园种植白三叶草，生草或生草后刈割覆盖园地可不同程度地提高土壤中速效 N、P、K 含量。但也有学者研究指出，生草可能降低速效 N、P、K 含量。和清耕相比，葡萄园行间种植苜蓿、黑麦草可使0~60 cm 土层速效 P、K 及碱解 N 平均含量降低。太行山低山丘陵苹果园种植沙打旺降低0~40 cm 土层速效钾含量。丘陵茶园行间种植白三叶0~20 cm 土层速效 P 含量低于清耕。造成这种差异的原因，可能与试验条件、树种及生草类型的差异有关。

4. 生草对土壤微生物与酶活性的影响

土壤微生物是指存在于土壤中的细菌、真菌、放线菌、蓝细菌、藻类（蓝藻除外）、地衣和原生动物等微小生物的总称，是土壤中物质循环的调节者，同时也是有机物质和速效养分的一部分，参与多种反应过程。如矿化－同化、氧化－还原等，其在土壤肥力演变、植物养分有效化和土壤结构的形成与改良、有毒物质降解及净化等方面起着重要作用。生草可增强土壤表层与表层附近的微生物活性，长期清耕会降低上层微生物量和土壤的酶活性。红壤山地柑柚园套种圆叶决明对0~30 cm 土层微生物的数量影响较大，以细菌影响最为显著，是清耕园的64倍，固氮菌是清耕园的57倍，放线菌和真菌是清耕园的10倍左右；微生物的活动与植物根系生物量及土壤有机质含量分布有密切相关。丘陵李园的土壤微生物及酶活性与清耕相比，生草0～20 cm 土层的细菌、真菌、放线菌数量均大幅度增加。橘园保留杂草，0～20 cm 土层微生物数量、解磷微生物（PSM）活性和 VA 菌根孢子数量均高于清耕果园。红壤幼龄龙眼园行间混播百喜草和宽叶雀稗，3年后生草区冠下和行间 0～20 cm 土层脲酶活性分别提高107.1% 和12.4%，而清耕区却略有下降；20～40 cm 土层脲酶活性则与清耕区差异不显著，且随着生草年限的增加，生草区冠下和行间尿酶活性均呈上升趋势，而清耕呈现下降趋势。黄土塬区苹果园间作作物后，土壤中细菌、真菌数量显著高于清耕种植的土壤。综上可知，不同试验条件、不同的生草种类及生草年限对果园土壤微生物与酶活性影响存在差异。一般来说，生草每年归还到土壤中的有机残体（如落叶、根），可刺激并提高土壤生物学活性，而且生草可提供更多的根系分泌物，为微生物繁殖提供了物质与能量，进而提高果园土壤微生物量和土壤酶活性。

5. 生草对果园水分环境的影响

水既是果树生存的重要生态因素，又是果树体内的重要成分，与果树的生命活动有密切关系。果树的一切生理活动都是在水的参与下完成的，严重缺水对果树生长和结果不利。在果树年发育周期内，适宜水分管理下可以促进新梢生长、果实增大，提高产量，增进品质。关于生草对果园土壤含水量的影响，不同水果产地种植不同类型牧草研究结果不一。石灰岩旱地苹果园生草可提高土壤含水量，但也发现牧草与果树存在争夺水分的现象，在干旱较重的季节，生草区土壤水分下降大于清耕区。旱地苹果园连续4年生草，可抑制水分蒸腾，生草区0～20 cm 土层含水量比清耕区提高3.5%，20～40 cm 土层提高2.4%，40～60 cm 土层提高3.4%，果树叶片总蒸腾速率降低42.6%～74.4%。梨树生长期大部分时间生草区与清耕区土壤水分差异不显著。葡萄园种植一年生绿肥牧草可使0～20 cm 土层含水量平均提高0.7%～1.1%。总的来说，果园生草会造成牧草与果树竞争水分，尤其在干旱季节。

果园水土流失是制约果园可持续发展的重要因素，长期以来受到关注。果园生草栽培具有改良土壤、保持水土的作用已为大量的研究所证实，生草能缓解降雨对土壤的直接侵蚀，减少地表径流，防止冲刷，减少水土流失；在风沙大的荒沙地与坡地果园，可起到防风固沙护坡的作用，还可提高水分的渗透速率，减少土壤蒸发，提高水分利用效率。红壤坡地桃园梯田壁植草、果树行间生草可显著减小地表径流系数，地表径流系数可控制在10.0%以下，随着时间的推移牧草覆盖率增大，地表径流系数呈减小趋势，生草第三年的土壤侵蚀量近于0。在葡萄园种植羊茅属牧草，可使水土流失大为减少，其中以多年生牧草较好。总之，生草栽培可减少土壤流失，目前果园生草栽培作为保持水土、提高地力的主要技术措施已被广为接受。

四、生草对果树生长发育的影响

1. 生草对果树生长的影响

影响果树生长发育的因素分为自然因素和人为因素两大类，自然因素包括气候、土壤和果树品种，人为因素则是各项栽培技术措施。关于生草栽培对果树生长发育的影响，不同的生草模式、生草种类等对果树生长发育影响存在较大差异。全园生草可以明显降低树体生长势，新定植的树尤其敏感，成年树也有反应，这一点被苹果、葡萄、桃等果园田间试验所证实，这与全园生草模式下牧草与果树过度地竞争水分或氮肥密切相关，或二者都有的缘故。

一般认为行间生草、行内清耕覆盖（牧草刈割后覆盖清耕带）可以促进树体生长发育。太行山低山丘陵区苹果－紫花复合系统对苹果树体生长、叶片质量、光合速率、单株产量和果实品质及土壤养分含量的影响结果表明，每侧保留1 m 清耕保护带的处理与对照相比，可使苹果百叶重增加13 g，比叶重提高0.082 g/dm^2，而不留保护带的全园间作处理苹果树体生长变弱。红壤丘陵橘园行间连续栽培香根草4年，新梢长度和粗度分别比清耕增加5.22 cm 和0.03 cm，干径增粗 0.65 cm。石灰岩旱地苹果园行间栽培鸭茅和无芒雀麦3年，两处新梢不同部位的叶片百叶重分别增加4.75%、33.9%，单叶面积分别增加16.26%、29.6%，不同枝类叶片百叶重增加4.60%，单叶面积增加2.72%～12.54%。红壤丘陵龙眼幼园行间生草3年后干径和冠幅增长率分别由清耕对照的88.47%和64.85%增加到120.17%～145.59%和790.84%～896.86%；生草还促进幼龄龙眼树的花芽分化，花穗比例较清耕对照提高20%～30%。

2. 生草对果树根系发育的影响

根系是植物水分养分吸收的主要器官，也是生草栽培中水肥竞争的作用部位。在根的生长发育过程中，土壤因素、栽培技术等都会影响果树根系的生长和分布。生草会限制浅层苹果根系发育，使根下扎，而清耕会破坏浅层根系，频繁清耕更会使浅层根系无法恢复。干旱区幼龄赤霞珠葡萄园行间种植黑麦草、白三叶及苜蓿，与清耕相比，行间生草可使苹果有效根系向土壤深处发展，其中20~60 cm 土层提高幅度较大，生草区苹果树平均有效根长、密度高于清耕区，生草促进了果树 <2 mm 径级根系的发育。干旱区幼龄赤霞珠葡萄园行间种植黑麦草、白三叶及苜蓿，与清耕相比，行间生草使葡萄根系在20～40 cm 土层内的分布高于0～20 cm，说明行间生草可使葡萄根系向土壤深处发展，有利于对土壤养分和水分的吸收利用。但有研究发现，桃和梨在白三叶处理区较清耕区的根系接近地表，表层土壤根系密度较清耕大，认为生草改善了浅根和侧根的发育。石灰石地区旱地新红星苹果园行间种植无芒雀麦及鸭茅，果树根系总根条数分别比清耕增加42.9条 /m^2和29.7条 /m^2，且 0～40 cm 土层＜2 mm 根量较清耕增加明显，而40～100 cm 土层根重显著低于清耕，出现根系上浮现象。

3. 生草对果树光合特性的影响

光合作用是果树营养生长和开花结实的基础，光照、温度、水分等是影响果树光合强度的重要环境因子。果园地面不同管理方式下，由于土壤环境和地面辐射等微域小气候的改变，从而影响果树的光合特征。生草栽培由于缓解橘园高温低湿的矛盾，可提高叶片光合速率和叶片光合生产能力。在我国南方高温干旱持续时间较长时，生草栽培可使柑橘叶片水势和蒸腾速率降低，对于减轻干旱程度的发生具有一定作用，表现在土壤水势、叶片水势和蒸腾速率下降速度减缓，延缓光合速率下降。太行低山丘陵旱地苹果园行间连续种植紫花苜蓿6年，果树日光合速率比清耕对照提高15.2%，叶绿素含量提高13.3%。苹果和沙打旺间作可使苹果叶片叶绿素含量比清耕对照提高24.3%，叶片光合速率提高28.0%，苹果产量提高5.1%，复合系统土地当量比（LER）达到1.65。石灰石地区旱地苹果园行间种植鸭茅和无芒雀麦使苹果叶片生理活性比清耕对照明显提高，叶绿素含量增加7.07%～20.3%，光合速率提高13.07%～27.26%。

五、生草对果树产量与果品品质的影响

1. 生草对果树产量的影响

果树产量的高低，与品种遗传特性、环境因素、栽培管理技术等有关。一般认为行间生草并适当刈割控制的条件下，树体生长和产量会因土壤肥力的提高、结构的改善而提高。黄土高原旱地苹果园中行间种植鸭毛草、扁茎黄芪、百脉根、白三叶4种牧草，与清耕相比，生草可以提高产量12.78%～31.57%，苹果单果重提高幅度为18.06%～18.80%，一级果百分率提高5.93%～9.74%，不同种类牧草增加幅度不一。干旱丘陵苹果园行间栽培沙打旺单株产量提高21.1%，单果重提高13.0%。太行山干旱低山丘陵区苹果园行间栽培紫花苜蓿单株产量增加3.08 kg/株，单果重增加15.25 g。红壤柑橘园行间栽培白三叶、百喜草及白三叶与百喜草混播，在正常年份生草对柑橘产量影响不显著，但在柑橘花期及生理落果后期遇到高温干旱异常天气，生草则能比清耕对照提高柑橘坐果率，增产均在13.1%以上，提高果实产量显著。脐橙园生草栽培每667 m^2的平均产量比清耕园高267 kg，一级果品率达62.9%，高于清耕园的一级果品率40.0%。种植绿肥牧草，适时翻压，有利于产量和坐果率的提高，在葡萄园进行连续3年的试验，发现种植绿肥牧草可平均增产7.1%～12.3%。

2. 生草对果品品质的影响

优良的品质是现代化果树产业追求的目标之一。果树的种植方式，整形修剪以及土肥水管理和病虫害防治等措施均可对果品品质产生显著影响。许多研究证实生草栽培对改善果实品质有利，与生草降低果实中氮（N）水平、提高磷（P）及钾（K）水平有关。果实中含氮（N）量下降可促进着色，减少落果，增加果实硬度，提高果实含磷（P）量则可减轻贮藏期间的低温伤害，钾（K）含量的提高一般伴随着可溶性固形物含量的提高，有利于减轻贮藏过程中

的病害和腐烂。永久性生草的效果在不同气候条件下基本一致，使果实含糖量上升，总酸下降，总酚与花色素含量增加。黄土塬区旱地苹果园连续间作白三叶6年，果实可溶性固形物含量比清耕增加11.3%，硬度增加9.2%，果品着色指数增加35.0%。生草芒果园增加了土壤有机质，引起芒果含糖量增加，改善了芒果的贮藏品质。苹果园中种植鸭茅、扁茎黄芪、百脉根、白三叶4种牧草可以提高一级果率达90%以上，比清耕提高5.93%~9.74%，均达显著水平；可溶性固形物比清耕对照提高幅度为4.90%~13.30%，除白三叶外其余与对照比均达到极显著水平；果实硬度比清耕对照提高幅度为5.50%~18.00%，糖酸比提高幅度2.96%~39.12%。梨园生草栽培3年后果实可溶性固形物含量、单果重及产量比清耕对照均有较明显提高，可溶性固形物含量由对照的12.1%提高到15.8%，单果重由235.1 g 提高到281.2 g，产量由2 231 kg/667 m^2提高到2 600 kg/667 m^2。桃园间作白三叶3年维生素 C（Vc）含量比清耕对照提高了2.31 mg/100 g，可溶性糖增加1.76%，可溶性固形物增加2.17%，滴定酸则下降了0.08%，糖酸比增加6.18，显著地提高了桃的口感。生草处理使葡萄果实中可滴定酸降低，可溶性固形物和糖酸比上升，在生草的第三年出现显著性差异。

六、生草对果园病虫草害防治的影响

果园是相对较为持久的生态系统，不像小麦、玉米等大田作物因季节性收获而使生态系统中断，因此为各种害虫提供了良好的生境连续性。果园生草增加了植被多样化，可使昆虫种类的多样性、富集性及自控作用得到提高，对于生产绿色果品具有积极的作用。与清耕相比，荔枝－牧草复合系统节肢动物群落数量、物种丰富度及均匀性增加，多样性提高，但清耕园害虫优势集中度比复合系统要高。生草苹果园和清耕苹果园中害虫及天敌发生规律有所不同，生草果园害虫势种为绣线菊蚜和山楂叶螨，天敌资源丰富，优势种为大草蛉，天敌与主要害虫在空间上相遇概率较大，天敌对主要害虫绣线菊蚜和山楂叶螨在时间维度上有较强的追随效应和控制作用，大大减少了害虫的危害，因此认为果园生草有利于果园害虫的无公害防治。苹果和紫花苜蓿等间作，节肢动物丰富度、多样性指数和均匀性指数明显大于清耕对照，天敌发生量大，天敌数量比清耕园提高200%，害虫发生量低，无突增现象。苹果园行间生草带蚜虫天敌数量明显增加，而蚜虫的数量与无草带和使用杀虫剂6~8次的对照区无明显差异。葡萄园长期生草可增加害虫天敌和减少有害食草昆虫，增加了植株和地表蜘蛛种类的多样性。橘园种植白三叶、黑麦草，中华草蛉虫、六点蓟马、螵虫等天敌数量显著增加，农药用量减少3/4，起到了生物防治的作用。

从传统的果园清耕制到今天世界上果树生产发达国家广为应用推广的生草法，果园生草栽培经历了一个相当长的时期。围绕果园生草栽培，果树、水土保持、生态等学科的学者对其进行了广泛的试验研究，获得了许多宝贵的经验和结论。果园生草作为一种优良的果园土壤管理制度，在改善果园微气候、保护生态环境、提高果品质量等方面的重要作用，对于协调果树生产与环境间的关系，建立高产优质、环境友好的果园生产体系，推动果树产业的清洁生产等方面具有极为重要的应用价值。

第二节　枸杞园生草栽培的方式及作用

受传统种植方式影响，大多枸杞园杂草种类繁多，稍有不慎就会形成草荒，杂草不仅与枸杞争夺水肥资源，还会给多种病菌、害虫提供生存便利，这样既增加了管理难度与成本，又容易导致产业效益倒退。俗话说“肥田长猛草，猛草又肥田”，因此枸杞园按照生态种植方式，应合理控制杂草生长。

枸杞园生草栽培是指在枸杞行间播种豆科、禾本科植物或长期种植多年生植物，实施定期刈割，用割下的茎秆覆盖树盘，让其自然腐烂分解，从而改良土壤结构、提高土壤肥力和改善果园小气候的一种土壤管理栽培模式。

一、生草栽培方式

生草栽培从地被角度上一般可分为人工种草和自然生草两种方式，从田间管理角度上还可分为全园生草和行间生草两种模式。全园生草是在枸杞的行间和株间全部生草（树干周围10 cm范围内不生草），实现枸杞园地面全覆盖的一种生草方式；行间生草是指在枸杞的行间生草、行内和株间实行清耕的方式。

1. 自然生草

自然生草利用田间自有草种即可。在剔除恶性杂草的基础上，利用枸杞园内自然生长出，且通过多年自然竞争选择存活下来的适应枸杞园生态环境的草种实行生草。以培养健康土壤和打造良好生态结构为基础，建立枸杞园生物和微生物种类的多样性和平衡性，从而更合理有效利用光、温、水、肥、气，达到生产有机果品的目的。同时，自然生长的草种对本地区气候条件的适应性强、产草量大，还具有草种资源丰富、易管理、投资少等优点。

2. 人工种草

人工种草是人工选择一种或者多种草种进行人工种植，一般在秋季或春季深翻后播种草种，最好在秋季播种，以8月20日前播种为宜，可有效解决生草初期滋生杂草的问题。枸杞园生草必须定期进行刈割，割下的碎草直接还田，具有针对性强及受人为控制等优点。目前，人工种草草种多用豆科或禾本科等矮秆、适应性强的草种，如毛叶苕子、三叶草、鸭茅草、黑麦草、银柴胡、百脉根和苜蓿等。待草长至30~40 cm时利用碎草机留5 cm茬粉碎，如气候过于干旱在草高20 cm左右留5 cm茬粉碎。为保证草生长良好，每两年保证草结籽一次。粉碎的草可覆盖在树盘或行间，使其自然分解腐烂或结合畜牧养殖过腹还田，增加土壤肥力。

二、枸杞园生草栽培的作用

1. 改良土壤结构、改善土壤性状

枸杞园生草可有效减少土壤冲刷，增加土壤有机质，改善土壤理化性状，使土壤保持良好的团粒结构，防止土壤暴干暴湿，保墒保肥、提高品质，改善枸杞园生态环境，为病虫害的生物防治和生产绿色果品创造条件。生草栽培尤其对改善土壤性状、涵养水分、丰富生物多样性、调节土壤小气候和维持生态平衡等方面有诸多裨益。通过具体措施合理规避生草栽培误区，可实现枸杞栽培高产优质的目的。

2. 改善土壤管理模式

生草栽培作为一种新兴现代枸杞园地面管理方式，遵循生态农业原则，是将枸杞园生草、土壤动物等生物资源和枸杞园小气候环境与土壤环境视为一个整体，追求投入产出比高、污染少、地力退化少的可持续发展 。同时，生草栽培可减少枸杞园管理用工，同时草地增加地表强度，便于机械化作业，可以保证机械作业随时进行，即使在雨后或刚灌溉过的土地上，也能进行机械作业，如喷洒农药、生长季修剪。

3. 提高果实品质与产量

生草栽培是促进果实优产高产的有效方式，也是通向果实绿色生产的生态路径。研究表明，生草栽培会使枸杞园病虫害的发生频率显著降低，减少病虫害对果树与果实带来的损害，采用生草栽培后，果实可溶性固形物含量、单果重等果实品质指标也得到了显著的改善，从而使果实的口感风味得到改善。

4. 改良果园微环境

生草栽培可延长光合作用时间，提高光合速率，在草旺盛生长的夏季，果园生草可使土壤湿度降低，有利于排掉土壤中过多的水分，促进根系的生长和水分的吸收。

三、周边生境对枸杞园生物种群的影响

周边生境对枸杞园天敌种群的影响作用不容忽视。这些生境一方面可能成为枸杞园天敌昆虫的迁入源，同时又是枸杞园天敌迁徙繁衍和农园使用农药时的庇护场所。对枸杞园周边生境研究发现，随着田埂植物多样性增加，枸杞园中天敌的种类和数量也明显增加，可见枸杞园周边环境的生物多样性对果园天敌的生物多样性甚至有决定性的作用。异色瓢虫、龟纹瓢虫、草蛉、小花蝽等天敌昆虫在麦田和枸杞园之间迁移存在一定规律，而赤眼蜂在玉米田和枸杞园间迁移也存在一定的规律，因此有必要建立和保护果园周边生境的多样性。枸杞园周边的生境可以对枸杞树的生长、病虫害的发生扩散起到推动或是阻碍的作用。枸杞园和它周边的生境已经纳入一个更大的生态体系中，它们相互联系，相互发展。

四、生草栽培的弊端

1. 与枸杞树竞争水肥

生草初期的确存在草与树体争肥的问题，0～20 cm 土层是牧草根系和根系生物量的密集分布区及各草种水肥利用的主要区域，而枸杞树根系的集中分布层在地下20～40 cm，所以选择合适的草种，水肥竞争会相对较轻。而且，随着生草年限的增加和土壤有机质含量的提高，土壤理化性质和通气性改善，土壤抗蚀力、涵养水源能力、供肥保肥能力和养分有效性等同步提高。值得注意的是，初次生草果园前1～3年应加大肥水投入，以缓解水肥竞争的矛盾。

2. 增加成本

枸杞园生草虽然有很多好处，但也增加了购草种、播种、喷水、刈割等成本，因此对枸杞园生草的经济性要进行整体核算。

第三节　生草栽培对枸杞园的影响

多年来枸杞园一直采用清耕的管理方式，行间土地完全裸露，土壤蒸发量大，水土流失严重，造成土地资源的严重浪费和土壤微生物环境的破坏。近年来，宁夏农林科学院枸杞科学研究所的科研人员在枸杞行间种植黑麦草，研究杞园生草后对土壤、枸杞植株的影响，探讨枸杞园的生草种植模式，为枸杞产业健康发展提供科技支撑。

一、生草栽培对枸杞园土壤理化性质的影响

1. 土壤水分及容重的变化

枸杞品系14-02行间生草和清耕下土壤水分及容重的测定分析结果见表4-1。行间生草的土壤含水量除在根际0～20 cm 低于清耕，其他均高于清耕处理；行间生草的土壤容重除在根际0～20 cm 高于清耕，其他均低于清耕处理；行间生草栽培可使土壤紧实度降低，有利于根系呼吸。

表 4-1 不同行间处理下不同取样深度土壤含水量及容重

取样深度	检测指标	清耕				生草			
		根域		行间		根域		行间	
0～20 cm 土壤	土壤含水量 /%	10.44	ab	5.65	c	8.81	ab	10.09	ab
	土壤容量 /（g· cm^{-3}）	1.44	ab	1.51	a	1.58	a	1.38	ab
20～40 cm 土壤	土壤含水量 /%	10.48	ab	8.02	bc	12.70	a	8.48	b
	土壤容量 /（g· cm^{-3}）	1.42	ab	1.39	ab	1.23	b	1.36	ab

注：同一列中不同小写字母代表0.05水平差异显著。

资料来源：朱丽珍.枸杞-牧草间作模式开发及其种间互作效应研究[D].银川：宁夏大学，2022.

2. 土壤理化性质的变化

对11种土壤养分的测定分析结果表明（表4-2），0～20 cm、20～40 cm 土层中生草栽培的电导率、速效磷的含量明显高于清耕；生草根域全磷、全钾的含量显著高于清耕，行间无明显差异；土壤主要养分有机碳、有机质、铵态氮、硝态氮的含量无明显变化。

表 4-2 不同行间处理下不同取样深度土壤理化性质

土壤养分	0～20 cm 土壤				20～40 cm 土壤			
	清耕		生草		清耕		生草	
	根域	行间	根域	行间	根域	行间	根域	行间
电导率 /（ms · cm^{-1}）	796.00 c	656.00 d	1018.67 a	1001.67 ab	741.33 cd	494.33 e	914.67 b	996.67 ab
pH	8.61 a	8.56 a	8.43 c	8.51 ab	8.65 a	8.51 ab	8.38 b c	8.58 a
全氮 /（g· kg^{-1}）	0.83 a	0.37 b	0.39 b	0.25 e	0.28 de	0.36 b c	0.30 d e	0.31 c d
全磷 /（g· kg^{-1}）	0.52 b	0.48 b c	0.67 a	0.42 c	0.47 bc	0.42 c	0.65 a	0.53 b
全钾 /（g· kg^{-1}）	18.61 d	19.44 bc	20.12 ab	18.95 c d	18.72 cd	18.92 c d	20.40 a	19.07 c
速效钾 /（g· kg^{-1}）	357.67 a	183.97 e	272.13 d	76.41 f	336.33 b	82.93 f	315.90 c	78.59 f
速效磷 /（g· kg^{-1}）	73.63 b c	56.70 e	78.87 a	65.13 d	71.33 c	50.53 f	74.87 b	64.03 d

续表

土壤养分	0~20 cm 土壤				20~40 cm 土壤			
	清耕		生草		清耕		生草	
	根域	行间	根域	行间	根域	行间	根域	行间
有机碳 / ($g \cdot kg^{-1}$)	4.36 a	4.35 a	4.75 a	4.22 a	4.04 a	4.42 a	5.52 a	3.84 a
有机质 / ($g \cdot kg^{-1}$)	7.52 a	7.50 a	8.18 a	7.30 a	6.97 a	6.61 a	9.52 a	6.56 a
铵态氮 / ($g \cdot kg^{-1}$)	41.74 a	43.96 a	48.91 a	55.15 a	63.64 a	42.23 a	53.50 a	49.22 a
硝态氮 / ($g \cdot kg^{-1}$)	9.42 b	8.53 b	9.83 b	11.60 ab	14.75 a	8.10 b	9.90 b	11.00 b

注：同一列中不同小写字母代表0.05水平差异显著。

资料来源：朱丽珍.枸杞–牧草间作模式开发及其种间互作效应研究[D].银川：宁夏大学，2022.

3. 土壤酶活性的特征

对5种土壤酶活性的测定分析表明（表4–3），在0~20 cm、20~40 cm 土层中行间生草的脲酶活性显著高于清耕，生草根域土壤酶活性均显著高于清耕，生草栽培的土壤酶活性优于清耕。

表 4–3 不同行间处理下不同取样深度土壤酶活性

土壤酶活性	0~20 cm 土壤				20~40 cm 土壤			
	清耕		生草		清耕		生草	
	根域	行间	根域	行间	根域	行间	根域	行间
脲酶 / ($mg \cdot g^{-1} \cdot d^{-1}$，37℃)	0.75 cd	0.66 d	1.37 a	0.87 c	0.73 d	0.31 e	1.36 a	1.02 b
碱性磷酸酶 / ($mg \cdot g^{-1} \cdot d^{-1}$，37℃)	2.99 ef	4.22 d	6.01 b	4.82 c	3.04 ef	3.30 e	8.47 a	2.78 f
蔗糖酶 / ($mg \cdot g^{-1} \cdot d^{-1}$，37℃)	3.00 c	3.32 dc	5.33 a	5.63 a	3.03 c	3.77 b	5.41 a	3.43 bc
纤维素酶 / ($mg \cdot g^{-1} \cdot d^{-1}$，37℃)	0.47 d	1.15 a	0.88 b	0.56 d	0.71 bcd	0.68 cd	1.33 a	0.77 bc
过氧化氢酶 / ($mg \cdot g^{-1}$)	0.48 ef	0.76 d	1.49 a	1.27 b	0.40 f	1.25 b	1.44 a	1.10 c

注：同一列中不同小写字母代表0.05水平差异显著。

资料来源：朱丽珍.枸杞–牧草间作模式开发及其种间互作效应研究[D].银川：宁夏大学，2022.

4. 生草和清耕栽培下土壤理化性质与土壤酶活性冗余分析

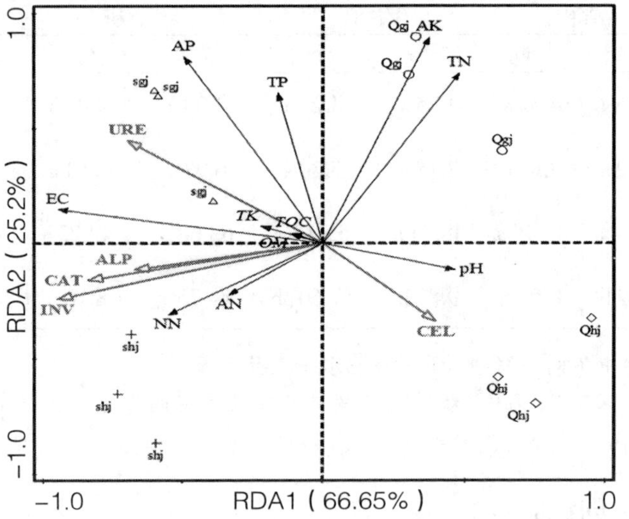

图4-1　不同行间处理下土壤酶活性与养分的冗余分析

资料来源：朱丽珍.枸杞-牧草间作模式开发及其种间互作效应研究[D].银川：宁夏大学，2022.

对生草和清耕栽培下根际和行间土壤酶活性与土壤环境关系进行冗余分析（图4-1），结果表明蔗糖酶、碱性磷酸酶、过氧化氢酶和脲酶对pH呈现较强的负相关性，纤维素酶对pH呈现正相关性，说明土壤酶活性的改变可以显著影响土壤pH的变化。5种土壤酶活性共解释了91.85%的土壤理化性质的变化，影响顺序依次为蔗糖酶＞脲酶＞纤维素酶＞过氧化氢酶＞碱性磷酸酶，其中蔗糖酶解释了61.1%，脲酶解释了17.4%，纤维素酶解释了12.5%，因此蔗糖酶、脲酶和纤维素酶是改变不同行间处理下土壤理化性质的主控因子。

进一步对不同行间处理下根际和行间土壤理化性质与土壤酶活性进行冗余分析（图4-2），发现电导率（55.7%，F=12.6，P=0.004）是影响酶活性的最重要因素，与之呈显著负相关；电导率和全钾与纤维素酶呈现显著正相关性，电导率、全钾、全氮、硝态氮、铵态氮、速效磷、有机质和有机碳含量与5种土壤酶活性具有正相关关系；速效钾、全氮和pH与5种土壤酶活性存在负相关关系。上述结果说明土壤理化性质影响土壤酶活性，其中土壤理化性质对土壤酶活性影响顺序依次为电导率（55.7%）＞全氮（0.5%）＞全磷（14.8%）＞速效磷（1.3%）＞速效钾（1.0%）＞有机质（0.7%）＞铵态氮（0.5%）＞硝态氮（0.2%）＞ pH（0.1%）＞全钾（0.1%）＞有机碳（0.1%）。因此，土壤理化性质中的电导率、全氮和全磷是改变不同行间处理下土壤酶活性的主控因子。

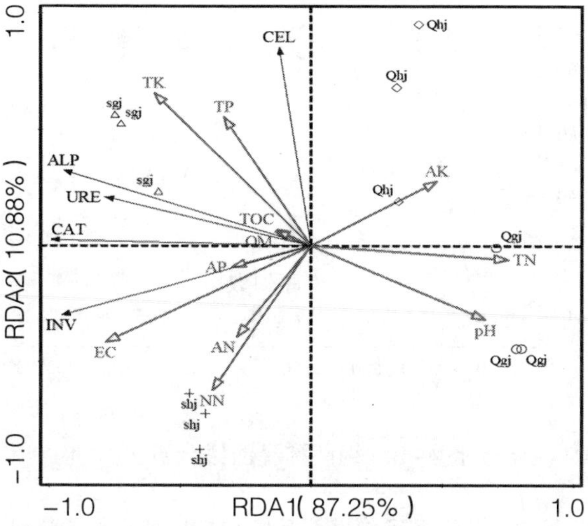

图4–2　不同行间处理下土壤养分与酶活性的冗余分析

资料来源：朱丽珍.枸杞–牧草间作模式开发及其种间互作效应研究[D].银川：宁夏大学，2022.

5. 土壤细菌群落结构及多样性分析

（1）土壤细菌多样性分析　取枸杞清耕栽培和生草栽培的根际、行间的土壤，3个重复共12个样品，测序后通过 Barcode 识别共获得94 649条环形一致性序列（CCS 序列），每个样品至少产生6 954条 CCS 序列，平均产生7 887条 CCS 序列。将这些序列在97% 相似度聚类为用于物种分类的操作分类单元（OTU），然后通过最小样本序列数对其进行抽平，再通过随机抽样的方法抽取一定数量的个体，以抽到的序列数与它们所代表的 OTU 数目构建稀释性曲线。

从图4–3可知，OTU 数均随序列的增加而增大，不同处理之间表现为 Shj（生草行间）＞ Qhj（清耕行间）＞ Sgj（生草根际）＞ Qgj（清耕根际）。随 OTU

数的增大，4种处理细菌稀释曲线均基本趋于平缓，但仍未达到饱和，说明测序数据量渐进合理，更多的测序数据对发现新的OTU贡献率较小。另外，测序覆盖率均高于90%，也表明本次测序深度合理，基本能代表样本的真实情况。

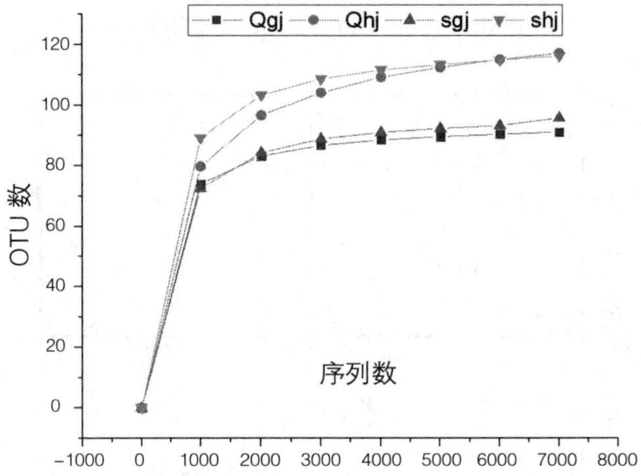

图4-3　细菌稀释曲线分析

资料来源：朱丽珍.枸杞-牧草间作模式开发及其种间互作效应研究[D].银川：宁夏大学，2022.

微生物多样性是一个群落稳定性的标尺，反映环境的生态机制和外界胁迫对群落的影响。使用Mothur（version v.1.30）软件，对样品特定环境或生态系统内的多样性Alpha多样性指数进行评估。各样品Alpha多样性指数值统计如表4-4所示。不同处理土壤样品细菌多样性发现，各个处理的土壤细菌群落Shannon、Simpson、Coverage指数差异均不显著（$P>0.05$）。而Sgj的土壤细菌群落ACE和Chao1丰富度指数分别较Qgj显著提高了9.11%和10.32%；Shj的土壤细菌群落ACE和Chao1丰富度指数分别较Qhj显著提高了19.69%和18.25%

表 4-4 不同行间处理下枸杞根际及行间土壤细菌 Alpha 多样性特征

Sample	ACE	Chao1	Simpson	Shannon	Coverage
Qgj	1644.34 ± 31.36 b	1608.45 ± 8.17 b	0.0656 ± 0.01 a	3.2384 ± 0.18 a	0.9998 ± 0.0001 a
Qhj	1371.65 ± 241.33 c	1382.99 ± 217.29 c	0.0479 ± 0.05 a	2.8418 ± 0.37 a	0.9992 ± 0.0005 a
Sgj	1794.15 ± 181.17 a	1774.27 ± 173.99 a	0.0454 ± 0.02 a	3.3242 ± 0.12 a	0.9997 ± 0.0001 a
Shj	1641.77 ± 28.79 b	1635.41 ± 35.13 b	0.0438 ± 0.01 a	3.6847 ± 0.21 a	0.9993 ± 0.0004 a

注：同一列中不同小写字母代表0.05水平差异显著。

资料来源：朱丽珍.枸杞–牧草间作模式开发及其种间互作效应研究[D].银川：宁夏大学，2022.

（2）土壤细菌群落组成　将 OTU 的代表序列与微生物参考数据库进行比对可得到每个 OTU 对应的物种分类信息，进而在各水平（门、纲、目、科、属、种）统计各样品群落组成，利用 QIIME 软件生成不同分类水平上的物种丰度表（表4–5）。

表 4–5 不同行间处理下枸杞根际及行间土壤细菌样品各等级物种统计

处理	界	门	纲	目	科	属	种
Qgj	1	6	15	24	33	42	43
Qhj	1	7	15	23	38	53	59
Sgj	1	7	16	25	31	41	41
Shj	1	7	15	25	40	54	54

资料来源：朱丽珍.枸杞–牧草间作模式开发及其种间互作效应研究[D].银川：宁夏大学，2022.

土壤细菌群落组成及其相对丰度见图4–4。在门水平，生草及清耕土壤丰度水平排名前10的物种，主要细菌门有子囊菌门（Ascomycota）、壶菌门（Chytridiomycota）、担子菌门（Basidiomycota）、被孢霉门（Mortierellomycota）、毛霉门（Mucoromycota）、球囊菌门（Glomeromycota）、毛霉菌门（Cryptomycota）、捕虫霉门（Zoopagomycota）等。

土壤细菌菌门在各处理间的响应不同，其中清耕根际土壤只有子囊菌门和球囊菌门的相对丰度高于生草根际，其余菌门丰度均低于生草根际；清耕行间只有在壶菌门和毛霉菌门的相对丰度高于生草行间，其余菌门丰度均低于生草行间。具体表现为生草处理降低了丰度较大的子囊菌门（Ascomycota）、壶菌门（Chytridiomycota）的相对丰度，并有助于增加丰度居中和较小的担子菌门（Basidiomycota）、被孢霉门（Mortierellomycota）、毛霉门（Mucoromycota）、球囊菌门（Glomeromycota）、毛霉菌门（Cryptomycota）、捕虫霉门（Zoopagomycota）的相对丰度。

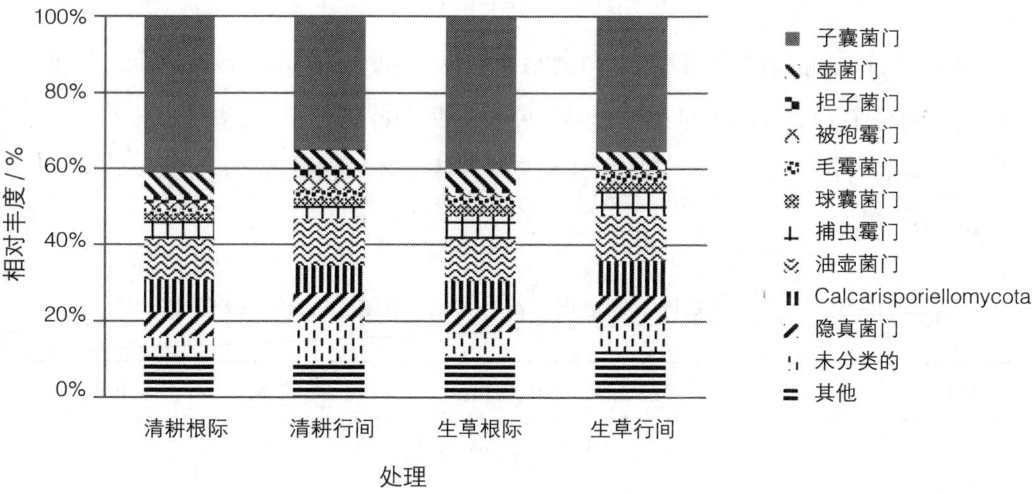

图4-4　不同行间处理下土壤细菌群落组成及其相对丰度（门水平）

资料来源：朱丽珍.枸杞-牧草间作模式开发及其种间互作效应研究[D].银川：宁夏大学，2022.

土壤细菌菌属在各处理间的响应不同，具体表现为生草处理降低了丰度较大的镰刀菌属（*Fusarium*）和肠果皮属（*Enterocarpus*）菌属的相对丰度；增加了丰度居中和较小的菌属的相对丰度；生草处理极大促进菌属分布的均一化；生草土壤中腐质霉属和枝孢属等的相对丰度显著增加和新增的另外一种突脐蠕孢属，对加速有机质的分解具有重要作用，可有效地促进土壤对养分的吸收和利用；枝葡萄孢属（*Botryotrichum*）具有杀线虫活性，在生草土壤中显著增加，有利于减少土壤虫害的发生。

对 Qgj（清耕根际）、Qhj（清耕行间）、Sgj（生草根际）、Shj（生草行间）样本中的细菌属水平菌群进行聚类并重新排布，将聚类之后的结果显示在丰度热图中。Shj 距 Qgj 最远，Sgj 距 Shj 最近，随着清耕到生草方式的改变，物种丰度差异加大，对土壤细菌群落结构组成影响越大；物种丰度表现为 Qgj < Qhj < Sgj < Shj，且行间和株间的变化趋势相同。

表 4-6　不同行间处理下土壤细菌组成及其相对丰度（属水平）

属水平相对丰度	Qgj	Qhj	Sgj	Shj
镰刀菌属（*Fusarium*）	23.31	30.76	3.43	10.09
链格孢属（*Alternaria*）	6.58	9.66	1.78	9.09
被孢霉属（*Mortierella*）	3.55	3.14	15.21	4.10
肠果皮属（*Enterocarpus*）	11.19	5.22	1.47	0.00
囊根壶菌属（*Rhizophlyctis*）	0.25	17.30	0.00	0.24
枝葡萄孢属（*Botryotrichum*）	1.58	1.32	9.04	1.85
无茎真菌属（*Acaulium*）	0.84	0.72	8.20	0.70
枝孢属（*Cladosporium*）	2.27	0.65	2.10	4.84
腐质霉属（*Humicola*）	0.06	0.06	2.56	5.28
突脐蠕孢属（*Exserohilum*）	0.00	0.00	0.19	5.78
其他属	18.42	16.21	17.05	36.86
未匹配上的	31.95	14.96	38.98	21.16

资料来源：朱丽珍.枸杞–牧草间作模式开发及其种间互作效应研究[D].银川：宁夏大学，2022.

（3）土壤细菌群落的因子分析

①土壤环境因子的主分量分析。由土壤环境因子参数与细菌群落组成的主分量分析可知（图4–5），相同处理的土壤都聚集在一起，且不同处理的土壤都

彼此分开。这说明清耕和生草对土壤细菌群落组成的影响具有显著差异性。土壤理化性质和土壤酶活性等16个土壤环境因子变量覆盖了74.42% 的土壤环境信息，这足以说明是这些因素的共同作用影响了清耕和生草土壤细菌群落的组成，能够将清耕根际、清耕行间、生草根际和生草行间区分开，并且4种处理土壤差异显著。（表4–6）

②土壤环境因子与属水平下细菌群落组成的 RDA 分析。对不同行间处理下土壤理化性质、酶活性与土壤属水平物种组成冗余分析（图4–6）发现，RDA 分析前两轴特征值分别为0.397和0.253，解释了土壤理化性质和酶活性与属水平上土壤细菌群落的变异程度为65.0%。全磷、速效磷和脲酶与被孢霉属和枝葡萄孢属呈显著正相关，与囊根壶菌属呈负相关；电导率、有机碳、有机质和蔗糖酶与枝孢属、腐质霉属和突脐蠕孢属呈显著正相关，与肠果皮属菌属呈负相关；全钾、速效磷和脲酶对塑造生草根际属水平微生物群落具有重要意义；全氮、纤维素酶对塑造枸杞清耕根际属水平土壤微生物群落有重要意义。

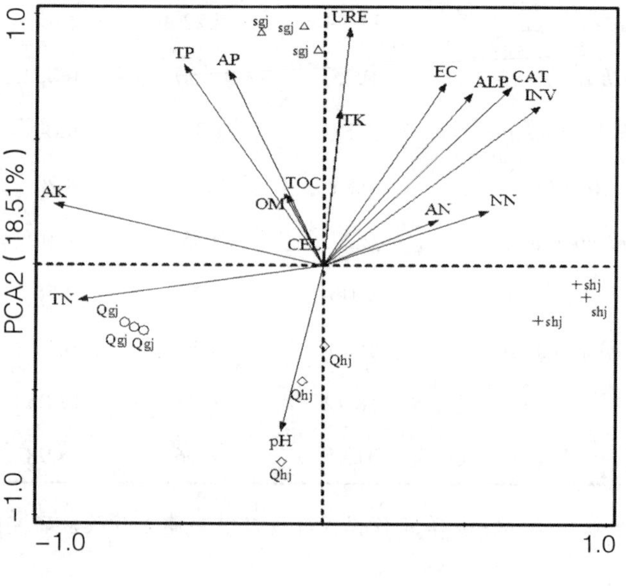

图4–5　不同行间处理下土壤环境因子的主分量分析

资料来源：朱丽珍.枸杞–牧草间作模式开发及其种间互作效应研究[D].银川：宁夏大学，2022.

③土壤环境因子与门水平下细菌群落组成的RDA分析。对不同行间处理下土壤理化性质、酶活性与土壤门水平物种组成冗余分析（图4–7）发现，RDA分析前两轴特征值分别为0.751和0.122，解释了土壤理化性质和酶活性与门水平上土壤细菌群落的变异程度为87.3%。其中全磷、全钾和速效磷与毛霉门和壶菌门呈显著正相关关系，与捕虫霉门、斜纹菌门和隐真菌门呈负相关关系；全磷、全氮和pH对塑造枸杞清耕微生物门水平群落组成有重要意义；有机碳、有机质和土壤酶活性对塑造生草土壤门水平微生物群落具有重要意义。

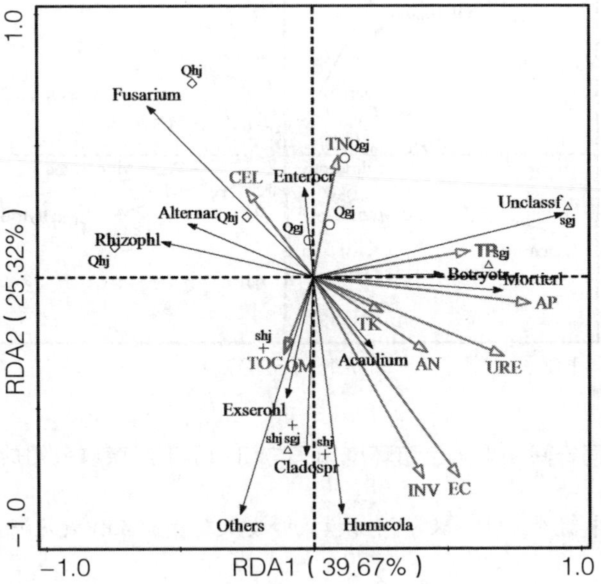

图4–6　不同行间处理下土壤环境因子与属水平下细菌群落组成的冗余分析

资料来源：朱丽珍.枸杞–牧草间作模式开发及其种间互作效应研究[D].银川：宁夏大学，2022.

综上分析得出，清耕土壤细菌丰度较低，物种相对较少，多样性较低。无论清耕还是生草，根际土壤细菌Alpha多样性均高于行间。Shannon指数和Simpson指数相比，生草的土壤细菌Alpha多样性高于清耕。聚类和PCA分析发现，清耕和生草对土壤细菌群落结构有较大影响，而且生草方式对土壤中细菌群落结构影响较大。在属水平上全钾、速效磷和脲酶有益于生草根际微生物群落形成，全氮和纤维素酶有利于枸杞清耕根际土壤微生物群落的形成；在门水平上全磷、全氮和pH对塑造枸杞清耕微生物群落组成有重要意义，有机碳、有机质和土壤酶活性有利于塑造生草土壤微生物群落。

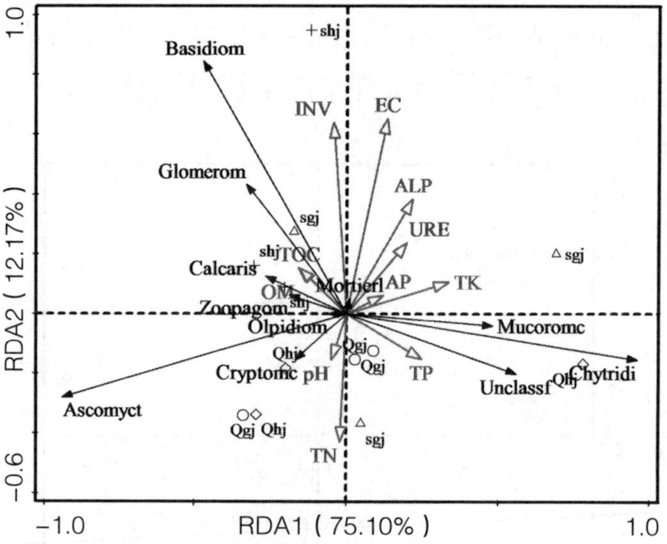

图4-7　不同行间处理下土壤环境因子与门水平下细菌群落组成的冗余分析

资料来源：朱丽珍.枸杞-牧草间作模式开发及其种间互作效应研究[D].银川：宁夏大学，2022.

二、生草栽培对枸杞生长、果实产量及品质的影响

1. 生草对枸杞树体生长的影响

对生草和清耕两种栽培模式下的枸杞新品系14-401的株高、地径、冠幅、叶面积、叶长、叶宽、新发枝条数和长度等生长指标进行调查（表4-7）。从这些指标来看，生草后并没有对枸杞植株生长造成影响，而且生草处理的枸杞植株冠层发枝数明显增多。

表 4-7 枸杞品系 14-401 树体生长情况调查

处理	株高/cm	地径/cm	叶长/cm	叶宽/cm	叶面积/cm^2	叶片含水量/%	一层主枝数/支	一层主枝发枝数/支	一层主枝发枝数长/cm	一层拉枝冠幅		二层主枝数/支	二层主枝发枝数/支	二层主枝发枝数长/cm	二层拉枝冠幅	
										南北/cm	东西/cm				南北/cm	东西/cm
生草	165.3	4.21	6.21	2.43	8.33	27.35	3.78	5.3	23.70	98.6	102.3	3.72	12.5	25.33	75.8	92.3
清耕	170.5	3.87	5.98	2.35	8.12	28.67	4.24	3.7	25.87	103.7	107.5	4.35	8.65	29.34	72.1	73.2

资料来源：朱丽珍.枸杞-牧草间作模式开发及其种间互作效应研究[D].银川：宁夏大学，2022.

2. 生草对枸杞果实品质的影响

对生草与清耕栽培下的14-401果实性状进行测定，从果实大小和单株产量来看，没有显著差异。对干果的类胡萝卜素、黄酮、甜菜碱、多糖、总糖、抗坏血酸等有效物质进行测定（表4-8），结果表明，行间生草处理下枸杞果实内抗坏血酸、类胡萝卜素、黄酮含量显著增加，甜菜碱含量显著降低，生草栽培对枸杞品质有提高作用。

表 4-8 生草与清耕栽培下枸杞（14-401）果实品质

处理	横径/mm	纵径/mm	宽度/mm	单果重/g	单株产量/g	类胡萝卜素/($mg\cdot100g^{-1}$)	黄酮/($g\cdot100g^{-1}$)	甜菜碱/($g\cdot100g^{-1}$)	多糖/($g\cdot100g^{-1}$)	总糖/($g\cdot100g^{-1}$)	抗坏血酸/($mg\cdot100g^{-1}$)
生草	10.73	19.11	10.43	1.01	920	40.8	0.23	0.043	3.52	62.1	50.1
清耕	10.43	22.49	9.96	1.31	952	33.7	0.15	0.068	3.8	60.1	22.1

资料来源：朱丽珍.枸杞-牧草间作模式开发及其种间互作效应研究[D].银川：宁夏大学，2022.

三、生草栽培对果园气候的影响

研究发现，生草可以使4—10月枸杞园的湿度增加、风速减小，其中5月份平均湿度增幅达6.9%，有效避免了落花、落果的发生，且5—10月对枸杞园有降温作用。同时，同一天气条件下，枸杞园生草后的平均土壤热容量、土壤导温率均大于清耕区域，晴天较阴天的差异更加明显，说明生草栽培可以提高枸杞园的空气相对湿度，在低温季节具有增温的作用，高温季节具有降温的效应。有良好地改善土壤温度的效果，并在一定程度上具有调节树冠层空气温度的作用。

据分析认为，在清耕制枸杞园中，地表温度既受土壤本身热状况的影响，又受近地层光照度及对流和湍流作用的影响，因此地表温度的日变化较大；而在生草制枸杞园中，土壤容积热容量每升温1℃，所需的热量就大于清耕，再加上生草覆盖减少了长波辐射，使生草区能量的净支出小于清耕区，因而生草制果园的土壤温度变幅小于清耕区，从而达到调节环境温、湿度的效果，这将有利于枸杞树的生长和对水肥的吸收利用。

第四节　枸杞园生草栽培模式的研究

枸杞园生草栽培模式是在枸杞园行间或全园种植一年生或多年生植物作为覆盖作物的一种土壤管理模式。

一、草种选择

枸杞园生草选择优良草种十分重要，应做到：①浅根系为主；②植株低矮，覆盖效果好；③抗旱、抗寒性好，较耐阴，耐践踏，管理简单；④与枸杞树无共同病害，不是枸杞树害虫和病菌的寄生或宿生场地；⑤具有一定的产草量，兼具其他经济效益。

二、杞草间作模式

1. 生草试验方案

（1）温室控制试验　开展枸杞与不同牧草的间作，为确保田间和温室土壤状况相同，牧草间作的试验用土取自中宁天景山生荒地0～20 cm 土层深度原土；容器采用控根器（直径40 cm、高50 cm）（图4–8），枸杞为嫩枝扦插营养袋苗；枸杞栽植于容器正中央，待生长稳定后，在5 cm 外播种各生草种子（处理组），以只种草和原土容器为对照组；播种量严格按照种子生产实践，在原生产实践的基础上缩减25%；除枸杞和播种生草材料，其他杂草一经出现即可拔除；试验均采用随机区组设计，处理和对照均6重复。

（2）田间试验　第一年为撒播，后续采用机播，与枸杞间距75 cm（图4–9）；牧草播种前，有机肥、复合肥随翻耕施入；灌水方式采用滴灌系统，牧草全年灌水定额在枸杞栽培基础上增至350 m^3/667m^2；不同牧草之间保留3 m 或6 m 空白对照。

图4–8　枸杞 – 生草温室间作示意

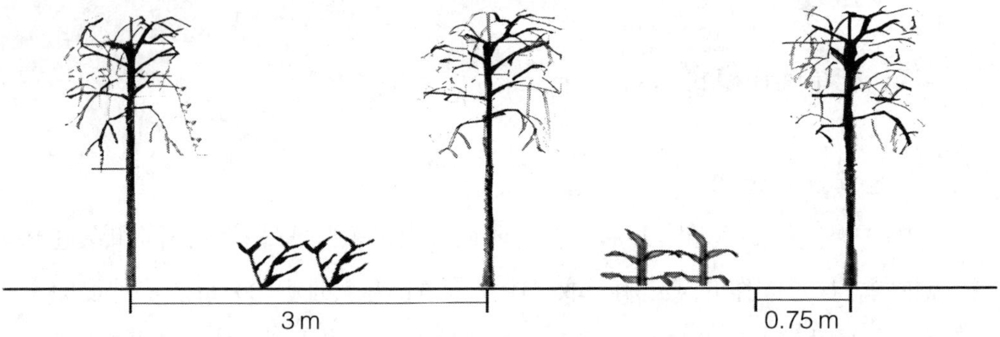

图4-9　枸杞－生草田间间作示意

2. 间作优势遴选

（1）不同枸杞－生草间作系统间作优势调查　土地当量比（Land Equivalent Ratio，LER）是指同一枸杞田中两种或两种以上牧草间混作时的收益与各种牧草单作时的收益之比率，是衡量间混作比单作增产程度的一项指标。温室中枸杞为一年生扦插苗，未结果，因此产量用枸杞新生枝条的生长量代替。例如枸杞与黑麦草间作时，其表达式为：

$$LER=Lr/L+Pr/P \qquad (4-1)$$

式中，Lr 为枸杞间作枝条的生长量；L 为枸杞单作枝条的生长量；Pr 为黑麦草间作的产量；P 为黑麦草单作的产量。

若 LER 大于1，即表示间作比单作效率高。当 LER 为1.4时，即表示单作时要用1.4 hm^2的土地才能达到间作时1公顷土地的产量。（$LER-1$）×100% 则是间混作的增产率。上例的增产率为40%。

试验中所有间作模式基于枸杞产量指标（第一年扦插苗无果实产量指标，故用枝条生长指标代替）和生草生物学产量的 LER（n=50）的平均值分别为1.25±0.05和1.35±0.06，整体表现为显著的间作生产力优势（t 检验，$p<0.01$）

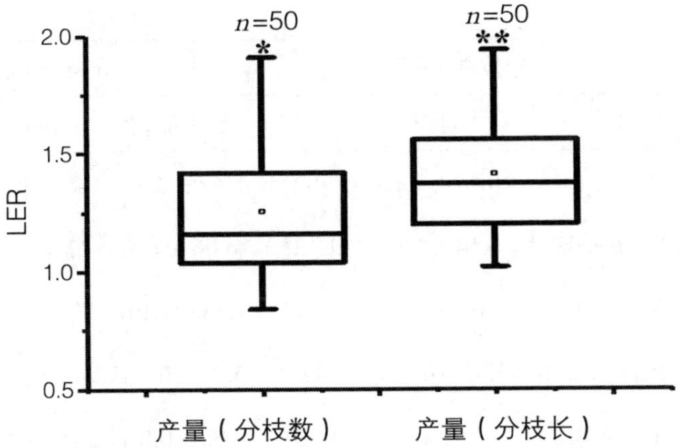

图4-10　枸杞生长量和生草生物量的间作 LER

注：基于枸杞分枝数、枸杞分枝长和牧草生物量的间作LER值分别进行t检验，**表示LER值显著高于检验值1（$p<0.01$）。

资料来源：朱丽珍.枸杞-牧草间作模式开发及其种间互作效应研究[D].银川：宁夏大学，2022.

（2）单作体系加权平均生产力　本研究采用加权平均法，将对单作中枸杞或牧草产量或生物量根据它们在间作系统所占面积比例加权平均。单作加权平均产量或生物量计算如下：

$$W_{加权产量}=Y_{mono\_a}\times O_a+Y_{mono\_b}\times O_b \quad (4-2)$$

式中，Y_{mono_a}和Y_{mono_b}分别表示枸杞或牧草a和b单作时籽粒产量或生物量，O_a和O_b分别表示作物a和b在间作体系中所占的面积比例。

表 4-9　枸杞 - 生草间作模式及相应单作模式加权平均产量

处理	分枝数 / 个			分枝长 / cm		
	单作加权	间作	LER	单作加权	间作	LER
枸杞 - 绿园 5 号	1.84 ± 1.2 a	4.42 ± 1.6 a	1.12*	5.44 ± 1.2 a	26.07 ± 2.5 c	1.56**
枸杞 - 燕麦	2.17 ± 0.2 b	5.00 ± 0.3 ab	1.04ns	5.77 ± 1.0 a	20.95 ± 0.5 b	1.20*
枸杞 - 冰草	1.95 ± 0.2 a	3.75 ± 0.4 a	0.84*	5.55 ± 0.9 a	17.26 ± 1.4 a	1.02ns
枸杞 - 针茅	1.90 ± 0.4 a	5.75 ± 0.6 b	1.22*	5.50 ± 1.4 a	25.30 ± 0.3 c	1.45**

续表

处理	分枝数 / 个			分枝长 / cm		
	单作加权	间作	LER	单作加权	间作	LER
枸杞－黑麦草	2.07 ± 1.0 b	8.42 ± 0.8 d	1.70***	5.67 ± 0.9 a	24.27 ± 1.9 bc	1.54**
枸杞－甜高粱	12.46 ± 0.6 d	6.54 ± 1.1 c	1.12*	16.06 ± 1.4 c	22.57 ± 2.5 b	1.15*
间作禾本科均值	3.73 ± 0.6 B	5.65 ± 0.8 A	1.17*	7.33 ± 1.1 B	22.74 ± 1.5 A	1.32*
枸杞－苜蓿	2.14 ± 0.4 b	6.33 ± 0.9 bc	1.42**	5.74 ± 0.5 a	24.29 ± 1.6 bc	1.54**
枸杞－三叶草	1.75 ± 0.1 a	7.33 ± 0.2 c	1.20*	5.35 ± 0.8 a	24.95 ± 0.6 bc	1.21*
枸杞－苦豆子	1.99 ± 0. 3a	6.25 ± 0.4 bc	0.96ns	5.59 ± 0.5 a	20.34 ± 0.7 b	0.93ns
间作豆科均值	1.96 ± 0.3 B	6.64 ± 0.5 A	1.19*	5.56 ± 0.6 B	23.19 ± 1.0 A	1.23*
枸杞－饲用甜菜	9.34 ± 0.2 c	7.42 ± 0.3 c	1.91***	12.94 ± 2.0 b	25.77 ± 1.5 c	1.94***
均值	3.76 ± 0.5 B	6.12 ± 0.7 A	1.25*	7.36 ± 1.06 B	23.18 ± 1.4 A	1.35**

注：同一列中不同大小写字母分别代表0.01、0.05水平差异显著。ns是表示无显著差异，*表示有差异，*越多，差异越显著。

资料来源：朱丽珍.枸杞–牧草间作模式开发及其种间互作效应研究[D].银川：宁夏大学，2022.

枸杞与10种生草植物间作时，间作体系基于枸杞生长量（分枝数和分枝长）和牧草生物学产量的*LER*范围分别在0.84～1.91和0.93～1.94。总体来看，间作体系土地利用效率显著高于单作（$P<0.05$，表4–9）。

枸杞与禾本科植物间作体系分枝数产量与相应单作加权平均对比发现，间作体系分枝数平均增加17%，分枝长平均增长32%。分枝数水平上分析发现，除冰草显著降低了16%外，其他5种间作均有不同程度的增加，增加幅度分别为枸杞－黑麦草70%、枸杞－针茅22%、枸杞－绿园5号12%、枸杞－甜高粱12%，且表现为显著增产；枸杞－燕麦间作增产4%，差异不显著。分枝长水平上分析发现，除枸杞－冰草间作无显著差异，其他分枝长均显著增加，增长幅度分别为枸杞－黑麦草54%、枸杞－针茅45%、枸杞－绿园5号56%、枸杞－甜高粱15%、枸杞－燕麦20%。

枸杞与豆科植物间作体系分枝数产量与相应单作加权平均对比发现，间作体系分枝数平均增加19%，分枝长平均增长23%。分枝数水平上分析发现，除枸杞－苦豆子间作无显著差异，其他分枝数均显著增加，其中枸杞－苜蓿增加42%、枸杞－三叶草20%。除枸杞－苦豆子间作无显著差异，其他分枝长均显著增加，其中枸杞－苜蓿增加54%、枸杞－三叶草增加21%。

枸杞与藜科植物饲用甜菜间作体系分枝数和分枝长度较枸杞－禾本科、枸杞－豆科体系均具有明显优势，其中分枝数水平 *LER* 增产达91%，分枝长水平 LER 增产达94%。

（3）间作体系生产力的多样性效应　依据 Loreau 和 hector（2001）的方法，将间套作体系中生产力的变化量（多样性净效应 $\triangle Y$）分解为补偿效应和选择效应，其计算公式为：

$$\triangle Y=N\times \overline{\triangle RY}\times \overline{M}+N\times \mathrm{cov}(\triangle RY, M) \qquad (4\text{-}3)$$

式中，$\triangle Y$ 为多样性净效应，$\triangle Y=Y_O-Y_E$，Y_O 为间作体系的实际产量，Y_E 为间作体系的期望产量，M 为各物种单作的平均产量，$\triangle RY$ 为间作体系中各物种相对产量的变化量（各物种的实际相对产量与其期望相对产量之差），N 为间作体系中的物种数；在本研究中 $N=2$，$N\times \overline{\triangle RY}\times \overline{M}$ 为补偿效应值，$N\times \mathrm{cov}(\triangle RY, M)$ 为选择效应值。

三、不同枸杞－生草间作系统对枸杞生长的影响

1. 枸杞－生草间作模式对植物形态指标及生长指标的影响

枸杞间作禾本科植物，叶面积和叶绿素均无明显变化；枸杞间作豆科植物，枸杞叶面积有增大，叶绿素无明显差异；枸杞间作藜科植物，叶面积呈较小趋势，叶绿素呈上升趋势。

表 4-10　枸杞 – 生草间作模式下枸杞叶片指标差异

种植方式	叶面积 / mm^2	叶绿素值 /（SPAD）
CK（单作）	1677.28 ± 148.69 d	1.44 ± 0.05 c
枸杞 – 绿园 5 号	1176.89 ± 60.66 f	1.56 ± 0.08 b
枸杞 – 针茅	2102.05 ± 140.98 b	1.53 ± 0.05 b
枸杞 – 燕麦	1482.39 ± 200.94 de	1.25 ± 0.05 d
枸杞 – 冰草	2271.26 ± 122.86 b	1.55 ± 0.05 b
枸杞 – 黑麦草	2190.49 ± 226.44 b	1.51 ± 0.08 bc
枸杞 – 甜高粱	1781.72 ± 77.16 cd	1.56 ± 0.11 b
枸杞 – 禾本科均值	1834.13 ± 162.33 cd	1.49 ± 0.08 bc
枸杞 – 苜蓿	1906.52 ± 260.03 bc	1.47 ± 0.05 bc
枸杞 – 三叶草	1486.14 ± 142.48 d	1.56 ± 0.07 b
枸杞 – 苦豆子	2584.77 ± 155.01 a	1.53 ± 0.06 b
枸杞 – 豆科均值	1992.48 ± 186.20 bc	1.52 ± 0.06 bc
枸杞 – 饲用甜菜	1454.49 ± 91.47 e	1.68 ± 0.03 a
枸杞 – 藜科均值	1454.49 ± 91.47 e	1.68 ± 0.03 a

注：同一列中不同小写字母代表0.05水平差异显著。

资料来源：朱丽珍.枸杞–牧草间作模式开发及其种间互作效应研究[D].银川：宁夏大学，2022.

2. 枸杞 – 生草间作模式对枸杞生理及养分指标的影响

对叶片生理物质含量进行测定结果表明，枸杞在与豆科植物间作时叶片丙二醛（MDA）含量显著增加，尤其与三叶草间作时含量增加更为明显。尽管枸杞叶片 MDA 含量与针茅、甜高粱间作时有增加趋势，但与禾本科和藜科植物间作时整体分析无明显差异。枸杞在与禾本科和藜科植物（饲用甜菜）间作时相对枸杞单作叶片超氧化物歧化酶（SOD）含量明显增加，尤其与针茅间作增加更为明显；与豆科植物间作时无明显差异。（表4–10）

对根系生理物质含量进行测定的结果表明，枸杞在与豆科植物间作时根 MDA 含量显著增加，尤其以苜蓿增加更为明显；枸杞与藜科植物间作，根 MDA 含量显著显著降低，这与叶片 MDA 变化趋势有明显差异。枸杞在与藜科植物（饲用甜菜）间作时相对枸杞单作根的 SOD 含量明显增加，与叶片 SOD 含量变化趋势相同，与禾本科和豆科植物间作时无明显差异。（表4−11）

表 4−11 枸杞 – 生草间作模式下养分指标的测定

处理	枸杞叶片		枸杞根	
	MDA/（$mg \cdot g^{-1} \cdot FW \cdot min^{-1}$）	SOD/（$\mu g \cdot g^{-1} \cdot FW \cdot min^{-1}$）	MDA/（$mg \cdot g^{-1} \cdot FW \cdot min^{-1}$）	SOD/（$\mu g \cdot g^{-1} \cdot FW \cdot min^{-1}$）
CK（枸杞单作）	0.14 ± 0.04 e	0.12 ± 0.001 c	0.78 ± 0.011 c	116.17 ± 4.042 a
枸杞 – 绿园 5 号	0.28 ± 0.001 de	0.14 ± 0.019 c	0.73 ± 0.001 cd	102.70 ± 9.24 ab
枸杞 – 燕麦	0.25 ± 0.017 de	0.20 ± 0.001 b	0.84 ± 0.035 c	100.46 ± 3.364 ab
枸杞 – 冰草	0.23 ± 0.014 e	0.08 ± 0.006 c	0.85 ± 0.004 bc	97.22 ± 1.732 ab
枸杞 – 针茅	0.45 ± 0.002 d	0.36 ± 0.016 a	0.81 ± 0.010 c	87.98 ± 10.97 bc
枸杞 – 黑麦草	0.25 ± 0.030 de	0.11 ± 0.019 c	0.79 ± 0.014 c	101.37 ± 7.506 ab
枸杞 – 甜高粱	0.39 ± 0.003 d	0.20 ± 0.055 b	0.76 ± 0.003 cd	88.12 ± 7.505 bc
枸杞 – 禾本科	0.31 ± 0.020 de	0.18 ± 0.058 b	0.80 ± 0.003 c	96.17 ± 0.943 bc
枸杞 – 苜蓿	1.54 ± 0.184 c	0.12 ± 0.007 c	1.23 ± 0.094 a	89.68 ± 1.414 bc
枸杞 – 三叶草	2.23 ± 0.033 a	0.16 ± 0.013b c	0.84 ± 0.035 c	90.50 ± 7.778 bc
枸杞 – 苦豆子	2.03 ± 0.016 b	0.15 ± 0.007 bc	1.03 ± 0.031 b	117.62 ± 5.185 a
枸杞 – 豆科	1.93 ± 0.077 b	0.14 ± 0.009 c	1.03 ± 0.009 b	99.50 ± 3.850 bc
枸杞 – 饲用甜菜	0.06 ± 0.002 e	0.20 ± 0.018 b	0.58 ± 0.004 d	81.22 ± 1.422 c
枸杞 – 藜科	0.06 ± 0.002 e	0.20 ± 0.018 b	0.58 ± 0.004 d	81.22 ± 1.422 c

注：同一列中不同小写字母代表0.05水平差异显著。

资料来源：朱丽珍.枸杞–牧草间作模式开发及其种间互作效应研究[D].银川：宁夏大学，2022.

3. 枸杞 – 生草间作模式对枸杞生长土壤的影响

（1）土壤化学性质的变化　枸杞与禾本科、豆科还是藜科植物间作，均能显著提高土壤有机质、全氮和硝态氮的含量，pH 也有一定程度的增加，差异不显著；枸杞与禾本科、豆科和藜科植物间作均能显著降低土壤全磷、铵态氮含量和电导率的值；枸杞与禾本科、豆科植物间作可降低土壤有效磷的含量，间作藜科植物（饲用甜菜）时能促进土壤有效磷的增加。（表4−12）

表 4–12　枸杞 – 生草间作模式下土壤化学指标的测定

处理	有机质 /（ $g \cdot kg^{-1}$ ）	全氮 /（ $g \cdot kg^{-1}$ ）	全磷 /（ $g \cdot kg^{-1}$ ）	有效磷 /（ $mg \cdot kg^{-1}$ ）	铵态氮 /（ $mg \cdot kg^{-1}$ ）	硝态氮 /（ $mg \cdot kg^{-1}$ ）	电导率 /（ $\mu s \cdot cm^{-1}$ ）	pH
CK（枸杞单作）	86.92 ± 0.35	2.32 ± 0.05	0.45 ± 0.012	15.33 ± 0.35	48.98 ± 3.99	1.05 ± 0.02	680 ± 27.66	8.41 ± 0.08
枸杞 – 绿园	206.48 ± 20.35***	2.88 ± 0.01*	0.34 ± 0.007*	11.87 ± 1.08*	46.22 ± 1.56 ns	1.50 ± 0.01 ns	306 ± 18.72**	8.37 ± 0.11 ns
枸杞 – 燕麦	64.14 ± 1.22*	2.40 ± 0.02 ns	0.35 ± 0.009*	4.10 ± 0.07***	14.81 ± 1.20***	1.40 ± 0.04 ns	363 ± 19.43**	8.93 ± 0.09*
枸杞 – 冰草	126.13 ± 4.37**	3.29 ± 0.17***	0.46 ± 0.017 ns	9.88 ± 0.28*	26.02 ± 3.55**	3.10 ± 0.02**	274 ± 3.51***	9.21 ± 0.10***
枸杞 – 针茅	134.96 ± 1.94**	2.16 ± 0.04 ns	0.44 ± 0.020 ns	18.77 ± 2.19 ns	22.85 ± 2.98**	3.22 ± 0.11**	561 ± 43.75*	8.28 ± 0.07 ns
枸杞 – 黑麦草	237.36 ± 19.43***	2.62 ± 0.02 ns	0.35 ± 0.002*	12.05 ± 0.98 ns	53.64 ± 3.33**	1.00 ± 0.01 ns	316 ± 20.34**	8.44 ± 0.12 ns
枸杞 – 甜高粱	136.78 ± 13.79**	2.73 ± 0.09 ns	0.36 ± 0.005 ns	9.90 ± 1.02*	26.99 ± 2.02**	2.40 ± 0.12*	364 ± 1.87**	8.65 ± 0.05*
枸杞 – 禾本科	150.97 ± 9.79**	2.68 ± 0.06 ns	0.38 ± 0.010 ns	11.10 ± 0.97*	31.76 ± 1.29**	2.10 ± 0.05*	364 ± 18.32**	8.65 ± 0.09*
枸杞 – 苜蓿	178.26 ± 9.19**	3.47 ± 0.16***	0.40 ± 0.012 ns	7.10 ± 0.77**	27.88 ± 2.05**	3.70 ± 0.07***	799 ± 34.91*	8.34 ± 0.07 ns
枸杞 – 三叶草	55.97 ± 1.87**	2.22 ± 0.02 ns	0.38 ± 0.017 ns	2.45 ± 0.05***	25.46 ± 1.46**	3.93 ± 0.18***	487 ± 12.67**	8.72 ± 0.10*
枸杞 – 苦豆子	114.54 ± 2.03*	3.26 ± 0.08***	0.43 ± 0.008 ns	3.95 ± 0.22***	26.58 ± 0.98**	2.21 ± 0.08*	681 ± 9.88 ns	8.57 ± 0.09 ns
枸杞 – 豆科	116.25 ± 3.43*	2.98 ± 0.08**	0.40 ± 0.013 ns	4.50 ± 0.09***	26.64 ± 2.07**	3.28 ± 0.11**	655 ± 19.33 ns	8.54 ± 0.08 ns
枸杞 – 甜菜	147.30 ± 9.29**	3.48 ± 0.09***	0.31 ± 0.012**	19.23 ± 1.48**	44.31 ± 2.84 ns	3.40 ± 0.08***	347 ± 11.02**	8.97 ± 0.11*
枸杞 – 藜科	147.30 ± .29**	3.48 ± 0.09***	0.31 ± 0.012**	19.23 ± 1.48**	44.31 ± 2.84 ns	3.40 ± 0.08***	347 ± 11.02**	8.97 ± 0.11*

注：同一列中ns是表示无显著差异，*表示有差异，*越多，差异越显著。

资料来源：朱丽珍.枸杞–牧草间作模式开发及其种间互作效应研究[D].银川：宁夏大学，2022.

（2）土壤酶活性的变化 枸杞和三种生草植物间作与单作相比，土壤纤维素酶和碱性磷酸酶活性呈下降趋势，且与藜科植物间作下降显著；枸杞与禾本科、藜科植物间作，脲酶活性显著增强，与豆科植物间作无明显变化；枸杞与三种生草植物间作，蔗糖酶、过氧化氢酶活性均呈上升趋势，且在禾本科和豆科植物中活性表达显著。（表4-13）

表 4-13 间作模式下土壤酶活性变化

处理	纤维素酶 /（$mg \cdot g^{-1} \cdot d^{-1}$，37℃）	脲酶 /（$mg \cdot g^{-1} \cdot d^{-1}$，37℃）	碱性磷酸酶 /（$mg \cdot g^{-1} \cdot d^{-1}$，37℃）	蔗糖酶 /（$mg \cdot g^{-1} \cdot d^{-1}$，37℃）	过氧化氢酶 /（$mg \cdot g^{-1}$）
CK（枸杞单作）	0.37 ± 0.037 a	0.32 ± 0.019 c	2.76 ± 0.030 b	3.29 ± 0.191 c	5.42 ± 0.199 c
枸杞－绿园5号	0.35 ± 0.001 a	0.42 ± 0.015 ab	2.89 ± 0.102 ab	4.10 ± 0.209 b	6.59 ± 0.320 b
枸杞－燕麦	0.37 ± 0.016 a	0.32 ± 0.001 c	2.48 ± 0.061 bc	4.12 ± 0.635 b	6.98 ± 0.615 b
枸杞－冰草	0.34 ± 0.012 ab	0.36 ± 0.003 bc	3.39 ± 0.217 a	4.14 ± 0.520 b	6.47 ± 0.580 b
枸杞－针茅	0.31 ± 0.020 ab	0.37 ± 0.018 bc	3.17 ± 0.341 a	4.09 ± 0.179 b	5.49 ± 0.191 c
枸杞－黑麦草	0.34 ± 0.008 ab	0.33 ± 0.018 c	2.39 ± 0.029 c	3.43 ± 0.075 c	8.24 ± 1.412 a
枸杞－甜高粱	0.37 ± 0.023 a	0.30 ± 0.003 c	3.06 ± 0.491 a	4.66 ± 0.335 a	5.76 ± 0.416 c
枸杞－禾本科	0.35 ± 0.003 a	0.35 ± 0.003 b	2.90 ± 0.192 ab	4.09 ± 0.319 b	6.86 ± 0.160 b
枸杞－苜蓿	0.36 ± 0.002 a	0.36 ± 0.010 b	2.29 ± 0.136 c	4.53 ± 0.006 ab	7.71 ± 0.364 a
枸杞－三叶草	0.28 ± 0.014 b	0.33 ± 0.021 c	2.63 ± 0.058 bc	4.49 ± 0.121 a	6.78 ± 0.001 b
枸杞－苦豆子	0.38 ± 0.051 a	0.30 ± 0.018 c	2.92 ± 0.271 ab	3.39 ± 0.110 c	5.97 ± 0.017 c
枸杞－豆科	0.34 ± 0.021 ab	0.33 ± 0.003 c	2.61 ± 0.064 b	4.14 ± 0.079 a	6.82 ± 0.115 b
枸杞－饲用甜菜	0.31 ± 0.017 ab	0.44 ± 0.026 a	2.15 ± 0.078 c	3.47 ± 0.029 c	5.99 ± 0.113 c
枸杞－藜科	0.31 ± 0.017 ab	0.44 ± 0.026 a	2.15 ± 0.078 c	3.47 ± 0.029 c	5.99 ± 0.113 c

注：同一列中不同小写字母代表0.05水平差异显著。

资料来源：朱丽珍.枸杞－牧草间作模式开发及其种间互作效应研究[D].银川：宁夏大学，2022.

4. 不同枸杞－生草间作模式对病虫害的影响

（1）不同生草处理下白粉病调查发现，5月中旬温室中枸杞与生草间作发生白粉病，不同生草品种导致白粉病病害发生程度有差异。

结合不同生草品种种植模式下白粉病发病的病变比及叶片大小，筛选出6个能够减少白粉病病害的生草材料，结合生态位分布及补偿效应分析，舍弃高粱植株。初步获得能够抵抗白粉病侵染的生草材料是饲用甜菜、三叶草、黑麦草、针茅。（表4-14）

表 4-14　不同行间生草下枸杞叶面积及病斑面积

种植方式	病斑面积 / mm^2	总面积 / mm^2	病变比 / %
CK（单作）	229.59 ± 1.73 c	2 070.50 ± 4.96 cd	11.09
枸杞 - 绿园	204.16 ± 0.69 c	1176.89 ± 3.77 a	17.35***
枸杞 - 针茅	212.61 ± 8.93 c	2 102.05 ± 16.15 cd	10.11 ns
枸杞 - 燕麦	223.68 ± 10.37 c	1 482.39 ± 11.66 ab	15.09**
枸杞 - 冰草	320.05 ± 4.52 e	2 271.26 ± 0.98 d	14.09*
枸杞 - 黑麦草	213.87 ± 1.09 c	2 190.49 ± 21.66 d	9.76ns
枸杞 - 甜高粱	148.15 ± 0.77 ab	1 781.72 ± 7.89 bc	8.31*
枸杞 - 禾本科	228.41 ± 3.98 c	1 834.13 ± 8.77 c	12.45 ns
枸杞 - 苜蓿	286.35 ± 12.66 d	1 906.52 ± 10.07 c	15.02**
枸杞 - 三叶草	212.17 ± de	2 584.77 ± 3.21 ab	8.21*
枸杞 - 苦豆子	304.29 ± 17.66 c	1 486.14 ± 19.86 e	20.48***
枸杞 - 豆科	290.26 ± 15.12 de	1 992.48 ± 11.09 c	14.57*
枸杞 - 饲用甜菜	65.35 ± 0.66 a	1 454.49 ± 16.77 ab	4.49**
枸杞 - 黎科	65.35 ± 0.66 a	1 454.49 ± 16.77 ab	4.49**

注：同一列中不同小写字母代表0.05水平差异显著，ns是表示无显著差异，*表示有差异，*越多，差异越显著。

资料来源：朱丽珍.枸杞—牧草间作模式开发及其种间互作效应研究[D].银川：宁夏大学，2022.

（2）不同生草处理下蚜虫的发生情况 枸杞间作苦豆子、冰草等材料时明显加重蚜虫的发生情况；而间作燕麦、针茅、苜蓿和黑麦草则能减少蚜虫虫害的发生。（图4-12）

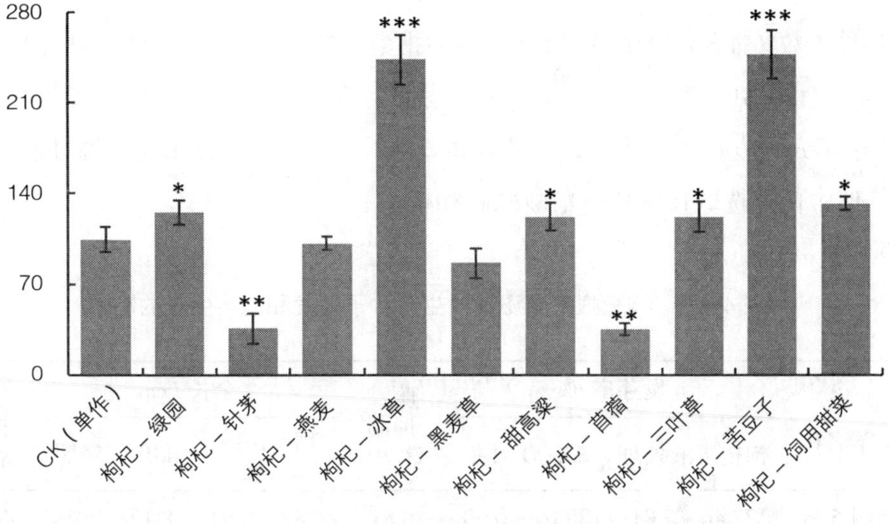

图4-12 间作模式对枸杞虫害的影响

注：图中ns是表示无显著差异，*表示有差异，*越多，差异越显著。

资料来源：朱丽珍.枸杞-牧草间作模式开发及其种间互作效应研究[D].银川：宁夏大学，2022.

四、不同枸杞－生草间作模式下根系分泌物对种间相互关系的影响

1. 根系分泌物对植物种子萌发的影响

将生草和枸杞种子用75% 酒精消毒3 min 后，用3% NaClO 消毒12 min，蒸馏水清洗，转移至铺有湿滤纸的培养皿中，每个培养皿中含有30颗种子、10 mL 的根部浸提液、10 mL 的蒸馏水（空白对照）28℃下黑暗处理。每个生草培养皿中含有30颗种子、10 mL 的枸杞根部浸提液、10 mL 的蒸馏水（空白对照）；每个枸杞培养皿中含有30颗种子、分别对应一种生草根部浸提液10 mL。每种水提物设置2个浓度，分别为100 g / L 和200 g / L。每种处理设置3个重复。播种过的培养皿放在温度 28℃、16 h 光照 / 8 h 黑暗循环中培养，每天观察记录种子的萌

发情况。

依照《国际种子检验规程》中关于发芽的描述统计7种植物种子的发芽率。发芽率（%）=（每个培养皿中发芽种子数 / 播种种子数）×100，从第5天开始，统计2~10 d 的发芽率，并做好统计记录；发芽势（%）=（日发芽数最高的当天发芽种子数 / 播种种子数）×100；活力指数（VI）=（$a/1+b/2+c/3+d/4+\cdots+x/n$）× [$100/S$]，其中 a，b，c，d，…分别表示第1，2，3，4，…天发芽的种子数，x 表示第 n 天发芽的种子数，S 表示供试种子数。另外，在第10天的时候从每个培养皿中任意选取10株植株量取株高和根长。

表 4-15　枸杞根系分泌物对生草种子萌发和幼苗生长的影响

生草名称	发芽率 /%		萌发抑制率 /%	全长 / cm		生长抑制率 /%
	枸杞溶液处理	ddH_2O 对照		枸杞溶液处理	ddH_2O 对照	
绿园 5 号	77.46 ± 3.01	78.09 ± 0.60	0.81	4.83 ± 0.02	8.13 ± 0.19	40.61
燕麦	12.37 ± 0.83	9.60 ± 0.06	–28.85	12.00 ± 0.40	22.03 ± 2.12	45.52
冰草	42.78 ± 1.67	65.85 ± 0.15	35.03	6.40 ± 0.11	11.02 ± 1.00	41.91
黑麦草	61.90 ± 2.21	59.33 ± 1.45	–4.33	5.17 ± 0.08	11.16 ± 0.56	53.66
甜高粱	39.12 ± 0.83	47.91 ± 0.78	18.35	13.60 ± 0.72	8.50 ± 0.90	–60.06
禾本科均值	46.73	52.16	10.41	8.40	12.17	30.95
苜蓿	88.74 ± 2.21	95.33 ± 4.37	6.91	7.69 ± 0.56	4.39 ± 0.10	–75.24
三叶草	92.47 ± 1.77	88.67 ± 3.12	–4.29	4.27 ± 0.07	2.91 ± 0.22	–46.74
苦豆子	18.79 ± 1.02	26.24 ± 1.09	28.39	6.16 ± 0.98	3.62 ± 0.98	–70.07
豆科均值	66.67	70.08	4.87	6.04	3.64	–65.93
饲用甜菜	12.10 ± 0.89	8.89 ± 0.06	–36.11	13.43 ± 0.14	12.56 ± 0.27	–6.94
黎科均值	12.10	8.86	–36.11	13.43	12.56	–6.94

资料来源：朱丽珍.枸杞–牧草间作模式开发及其种间互作效应研究[D].银川：宁夏大学，2022.

通过枸杞根系分泌物和 ddH_2O 处理不同生草种子的萌发试验对比发现：枸杞根系分泌物能够促进三叶草、饲用甜菜、黑麦草和燕麦的萌发；枸杞根系分泌物能够促进三叶草、饲用甜菜、甜高粱、苦豆子和苜蓿的发芽生长。（表4-15）

表 4-16 生草根系分泌物对枸杞种子萌发和幼苗生长的影响

根系分泌物	发芽率 / %	萌发抑制率 / %	芽全长 / cm	生长抑制率 / %
CK	0.91 ± 1.44b	0.00	3.97 ± 0.12a	0.00
绿园 5 号	86.98 ± 1.67a	3.93	5.33 ± 0.35b	–34.34
燕麦	87.25 ± 0.75a	3.66	4.86 ± 0.07ab	–22.42
冰草	93.54 ± 3.47a	–2.63	6.29 ± 0.20bc	–58.44
黑麦草	85.60 ± 4.87a	5.31	6.18 ± 0.09bc	–55.75
甜高粱	90.29 ± 3.26b	0.62	5.58 ± 0.15b	–40.55
禾本科均值	88.74 ± 2.08ab	2.18	5.65 ± 0.16b	–42.30
苜蓿	89.16 ± 0.232b	1.75	6.39 ± 0.23bc	–60.96
三叶草	87.69 ± 1.89a	3.22	7.53 ± 0.20c	–89.67
苦豆子	85.00 ± 0.90a	5.91	5.89 ± 0.02b	–48.36
豆科均值	87.28 ± 1.09a	3.63	6.60 ± 0.15bc	–66.33
饲用甜菜	88.07 ± 1.11ab	2.84	5.38 ± 0.07b	–35.60
藜科均值	88.07 ± 1.11ab	2.84	5.38 ± 0.07b	–35.60

注：同一列中不同小写字母代表0.05水平差异显著。

资料来源：朱丽珍.枸杞–牧草间作模式开发及其种间互作效应研究[D].银川：宁夏大学，2022.

通过对不同生草根部土壤浸提液处理枸杞种子萌发的分析，发现仅有冰草和柴胡能促进枸杞种子的萌发，其余11种生草除饲用甜菜外均在枸杞种子萌发过程中起到不同程度的抑制作用。对温室枸杞植株分枝数和生长量的调查发现，枸杞间作黑麦草、高粱和饲用甜菜时，能有效促进分枝数的增加；并且苦豆子、

高粱和饲用甜菜等能够促进分枝的伸长，具体结果的稳定性还需连续多次测定。（表4-16）

2. 水培试验根系分泌物组分分析

将枸杞单作（MB）、黑麦草单作（SS）、枸杞－黑麦草间作（XJ）水培试验的根系分泌物进行代谢研究，基于UPLC-MS/MS检测平台和迈维代谢自建数据库进行分析、注释和比对。

（1）样本质量检测　通过对样本（包括质控样品）进行主成分分析，初步了解各组样本之间的总体代谢差异和组内样本之间的变异度大小。根据PCA结果显示各组之间代谢物有明显分离趋势，各样品组间代谢物存在差异。（图4-13）

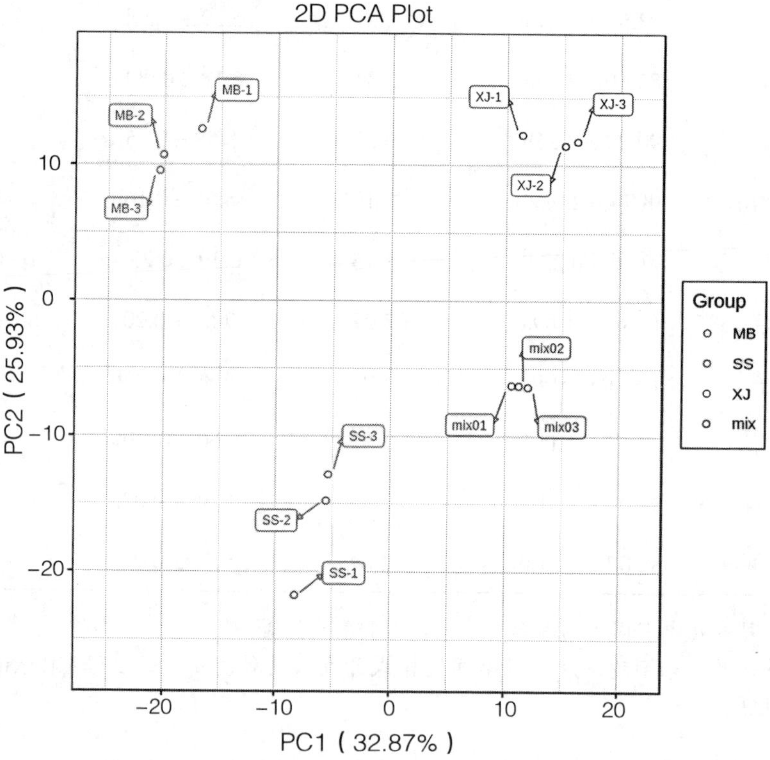

图4-13　各组样品与质控样品质谱数据的PCA得分

资料来源：朱丽珍.枸杞-牧草间作模式开发及其种间互作效应研究[D].银川：宁夏大学，2022.

（2）差异代谢物分析结果 共检测到617个代谢物（表4-17）

表 4-17 差异代谢物数目统计

单位：个

组名	所有信号差异	下调	上调
MB_vs_SS	252	90	162
MB_vs_XJ	300	198	102
SS_vs_XJ	283	216	67

资料来源：朱丽珍.枸杞-牧草间作模式开发及其种间互作效应研究[D].银川：宁夏大学，2022.

（3）部分差异代谢物筛选结果（见表4-18）

表 4-18 差异代谢物筛选结果

Index 编号	Compounds 复合物	Type 类型
HmLn000659	3-O-galloyl-β-D-glucose 3-O-没食子酰基-β-D-葡萄糖	升高
HmLn002358	Vanillic acid-glucoside 香草酸葡萄糖苷	降低
Hmbp001276	Gallacetophenone 没食子苯乙酮	降低
Hmcp002207	Isorhamnetin-7-O-β-D-glucopyranoside 异鼠李素-7-O-β-D-葡萄糖苷	升高
H mgp002564	Tricin-O-glucuronate-O-glucuronate 麦黄酮-O-葡萄糖醛酸苷-O-葡萄糖醛酸苷	升高
H mgp003086	Tricin-O-Hexoside-O-rhamnoside 麦黄酮-O-己糖苷-O-鼠李糖苷	升高
H mgp003328	Tricin-O-guaiacylglycerol-O-Hexoside 麦黄酮-O-愈创木基丙三醇-O-己糖苷	降低
Hmjp006575	Glyceryl linoleate-O-Hexoside-O-Hexoside1 1甘油亚油酸酯-O-己糖苷-O-己糖苷1	降低
Hmln001836	Kaempferol-3-O-β-glucosyl（1→2）（6′ -O-acetyl）-β-D-galactoside 山奈酚-3-O-葡萄糖(1→2)(6′ -O-乙酰基)-β-D-半乳糖苷	降低
H mmp002322	chrysoerio-O-Hexoside-O-rhamnoside-O-rhamnoside-O-Hexoside 甲氧基木犀草-O-己糖苷-O-鼠李糖苷-O-鼠李糖苷-O-己糖苷	升高

资料来源：朱丽珍.枸杞-牧草间作模式开发及其种间互作效应研究[D].银川：宁夏大学，2022.

（4）各处理间差异代谢物筛选结果　通过差异代谢物分析，共检测到617个代谢物，其中枸杞单作相较间作黑麦草的根系分泌物，共有300个差异代谢物，其中102个表现上调表达，198个表现下调表达。

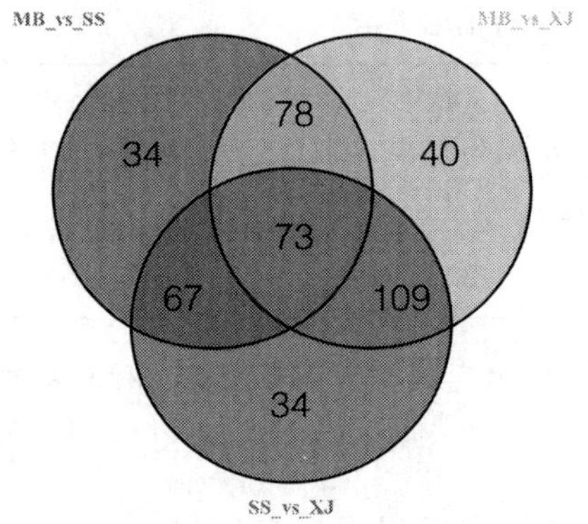

图4-14　不同处理间代谢物组分差异韦恩图

资料来源：朱丽珍.枸杞-牧草间作模式开发及其种间互作效应研究[D].银川：宁夏大学，2022.

第五章　土肥水管理

枸杞植株赖以生存的环境是由固体、液体和气体组成。固体物质包括土壤、矿物质、有机质和微生物等，液体物质主要指土壤水分，气体为存在于土壤空隙中的空气。土壤中这三类物质构成了一个矛盾的统一体，彼此相互联系、相互作用，同时又相互制约。进行土肥水管理能够为枸杞植株健康生长发育营造一个良好的生存环境。

第一节　枸杞园土壤管理

一、枸杞对土壤的要求

土壤是枸杞植株生长发育的基础，是养分和水分供给的源泉。土壤深厚、土质疏松、通气良好，则土壤中微生物活跃，可提高土壤肥力，从而有利于根系生长和吸收养分，对提高果实产量和品质具有重要意义。枸杞对土壤的适应性很强，在各种土壤质地如砂壤土、轻壤土、中壤土或黏土都可以生长。要实现优质高产，理想的土壤质地是轻壤土和中壤土。宁夏的灌淤土也是适宜种植的土壤类型，这类土壤通透性好，兼容养分的能力强，营养元素含量丰富，保肥能力较强。土壤质地沙性过强，保水保肥性能差，土壤易受干旱胁迫，影响枸杞生长；土壤质地过黏，如黏土和黏壤土，虽然养分兼容能力强，但土壤易板结，通透性差，对枸杞根系呼吸及生长都不利，枝梢生长缓慢，花果量少，果实颗粒小。

二、枸杞园土壤的改良

图5-1　填草方格增加有机肥

改良土壤理化性状可促进土壤中的水、肥、气、热相互协调。在枸杞年生育期内及时地进行土壤耕作，可促使活土层的土壤疏松透气，改善土壤团粒结构，促进土壤微生物繁衍活动，提高土壤肥力，营造适宜于根系繁衍生息的良好土壤环境，保证枸杞植株正常生长发育。

1. 土壤的深翻熟化

土壤深翻熟化是枸杞增产技术中的基本措施。深翻熟化的土壤对枸杞生长具有明显的促进作用，可提高产量和改善品质。深翻结合施肥可改善土壤结构和理化性质，促进土壤团粒结构形成。经实地观测，土壤深翻后土壤水分含量平均增加7.6%，土壤孔隙度增加12.66%，土壤微生物增加1.2倍多。由于土壤微生物活动加强，可加速土壤熟化，使难溶性营养物质转化为可溶性养分，提高了土壤肥力。同时，深翻可增加土壤耕作层，为根系的延伸生长创造条件，尤其是土质较黏的土壤，促使根系向纵深伸展，根量及分布均显著增加。

2. 增施有机肥料

枸杞园施用有机肥料（图5-1）是改善园地土壤理化性质，增加土壤有机质、使下层有更多的孔隙改善其透气性的主要措施。有机肥料不仅能供给植物所需要的营养元素和某些生理活性物质，还能增加土壤的腐殖质。腐殖质是一种有机胶质，可改良土壤，增加土壤的孔隙度，促进土壤的吸光增温，又能提高土壤保水保肥能力，缓解土壤的酸碱度，从而改善土壤的水、肥、气、热状况。

（1）种类　生产中常用的有机肥料有厩肥、堆肥、禽粪、鱼肥、饼肥、人粪尿、土杂肥、绿肥等（表5-1）。

表 5–1 常作有机肥料主要养分含量

单位：%

肥料种类	氮（N）	磷（P_2O_5）	钾（K_2O）	肥料种类	氮（N）	磷（P_2O_5）	钾（K_2O）
厩肥	0.50	0.25	0.50	棉籽饼	5.60	2.50	0.85
人粪	1.00	0.36	0.34	蚕豆饼	1.60	1.30	0.40
人尿	0.43	0.06	0.28	玉米秆	0.50	0.40	1.60
猪粪	0.60	0.40	0.44	苕子	0.56	0.63	0.43
人粪尿	0.50 ~ 0.80	0.2 ~ 0.60	0.20 ~ 0.30	苜蓿	0.79	0.11	0.40
马粪	0.50	0.30	0.24	紫穗槐	3.02	0.68	1.81
牛粪	0.32	0.21	0.16	红三叶	0.36	0.06	0.24
羊粪	0.65	0.47	0.23	猪屎草	0.57	0.07	0.17
鸡粪	1.63	1.54	0.85	沙打旺	0.49	0.16	0.20
鸭粪	1.00	0.40	0.60	草灰	—	1.60	4.60
鹅粪	0.55	0.54	0.95	木灰	—	2.50	7.50
鸽粪	1.76	1.78	1.00	小麦草	0.48	0.22	0.63
土粪	0.17 ~ 0.53	0.21 ~ 0.60	0.81 ~ 1.07	玉米秸	0.48	0.38	0.64
蚕渣	2.64	0.89	3.14	稻草	0.63	0.11	0.85
泥粪	2.00	0.30	0.45	水草	0.87	0.50	2.36
菜籽饼	4.60	2.50	1.40	蓖麻饼	4.98	2.06	1.90
豆饼	6.30	0.92	0.12	桐籽饼	3.60	1.30	1.30

资料来源：曹有龙，何军.枸杞栽培学[M].银川：阳光出版社，2013.

（2）施用有机肥的特点　一是因其分解缓慢，在整个生长期间可持续不断发挥肥效；二是土壤溶液浓度没有忽高忽低的急剧变化，特别是在大雨和灌水后不会发生流失；三是可缓和使用化肥后的不良反应（引起土壤板结、元素流失或使磷、钾变为不可给态），提高化肥的肥效。

三、枸杞园土壤管理制度

枸杞园内的土壤管理需要做到疏松土壤与保墒增温相结合，改善通气条件与除草相结合，深翻与改善土壤结构相结合。

1. 春季浅耕

浅耕就是对枸杞园地表土层（10～15 cm）进行农机旋耕或人工浅翻。在西北地区，春季土壤解冻，植株萌芽前的3月下旬进行浅耕。早春的土壤浅耕可以起到疏松土壤、提高地温、蓄水保墒、清除杂草和杀灭在土内越冬害虫虫蛹的作用（害虫多以蛹、茧虫态在土内越冬，经翻到土表，日晒夜冻而死亡），此期随着气温的升高，枸杞根系进入春季生长期，浅耕可促进活土层根系活动。据实地观测，浅耕的土层比不浅耕的土层土温提高2.0～2.5℃，新根萌生提早2～3 d，地上部植株萌芽提早2～3 d，为春季萌芽，抽枝的早、齐、壮营造了适宜条件。

2. 中耕除草

在枸杞植株的营养生长和生殖生长季节对园地土壤进行耕耘并除去杂草，使土壤保持疏松通气的作业方式叫中耕。时间在5—7月份，第一次在5月上旬，中耕深度10 cm 左右，清除杂草的同时铲去树冠下的根蘖苗和树干根颈附近萌生的徒长枝。中耕要均匀、不漏耕，方能起到疏松土壤、破除灌水后造成土壤板结的作用。第二次在6月上旬，这时即将进入果熟期，及时除草，保持园地地表面清洁，便于采果期间捡拾落地的果实。第三次在7月中下旬，主要是除去杂草，兼有改善通气条件，减少水分蒸发，促使养分缓缓吸收，保证春枝生长壮，老眼枝开花多、不落花，方便采果，还能起到提高防治病虫害效果的作用。

3. 翻晒园地

枸杞园地经过生产管理和采果期间的人为践踏，致使活土层僵实，不利于枸杞生长。因此，在采完枸杞的9月中下旬开始要对枸杞园进行土壤深翻。通过深翻晒土，改善土壤理化性质，加厚有效活土层，协调水、肥、气、热的相互作用，切断树冠外缘土层内的水平侧根，可起到对根系进行一次修剪的作用，有利于翌年春季从断根处萌生更多的新根，增加吸收毛根数量。根箱试验观测表明，距树干25～30 cm的土层中的一条断根在翌年4月中旬新萌生毛根3～6条。吸收养分的毛根越多，吸收营养的面积越大，有助于植株旺盛生长。另外，通过深翻土壤，可有效地增加冬灌蓄水量（西北地区冬春干旱长达半年，冬灌蓄水可保证植株安全越冬）。经测量，秋翻园冬灌每公顷可达1 125 m^3，未翻园的园地冬灌每公顷只有900 m^3。翻晒园地的时间在西北地区为9月下旬至10月上旬，翻晒深度25 cm，枸杞行间机械深犁，树冠下适当浅翻，不要碰伤根颈。

土壤质地过黏，如黏土和黏壤土，在栽培中必须进行改良。改良的办法是向枸杞园中增施猪粪、羊粪等有机肥，或者是增施经粉碎的绿肥和柴草等有机物质，能有效地增加土壤有机质和提高肥力。更主要的是疏松了土壤，改善这类土壤的团粒结构，增强气、热的通透性，为地上部树冠输送更多的营养物质。

第二节　枸杞园施肥管理

施肥就是供给植物生长发育所必需的营养元素，并不断改善土壤的理化性质和养分状况，给植物生长发育创造良好的条件。科学施肥是保证枸杞早果、丰产、优质的重要措施。因此，在促进枸杞生长、花芽分化及果实发育时，应首先供给其主要组成物质，即水分和碳水化合物，同时应重视供应土壤中大量元素，其次还需要注意供给土壤中的微量元素。（表5-2）

表5-2　植物必要的元素及其来源

类别	来源	元素
大量必要元素	空气及水中	碳（C）、氧（O）、氢（H）
	土壤中	氮（N）、钙（Ca）、磷（P）、镁（Mg）、钾（K）、硫（S）
微量必要元素	土壤中	铁（Fe）、铜（Cu）、锰（Mn）、锌（Zn）、硼（B）

资料来源：曹有龙，何军.枸杞栽培学[M].银川：阳光出版社，2013.

一、枸杞树的养分需求特点

枸杞是多年生的经济树种，同一立地条件下栽培的有效生产年限长，加之周年生育期内连续发枝、开花、结果，不但需肥量大，还要连续供肥。要做到枸杞植株在年度生育期内营养生长和生殖生长的适度平衡，实现均衡产果，保证植株“春季萌芽发枝旺，夏季坐果稳得住，秋季壮条不早衰”，必须建立合理、经济、科学的施肥制度。从3月中旬至11月上旬，枸杞树体要经历根系生长、花芽分化、枝叶生长、开花结果等重要的物候时期。每个物候时期都要消耗大量的营养物质和水分，如养分供应不足则影响新发枝条的生长，使得新梢短、长势弱、花量少，落花落果率高、果实小。同时，还会影响根系生长和叶片的光合能力，不仅影响当年产量，还直接影响树体养分积累和第二年生长结果。因此，必须保证枸杞园土壤中养分的足量供应，从而达到枸杞种植的高产、优质。

根据5年的定点试验观测，在宁夏中宁县舟塔乡枸杞园区，枸杞树随着树龄的增加，根系的主、须根长及根冠直径增加趋势不明显，树龄3年的主、须根数都小于树龄6年以上枸杞树，根系分布以6年生树龄最为发达，9年生树龄与6年生的差异不大。两地比较而言，6年生树龄枸杞树根系只在0～26 cm 土体范围内。银川园林场8年生的达到0～35 cm。说明中宁枸杞根系主要分布层要比园林场的浅。土壤养分特征与枸杞的管理、施肥灌水有很大关系。从表5-3可以看出，无论园林场或中宁，同一剖面土壤有机质、全氮、全磷含量总体随树龄增大而增加，但变化幅度并不大。不同树龄枸杞树的土壤碱解氮、速效磷和速效钾都随土壤剖面深度的增加呈降低趋势，即土壤速效养分主要集中在0～30 cm 的土层范围内。总的来说，园林场或中宁，不同树龄枸杞树土壤有机质、全氮、全磷和速效养分都主要集中在0～30 cm 的土体范围内。不同树龄枸杞的根系都主要分布在0～35 cm 的土体范围内，与土壤养分的主要分布范围0～30 cm 基本一致。这说明由于当地农民的习惯施肥过浅，造成了枸杞根系分布也不深。

表 5-3　不同树龄枸杞各土壤剖面的养分含量分布

地点	树龄 / a	深度 / cm	全盐 / （g·kg^{-1}）	有机质 / （g·kg^{-1}）	全氮 / （g·kg^{-1}）	全磷 / （g·kg^{-1}）	碱解氮 / （g·kg^{-1}）	速效磷 / （g·kg^{-1}）	速效钾 / （g·kg^{-1}）
银川园林场	3	0 ~ 30	0.70	18.6	0.78	0.86	53.6	57.9	150.0
		30 ~ 60	—	11.0	0.78	0.65	37.5	35.4	156.7
		60 ~ 100	—	—	—	—	32.2	—	124.1
	7	0 ~ 30	0.70	20.5	0.94	1.03	58.2	79.7	263.3
		30 ~ 60	—	15.1	0.50	0.84	38.7	51.5	193.3
		60 ~ 100	—	—	—	—	25.1	—	111.4
	10	0 ~ 30	0.62	21.0	1.00	1.05	55.3	107.2	323.3
		30 ~ 60	—	16.5	0.50	0.62	33.2	69.5	236.7
		60 ~ 100	—	—	—	—	21.1		124.6
中宁舟塔乡	3	0 ~ 30	0.95	24.9	0.65	0.58	31.7	73.5	306.7
		30 ~ 60	—	—	—	—	—	—	—
		60 ~ 100	—	—	—	—	—	—	—
	6	0 ~ 30	0.45	28.2	0.52	0.54	30.6	62.0	243.3
		30 ~ 60		18.0	0.36	0.49	28.4	39.0	206.7
		60 ~ 100	—	—	—	—	24.1		143.1
	9	0 ~ 30	0.55	30.5	0.59	0.55	32.9	70.1	206.7
		30 ~ 60	—	24.4	0.38	0.51	28.2	46.2	216.7
		60 ~ 100	—	—	—	—	18.1	—	124.3

资料来源：曹有龙，何军.枸杞栽培学[M].银川：阳光出版社，2013.

1. 枸杞对氮肥的需求

氮肥是植物体内蛋白质、叶绿素和酶的重要组成成分。同时，对枸杞果实内生物碱、苷类和维生素等有效成分的形成和积累也有重要作用。各种有生命的组织都离不开氮，尤其是迅速生长的部分，如正在生长的枝、叶、花、果实都需要大量的氮。枸杞从4月下旬到10月整个生育过程中营养生长和生殖生长相互重叠，尤其是5月、6月，春梢正在生长，叶片在增大，二年生枝、果实正在发育，都需要吸收氮素营养。花期和春梢的旺长期，氮素要供应充足，秋施氮肥使叶片后期光合作用功能加强，都是维持枸杞优质高产的重要措施。枸杞园通常施用的氮素肥料有尿素和碳酸氢铵。尿素施入土壤中通过脲酶的作用被微生物分解为氨态氮和硝态氮，分散性好，易被枸杞根系吸收。尿素在枸杞园中施用，多用作追肥。

熊志勋等采用盆栽法和示踪法研究宁杞1号对氮素的吸收规律。由表5-4可以看出，随着枸杞植株的生长发育，对氮肥的利用率逐渐提高，从4.11% 提高到11.91%，但总的来说利用率是不高的。探索其原因，观察了枸杞根系的剖面分布，发现新幼根主要分布在土壤下层，集中在土壤15～25 cm 的范围。在土壤中，氮素垂直分布从上到下有一个逐渐减少的梯度（表5-5）。由于枸杞根系对土壤中上层的养分不能很好地吸收利用，因此氮肥吸收利用率不高。枸杞生长发育过程中吸收的氮素约有20% 来自肥料，80%来自土壤。

表 5-4　氮肥利用率和枸杞植株氮素来源

取样时间	植株总氮量 / g	氮肥利用率 / %	植株氮素来源	
			肥料 / %	土壤 / %
5 月 10 日	0.4981	4.11	12.13	87.87
5 月 15 日	0.5481	4.33	11.52	88.48
5 月 25 日	0.5503	5.52	14.42	85.58
6 月 24 日	0.7885	5.68	15.58	84.42
7 月 14 日	0.9827	8.23	17.57	82.43
8 月 9 日	1.2467	11.00	18.31	81.69
8 月 29 日	1.556	11.91	21.23	78.77

注：枸杞植株为宁杞1号。

资料来源：曹有龙，何军.枸杞栽培学[M].银川：阳光出版社，2013.

表 5–5　土壤氮素养分的梯度分布

土壤深度 / cm	含氮量 / %	^{15}N 原子百分超 / %
0 ~ 5	0.124 60	0.484
5 ~ 10	0.106 00	0.472
10 ~ 15	0.081 52	0.467
15 ~ 20	0.071 58	0.389

资料来源：曹有龙，何军.枸杞栽培学[M].银川：阳光出版社，2013.

试验结果表明，枸杞植株吸收的氮素主要分布在根系、树干、枝条多年生器官，其次是叶和果实一年生器官，见表5–6。

表 5–6　各部位全氮量占植株总氮量百分比

单位：%

取样时间	根系	树干	枝条	叶片	果实
5 月 25 日	39.78	8.77	22.44	29.00	—
10 月 8 日	50.46	8.99	16.60	21.67	2.68

资料来源：曹有龙，何军.枸杞栽培学[M].银川：阳光出版社，2013.

5月25日取样的植株多年生部位全氮量占植株总氮量的70.99%，而叶片中的全氮量占29.00%；10月8日取样的植株多年生部位全氮量占植株总氮量的76.05%，而一年生器官的叶片和果实仅占23.95%。枸杞树体（含根系、树干、枝条）是一个大的氮素贮存库，贮存的氮素在植株代谢中的转移、再分配，对果实的发育、叶片和新枝条的形成、生长作用是很大的。

2. 枸杞对磷肥的需求

磷肥是指树体内细胞核的组成原料，并促进养分的积累转化，不论是开花、坐果，还是枝叶生长、花芽分化、果实膨大，都离不开磷的作用。磷肥和钾肥配合能显著改善枸杞果实品质，提高含糖量。磷供应正常还能提高根系吸收其他养分的能力。从这些作用看，枸杞在一年中对磷的需求量基本上没有高峰和低谷，是平稳需求。枸杞园通常施用的磷肥主要有磷酸钙、磷酸二铵和三元复合肥。单一磷肥只施用过磷酸钙，复合磷肥绝大多数施用磷酸二铵、三元复合肥。

研究结果表明，随着枸杞植株的生长发育，对根际磷肥的吸收利用率逐渐提高，2年生枸杞从施肥后第5天的2.43%，增加到第154天的6.83%；3年生枸杞从施肥后第20天的0.78%，增加到第140天的7.42%。关于枸杞对根际磷肥吸收利用率低的原因，笔者认为与根系分布和磷素在土壤中不易移动有关。据报道，枸杞根系主要分布在土壤15～25 cm。熊志勋等的结果表明，土壤中的磷素有从上到下逐渐减少的梯度分布（表5-7）。由于根系对土壤中、上层的养分不能很好地吸收利用，因此磷肥的吸收利用率不高。

表 5-7　土壤磷素的梯度分布

土壤深度 / cm	速效磷 /（$mg \cdot kg^{-1}$）
0～5	263.8
5～10	269.7
10～15	63.2
15～20	37.9

资料来源：曹有龙，何军.枸杞栽培学[M].银川：阳光出版社，2013.

研究枸杞吸收磷动态可以为合理追施磷肥提供依据。熊志勋等的研究结果表明，枸杞植株中的磷素，一部分来自追施的磷肥，占3.47%～13.36%；另一部分来自根际土壤，占86.64%～96.53%。可见，枸杞适时追施磷肥不仅对当年生长发育有利，而且对维持土壤磷素平衡，以及以后的生长发育也是非常重要的。枸杞植株干物质每增加1 g，需要从肥料中吸收磷0.058 97～0.246 4 mg，从土壤中吸收磷0.940 7～2.382 9 mg。枸杞植株在生长发育、干物质积累过程中，有从肥料中吸收的磷素逐渐增加、从土壤中吸收的磷素逐渐减少、从土壤和肥料中吸收的磷素比值也逐渐减少的趋势。

熊志勋等利用5年生的宁杞1号枸杞研究枸杞根际磷素养分状况，研究结果表明，秋后（秋果采摘结束后）枸杞根际有效磷含量，0～20 cm、20～40 cm 土层分别为46.3 mg/ kg、11.3 mg/ kg，比春季（叶芽萌发，未追肥前）枸杞根际有效磷含量略有增加，分别为45.0 mg/ kg、11.3 mg/ kg。说明在试验条件下追肥水平是适宜的。枸杞植株中的磷素主要分布在根系、树干、枝条多年生的部位，全磷占植株总磷量的74.22%；其次是叶片和果实一年生的部位（表5−8）。

3. 枸杞对钾肥的需求

钾在植物体内参与蛋白物质的运输、合成和贮藏，维持生理代谢平衡，并有利于果实和各种组织的成熟。钾肥还是树体内代谢过程中某些酶的活化剂，它能提高光合作用的强度，促进碳水化合物的合成，促进果实糖分累积和组织成熟。枸杞是需钾量相对较多的经济作物。20世纪60年代初发现，种植枸杞的土壤速效钾含量较一般农田低，为149～245 mg/ kg，而一般农田中的土壤速效钾含量为167～417 mg/ kg。在20世纪70年代末发现，叶面喷施氮、磷、钾（1∶1∶1）溶液比仅仅喷施氮、磷（1∶1）溶液增产8%，花果脱落率减少6.1%。

表 5−8　植株各部位全磷占总磷量之比

单位：%

取样时间	根系	茎枝	叶片	果实	合计
5 月 29 日	38.77	35.49	15.63	10.11	100.00
6 月 18 日	44.43	20.60	21.17	13.80	100.00
7 月 28 日	55.37	22.62	12.42	9.59	100.00
9 月 7 日	48.18	28.03	18.40	5.39	100.00
9 月 17 日	49.64	28.63	15.49	6.23	99.99
9 月 27 日	42.51	31.08	18.13	8.28	100.00
平均值	46.48	27.74	16.87	8.90	99.99

资料来源：曹有龙，何军.枸杞栽培学[M].银川：阳光出版社，2013.

李友宏等于20世纪90年代进行了施钾试验及示范，从试验结果可以看出枸杞施用钾肥产生了明显的增产效果（表5−9）。

产量（y）与钾素用量（x）的回归方程为$y=2872.5+8.13-0.14x^2$，$R=0.98$，$F=49.5$。此方程可以反映出实际的生产，由计算得出的枸杞钾素（K_2O）的最佳施肥量应为每公顷390 kg（折合每株117 g）。

表 5–9　钾肥对枸杞产量的影响

施钾量 /（g·株$^{-1}$）	产量 /（kg·hm^{-2}）	增产 / %
0	2940	—
36	3630	23.4
72	4140	40.8
108	4590	56.1
180	4275	45.4

资料来源：曹有龙，何军.枸杞栽培学[M].银川：阳光出版社，2013.

从枸杞老产区宁夏中宁县的示范对比田来看（表5–10），施钾肥每公顷可增产枸杞干果394.5～504 kg，增产率为19.0%～49.5%，平均单产提高25.2%。枸杞施用钾肥的经济效益非常可观，按每千克干果20元人民币计算，扣除每公顷钾肥成本费780元，每公顷可增加纯收入8 460元。

表 5–10　枸杞施钾肥在示范区的增产效果

试验点	产量 /（kg·hm^{-2}）		增　产	
	施钾肥	不施钾肥	增产 /（kg·hm^{-2}）	增产百分比 / %
中宁康滩乡	2 911.5	2 448.0	463.5	19.9
中宁舟塔乡	2 358.0	1 963.5	394.5	20.0
中宁田滩村	1 612.5	1 078.5	534.0	49.5
平均	2 292.0	1 830.0	462.0	25.2

资料来源：曹有龙，何军.枸杞栽培学[M].银川：阳光出版社，2013.

邓国凯等，调查枸杞园内土壤和枸杞春梢叶片含钾量的年变化，如表5–11，说明枸杞园土壤的钾肥含量与枸杞叶片的钾素含量是成正比的。说明枸杞钾肥的施用对于枸杞的生长发育是非常重要的，同时可起到增加产量，提高经济效益的目的。

表 5-11　枸杞园土壤和枸杞春梢叶片含钾量年内变化

名称	项 目	5月	6月	7月	8月
正常园	土壤速效钾含量 / ($mg \cdot kg^{-1}$)	291	262	283	338
	叶片含钾量 / %	1.18	0.91	0.73	0.28
缺钾园	土壤速效钾含量 / ($mg \cdot kg^{-1}$)	206	152	154	164
	叶片含钾量 / %	0.78	0.70	0.40	0.44

资料来源：曹有龙，何军.枸杞栽培学[M].银川：阳光出版社，2013.

枸杞灰分含量（以下简称 CMA），是指枸杞干果充分燃烧后留下的物质，主要由无机物组成，一般占枸杞干果重的3%～8%。枸杞灰分的化学成分主要包括 P_2O_5、SO_2、CaO、Na_2O、MgO、Fe_2O_3、K_2O 等，另外还含有铜、锌、锰、硒等微量元素的氧化物。CMA 的高低对枸杞品质的影响较大。在其他组分相当的情况下，灰分含量越大，枸杞品质越差。经统计，CMA 与土壤的 pH、全盐、有机质、速效磷、全磷、水解氮、全氮、速效钾等含量关系不大，但与土壤全钾含量相关性显著。CMA 与土壤全钾呈负指数关系，随土壤全钾含量的增加，枸杞干果中灰分含量降低。这是因为，钾是枸杞光合器官叶绿素的成分之一，土壤全钾代表土壤钾素的总体水平，钾素易转移，易被作物吸收。土壤中全钾含量高，枸杞吸收的就较多，光合器官叶片中叶绿素的含量就越高，这有利于增加枸杞的光合速率，增加光合产物的积累，CMA 减少。（图5-2）

4. 枸杞对微量元素的需求

除氮、磷、钾三大肥料元素外，还有许多其他元素对枸杞植株的生长发育有重要的作用。这些元素的需求量很少，但缺乏时同样引起枸杞发育的生理障碍，因而被称为微量元素或微量肥料。如铁参与叶绿素的合成，铁供应缺乏时叶片失绿变黄，尤其是新梢顶端的幼叶首先出现症状，叶片变黄，叶脉尚能保持绿色；随着症状的加重，叶脉也逐渐变黄，叶片干枯脱落。缺铁症状在5月、8月新梢旺长期看到的机会较多。土壤缺铁的原因是土壤偏碱所致。从本质上解决缺铁的办法是增施有机肥，或者硫酸亚铁与有机肥一并施用，使土壤变成中性或微酸性，缺铁现象会自然消失。枸杞对铁的吸收与土壤通气状况也有密切的关系，凡是通气不良，根系缺氧时，地上新梢也出现缺铁症状。每年6月、7月份，树冠中、上部中间枝条的顶端叶片发蔫，看似缺铁，实际上是多次灌水或下雨增加了土壤容重，使土壤通气不良致使根系缺氧所致。因而在生产实践中，应正确分析、判断缺氧和缺铁的区别。轻度缺铁时，可以用0.2% 硫酸亚铁进行叶面喷雾，一般能立即缓解症状。

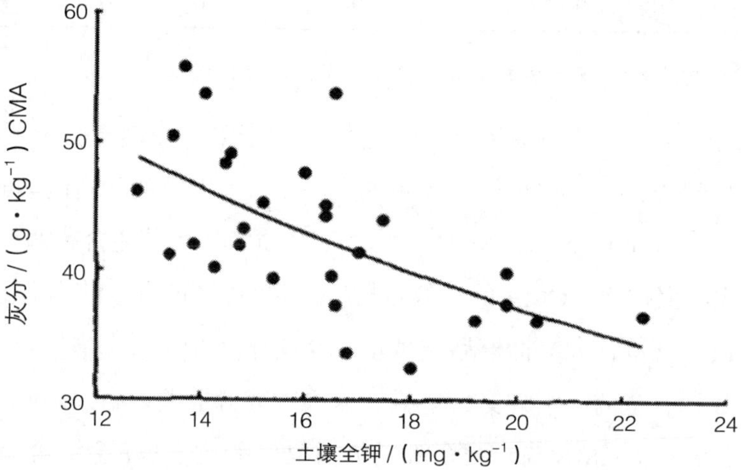

图5-2　枸杞灰分含量与土壤全钾含量的关系

资料来源：曹有龙，何军.枸杞栽培学[M].银川：阳光出版社，2013.

缺硼也是枸杞产区经常发生的事情，轻度缺硼时，往往没有明显的症状，但授粉后坐果率低，容易落花落果，产量低，品质差。在春季七寸枝盛花期喷施0.2% 的硼砂水溶液，具有明显防治缺硼的作用。

缺锌的症状是小叶病，但在枸杞上表现不太明显。通过检测证实，枸杞缺锌一般叶片相对变小、变薄。生产者在枸杞经营过程中，发现以上症状可喷施0.2%～0.3% 的硫酸锌加0.3% 的尿素混合液，效果较好。

5. 枸杞树体年生育期内的需肥规律

采用原子示踪法和根箱观测法对枸杞根系活动进行跟踪监测，表明根毛区随着春季地温的升高而进入活动期，新根开始萌生即吸收养分。4月上旬地上部枝条萌芽，直至4月中旬展叶，全是依靠树体内贮藏养分的供给。叶片展开后开始光合作用制造养分，加之根系从土壤中吸收的养分供给树体抽生新枝。此期树体对养分的需求迫切，称为“营养临界期”。春季营养生长阶段的萌芽、展叶、抽枝主要是吸收氮素，促进酶和叶绿素、蛋白质的合成，表现为萌芽齐、展叶快、发枝壮。跟踪显示，直至5月中旬，根系吸收氮呈上升趋势。从5月上旬开始，树体二年生枝现蕾开花，当年生新枝开始现蕾时，根系开始吸收磷钾元素，直至6月下旬，吸收呈上升趋势，而吸收氮趋于平稳。5月中旬至6月下旬，树体大量抽生新枝，又大量开花结果，为营养生长和生殖生长共生期，表现为营养需求量最大，效果也最好，称为营养最大效率期。进入7月份，随着气温的升高（32℃以上），耕作层土温也随之上升至26℃以上，植株根系即进入夏季休眠期（根系暂不吸收养分），植株的生育所需营养主要依靠树体内贮存的养分和叶片光合作用所制造的养分。进入8月，气温土温下降至25℃以下时，根系恢复生长，进入秋季生育期，发秋梢、结秋果，吸收氮、磷、钾元素无明显的升降梯度，直至晚秋下霜，由叶柄处所形成的脱落素导致先落叶，而后才发现根系停止生长，11月上旬进入冬季休眠状态。

熊志勋等研究认为，枸杞在几个阶段中每天吸收的氮量有随生长发育不断增加的趋势。5月10—25日每天吸收氮3.48 mg，5月25—6月24日为7.94 mg，6月24—7月14日为9.71 mg，7月14日至8月9日为10.15 mg，8月9—29日为15.47 mg。秦国锋研究认为，枸杞一年两度生长，两度开花结果，根系也有两个生长高峰期。一般认为，5月初是老眼枝开花和七寸枝旺盛生长时期，6月初是七寸枝进入盛果期，也是老眼枝果实生长发育时期，这两个时期追肥最为适时，效果好。试验结果表明，并不存在这样两个明显的吸收氮高峰期，这可能与树体内的养分转移、再分配有关，具体原因有待进一步研究。但从5月上旬、6月下旬施肥后植株吸收的肥料氮占总氮的比例均有所提高，说明适时追肥是很有必要的。

二、施肥技术

1. 施肥原则

一是了解并掌握枸杞树体在年度生育期内营养生长和生殖生长的需肥规律，确定什么时间施肥，使用什么肥料，使用多大的施肥量。

二是本着经济有效的原则，采用正确的施肥方法，提高肥料利用率。

三是将各种肥料配合使用，如N、P、K的配合，有机肥和无机肥的配合等。

四是年度内如何选择促（促进营养生长）、保（保花保果）、补（秋枝不早衰）相结合的施肥方式。总结起来就是"前促、中保、后补、重施"。

前促：营养临界期的4月施氮肥；中保：营养最大效率期的5—6月施氮、磷、钾复合肥；后补：补充氮、磷复合肥；重施：10月重施有机加无机混合基肥。

长期使用速效化肥，土壤中有效态微量元素有下降趋势，可能成为新的养分限制因子。在枸杞园中，要增施有机肥料，既能保证枸杞生育期内各种营养元素的持续供给，又能防止树体缺素症的发生。大量的试验和多年的实践表明，各种肥料的配合施用比单一肥料的效果好。在施氮、磷肥的基础上增施钾肥，能促进枸杞树对土壤养分的吸收，植株氮、磷、钾总含量分别比对照高27.33%、11.87%和15.61%。速效化肥与迟效有机肥配合施用能够促进有效养分转化、分解；有机肥的施入可以使肥效逐年上升，具有肥效的叠加效应。实际操作中应确定肥料种类、施肥量、施肥时期和施肥方法。

2. 肥料种类

枸杞园常用肥料种类较多，包括各种化学肥料（表5-16）和有机肥料（表5-1）以及新型生物肥料。就化肥而言，常用的氮肥有尿素、碳酸氢氨、氯化铵、硫酸铵、硝酸铵等，磷肥有过磷酸钙、重过磷酸钙等，钾肥有氯化钾、硫酸钾等，还有各种复混肥料。

有机肥料所含营养元素比较全面，除含有机质等主要元素外，还含有微量元素和许多生理活性物质，包括激素、维生素、氨基酸、葡萄糖、酶等，故称之为完全肥料。有机肥在土壤中发挥作用慢，但肥效长，可以改变土壤结构、提高肥力，是构成土壤肥力的基础。衡量土壤肥力的主要标准是有机质含量，有机质的多少直接关系着枸杞的产量和品质。一般中、高产枸杞园的有效土层中有机质含量占土壤干重的1.2%~2.5%。有机质泛指土壤中来源于生命的物质，包括土壤微生物和土壤动物及其分泌物以及土体中植物残体和植物分泌物，是土壤固相物质中最活跃的部分，但对土壤性状的影响极大。按化学组成可分为腐殖物质和非腐殖物质两大类。腐殖物质是一种黑色或暗棕色特殊的天然有机化合物，是有机质的主体，占有机质总量的50%~60%；非腐殖物质则是一般的有机化合物，如多肽、氨基酸，其他各种碳水化合物、蜡质等，其中未分解或半分解的植物残体占有机质总量的6%~25%。有机质分为新鲜有机质（未分解的有机质）、半分解有机质和腐殖质三种形态。有机质的作用主要体现：土壤养分的主要来源；促进土壤结构形成，改善土壤物理性质；提高土壤的保肥能力和缓冲性能。腐殖质具有生理活性，能促进作物生长发育；腐殖质具有络合作用，有助于消除土壤的污染。

生产中应根据枸杞的周年需肥特点来选择适宜的肥料品种。近年来，新型的肥料在枸杞上也开始尝试使用，并取得了较好的效果。邓国凯等采用田间小区试验和大田试验相结合的方法，在宁夏枸杞的老产区中宁县，利用大麻叶枸杞和宁杞2号枸杞进行稀土的肥效试验。经3年40组田间试验产量统计，施稀土有明显的增产效果和经济效益，平均每公顷增产枸杞鲜果1 260 kg，每公顷增加产值5 040元（表5-12）。

表 5-12 枸杞施用稀土的增产效果和经济效益

年份	鲜果产量 /（$kg \cdot hm^{-2}$）			产值 /（元 · hm^{-2}）		
	施稀土	对照	比对照增产	施稀土	对照	比对照增产
1989	4 680.0	3 894.0	785.0	18 720	15 576	3 144
1990	8 047.5	6 515.0	1 531.5	32 190	26 064	6 125
1991	7 758.0	6 295.5	1 462.5	31 032	25 170	5 815
平均	6 828.5	5 568.5	1 260.0	27 314	22 270	5 040

资料来源：曹有龙，何军.枸杞栽培学[M].银川：阳光出版社，2013.

喷施稀土能明显改善枸杞果实的品质（表5–13）。果实总糖含量比对照提高1.30~6.21个百分点，平均增加3.37个百分点；果实千粒重增加7.7%；果实等级率提高，喷施稀土的宁杞2号特级果率为68.9%，比对照提高了15.6个百分点。

表 5–13 枸杞施用稀土的增产效果和经济效益

年份	干果总糖 / %			鲜果千粒重 / g		
	施稀土	对照	比对照增加	施稀土	对照	比对照增加
1989	30.20	28.90	1.30	412.0	400.0	12.0
1990	52.74	46.53	6.21	503.8	461.9	41.9
1991	50.88	48.28	2.60	470.9	425.6	45.3
平均	44.61	41.24	3.37	462.2	429.2	33.1

资料来源：曹有龙，何军.枸杞栽培学[M].银川：阳光出版社，2013.

生物肥是近年来兴起的新型生态型肥料。NutriSmart 生态型肥料是以有机载体及含磷载体为基础，添加6种活体细菌组成的一种颗粒肥料，其特点为肥效长，一次使用肥效可达150 d，几乎满足植物全阶段的生长需要，可大大减少化肥施用量，成本低。罗青等连续两年对施用 NutriSmart 生态型肥料后枸杞产量与质量的影响进行了研究。

表 5–14　NutriSmart 生物肥对枸杞产量变化的影响

	处理	产量 / kg	比对照增产 / （$kg \cdot hm^{-2}$）
2003 年	常规处理	3 025.1 a	2 424
	NutriSmart 处理	3 671.35 b	
2004 年	常规处理	10 948.5 a	2 416.5
	NutriSmart 处理	11 754 b	

注：同一列中不同小写字母代表0.05水平差异显著。
资料来源：曹有龙，何军.枸杞栽培学[M].银川：阳光出版社，2013.

表5-14的结果表明，施入 Nutrismart 生物肥后，处理产量比对照有明显增加。2003年处理产量比对照增加646.25 kg，平均每公顷增产2 424 kg；2004年处理产量比对照增加805.5 kg，平均每公顷增产2 416.5 kg。两年试验结果处理与对照之间差异显著。同时也分析了枸杞多糖的变化，如表5-15，施入 Nutrismart 生物肥后，枸杞多糖含量显著增加，2003年 NutriSmart 处理比常规处理增加0.67%；2004年 NutriSmart 处理比常规处理增加0.46%。两年试验结果处理与对照之间差异显著。根据《枸杞（枸杞子）》（GB/T 18672—2014）规定，特优级枸杞多糖含量≥3.0%，两年试验中常规处理和 NutriSmart 处理的枸杞的多糖含量都达到了特优级标准。

表 5-15　施入 Nutrismart 后枸杞果实主要有效成分（多糖）含量的变化

单位：%

	处　理	多糖含量	比对照增加
2003 年	常规处理	4.04a	0.67
	NutriSmart 处理	4.71b	
2004 年	常规处理	3.37a	0.46
	NutriSmart 处理	3.83b	

注：同一列中不同小写字母代表0.05水平差异显著。
资料来源：曹有龙，何军.枸杞栽培学[M].银川：阳光出版社，2013.

实验结果表明，在枸杞种植地施入 NutriSmart 生态型肥料，能提高枸杞产量和质量，是适合枸杞种植的理想肥料之一。

3. 确定施肥量

平衡施肥又名养分平衡法配方施肥，是国内外配方施肥中最基本和最重要的施肥方法。此法根据农作物需肥量与土壤供肥量之差来计算实现目标产量（或计划产量）的施肥量，由农作物目标产量、农作物需肥量、土壤供肥量、肥料利用率和肥料中有效养分含量等五大参数构成平衡法计算施肥公式，可计算出理想的施肥量。在施肥条件下植物吸收的养分来自土壤和肥料。养分平衡法中

"平衡"之意在于土壤供应的养分不能满足植物的需要，就用肥料补足养分。平衡法采用目标产量需肥量减去土壤供肥量得出施肥量的计算方法，故本法亦称"差减法"，有的人也称此为"差值法"或"差数法"。

养分平衡法计量施肥原理是著名土壤化学家曲劳（Truog）于1960年第七届国际土壤学会上首次提出的，后由斯坦福（Stanford）所发展并试用于生产实践。其算式表达式：

$$Cn=(Ca-Su)/Cu \quad (5-1)$$

$$Ca=By\times A \quad (5-2)$$

式中，*Cn* 为某养分元素的合理用量；*Ca* 为一季作物的总吸引量；*Su* 为土壤供应量，由不施该元素时农作物产量推算；*Cu* 为肥料中养分当季利用率，根据田间试验结果计算而得；*By* 为生物学产量；*A* 为某养分在植株中的平均含量

枸杞是一种需肥较多的多年生木本经济作物，它在一年中的营养生长、开花、结实期长达7个多月。因此，在一年的生长过程中，为了获得优质高产，就必须及时施用一定数量的肥料，以补充土壤养分不足，来满足枸杞各生育阶段的需要。但影响施肥的因素是多方面的，即使是一个品种，相同的树龄，其生长发育情况也不尽相同，因此施肥量也要有所增减。确定施肥量时还应考虑气候、地势、土壤、农业技术等因素。土壤包括土壤种类、土层厚度、有机质、土壤酸碱度，表土与心土的性质，土壤结构以及土壤三相比例关系；地势包括山地、平地、沙滩以及坡地、坡向、山地水土保持工程等；气候主要指降水量和气温；农业技术主要是土壤管理制度、灌溉制度以及园内间作物等。

在枸杞施肥原则指导下，要真正做到准确配方施肥，必须掌握目标产量、枸杞需肥量、土壤供肥量、肥料利用率和肥料中有效养分含量等五大参数，这是平衡法配方施肥的基础。

表 5-16　主要矿质肥料的种类和有效养分含量

单位：%

养分 肥料	氮 （N）	磷 （P_2O_5）	钾 （K_2O）	养分 肥料	氮 （N）	磷 （P_2O_5）	钾 （K_2O）
硫酸铵	20~21			磷矿粉		10~35	
硫酸钾			48~52	骨 粉	3~5	20~25	
硫酸氢氨	16~17			磷酸铵	17	47	
氯化钾			50~60	磷酸二氢钾		52	35
硝酸铵	23~35			草木灰		1~4	5~10
硝酸镁氨	20~21			复合肥（1）	20	15	20
窑灰钾肥				复合肥（2）	15	15	15
尿素	46			复合肥（3）	14	14	14
氨水	17			硼砂		含硼 11.3	
氯化铵	24~25			硫酸锌		含锌 23~25	
硝酸钙	13			硫酸亚铁		含铁 19~29	
石灰氮	30			硫酸锰		含锰 24~28	
过磷酸钙	12~20	12~20		硫酸镁		含镁 16~20	
钙镁磷肥	含钙 10~30	12~20					

资料来源：曹有龙，何军.枸杞栽培学[M].银川：阳光出版社，2013.

肥料中有效养分含量在养分平衡法配方施肥中是个重要参数。常见有机肥料及矿质肥料的有效养分含量如表5-16。

早在1961—1962年，秦国峰在宁夏中宁县开展的枸杞产量试验结果表明，当每公顷产枸杞干果为1 605~1 978.5 kg时，每生产100 kg枸杞干果所需N、P_2O_5、K_2O养分分别为9.7 kg、15.4 kg、3.6 kg；钟鉎元于1985—1990年，在中宁的同样试验结果表明，当每公顷产枸杞干果为2 578.5~3 919.5 kg时，每生产100 kg枸杞干果所需N、P_2O_5、K_2O养分分别为21.9 kg、10.8 kg、3.5 kg。

安巍、张学军等在宁夏惠农区燕子墩枸杞园开展的枸杞肥料试验，3年的试验结果表明，随着氮、磷、钾施用量的增加，枸杞干果产量并不是显著增加，针对惠农区土壤肥力水平中等田块，成龄树目标产量在每公顷3 750～5 250 kg，施氮量范围在每公顷675～825 kg，施磷量范围在每公顷375～525 kg，施钾量范围在每亩375～525 kg。不同氮、磷、钾施用量对枸杞植株性状均有不同程度影响，不同施氮量对枸杞新梢生长量、成枝力影响较大，尤其是对秋梢生长量影响较大，不同施磷、钾量对结果枝单位长度现蕾数、落花落果率影响不大，但对新生叶片叶绿素含量影响较大。提出了每公顷推荐施肥量为 N 675 kg、P_2O_5 495 kg、K_2O 225 kg，从产量、每公顷节本增效来看，均与习惯施肥的1.5倍相当，符合惠农枸杞园实际，是切实可行的。

近年来，我国推荐的配方施肥制度，是计算理论施肥量的一个发展。它综合运用了我国现代农业科技成果，根据作物需肥规律、土壤供肥性能与肥料效应，强调要在以有机肥为基础的条件下，提出产前氮、磷、钾与微量元素肥料的适宜用量和比例以及相应的施肥技术，在一些农作物上增产效果明显，在枸杞生产中已开始运用这一先进技术。通过测土配方施肥，初步进行了相应的研究和示范。

曹有龙等两年定点调查田滩6队在枸杞一年生长周期内，生产100 kg 枸杞干果吸收养分吸收量为全氮2.04～2.86 kg、全磷1.16～1.37 kg、全钾1.35～1.68 kg（表5−17）。即所需要吸收养分顺序为氮＞钾＞磷。2005年，银川园林场与中宁田滩相比，枸杞每生产100 kg 干果吸收养分量也有差异，全氮银川园林场的比中宁低0.59 kg，全磷低0.46 kg，全钾差异不大。2006年，在中宁田滩6队与7队设立的习惯施肥与不施肥（CK）处理，可看出每生产100 kg 干果吸收养分量，习惯施肥与不施肥有差异，但差异不大。田滩6队与7队全氮习惯施肥比不施肥分别高0.15 kg 和0.59 kg，全磷习惯施肥比不施肥分别高0.08 kg 和0.12 kg，全钾习惯施肥比不施肥处理分别高0.03 kg 和低0.01 kg。以上数据说明，在中宁枸杞园区习惯施肥的，每生产100 kg 干果，所需养分不高，当年习惯施肥与不施肥所需养分差异不大，这也进一步说明枸杞当年自身树体的养分能够满足枸杞当年生长的需求，从氮、磷、钾供应的角度来说，适量降低目前的施肥量，不会造成对枸杞产量的影响。

表 5-17　生产单位枸杞产量吸收养分（N、P、K）数量统计

地点		干重（枝条+叶片+果实）/（kg·30株$^{-1}$）	（枝条+叶片+果实）养分吸收量 /kg			100 kg干果吸收养分量 /kg		
			全氮（N）	全磷（P_2O_5）	全钾（K_2O）	全氮（N）	全磷（P_2O_5）	全钾（K_2O）
银川园林场（2005）		32.43	0.7	0.29	0.45	2.17	0.90	1.40
中宁田滩 6 队（2005）		35.86	0.99	0.49	0.50	2.76	1.36	1.38
中宁田滩 6 队（2006）	CK	31.03	0.82	0.38	0.36	1.89	1.29	1.35
	习惯施肥	32.77	0.86	0.46	0.41	2.04	1.37	1.38
中宁田滩 7 队（2006）	CK	31.84	0.76	0.27	0.69	2.27	1.16	1.68
	习惯施肥	34.56	0.94	0.52	0.81	2.86	1.28	1.67

资料来源：曹有龙，何军.枸杞栽培学[M].银川：阳光出版社，2013.

国内外还采用先进的科学手段，如利用电子计算机对肥料成分、施肥量、施肥时期以及灌溉方式对肥效的影响等进行数据处理，很快计算出最佳的施肥量，使科学施肥、经济用肥发展到一个新阶段。

4. 施肥方法

根系是吸收养分的主要器官，在施肥时首先要了解枸杞根系在土壤中的分布。经根箱观测，在壤土、砂壤土种植的枸杞主根深60～90 cm，侧根分布在30～60 cm 深的土壤内；重壤土、僵土上种植的枸杞主根深50～70 cm，侧根分布在20～40 cm 深的土壤内。一般耕作土壤中，枸杞根系水平分布与树冠的大小成正比，根系分布面积还略大于树冠面积。所以，肥料施入的深度和面积必须视土质状况和树冠大小来定。土壤施肥需根据根系分布特点，将肥料施在根系集中分布层内，便于根系吸收，发挥肥料最大效用。

目前在枸杞田间管理中主要采用以下几种施肥方式。

①干施。枸杞根系的根毛是吸收养分的主要部位，而树冠外缘是根毛分布最多的区域。在枸杞树冠的外缘开挖对称穴坑或农机犁开条沟（深度为30～40 cm），将肥料直接施入坑（沟）内与土拌匀后封土。

②湿施。将肥料勾兑一定比例的清水，稀释后浇到园地或用液肥施肥机注入耕作层。

③根外追肥。将肥料配成一定浓度的水溶液，用喷雾器喷洒到植株的茎叶上，通过茎叶气孔和角质层被迅速吸收。

④水肥一体化。借助压力灌溉系统，将可溶性固体或液体肥料，按土壤养分含量和枸杞的需肥规律和特点配成的肥液，与灌溉水一起通过可控管道系统供水、供肥，使水肥相溶后，通过管道和滴头形成滴灌、均匀、定时、定量，提供给枸杞根系发育生长区域。水肥一体化技术具有节水、提高作物产量、减少灌溉、降低肥料使用量、节省灌溉和施肥时间、改善土壤环境和减少环境污染等优点，对大面积推广种植叶用枸杞具有重大意义。

5. 枸杞的施肥现状

提高肥料利用率是降低生产成本，减少污染的重要环节，据农业农村部农技推广服务中心资料表明，我国化肥的利用率，氮30%～35%、磷10%～25%、钾35%～50%；尤其是尿素，50%～60%进入大气或随水流失。在枸杞科技示范园区利用原子^{15}N示踪法对尿素施入不同土层深度的利用效果进行定点、定株、定枝的监测结果表明，5月10日将尿素撒施于园地土表后，农机耙入土内5～10 cm，经灌水3 d后取样测试，根系吸收传导至茎叶及花蕾的利用率为4.11%～11.91%，土壤固定为54.60%～76.31%，损失率22.60%～40.09%；开沟20 cm深施入尿素，灌水3 d后取样测试，根系吸收传导至茎叶及花蕾的利用率为31.90%，土壤固定为51%，损失率16%左右。由此可见，尿素施入土内20 cm左右深损失率最小。据中国农业科学研究院土壤与肥料研究所资料，采用复合型缓释化肥土壤深施比常规化肥地表施入能提高利用率30%以上。枸杞专用肥就是采用有机和无机肥混合后加缓释剂制成颗粒状在土壤中施用，体现了营养全面、施用方便的优点。

根据1997—2001年在枸杞科技示范园区5年内不同施肥量获得的产果量与不施肥区作对照所进行的肥料试验结果表明，采用有机肥与无机肥相结合，氮、磷、钾与锌、硼、铁等微量元素相结合，秋季深施基肥与春、夏季土壤追肥及叶面喷肥相结合的施肥方法，基本能保证全年生育期内枸杞植株营养生长与生殖生长需要。幼龄期每株产干果量相对稳定在0.5~0.6 kg（4 995株/hm^2产干果2 497.5～2 997 kg，

3 330株/hm^{2}产干果1 665~1 998 kg）；成龄期每株产干果量相对稳定在0.8~1.0 kg（4 995株/hm^{2}产干果3 996~4 995 kg，3 330株/hm^{2}产干果2 664~3 330 kg）。依此施肥量所获得的干果产量分析计算，每获得100 kg的枸杞干果需消耗纯氮39.46 kg、纯磷26.68 kg、纯钾16.20 kg，其三要素之比为1∶0.68∶0.41。基本实现了“春季萌芽发枝旺，夏季坐果稳得住，秋季壮条不早衰”的施肥要求。

三、枸杞园养分管理制度

枸杞园内的施肥有基肥、追肥和叶面肥三种类型。

1. 基肥

基肥是较长时间供给树体多种养分的基础肥料，为各种农家肥，如羊粪、牛粪、油渣、大豆饼等有机肥。

（1）施肥时间　一般在秋季的10月份进行。此时，枸杞树体已经落叶，逐步进入休眠，树液也即将停止流动，因施肥而挖坑伤根对植株来年的生长影响不大，施入的肥料在土壤中储存时间长，可以得到充分腐熟，也利于树体吸收。增加了土壤的通透性，改良了根系生长环境，起到了树上树下互补促进作用，从而提高了投入产出比。同时，施入的大量有机肥围壅在根系周围，在严寒的冬季还可起到一定的保温作用。根据大田生产的定点观察，秋季冬水前施入基肥，树体萌芽早、发枝旺。而春季施入基肥，萌芽迟、发枝弱，加之春季挖坑伤根容易遭病虫危害。所以基肥以秋季施入为好。

（2）施肥量　树龄不同，其施肥量有差异。成龄树每株施菜籽饼1 000 g，加羊粪或猪粪5 000 g，加鸡粪5 000 g；幼龄树每株施菜籽饼500 g，加羊粪或猪粪2 500 g，加鸡粪2 500 g。为了促进幼苗的生长，每株可施入二铵25 g、尿素25 g，复合肥50 g。

（3）施肥方法　基肥的施用主要有以下三种。

①环状施肥法（图5-3）。将肥料均匀地施入树干周围，沟穴部位距根颈60 cm以外、树冠边缘以内，深度40 cm。这一土壤空间，根系比较少，同时又接近根系侧根活动层和水平根分布层，使根系的各个方面都能充分吸收养分，

而且挖施肥穴可避免伤根。该方法适宜于小面积栽植区的幼龄枸杞园。

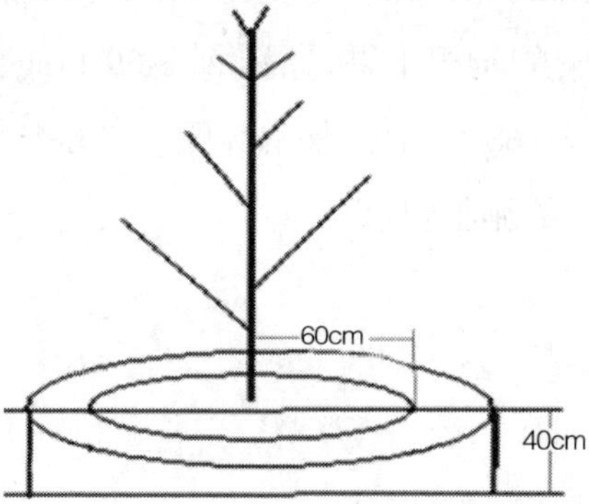

图5-3　环状施肥法

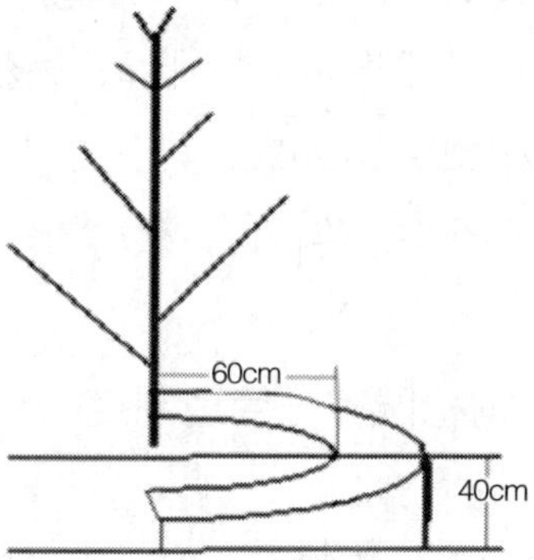

图5-4　月牙形施肥法

资料来源：曹有龙，何军.枸杞栽培学[M].银川：阳光出版社，2013.

②月牙形施肥法（图5-4）。在树冠外缘的一侧挖一个月牙形施肥沟施入肥料，沟长为树冠的一半，沟深为40 cm。开沟部位可以隔年交替更新，即今年施在树冠东侧，明年施在西侧，使树冠下各个部位根系都能吸收到养分。该法适宜于成龄枸杞园。

③对称沟施肥法（图5-5）。大面积枸杞园施肥时，为了节省劳力，可以在枸杞树行间距用大犁开30～40 cm 的深沟，将肥料施入，再封沟即可。在树冠大且矮的枸杞园可改为人工开挖对称穴坑施入肥料。

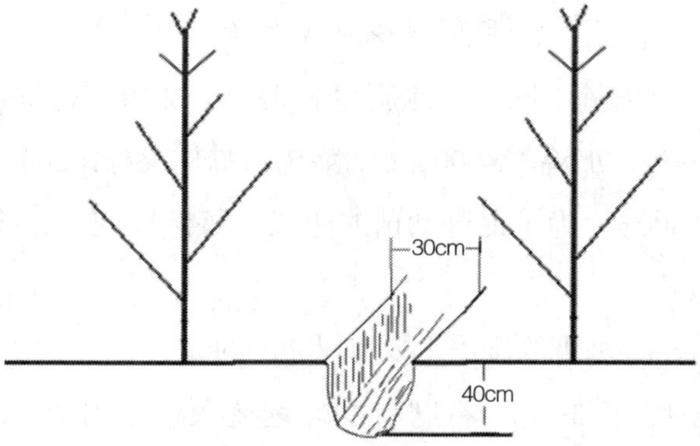

图5-5　对称沟施肥法

2. 追肥

枸杞在生育期间是无限花序植物，为保证生长结实对养分的需要，应在施足基肥的基础上及时适当追肥。追肥主要是施用化肥，化肥的主要肥分为氮、磷、钾。大多数化肥能立即溶于水并被土壤吸附，很容易被根系吸收利用，全部为有效肥，且含量高，施入土壤中发挥效益快。但养分含量单一，即便是复合肥也只是含有少数几种营养元素。施入土壤中有效期短，不能持久发挥作用。枸杞园中常用的化肥如表5-18所示。

表 5-18　枸杞园常用的化肥及其肥分含量

无机肥料	有效成分	含量 /%	性质	无机肥料	有效成分	含量 /%	性质
尿素	N	46.0	中性	磷酸一铵	N / P_2O_5	12/48	酸性
碳酸氢铵	N	17.0	弱碱	磷酸二铵	N / P_2O_5	16/20	酸性
硫酸钾	K_2O	48	酸性	三元复合	N/P / K	15/15/15	中性
过磷酸钙	P_2O_5	17.0	酸性	硫酸亚铁	Fe	20	酸性
硫酸锌	Zn	40.0	酸性	硼酸	B	17	酸性

资料来源：曹有龙，何军.枸杞栽培学[M].银川：阳光出版社，2013.

（1）追肥的化肥类型　氮肥，枸杞园通常施用的氮素肥料有尿素和碳酸氢铵。在氮素化肥中，氨水的肥效最快，其次是碳酸氢铵，尿素肥效相对最慢。根据试验，在不同时期给土壤中施氮有不同的表现。春天施氮肥，可以提高全年的土壤有效氮水平，发挥效力慢，但维持时间长，且不易流失，可促进春季发枝早、齐、壮。夏天施用，发挥效力快，但维持时间短，相同的用量，一般只能维持春天的1/3时间。秋天施用，相同的用量，一般能维持春天的2/3时间。由此可见，夏施氮流失最快，因而夏施氮肥不如春、秋施好。

磷肥，枸杞上施用的磷肥，单一磷肥为过磷酸钙，复合磷肥为磷酸二铵、三元复合肥。而过磷酸钙在土壤中的分解速度比任何化学肥料都慢，是速效化肥中分解最慢的一种。在北方偏碱性的土壤中，土壤含磷量并不低，但由于土壤偏碱性，能溶于水的有效磷很少，因而经常使土壤处于缺磷状态。解决北方枸杞园缺磷问题，除了及时补充磷肥外，关键是增施有机肥，加强对土壤的改良，使土壤从偏碱性逐渐转化成中性，使磷肥从无效态转化为有效态，是提高土壤有效磷含量的最好途径。在每年秋季施用过磷酸钙，结合深翻与有机肥一块施入，全年一次即可，要预先粉碎，与优质有机肥混合均匀后再施入土壤中。优质有机肥都是酸性，与过磷酸钙混合时，在磷肥细小的颗粒外面包上一层肥料“外衣”，减少了磷肥与碱性土壤颗粒接触的机会，使磷肥被固定的速度变慢，可在较长的时间内持续发挥作用。复合磷肥属于速效肥，多呈中性或弱酸性，主要以追肥为主，开沟或挖穴施入效果较好。

钾肥，施入土壤中，很少会像磷那样被土壤固定，基本都是溶于水的有效态，易随水流失，含钙量比较多的石灰质土壤，有较多的固态钾。施入土壤中的钾素化肥都是水溶性的，与氮肥一样，夏季要注意少施勤施，以防流失。每年从春梢进入旺长以后施用钾肥，可以与夏季氮肥配合施用，分2次追肥，施肥量占全年施钾肥的3/4，其余部分放在8月中旬，秋梢旺长阶段施用，以保证秋果生产。

（2）追肥的方法　化肥的施用除磷肥如磷酸钙，可在每年秋季作为基肥结合深翻与有机肥一块施入外，其他化肥都是以根部追肥的方式施入土壤。在春季的5月上旬进行第一次追肥，其目的是促进春梢萌发生长和二年生结果枝的现蕾开花，选择速效氮肥。尿素成龄树为150～200 g/ 株，幼龄树为100 g/ 株；碳铵成龄树为400～500 g/ 株，幼龄树为200～300 g/ 株。第二次追肥在6月中旬，正值二年生果枝的果实发育和当年新发结果枝的开花结果期，应选择氮、磷复合肥，成龄树施磷铵150～200 g/ 株，幼龄树为75～100 g/ 株。第三次追肥在7月上旬进行，此时正值鲜果成熟盛期，使用氮、磷复合肥，成龄树施磷铵150～200 g/ 株，幼龄树为75～100 g/ 株。

根部追肥一般采用穴施或沟施，即在树冠边缘下方的不同部位挖3～4个穴或在树冠边缘下方用犁开约10 cm深的施肥沟，把氮、磷、钾或复合肥施入，立即封土，防止挥发、损失，杜绝撒入地表，这样可提高肥料的利用率15%～30%。或者将化肥和土混匀，防止直接接触根系而造成肥害。施肥后接着灌水，以水溶肥，使根系早日吸收肥料。磷肥（如过磷酸钙、骨粉等）易同土壤中的铁、钙化合成不溶性的磷化物而被固定在土中，不易被根系吸收。因此，对于磷肥宜在枸杞需肥前及时施入，或者把它掺在有机肥中一同施入，借助有机肥中的有机酸来加大其溶解度，便于根系吸收。

3. 叶面追肥

叶面追肥又叫根外追肥，即把肥料按照一定的比例配制成水溶液，利用喷雾器对植物的叶片和茎秆进行喷雾，植株通过茎叶气孔和角质层迅速吸收养分，达到施肥的目的，这也是土壤供肥不足时的一项辅助措施。在枸杞生育期，叶面追肥作为水肥调促的一项技术，目前在枸杞生产中已普遍应用。

（1）叶面追肥的优点

①施用方便，养分吸收快。叶肥兑水喷洒比土壤施用方便，在20～30℃气温条件下，喷施0.3%尿素溶液于树冠，10 min后，即可测出氮素已被叶片的气孔吸收，叶肉内已有明显的吸收量。

②肥料的利用率高，减少肥料的损失。喷洒0.2%磷酸二氢钾水溶液，60 min后检测，其有效钾被利用达75%左右，吸收可持续到120 min，而钾肥渗入有机肥施入土壤中的利用率只有35%左右。

③及时补充养分。叶面肥的施用尤其可解决植株微量元素的亏缺症状。当受到自然灾害和虫害时，也可进行叶面喷肥来及时弥补，降低损失。植株在春季营养临界期，由于土壤供肥有限，及时喷洒0.3%尿素水溶液，可有效地促进营养生长。在夏季的营养最大效率期，喷洒氮、磷、钾复合0.5%水溶液或0.2%磷酸二氢钾或120倍液的丰产素，可辅助坐果，减轻落花落果的比率，连续喷肥2次，落花落果率由35%降到18%。在7月份根系进入夏季休眠后，每10 d喷洒一次氨基酸复合和多元复合液肥，可促进果实膨大并增强叶片光合效率。秋季由于气温较低，土壤微生物活动减弱，根系吸收养分少，喷洒生物有机复合肥液，可辅助壮条、结秋果和树势增强，为安全越冬打好基础。

④满足植株在生长初期和后期的需肥要求。植株在生长的初期或后期，由于气温等原因，根系的吸收不能满足地上部分生长结实的需要，进行叶面喷肥，有利于增强树势、提高果实品质。

根外追肥还有用量少、见效快，以及对磷肥和某些微量元素可避免养分被土壤固定等优点。根外追肥优点诸多，但不能完全代替土层根际施肥，必须讲究喷施技术，方能达到预期效果。

（2）施用时期　根据枸杞的生育特点，叶面肥的施用主要在以下两个时期。

营养临界期：根据枸杞养分动态研究结果表明，枸杞植株的营养临界期在4月下旬至5月上旬，此时的物候表现为二年生枝条（老眼枝）现蕾和抽新枝的高峰期，水分、养分消耗量大，如果不及时供应养分则发枝量少而弱。为促进新枝萌发早、齐、壮，须及时喷洒叶面肥，这样既补充了肥料，又能起到增强叶片光合作用的效果。

营养最高效率期：6月上旬是新枝继续生长、现蕾，二年生枝坐果及幼果膨大期，应及时施用叶面肥，促进新枝生长，控制封顶，防止花果脱落和满足幼果膨大对营养的需求。经试验，此时连续喷洒2次叶面肥能将生理落花落果由30%～35% 降到15%～18%。

（3）施用量　针对枸杞生长的两个关键时期，即营养临界期和营养最高效率期，叶面喷肥从5月上旬至7月下旬，每10 d 左右喷施一次。叶面喷肥是补充枸杞树体微量元素的重要途径，对于幼龄树，一般喷施微量元素溶液5～6次，成龄树7～8次。

（4）施用方法　叶面肥可以与农药混合施用，如尿素、磷酸二氢钾等，可节省劳力，降低成本。枸杞的叶面喷肥选用枸杞专用液肥或微量元素复合液肥，按稀释比例精确配置，然后利用喷雾器均匀喷雾于树膛及冠层叶背面。在施用时需注意以下几点：

①肥液稀释要充分、均匀、无沉淀。三元或多元复合肥在稀释时，先用少许温水（40℃左右）将肥料溶解后，滤出杂质，再按所需比例兑水，经充分搅匀后再喷施。温度较高的天气，为促进肥液在茎叶的渗透速度，可在肥液中加入0.1% 的洗衣粉或0.2% 的沾着剂，以防止肥液的快速挥发。

②叶面喷肥时，要着重喷洒叶背面。经电镜解剖表明，枸杞叶正面的气孔密度为73个 /m^2，叶背面的气孔密度为123个 /m^2，且叶肉海绵组织的细胞间隙也大于叶正面。实地检测，叶背面吸收的速率高于叶正面约1倍，这是叶背面的气孔密度大所致。

③喷施时间很重要。宜在晴天的10：00和16：00以后进行。气温较低，肥液蒸发慢，肥液在叶片上的滞留时间越长，吸收得越多。中午气温高，蒸发快，液肥浓缩易灼伤嫩茎叶造成肥害。

④叶面喷肥要避过雨天。喷施肥液后如遇下雨，要待雨后补喷。因为喷洒到茎叶上的肥液还未被吸收就被雨水冲刷掉，起不到喷肥效果。另外，为了节省用工，在进行叶面喷肥时可与防虫喷药同时进行。就是将肥液与药液混合后，一次喷洒于树冠上，既补充了肥料，又杀灭了害虫。但是一定要清楚肥和药的性质，注意酸碱性不同的肥料与农药不能混用，以免产生中和反应，丧失肥效、药效。

第三节　枸杞园水分管理

枸杞园的灌水管理不仅影响树体当年的生长结果，而且对来年的生长也会产生影响，严重时还影响树体寿命。所以，水是枸杞树体生长健壮、高产稳产和提高有效生产年限的重要因素。由于水分是通过土壤供给被树体根系吸收的，所以土壤状况将直接影响枸杞对水分、养分的吸收。因此，枸杞园内的水分管理必须建立在优先改良土壤和科学施肥的基础上。

一、枸杞需水特性

水分在树体的新陈代谢中起着重要的作用，它既是光合作用产物不可缺少的重要组成物质，也是各种有机物质的溶剂。水是碳水化合物等有机物质的合成原料，根系吸收的养分必须是水溶性的，树体内营养的传导输送也是依靠水来进行的，一连串的生物化学反应，必须在水中才能进行。水能促使树体生长，根深叶茂，花多果大。在枸杞成熟的浆果中水分的含量达到78%~82%。

1. 枸杞对水的要求

枸杞在生长季节，要求地下水位在1.5 m 以下，20~40 cm 的土壤层含水量为15.27%~18.10%。根系分布层水分过高，土壤通气条件差，会影响根系正常的呼吸作用。根系生长与呼吸受阻，对地上部分影响尤为明显。具体表现为树体生长势弱，叶片发灰、变薄，发枝量少，枝条生长慢，花果少，果实也小；严重时落叶、落花、落果，整园枸杞死亡。因此，在枸杞园的建设上，首先考虑的因素是园地是否排灌畅通。枸杞对水质的要求不严，枸杞园用矿化度1 g/L以下的黄河水灌溉，生长良好。在宁夏同心县干旱荒漠地，用矿化度为3～6 g/L的苦咸水灌溉枸杞园，枸杞也能正常生长，并获得了较好的产量。

2. 枸杞的需水规律

枸杞需水包括生理需水和生态需水两方面。生理需水是枸杞生命过程中的各项生理活动（如蒸腾作用、光合作用等）所需水分。生态需水是指生育过程中，为枸杞正常生长发育创造良好生活环境所需要的水分。枸杞需水量为树体叶面蒸腾量和株间蒸发量之和，一般用单位面积上的水量来表示，以m^3/hm^2为单位，也可以用水层深度表示，以mm为单位。15 m^3/hm^2相当于1.5 mm深（15 m^3/hm^2=15 000 mm^3/10 000 m^2=1.5 mm）。

枸杞在年度生育期内有它自身的需水规律。经由春至秋定点观测枸杞园内土壤含水状况及根系吸水量，发现在4月中旬以前新根生长、萌芽放叶的需水量为土壤内含水量，此期的土壤含水量为18%～20%；4月20日以后，枸杞二年生枝开始现花蕾，同时开始抽新梢时，土壤含水量降到16%以下，这时需灌溉补足水分，这个时期为“需水临界期”。进入5月份，营养生长和生殖生长（发枝、现蕾、开花）也进入了共生期，土壤含水量一直保持在20%左右（土壤水分速测仪监测）。简易方法是取活土层土壤握土成团，落地散开，表明土壤含水量适中，株体表现为生长旺盛。枸杞因发育阶段不同对水分的需要量也不同。

枸杞对水分最敏感的阶段是枸杞果熟期。在这个时期，如果水分足，果实膨大快、个头大；如果缺水，就会抑制树体和果实生长发育，使树体生长慢，果实小，严重时加重落花、落果，这个时期为水分利用“最大效率期”。因此，在枸杞园的管理上，水分的供应要做到科学合理，才能获得优质高产。在宁夏地区，枸杞生长发育对水分要求的临界期是新枝萌发的4月下旬，对水分需求和利用的最大效率期是果熟前期的6月中下旬。

为测定枸杞的需水规律，安巍等在宁夏银川园林场利用盆栽试验进行研究。通过两年的试验，得出以下结论：水分对枸杞植株生长影响较大，在田间持水量较高的土壤中，发枝力旺盛、生长快，叶片生长加速，鲜果质量高，特别能促进二次枝的生长发育。枸杞对轻度水分胁迫有一定的忍耐性和适应性，但当土壤含水量在田间持水量的55％以下时，枸杞的生长发育表现出一定程度胁迫状态，但能够维持基本生长发育；在土壤含水量在田间持水量40％以下时，枸杞的生长发育受到严重胁迫，衰老急剧加快。提高土壤田间持水量既可增大净光合速率，又能降低“午休”带来的物质能量的消耗。适度水分胁迫有利于提高枸杞叶片水分利用率和果实营养品质，增强植株忍耐干旱的能力。

二、灌水技术

1. 灌水时期的确定

灌水要在枸杞未受到缺水影响以前进行，不能等到从形态上显露出缺水状态（如叶色发暗、叶片卷曲等）时才开始灌水，其生长和结果都会受到影响。

（1）土壤含水量　用测定土壤含水量的方法确定具体灌水的时期，是较为可靠的方法。土壤能保持的最大水量称之为土壤持水量。一般认为，当土壤含水量达到持水量的60%~80%时，土壤中的水分与空气状况最符合果树生长结果的需要。土壤含水量包括吸湿水和毛管水。可供植物根系吸收利用的水为可移动的毛管水。排除了大孔隙内的水分之后土壤所保持的水分，称为水分当量。当土壤水分下降到水分当量时，树体吸收水分受到障碍，就陷入缺水状态。所以，必须在土壤达到水分当量以前及时进行灌溉。如果土壤水分与水分当量的比值继续减少到某一临界值，此时植物生长困难，终至枯萎，即使灌水，植物也不能恢复生长，此时的土壤含水量称为萎蔫系数。据研究，萎蔫系数大体相当于各种土壤水分当量的54%。不同土壤的持水量、持水当量、萎蔫系数等各不相同，如表5-19。在测定不同土壤含水量，作为是否需要灌溉的依据时，可参考表5-19。

表 5–19　不同土壤持水量、萎蔫系数及容重

土壤种类	饱和持水量 / %	田间持水量 / %	土壤含水量 /%（田间持水量 60% ~ 80%）	萎蔫系数	容重 /（$g \cdot cm^{-3}$）
粉砂土	28.8	19	11.4 ~ 15.2	2.7	1.36
砂壤土	36.7	25	15.0 ~ 20.0	5.4	1.32
壤土	52.3	26	15.6 ~ 20.8	10.8	1.25
黏壤土	60.2	28	16.8 ~ 22.4	13.5	1.28
黏土	71.2	30	18 ~ 24	17.3	1.3

资料来源：曹有龙，何军.枸杞栽培学[M].银川：阳光出版社，2013.

（2）仪器测定　随着科学技术的发展，用仪器测定结果指导果园的灌水时间和灌水量早已在生产上采用。国外用于果园指导灌水的仪器最普遍采用的是张力计，该仪器使用简便，可省去进行土壤含水量测定的许多劳力，且可随时迅速地了解果树根部不同土层的水分状况，进行合理的灌溉，降低灌溉水和土壤养分的消耗。

2. 灌水量

最适宜的灌水量，应在一次灌溉中，使植物根系分布范围内的土壤湿度达到最有利于植物生长发育的程度，只润湿表层或上层根系分布的土壤，不能达到灌溉的目的。

目前，对灌水量的计算方法主要有以下两种。

第一种，根据不同土壤的持水量、灌溉前的土壤湿度、土壤容重、要求土壤浸润的深度，计算出一定面积的灌水量，即：

$$IA=Ia \times Sd \times Sb \times (Fc-Si) \tag{5-3}$$

式中，IA 为灌水量；Ia 为灌溉面积；Sd 为土壤浸润程度；Sb 为土壤容重；Fc 为田间持水量；Si 为灌溉前土壤湿度。

假设要灌溉1 hm^2果园，使1 m 深度的土壤湿度达到田间持水量，土壤的田间持水量为23%，土壤容重为1.25 g/ cm^3，灌溉前根系分布层的土壤湿度为15%。灌水量则可按照上述公式计算出来。

灌水量 $=10\,000\,m^2\times 1\,m\times 1.25\times(0.23-0.15)=1\,000\,m^3$

灌溉前的土壤湿度，每年灌水前均需测定，田间持水量、土壤容重、土壤浸润深度等项可数年测定一次。

第二种，根据树体的需水量和蒸腾量来确定每公顷的需水量。可按下列公式计算：

$$Wh=(Y\times D+G\times D)\times W \tag{5-4}$$

式中，Wh 为每公顷需水量；Y 为果实产量；D 为干物质的含量；G 为枝、叶、茎、根生长量；W 为需水量。

安巍等从2006年开始在宁夏银川园林场进行了枸杞园的田间控制灌水试验，旨在研究枸杞园内的年灌水次数和灌水量。通过4年试验研究，得出以下结论：4月、5月份灌1次水能明显促进发枝和新梢生长，7月份灌2次水能有效降低落花落果率，提高特优和特级干果量。依据枸杞生长发育期的水分利用率变化规律和最终获取经济效益，枸杞园的灌水次数为4月、5月、6月各灌水1次，7月灌水2次，8月、9月灌1次，每次灌水量为660 m^3/hm^2，比传统灌溉节水1 500 m^3/hm^2。

3. 灌水方法

灌水时间、灌水量和灌水方法是达到灌水目的不可分割的三要素。随着科学技术的不断发展，灌水方法正在向机械化方面发展，使灌水效率和效果大幅度提高，这也是现代农业的一个重要标志。

（1）沟灌　我国地面灌溉中一种较广泛的灌水方法，借土壤毛细管作用从沟底和沟壁向周围渗透而湿润土壤，同时，在沟底也有重力作用浸润土壤，既能保证作物产量，又能节约水资源，还能起到调控土壤盐分的作用，是一种经济、高效、可行的灌溉方式。在株行间开灌溉沟，沟深20～25 cm，并与配水道相垂直，灌溉沟与配水道之间有微小的比降。其优点是灌溉水经沟底和沟壁渗入土中，使全园土壤浸润较均匀，水分蒸发量与流失量均较小，用水经济；防止土壤结构被破坏，土壤通气良好，有利于土壤微生物的活动；减少园内平整土地的工作量，便于机械化耕作。

（2）分区灌溉（水池灌溉、格田灌溉）　把园内划分成许多长方形或正方形的小区，纵横成土埂，将各区分开。此法的缺点是易使土壤表面板结，破坏土壤结构，做很多纵横土埂，既费劳力又妨碍机械化操作。

（3）盘灌（树盘灌水、盘状灌溉） 以树干为圆心，在树冠投影以内以土埂围成圆盘，圆盘与灌溉沟相通。灌溉时水流入圆盘内，灌溉前疏松盘内土壤，使水容易渗透；灌溉后耙松表土，或用草覆盖，以减少水分蒸发。此法用水经济，但浸润土壤的范围较小，距离树干较远的根系不能得到水分的供应。同时仍有破坏土壤结构，使表土板结的缺点。

（4）穴灌 在树冠投影的外缘挖穴，将水灌入穴中，以灌满为度。穴的数量依树冠大小而定，一般为8～12个，直径30 cm左右，穴深以不伤害粗根为准，灌后将土还原。此法用水经济，浸润根系范围的土壤较宽而均匀，不会引起土壤板结，在水源缺乏的地区，采用此法最为适宜。

（5）喷灌 基本不产生深层渗漏和地表径流，可节省用水20%以上，对渗漏性强、保水性差的沙土，可节省60%～70%。同时，还具有减少对土壤结构的破坏等优点。

（6）滴灌 枸杞种植常用的灌溉方式之一，是一种高效节水的新型灌溉技术，广泛应用于我国干旱半干旱地区，不仅能够减少水分深层渗漏，减少作物蒸发蒸腾量，还能及时有效地精准施肥，提高作物产量和水肥利用效率。研究表明，滴灌枸杞耗水量约为3 450 m^3/hm^2，与大田漫灌、喷灌和沟灌相比，其节水率分别为79.2%、56.0%和63.0%。以宁杞4号为试材，对比了滴灌、沟灌、漫灌三种灌溉方式，结果表明，滴灌灌溉技术既能促进枸杞根系及其地上营养部分的生长发育，还能提高果实产量及品质。在滴灌的基础上覆膜，可以减少水分蒸发，将灌溉水最大限度留在土壤中，从而减少灌溉水浪费。对宁杞4号的研究表明，膜下滴灌既可以减少耗水量，又可以提高水分利用效率，提高产量，最后得出节水、高产的最优灌溉组合。将宁杞8号的最佳灌溉下限设为85%的土壤饱和含水率，此时枸杞单果质量、果形等均达到最佳。微咸水滴灌枸杞的最佳水肥组合为灌水2 850 m^3/hm^2、施氮750 kg/hm^2。滴灌枸杞水肥一体化条件下，在保证氮肥充足的同时，施加磷肥和钾肥能够提高果实品质。滴灌从灌溉的劳动生产率和经济用水的观点来看是很有前途的，具有节约用水、节约劳力等优点。

（7）渗灌 借助于地下的管道系统使灌溉水在土壤毛细管作用下，自下而上湿润作物根区的灌溉方法，也称为地下灌溉。渗灌具有灌水质量好、减少地表蒸发、节省灌溉水量以及节省占地等优点，还能在雨季起到一定的排水作用。因此，这种方法逐渐受到重视。

三、水肥一体化技术

水肥一体化技术是将灌溉与施肥相结合，灌溉的同时将水溶性肥料融入灌溉系统，借助滴灌管网及施肥设备，将肥料随水流送达作物的根部，该技术通过水肥相互结合，互相促进其所产生的交互效应，能有效提高水肥资源利用率，节约水肥资源。

1. 灌溉施肥控制系统

水肥一体化是一种高效的追肥施肥方式，实现精准灌溉施肥的核心内容是精密的施肥装备和智能化的控制系统。国外农业发达国家，如荷兰、以色列、美国等，在灌溉施肥系统及装备领域的研究较早，自动控制技术比较成熟，在设施农业中大力发展了无土栽培技术，普遍采用高性能的施肥设备和控制精度较高的智能灌溉施肥系统。这些系统装备不仅能够依据丰富的传感器信息对灌溉施肥过程进行精准的定时定量控制，而且能够通过互联网进行远程灌溉施肥过程的管理决策、种植过程指导、病虫害诊断、设备故障诊断等功能，智能化程度很高。国内的一些示范单位通过引进、消化、吸收国外先进系统或设备，在灌溉施肥系统开发和装备研制等方面也取得了一些进展。

在灌溉施肥控制系统的开发方面，姚舟华等开发了一个自动灌溉施肥机工作状态的检测系统，该系统可以监测供水环节、吸肥环节、肥液配制环节和混肥环节的工作状态，对精准施肥机的故障诊断有一定的指导意义。何青海等设计了一个基于 Lab VIEW 的水肥药一体化系统和一个模糊控制器，但是该控制器只是一个基本的模糊控制器，其控制效果并未得到试验验证。李颖慧等开发了一套基于 WSN 的设施无土栽培营养液 EC 在线监测系统，利用 GPRS 模块实现了远程传输和监控等功能，通过对传感器进行定时休眠，降低了设备能耗。魏正英等利用单片机和变频调速技术开发了一套基于滴灌的灌溉施肥自动控制系统，对注肥泵进行调速实现肥液浓度的精量控制。魏灵玲等研制了一套水培循环营养液控制系统，实现了封闭环境中溶解氧和营养液参数的自动检测和自动控制，但控制精度一般。另外，一些基于嵌入式技术的变量施肥控制系统对灌溉施肥控制系统的开发也有一定的借鉴意义。

2. 施肥装置

在装备的研制方面，施肥装置是研究的热点。目前国内常用的施肥装置主要有压差式施肥罐、文丘里施肥器、比例施肥泵、水力驱动装置、机械驱动装置、精准施肥机等。从功能类型上划分，可以分为两类，一类是定量施肥装置，一类是比例施肥装置。压差施肥罐是一种定量施肥装置，由肥液罐、进出口软管及管道节流阀组成，通过调节节流阀在施肥罐进出口处产生压力差，当水流通过施肥罐时能够将其中的肥料带入灌溉管道。这种装置操作简单，20世纪60年代曾在美国农业中广泛使用，我国目前北方很多地区依然在大量使用，但其缺点是不能实现浓度控制，只能用于土壤保肥能力较强的场合，目前在国外已经基本被淘汰。文丘里施肥器结构简单，成本低，应用最为广泛，关于它的研究也相对较多。主要的研究方法集中在数值模拟和吸肥性能试验两方面。文丘里施肥器的缺点是水头损失较大，且其混肥浓度不易实现自动调控。为了解决文丘里施肥器的控制问题，李加念等将文丘里施肥器与电磁阀相结合，并与测量肥液浓度的EC传感器一起，可组成一个闭环控制系统，通过控制电磁阀的开关时间实现肥液浓度的控制。比例注肥泵是一种水力驱动的吸肥装置，当有水流通过该装置时会驱动其内部活塞上下运动，产生压力差从而将肥液按照设定比例吸入管道。周舟等研制了一个基于比例注肥泵的移动式温室精准施肥机，这种装置的吸肥比例精度较高，但容易堵塞，对水质要求较高，且价格昂贵，很难在我国推广使用。机械驱动装置通过电动机带动泵实现吸肥功能，水力驱动装置是由柱塞泵及其他元件组成的一个闭环液压伺服系统，通过元件间的互动实现吸肥功能。韩启彪等分别通过试验的方法对比了3种水力驱动比例吸肥泵的吸肥特性和6种文丘里吸肥器的吸肥特性，李凯等从控制的角度对比了吸入式、压差式、注入式3种混肥装置的控制性能，认为机械注入式施肥装置能够实现较高精度的实时控制。目前我国关于精准施肥机装备的研制比较薄弱。北京市农业机械研究所采用PLC作为控制器，结合监测肥液浓度和酸碱度的EC-pH传感器，研制了一套精密施肥机，但控制功能简单。朱志坚等使用输液泵作为吸肥装置，通过对输液泵变频调速达到控制肥液浓度的目的，使用PLC作为控制器，实现EC、pH的在线监测和报警功能，但控制精度不高。

四、枸杞园水分管理制度

水分管理是枸杞栽培中的重要环节。枸杞园的灌水情况随树冠大小、园地土质及生长期等方面而变化，一般成龄树比幼龄树的需水量大，沙土比壤土需水量大。夏季是枸杞花果盛期，气温高，需水量和灌水次数要比春、秋季多。茨农将枸杞的水分管理总结为“头水大，二水猛，三水看叶片，四、五跟果情，七月过路水，八月盐碱冲，九月抢白露，冬灌结冰凌。”

1. 灌水的时间

根据枸杞在年生育期间各个阶段的发育特点，可把枸杞一年的灌水分为三个时期，即采果前、采果期和采果后。

（1）采果前　4月下旬至6月中旬。该阶段是枸杞春枝生长和二年生果枝开花结果时期，应及时供水。一般4月下旬至5月上旬灌头水，7 d左右地略干后灌第二水，以促进新梢生长和开花结实。以后根据土壤墒情，一般隔12～15 d灌1次水，共需灌3～4次水。

（2）采果期　6月中旬至8月中旬。该阶段是枸杞大量花果生长发育和成熟时期，同时天气炎热、蒸发量大，这是生产上的主要用水时期，应保证供水。一般每采2次果灌水1次，但水量不宜过大，否则会影响采果，茨农称为“过路水”。此时期共需灌水3～5次。7月上旬的灌水要结合施入化肥进行。8月上旬夏果末期灌水（茨农称为“伏泡水”）有利于秋梢和秋果生长，同时还具有洗盐压碱作用。

（3）采果后　9月上旬至11月上旬。此时夏果已经采完，树体进入秋季生长和秋果生产阶段。9月上旬灌一次水（茨农称为“白露水”），11月上旬枸杞落叶时，灌一次冬水，既有利于秋果生长发育，也能保持土壤墒情，对翌年枸杞生长也有利。

2. 灌水量

枸杞园中一年灌水在10次左右，不同的灌水时期要有一定的灌水量。枸杞园在冬季经过数月风吹日晒，土壤较干旱，所以头水灌水量要大。冬水是在施基肥后的10月下旬或11月上旬进行的，到翌年灌头水要间隔6个月之久，为防止枸杞园土壤冬季干旱，冬水灌水量也要大，其他灌水量较小，以浅灌为宜。4月下旬的头水每公顷灌水量为975～1 050 m^3，以后的灌水如“伏泡水”“白露水”每公顷灌水量为750～825 m^3；冬水每公顷灌水1 050 m^3左右。

枸杞在幼龄期要控制灌溉次数和灌溉量（年灌水3～4次，每公顷年灌溉量为3 000 m^3左右），以利于根系向土层纵深处生长延伸。根系在土层延伸得越深，吸收水分的土层范围越大，植株生长势强且耐旱。6月份，高温干旱及时供水有利于坐果和果实膨大。此期耗水量也最大，一般每15 d 灌溉1次，灌溉量控制在750 m^3左右。进入7月份，由于高温根系进入夏季休眠状态，吸水量减少，此期正值鲜果成熟与采收盛期，要与叶面喷肥相结合，用一定浓度的叶面肥喷洒叶片，补充叶面的光合需水，可制造更多的营养，满足果实膨大的需水要求。

3. 枸杞园灌水的注意事项

传统枸杞栽培认为“枸杞是离不开水，又见不得水。”在枸杞园的水分管理中要注意以下几个方面。

（1）避免田块内积水时间过长　田块灌满后12 h 自然落干，不可积水。因为水和空气都处在土壤的孔隙中，一定的土壤范围内，水分多了空气就相对少了，地表积水过多，持续时间又长，就会造成土壤缺氧状态，使根系处于无氧呼吸状态。由于呼吸受阻，根系无法吸收土壤中的养分，严重时会出现沤根，造成先落叶后死株的现象。

（2）土壤水分不宜过大　土壤水分过大，好气性微生物数量和活动能力受抑制，而嫌气性微生物数量增加，活动能力增强。同时，还会产生有毒物质，造成养分损失。土壤中水分含量合适时，有利于土壤气体的交换，能为根系的有氧呼吸创造条件。所以，通过耕作来调节和控制灌溉量与水、气、肥、热等因素之间的矛盾，方能保证根系生活在良好的土壤环境中。

（3）灌水要和排水相结合　水分过多时，土壤透气性受影响，根的呼吸受到抑制，土壤积水时间过长，氧气缺乏，引起根系死亡，特别是重壤土、白僵土，透水性能差，如有积水不及时排除，易造成植株烂根。同时，灌水要在夜间进行，夜间气温较低，水温也低，可调节土温，但灌水量要小些，以田间植株根颈处灌到水为止（土壤持水量达60%～80%），以免影响活土层的透气性。

第六章　枸杞病虫害绿色防控技术

枸杞病虫害的发生呈现出种类多、发生规律复杂、危害严重的特点，特别是采果期枸杞木虱、枸杞瘿螨、蚜虫、枸杞负泥虫、蓟马、枸杞红瘿蚊、枸杞实蝇及炭疽病、白粉病等十余种病虫害同时发生，防治难度极大。因此，有效遏制日趋高发、频发的枸杞病虫害，减少化学农药使用，提高产品质量安全，改善枸杞生长环境是枸杞生产中的重要环节。

宁夏农林科学院植物保护研究所自“十一五”以来在有效防控宁夏枸杞病虫害和全年提升产品质量方面积极组织科研攻关，在充分掌握枸杞病虫害关键生物学、生态学特性及发生规律的基础上，研发出了以自然天敌保护利用、人工天敌田间释放、生物药剂使用为主的生物防控技术、农药高效减量技术、农药安全使用技术和监测预报技术，集成建立了实用性强、易于操作的枸杞病虫害绿色防控技术体系，以期为枸杞生产中病虫害安全防控提供技术指导。

第一节　枸杞主要害虫

一、蚜虫

1. 分布与为害

枸杞上蚜虫的优势种为棉蚜 *Aphis gossypii* Glover，它的寄主范围很广。蚜虫常群集在嫩梢、花蕾、幼果上吸取汁液，造成受害枝梢曲缩，生长停滞，受害花蕾脱落，受害幼果成熟时不能正常膨大。严重时枸杞叶、花、果表面全被蚜虫的分泌物所覆盖，起油发亮，直接影响了叶片的光合作用，造成植株早期落叶、落花、落果。

2. 形态特征

枸杞园的棉蚜有无翅蚜和有翅蚜两种类型。无翅蚜体长1.5～1.9 mm，色淡黄至深绿色，尾片浅黄色；有翅蚜体长1.9 mm，黄绿色，头部黑色，触角6节，前胸绿色，腹部深绿色。

3. 生活史和习性

在宁夏年发生约19.65代。以卵在枸杞枝条缝隙及芽眼内越冬，翌年3月中下旬卵孵化，孤雌胎生，繁殖2～3代后出现有翅胎生蚜，4月上旬开始活动，迁飞扩散，为害叶片、嫩芽、花蕾、青果。发育起点温度为8.91℃，完成1个世代需有效积温88.36日度，完成1个世代发育天数最长12 d，最短5 d，平均8.75 d，第一次高峰期在5月下旬至7月中旬，第二次高峰期在8月中旬至9月中旬。

二、枸杞木虱

1. 分布与为害

枸杞线角木虱*Bactericera gobica* Yang et Li，简称枸杞木虱，属木虱亚科，准个木虱属。枸杞木虱主要分布于宁夏、甘肃、新疆、陕西、河北、内蒙古等地，寄主主要是茄科枸杞属植物。成虫、若虫以刺吸式口器刺入枸杞嫩梢、叶片表皮组织内，刺吸汁液，导致叶片干枯脱落、树势衰弱、果实发育受阻，产量品质下降。

2. 形态特征

卵橙黄色，长卵形，顶部略尖，长0.3 mm，宽径0.15 mm；卵基部具细长的丝柄，长约1.22 mm。若虫体扁平，椭圆形，黄褐色，具大小有变化的褐斑；体周缘具蜡腺。足短粗，端生刚毛2根，背面的细长而末端弯，腹面的毛很短小。胸腹节明显，气门位于腹面两侧，胸部2对，腹部4对；肛门横扁。若虫分5龄。成虫体长3.7～3.84 mm，体色黄褐至黑褐，密被绒毛，腹背基部有白带，翅透明。

3. 生活史和习性

枸杞木虱以成虫越冬，隐藏在寄主附近的土块下、墙缝里、枯枝落叶中。一般3月中下旬开始出现，近距离跳跃或飞翔，在枸杞枝上刺吸取食，停息时翅端略上翘，常左右摇摆，肛门不时排出蜜露，白天交尾、产卵，先抽丝成柄，卵密布叶的两面。若虫可爬动，但不活泼，附着叶表或叶下刺吸为害。在6—7月为盛发期，各期虫态均多，一年发生3~4代，世代重叠，危害普遍，受害严重的植株8月下旬就可枯萎，对枸杞生长和产量影响很大。

三、枸杞负泥虫

1. 分布与为害

枸杞负泥虫*Lema decempunctata* Gebler，属叶甲科，又名十点叶甲、稀屎虫。该虫分布于宁夏及华北各地，枸杞专食性害虫。枸杞负泥虫为暴食性食叶类害虫，以成虫、幼虫取食叶片，造成不规则的缺刻或孔洞，并在被害枝叶上排泄粪便，严重时全部吃光，仅剩叶脉，造成枝条干枯，枸杞树无法正常生长。

2. 形态特征

卵橙黄色，长圆形。幼虫体长7 mm，灰黄色，腹部各节具1对吸盘，使之与叶面紧贴，背负污绿色粪便，老熟后在植株下土中结白色的茧化蛹。蛹长5 mm，浅黄色，腹端有刺毛2根。成虫体长5.6 mm，头胸狭长，鞘翅宽长，触角、头、胸黑色，有刻点，鞘翅黄褐色，刻点纵列，有10个黑色斑点，故又名十点叶甲，不同个体黑点数目有的消失不全，甚至全无黑点。

3. 生活史和习性

一年发生3~4代，以蛹和成虫在被害植株下的土层里越冬，深度3~5 cm。4月下旬越冬成虫出土，交尾产卵，卵产在叶片上，正反两面均可产卵，一般10粒左右，呈“人”字形排列；5月中旬至9月间各虫态可见，世代重叠。成虫具有假死性，轻轻振动枝条即坠地不动，成虫不善飞行，取食、求偶活动均爬行。幼虫老熟后入土吐白丝黏合土粒结茧化蛹。10月下旬当代蛹和成虫土中越冬。

四、枸杞瘿螨

1. 分布与为害

枸杞瘿螨*Aceria palida* Keifer，属蜱螨目，瘿螨科。分布于宁夏、内蒙古、甘肃、新疆、陕西、青海等地，枸杞专食性害虫。为害枸杞叶片、嫩茎、花蕾、幼果，形成虫瘿、瘤痣或造成畸形，使树势衰弱，早期落果落叶，严重影响生产。

2. 形态特征

卵球形，乳白色透明，直径3.9 μm。幼虫与成虫相似，尾甚短，中部宽，后部短小，无色，前端有4足及口器如花托。成虫体长约0.18 mm，橙黄色，长圆锥形，全身略向下弯曲作弓形，前端较粗，有足2对，抓钩复羽状5～6枝，口器向前下方斜伸，胸部背刚毛1对，体侧有侧刚毛4对。腹部刚毛1对较长，其内侧还有1对短刚毛。腹部环纹60～65个，环上布有圆锥形微瘤，瘤端较钝向前指。背腹环数一致。

3. 生活史和习性

以成虫在冬芽的鳞片内或枝干的皮缝中越冬，或附着在木虱成虫的身体上越冬。4月中旬枸杞展叶期，越冬成螨即从越冬场所迁移到新展的嫩叶上，在叶背刺伤表皮吮吸汁液，损毁组织，使之渐呈凹陷，之后表面愈合，成虫潜居其内，产卵发育，繁殖多代，此时在叶片的正面隆起如一痣，痣由绿色转赤褐渐变紫色。5月中旬新梢生长期，瘿螨迁移到新梢为害，6月上旬达到高峰期；8月中下旬秋梢生长期，瘿螨再次迁移到新梢为害，到9月达第二次为害高峰期；10月中下旬瘿包逐渐干裂，成螨陆续爬出越冬。

五、蓟马

1. 分布与为害

枸杞园蓟马的优势种是花蓟马 *Frankliniella intonsa*（Trybon），属蓟马科，花蓟马属。花蓟马分布广泛，有很强的趋花性，栖于很多植物花内，能帮助植物传播花粉，但群体数量很大时，对花器造成危害。蓟马在枸杞花冠筒中取食花蜜，造成落花；在果实上形成纵向不规则斑纹，使鲜果失去光泽，不易保存，容易感染病害，制干后果实颜色发暗，商品价值降低。

2. 形态特征

卵长圆形，近于无色，产于寄主皮下。若虫黄色，无翅。成虫体长1.5 mm，棕黄色，头短于前胸，两颊后部略收缩，单眼间鬃位于两眼连线之上，前胸前角鬃1根。触角8节，第三至第四节黄色，各有1叉状感觉锥，第五节大部分黄色，外有1长形感觉锥，其余各节茶褐色。

3. 生活史和习性

枸杞园花蓟马一年发生10～18代，世代重叠，成虫和若虫群集于叶片、花冠筒内和果实上为害。从枸杞盛花期到果期花蓟马持续危害，6月中旬种群数量激增，6月下旬至7月中旬达到高峰期，到9月中下旬秋果期，花蓟马种群数量达到第二个高峰期。花蓟马种群数量随气温升高而增加，遇降水而减少，发生高峰期时最活跃的时段为8：00至10：30，之后活跃程度降低，18：00以后活跃性很弱，基本静止不动。

六、枸杞红瘿蚊

1. 分布与为害

枸杞红瘿蚊*Jaapiella* sp.属双翅目瘿蚊科，是枸杞重要害虫，主要分布于枸杞种植区。该虫以幼虫为害枸杞花蕾，致使花蕾畸形膨大，形成灯笼状虫瘿，不能正常开花结果，花蕾被害率即为产量损失率。

2. 形态特征

枸杞红瘿蚊为全变态昆虫，经历卵、幼虫、蛹、成虫4个阶段。

卵长椭圆形，长0.3～0.5 mm，宽0.05～0.08 mm；无色，光滑，卵壳极薄，晶莹剔透；聚产，每个花蕾中有十几至几十粒卵。幼虫初孵乳白色，体细长，体壁柔软，体长 0.4～0.6 mm；随着生长发育，幼虫体色逐渐变为橘黄色；老熟幼虫体色为橘红色，体肥多皱，纺锤形，体壁变硬，体长2.0～3.0 mm，体宽0.5～1.0 mm；头部细小，常收缩于前胸内。蛹椭圆形，体长1.8～2.8 mm，体宽1.0～1.5 mm；触角、翅芽和足紧贴在蛹体腹面，不能活动，腹部各节不能扭动；蛹体初期淡黄白色，中期橘红色，后期蛹棕红色，茧为老熟幼虫所吐丝质与土壤颗粒缀成。成虫椭圆形，雌成虫体长2.9～3.3 mm，体形粗胖，初羽化时虫体为淡黄色，随后变为棕色；雄成虫体长2.0～2.3 mm，体形细长，初羽化时虫体为淡黄色，随后变成棕褐色。触角念珠状，雌雄异形。

3. 生活史和习性

枸杞红瘿蚊幼虫在虫瘿内隐蔽为害，每个虫瘿内有十几至几十头幼虫。枸杞红瘿蚊幼虫发育成熟后，将膨大的虫瘿外壳顶端咬破，或直接从胀裂的虫瘿顶端钻出，背部拱起，腹部凹陷，身体呈“C”形弯曲，弹跳并钻入土层中化蛹。成虫羽化后，不需要补充营养，可立即开始求偶。雌成虫每次产卵历时20～30 min，产卵后继续搜寻新的产卵地点，每次产卵量3～50粒不等。产卵后的雌成虫便死在花蕾顶端。成虫寿命为1～2 d。

在宁夏中宁县枸杞红瘿蚊每年发生4～6代，4月中旬至9月下旬为枸杞红瘿蚊为害期。从第二代开始世代重叠，其中第一代、第二代和第六代幼虫为害严重。枸杞红瘿蚊越冬幼虫于翌年4月上旬至中旬开始化蛹，4月中旬越冬成虫陆续羽化，并开始产卵，此时为越冬代成虫的羽化盛期，可持续到5月上旬；4月下旬第一代幼虫开始孵化，5月上旬为第一代幼虫盛期，5月中旬第一代老熟幼虫开始入土化蛹，5月下旬至6月上旬是第一代成虫的羽化高峰，羽化后的成虫随即开始产卵；第二代幼虫于6月上旬开始为害，6月中旬幼虫达到盛期，6月下旬第二代成虫羽化并开始产卵；7月上旬第三代幼虫达到盛期，7月下旬第三代成虫羽化并产卵；第四代幼虫于7月下旬开始为害；8月中下旬为第五代幼虫盛期，8月下旬至9月上旬第五代成虫羽化并开始产卵；9月上旬第六代幼虫开始为害，9月中旬幼虫达到盛期并持续到9月下旬，此后老熟幼虫开始陆续在枸杞主根周围距地表约3 cm的土层中入土，结茧越冬。

七、枸杞实蝇

1. 分布与为害

枸杞实蝇*Neoceratitis asiatica*（Becker）属双翅目实蝇科（Trypetidae），枸杞专属性害虫，以枸杞果实为食。枸杞实蝇被列为枸杞生产上的严重灾害性害虫，以成虫产卵于青果果皮内，幼虫孵化后，一生都在果内生活，以果肉浆汁为食。早期在被害果实的表面看不出显著症状，后期红果呈现白色弯曲斑纹，果肉被吃空，满布虫粪，不能作为商品或药用，经济价值极低。

2. 生活史和习性

枸杞实蝇每年发生3代，第一代成虫发生时间为5月上旬至6月中旬，第二代成虫发生时间为7月上旬至8月上旬，第三代成虫发生时间为8月中旬至9月中旬。9月中旬以后以蛹蛰伏在3～10 cm 深的土壤中越冬，翌年5月上旬蛹开始羽化出土，繁殖为害。成虫羽化时间一般在6：00至9：00，其飞翔力极弱。在早晚温度较低时，成虫行动迟缓，中午温度升高后较为活泼。成虫羽化后2～5 d 交尾，受精雌虫2～5 d 开始产卵，卵产在落花后5～7 d 的幼果内的种皮上。

被产卵管刺伤的幼果皮伤口流出胶质物，并形成一个褐色乳状突起。一般一果产1个卵，偶有一果产2～3个卵的，但在果内能成活的只有1个幼虫。成虫无趋光性。毕生生活在果内的幼虫到了成熟期，在接近果柄处钻成1个圆孔，幼虫从该圆孔钻出脱落于地面，爬行结合跳跃，寻找松软的土面或缝隙，钻入土壤内化蛹。

第二节　枸杞主要病害

一、炭疽病

枸杞炭疽病又称枸杞黑果病，在宁夏、甘肃、河北、浙江、吉林等省（区）有不同程度的发生，是危害严重的枸杞常见病害，影响枸杞药材产量和质量。

1. 症状

枸杞炭疽病主要为害枸杞叶片、花蕾、青果、红果等部位，青果染病后，半果或整果变黑，枸杞青果染病初期在果面上生小黑点或不规则褐斑，遇连阴雨病斑不断扩大。气候干燥时，黑果缢缩，湿度大时，病果上长出很多橘红色胶状小点，即病原菌的分生孢子盘和分生孢子。花染病后，花瓣出现黑斑，逐渐变为黑花，子房干瘪，不能结实；花蕾染病后，表面出现黑斑，轻者成为畸形花，严重时成为黑蕾，不能开花；嫩枝、叶尖、叶缘染病产生褐色半圆形病斑，扩大后变黑，湿度大呈湿腐状，病部表面出现黏滴状橘红色小点；成熟果实染病后，加工成干果后出现黑色斑点，或成油果。

2. 病原

枸杞炭疽病的病原为胶孢炭疽菌（*Colletotrichum gloeosporioides* Penzg），属真菌门，半知菌亚门，黑盘孢目，炭疽菌属真菌。

3. 发生规律

病菌以菌丝体和分生孢子在病果上越冬，第二年春，温度适宜时形成分生孢子，引起初次侵染。病菌分生孢子主要借风、雨水传播，可多次侵染。病原菌发生的温度范围是15～35℃，最适宜温度范围是23～25℃；适宜湿度100%，当湿度低于75.6%时，病原菌孢子萌发受阻，干旱不利于病原菌的发病及流行。一般5月中旬至5月下旬开始发病，6月中旬至7月中旬为高峰期，遇连阴雨流行速度快，雨后4 h孢子萌发，遇大降雨时，2～3 d内造成全园受害，常年可造成减产损失20%～30%，严重时可达80%，甚至绝收。枸杞黑果病与开花结果期的降水量有密切关系，全年的发病高峰期与最高降水量时期相吻合。

病菌分生孢子堆常黏着很紧，只有分生孢子被水分散后，才能顺枝条流淌或被雨水飞溅到附近的果、花、蕾上侵染。风加雨的天气是病菌远距离传播的最好条件。多雨的年份发病重，干旱少雨的年份发病轻。病害的发生与栽培管理条件关系密切。行距过小，造成荫蔽，通风不良，田间小气候过于潮湿，利于发病。偏施氮肥，土壤黏重，雨后积水，均会加重病害的发生。

二、白粉病

1. 症状

枸杞叶片发病后，正反两面常生近圆形或不定形白色粉状霉斑，后扩散至整个叶片，叶片被白粉覆盖，发病后期白粉渐变成淡灰色，病斑上逐渐形成很多黄褐色小颗粒（闭囊壳），最后小颗粒变为黑色。危害严重时，病叶萎缩、变褐枯死，或早期脱落，果粒变得瘦小，造成减产。枸杞白粉病是近年枸杞密植栽培以来出现的一种病害，虽然目前发病程度、发病面积都较低，但在生产上一直疏于防控，有可能出现流行趋势。

2. 病原

病原为穆氏节丝壳（Arthrocladiella mougeotii），属子囊菌亚门，白粉菌目，节丝壳属。病原菌有性世代闭囊壳成熟后暗褐色，直径110.5～168.4 μm，附属丝较多，生于闭囊壳的“赤道”部位，长度为闭囊壳直径的0.5～1.8倍，长度为60.4～220.4 μm。闭囊壳顶端1～3次二叉或三叉状分支，第一次分叉接近中部或下部，并在第一次分叉上进行第二次分叉，第二次分叉短且疏松，顶端钝圆或收缩，无色，壁薄。

3. 发病规律

枸杞白粉病菌主要以闭囊壳在落叶上或黏附在枝梢上越冬。翌年7—8月子囊孢子成熟，借风传播侵染，进入发病初期；8月下旬至9月初开始发病，进入发病盛期。分生孢子繁殖能力强、速度快、侵染力强，可多次重复侵染，10月下旬至11月，形成闭囊壳。

第三节　枸杞病虫害监测预报技术

一、监测区数据库的建立

1. 空间数据库建立

空间数据通过遥感影像和实地测量方式获得，包括枸杞种植区数据、景观数据、道路、沟渠。按照数据预处理、数据分类编码、数据质检、数据入库等流程制作图形数据，再通过相应图层元素编号将图形数据与属性数据进行挂接，形成空间数据库。

2. 属性数据库建立

属性数据包括项目区名称、基地名称、基地编码、地物类型、地块编号、基地负责人、联系方式、枸杞品种、枸杞树龄、灌溉方式、土壤类型、植保管理、产品质量标准、种植面积。属性数据通过实地数据采集与调查获得，按照空间数据相对应录入属性数据。

二、监测区样点布设

根据监测区数据库信息，结合枸杞品种、灌溉方式、立地条件、土壤类型等因素，平均每3～7 hm^2设置一个样点。以枸杞种植区空间数据为基础，采用地理信息系统处理软件布设样点空间位置，参照宁夏农业病虫害监测预警信息化系统规范进行统一编码，将样点数据通过地理信息系统处理软件生成CGCS2000坐标系的在线地图服务；枸杞有害生物移动智能采集软件调用样点地图服务数据进行实地校验，最终确定样点空间位置，并在田间按统一编码标识。

三、测报人员配置

按照20～30个样点配置一名测报人员，测报人员需具备基本病虫害种类识别、调查方法及移动终端操作等技能。

四、枸杞病虫害信息化监测

采用枸杞有害生物移动智能采集与自动化传输收集APP实时采集数据。

1. 定位样点

打开枸杞有害生物移动智能采集系统APP，登录后进入枸杞测报，选择调查样点，按照系统定位提示方向及距离进行移动，使定位提示图标与样点重合，按照田间标识确定监测样点。

2. 数据采集

选择调查样点树号，选择5个方向的枝条，选择每一种病虫害种类，填写发生数量、采集现场照片。依此流程分别完成1号树和2号树东、南、西、北、中5个方向枝条发生量的采集。在调查过程中，针对不确定的害虫种类，可使用病虫害识别功能辅助识别。

3. 数据上传

数据采集完成后，点击上传按钮，利用 Internet 和 GPRS 网络通信技术进行病虫害监测数据的实时上报。

4. 相关气象因子获取

通过物联网云平台中建设的田间小气候站，利用传感器技术和 GPRS 网络通信技术自动获取病虫害监测站点的实时小气候数据，并将其上传到数据库中。通过 HTTPS 协议访问气象局平台接口，获取气象站点数据。气象数据指标包括地面温度、冠层气温、露点温度、风速、风向、空气相对湿度、降水量、土壤体积含水量。

5. 物候期数据

选择调查样点，按照调查规范填写区域名称、种植作物、品种、发育期、萌芽期、展叶期等指标项，采集现场照片，上传物候期调查数据。

6. 农事操作

选择调查样点，填写农事操作内容，包括种植作物、操作日期、操作内容，并采集现场照片。其中打药需填写农药类型、农药稀释倍数、农药使用量；施肥需填写施肥种类、肥料使用量；补苗需填写补苗数量。

7. 景观数据

选择调查样点，按照调查样点东、南、西、北四个方向分别采集景观要素内容，并采集现场照片。

五、枸杞主要病虫害的调查

1. 枸杞蚜虫

（1）调查时间　4月上旬至9月下旬，每隔5~10 d 调查1次。

（2）调查方法　采用5点取样法，每点随机调查2株，每株在东、西、南、北、中5个方位上随机抽取1个枝条，调查记录每枝条顶梢30 cm 范围内枸杞蚜虫的虫态（无翅蚜、有翅蚜）和虫口数量。

2. 枸杞木虱

（1）调查时间　3月下旬至9月下旬，每隔5～10 d 调查1次。

（2）调查方法　采用5点取样法，每点随机调查2株，每株在东、西、南、北、中5个方位上随机抽取1个枝条，调查记录每枝条顶梢30 cm 范围内枸杞木虱的虫态（卵、若虫和成虫）和虫口数量。

3. 枸杞负泥虫

（1）调查时间　4月下旬至8月下旬，每隔5～10 d 调查1次。

（2）调查方法　采用5点取样法，每点随机调查2株，每株在东、西、南、北、中5个方位上随机抽取1个枝条，调查记录每枝条顶梢30 cm 范围内枸杞负泥虫的虫态（卵、幼虫、蛹和成虫）和虫口数量。

4. 枸杞瘿螨

（1）调查时间　4月上旬至9月下旬，每隔5～10 d 调查1次。

（2）调查方法　采用5点取样法，每点随机调查2株，每株分别在东、西、南、北、中5个方位上随机抽取1枝条，按照螨害分级标准，调查梢部25片叶上螨害发生程度。计算螨情指数。

（3）瘿螨为害分级标准

①0级：无为害；

②1级：有1～2个小于1 mm 虫瘿斑；

③3级：有2～3个大于1 mm 虫瘿斑；

④5级：有3～4个或多个2 mm 以下虫瘿斑；

⑤7级：有2 mm 以上虫瘿斑；

⑥9级：有致畸叶片或嫩枝。

（4）螨害指数计算公式

$$Mi=[\sum(Ni\times C)/(Nt\times 9)]\times 100 \qquad (6-1)$$

式中，Mi 为螨害指数；Ni 为各级被害叶片数；C 为对应的级数值；Nt 为调查总叶片数。

5. 蓟马

（1）调查时间　5月上旬至9月下旬，每隔5～10 d 调查1次。

（2）调查方法　采用5点取样法，每点随机调查2株，每株在东、西、南、北、中5个方位上随机抽取1个枝条，在20 cm × 30 cm 的白瓷盘上拍打数下，观察记录盘中蓟马的虫态（若虫和成虫）和虫口数量。

6. 枸杞红瘿蚊

（1）调查时间　越冬虫量调查时间是4月上旬至4月下旬，每隔5～10 d 调查1次；生长期调查时间是5月上旬至8月下旬，每隔5～10 d 调查1次。

（2）调查方法　越冬虫量调查采用5点取样法，每点随机调查2株，在每棵枸杞树冠垂直覆盖区内选点，取距土表5～15 cm 深度范围内的土样，样方为10 cm × 10 cm × 10 cm，做好标签，倒入大于100目的筛盘内，放在水龙头下用水冲洗并不断晃动，至筛盘内所有的土全部冲去，将残留物拍到白纸上，检出红瘿蚊的蛹，判断其成活力，活蛹虫体饱满且深黄色至棕黄色，死蛹虫体干瘪，深褐色至黑色。根据活蛹的数量，换算成667m²的虫口数。

$$Ex=Ta/Sn \times 667/S \quad (6-2)$$

式中，Ex 为每667m²预计发生量；Ta 为每667m²所调查样方存活总虫口数；Sn 为样方数；S 为样方表面积。

成活率计算公式：

$$Ps=Pl/Pn \times 100 \quad (6-3)$$

式中，Ps 为蛹成活率；Pl 为活蛹数；Pn 为总蛹数。

生长期调查方法采用5点取样法，每点随机调查2株，每株在东、西、南、北、中5个方位上随机抽取1个枝条，调查记录每枝条上的总蕾数和虫蕾数。

虫蕾率计算公式：

$$Ib=In/Bn \times 100 \quad (6-4)$$

式中，Ib 为虫蕾率；In 为虫蕾数；Bn 为总蕾数。

7. 枸杞实蝇

（1）调查时间　越冬虫量调查时间是4月上旬至5月上旬，每隔5～10 d 调查

1次；生长期调查时间是6月上旬至9月下旬，每隔5～10 d 调查1次。

（2）调查方法 越冬虫量调查方法同红瘿蚊。生长期调查方法采用5点取样法，每点随机调查2株，每株在东、西、南、北、中5个方位上随机抽取1个枝条，调查记录每枝条上的总果数和虫果数。

虫果率计算公式：

$$If=In/Fn\times 100 \tag{6-5}$$

式中，If 为虫果率；In 为虫果数；Fn 为总果数。

8. 枸杞炭疽病

（1）调查时间 5月上旬至8月下旬，一般每隔5～10 d 调查1次，雨后每隔2 d 定点调查1次，青果期雨后每隔1 d 定点调查1次。

（2）调查方法 采用5点取样法，每点随机调查2株，每株在东、西、南、北、中5个方位上随机抽取1个枝条，按照病害分级标准，分别调查25叶片和25粒果。

（3）分级标准和病情指数计算方法

枸杞炭疽病叶片分级标准：

①0级：无病斑，叶色正常；

②1级：病斑面积占整个叶面积的5% 以下；

③3级：病斑面积占整个叶面积的6%～10%；

④5级：病斑面积占整个叶面积的11%～25%；

⑤7级：病斑面积占整个叶面积的26%～50%；

⑥9级：病斑面积占整个叶面积的51% 以上。

枸杞叶片炭疽病病情指数计算公式：

$$Di=[\sum(Ni\times C)/(Nt\times 9)]\times 100 \tag{6-6}$$

式中，Di 为病情指数；Ni 为各级病叶数；C 为对应的级数值；Nt 为调查总叶片数。

枸杞青果炭疽病分级标准：

①0级：无病；

②1级：病斑面积占整个青果面积的5% 以下；

③3级：病斑面积占整个青果面积的6%～10%；

④5级：病斑面积占整个青果面积的11%～25%；

⑤7级：病斑面积占整个青果面积的26%～50%；

⑥9级：病斑面积占整个青果面积的51%以上。

枸杞青果炭疽病病情指数计算公式同式6.6

9. 枸杞白粉病

（1）调查时间　6月下旬至9月下旬，通常每隔5～10 d调查1次，雨后每隔2 d定点调查1次。

（2）调查方法　采用5点取样法，每点随机调查2株，每株在东、西、南、北、中五个方位上随机抽取1个枝条，按照病害分级标准，分别调查25叶片。

（3）枸杞白粉病分级标准和病情指数计算方法

枸杞白粉病分级标准：

①0级：无病；

②1级：病斑占整个叶面积的5%以下；

③3级：病斑占整个叶面积的6%～10%；

⑤5级：病斑占整个叶面积的11%～25%；

⑥7级：病斑占整个叶面积的26%～50%；

⑦9级：病斑占整个叶面积的51%以上。

枸杞白粉病计算公式同式6.6

六、枸杞病虫害预测预报

1. 数据处理

处理病虫害发生情况的测报数据，根据建模需求，将每个调查样点的两棵树、10个方向枝条原始数据归纳计算，形成每个监测样点数据，最终输出指标包括基地名称、基地编码、调查点编号、虫口数量的总数和平均数。

景观数据处理采用GIS技术将景观数据与种植区数据进行空间关联，反映种植区周围景观要素情况。

物候期数据处理采用GIS技术将物候期数据与种植区地块数据进行空间关联，输出种植区地块的物候期数据情况。

农事操作数据处理采用GIS技术将农事操作数据与种植区数据进行空间关联，反映出种植区地块各类农事操作情况。

2. 大数据分析

通过宁夏农业生物灾害监测预警大数据平台进行种植面积、监测网点、基地活跃度、任务完成率及气象监测数据统计分析，并对病虫害动态发生危害情况进行分析与预测。

种植面积统计分析通过对各个种植区的空间地理数据处理，结合GIS技术实现种植面积统计，并以统计图方式呈现，展示各个种植区具体的种植面积情况。

监测网点统计分析通过对监测网点空间数据进行统计，计算各种植区监测网点数量，并以统计图方式展示。

基地活跃度统计分析系统自动将布设的监测网点与已测报数据监测网点进行统计分析，计算基地测报网点活跃度，并以统计图方式展示。

任务完成率统计分析以测报周期为单位，计算任务期内各基地测报任务的完成情况，统计结果以统计图方式展示。

病虫害发生情况分析与预测是将病虫害数据、气象数据、预测预报模型数据库有机结合，并GIS技术结合起来进行病虫害分布空间特征的分析，掌握病虫害发生危害的空间动态和时间动态。

发生危害动态包括病虫害发生空间格局和样点发生情况，分析结果以GIS专题图方式展示；气象监测按照田间小气候站和气象站点提供的数据，统计展示实时气象因子数据、近7 d气象因子数据及未来7 d气象因子预测数据，统计结果以统计图方式展示。

3. 空间建模

通过宁夏农业生物灾害监测预警大数据平台进行空间建模，基于ACCESS平台建立数据库，主要字段应包括样点编号、调查地点、经纬度、海拔、种植面积、病虫害发生数、天敌数量、降水量以及预测区域行政区划、枸杞种植分布、地形、地貌等。

4. 结果预测

根据病虫害发生程度划分标准，结合各个等级栅格数在各区域所占比例，计算出各等级所发生的比例，推算出预测区域病虫害发生程度和面积，预测中度及以上发生程度的区域建议采取防治措施，中度发生程度以下的区域继续加强监测。

根据病虫害的发生情况和预测结果，专家需要进行一定的实地考察和经验判断，对病虫害的发生情况和趋势进行分析，形成人机交互，对于某些地点需要进行重新分析和预测，逐步完善预测模型，形成准确、有效、可用的病虫害发生程度分布和预测结果图。

5. 自动报文

根据病虫害调查结果及相关的判定信息、预测模型等自动形成的监测预报工作总结报告，报告分为全区报告和各县区报告两种类型。不论监测预警工作覆盖的监测作物种类，自动报文系统对每个监测作物种类逐一完成全区报告和各地区报告。全区报告为全区监测预报结果，报告包含监测预报工作执行情况、枸杞上病虫害发生情况、发生程度预测、针对发生实况和预测结果提出的防控建议等四个方面；各县区报告包含基本情况统计、县区范围内枸杞病虫害发生情况、各生产基地发生趋势分析和防控建议4个方面。

6. 信息发布

按照监测预报文件发布需求，进入共享平台，通过信息发布功能设置文件接收人员，系统自动发布病虫害监测预报结果文件。

第四节　枸杞病虫害绿色防控技术

枸杞病虫害绿色防控技术以“预防为主、综合防治”为指导原则，根据枸杞病虫害发生规律和枸杞生长特性，将枸杞整个生育期病虫害的防治工作分为5个防治阶段。

一、萌芽期防治

3月中旬至4月上旬在枸杞树萌芽前后，清除越冬虫源和越冬病原菌。

1. 彻底清园

3月中旬前将修剪后的枝条及震落下的残留病虫果，集中处理。

2. 全面封园

3月下旬至4月初枸杞树萌芽前，对枸杞树体、地面、田边、地埂采用石硫合剂进行全园封闭。

3. 土壤浅耕

用旋耕机对园区进行浅耕，深度达到5 cm，可使越冬虫蛹暴露于土表，降低土壤越冬虫口羽化率。

4. 药剂防治

选用推荐使用的低毒低残留农药，以“杀虫剂 + 杀螨剂”的配方，在枸杞萌芽期对树体进行喷雾处理。

二、采果前期防治

在4月上旬至5月下旬，从枸杞展叶到采果前20 d左右，加强病虫害监测预报，综合运用农业防治、化学防治等措施，有效压低枸杞害虫的发生量，以减少采果期的病虫害防治压力。

1. 枸杞实蝇、红瘿蚊的监测预报

4月上旬采用淘土法预测土壤中红瘿蚊、实蝇的数量、成活率和出土期。根据预测预报结果，确定红瘿蚊和实蝇出土前的防治关键期。采取土壤施药法以树冠下和园区高出的土层为主撒施，浅耙深度0～5 cm，施用量2～3 kg/ 亩，施药后立即灌水。或在植株两侧50～80 cm宽地表覆膜进行物理隔离。

2. 农业防治

4月中旬展叶期至5月七寸枝生长期及时开展抹芽、摘心等修剪工作，杜绝瘿螨、蚜虫等害虫的严重发生；剪除植株根颈主干、膛内冠顶着生的无用徒长枝，剪除冠层病、虫、残枝和结果枝组上过密的细弱枝（0.2 cm以内），保证树体枝条分布合理，通风透光条件良好；加强水肥与植保技术的融合，增施有机肥，改善土壤环境，在枸杞春季生根的阶段施用微生物菌剂，抑制根腐病的发生；适时使用氨基酸类、磷酸二氢钾等叶面肥，增强枸杞植株抗病虫能力。

3. 化学防治

4月上旬至5月，大多数害虫逐渐开始发生危害，是全年防控的关键时期。4月上旬萌芽期重点防治枸杞木虱，4月中旬展叶期重点防治负泥虫和蚜虫，5月上旬新枝生长期重点防治瘿螨，4月下旬和5月中旬现蕾期重点防治红瘿蚊和实蝇，5月中下旬花期重点防治蓟马。选用推荐使用的低毒低残留农药，以“杀虫剂＋杀螨剂”的配方，防治2～3次。

三、夏果采收期防治

6月上旬至7月采果期，以蚜虫和蓟马为主要防治对象，加强病虫害的监测预报，发挥功能植物的生态调控作用，采用以生物农药与天敌协调控制为主的综合防控技术，将病虫害控制在防治指标范围以内。

1. 监测预报

利用宁夏枸杞植保信息化大数据共享平台，使用枸杞病虫害监测及数据传输APP，每7 d上报一次主要病虫害种类及发生量，根据平台反馈的病虫害发生程度及动态预测分析，及时采取预防措施，落实预防为主的精准高效防控。

2. 农业防治

追施有机肥、合理灌水、及时中耕除草、改善调节土壤结构和理化性质；增施叶面肥，保证采果期营养的供给和树体健康；采用功能植物进行间作、邻作等生态种植模式，发挥生物多样性的自然调控作用，结合微生物菌剂调控土壤微环境，提高树势，预防和抑制土传病害的发生。

3. 生物防治

（1）自然天敌的保护和利用　通过趋避害虫、吸引天敌等功能植物的种植，增加枸杞园天敌昆虫的多样性，发挥自然天敌（瓢虫类、草蛉类、赤眼蜂、寄生蜂等）对害虫的控制作用。

（2）人工天敌扩繁和田间释放　投放七星瓢虫、小花蝽、中华草蛉、食蚜蝇、赤眼蜂、捕食螨等天敌昆虫控制害虫；在蚜虫、蓟马等发生初期释放人工饲养扩繁的蚜茧蜂、瓢虫、捕食螨等天敌达到提前预防的效果。

（3）生物药剂防治　选用植物源农药（印楝素、除虫菊素、苦参碱等）、矿物源农药（硫黄、矿物油等）、微生物源农药（苏云金杆菌、枯草芽孢杆菌等）进行防治，其间每种农药最多使用2次。

（4）物理防治　采用色诱、食诱、光诱、性诱等装置，在害虫发生期加强监测及时采取防治措施。

（5）化学防治　如遇某种病虫害暴发严重的情况，可选择推荐使用的低毒低残留化学药剂进行防治。

四、秋果期防治

8月上旬至10月下旬的秋果期，是枸杞秋季发枝、结果的阶段，除了夏季采果期各种害虫发生外，白粉病、炭疽病等病害也开始发生。此阶段通过化学药剂和生物防治协调应用的方法，控制病虫害发生，减少药剂使用量。

1. 农业防治

夏果采收结束，及时修剪施肥，促进秋季生长，根系生长阶段施用微生物菌剂开展土壤调控，秋梢生长期及时抹芽，去除徒长枝，保证树体枝条通风透气，灌水后及时中耕除草保证树体健康生长。

2. 药剂防治

此阶段物理防治、生物防控参照夏果期防控办法，药剂防治主要采用生物农药与低毒低残留化学农药协调防控技术。8月中旬至9月上旬采用推荐的化学农药，对病害及发生较严重的虫害防治1～2次，将发生危害程度控制在防治指标以下。9月中旬至10月下旬秋果采收期，主要采用生物药剂进行控制。

五、越冬前期防治

11月上中旬秋果采收结束后，在落叶前后采用化学药剂对全园进行一次药剂封闭。对有红瘿蚊和实蝇的产区结合冬灌进行土壤药剂处理。

第七章　枸杞采收与制干

果实采收是枸杞栽培管理的最后环节，是果实商品化的最初环节，是保证枸杞种植效益的关键，也是作为商品流通到消费者手里的最终环节。果实采收涉及采收、运输、加工、储藏等多个环节，对产品质量、经济效益的影响很大，采后环节受重视程度甚至超过生产环节。

第一节　枸杞果实的适时采摘

一、枸杞鲜果

枸杞开花结实期很长，在宁夏4月下旬开始现蕾，4—8月为春夏花果期，9—10月为秋季花果期，果熟期一般从6月中旬至10月下旬。在开花结果季节，枸杞不断现蕾、开花、结果、成熟，因此从6月中旬开始采收鲜果一直延续到10月中下旬。根据一年内果实采摘的时间，可分为春果、夏果和秋果。

1. 春果

每年6月中旬至7月上旬，由老眼枝（二年生果枝）上结的果实称为春果。成熟的果实皮色鲜红表面光亮、果蒂松动，容易采摘。剖开果皮，有间隔空心，中心果肉密致，果瓤黄红色，两边附着浅黄色种子25～40粒，果内含水量78%～80%；口食感觉甜酸多汁并略带中药味。此期间，每隔10 d 左右采摘1次。春果产量占全年产果量的15%～20%。

2. 夏果

每年7月中旬至9月上旬，由七寸枝（5月上旬至6月上旬所萌发的一年生果枝）上结的果实称为夏果。成熟果实皮色鲜红、果体丰满，有光泽，有弹性。剖开果皮，汁液充满果腔并包住果肉，果瓤浅红色，两边附着浅黄色的种子

30~45粒，果内含水量达80%~82%；口食感觉甘甜多汁。此期为果熟的盛期，由于气温高、热量足，枸杞鲜果成熟很快。每5~7d 就要采摘1次鲜果，为一年中枸杞产果最集中、产量最多的收获季节，产量占全年总产量的65%~70%。

3. 秋果

每年9月中旬至10月下旬由秋梢（8月上中旬萌发的秋梢果枝）上结的果实称为秋果，相同的品种，同一棵树上所结的果实比春果夏果的果粒略小，果皮红色或淡红色，皮薄，内含种子40~50粒，果内含水量达78% 左右。由于气温逐渐降低，果实成熟缓慢，每8 d 左右采摘1次。10月中旬以后10~12 d 采摘1次，直至下霜停止采收。产量占全年产量的10%~15%。

二、枸杞果实发育特点

枸杞自开花至果实成熟一般需要35~45 d，其发育阶段可分为幼果期、青果期、色变期和成熟期。成熟期又可分为成熟初期、成熟期和过熟期。按中国药典规定应利用成熟期的果实，此期果实一边膨大、一边成熟，最显著的标志是果粒鲜红。

外部特征：表皮明亮，果粒软化、富有弹性、甜度适宜，果蒂疏松，果梗较易从着生点处摘下。

内部特征：此期种子成熟，扁肾形，呈黄白色或浅黄褐色，种皮骨质化。

三、适时采果期的确定

合理确定最佳采摘期，不仅能实现最优品质，还可获得最佳产量。一般在成熟期采摘，成熟期分为成熟初期和成熟后期两个阶段。正确掌握果实的最佳采收时机对确保产品质量和数量至关重要。同时适时采果也是提高枸杞商品价值的重要措施之一。（表7-1）

1. 根据果实不同发育阶段确定适时采果期

因枸杞果实为肉质浆果，采摘过晚易破碎，影响品质，故适时采果期应提前到成熟初期。成熟初期的果粒以色泽鲜红、果皮明亮、富有弹性为显著标志；成熟后期的果蒂松软，果梗较易从着生点处摘下，种子成熟，种皮骨质化为显著点。

表 7–1 枸杞采果期感官指标

项目	等级及要求			
	特优	特级	甲级	乙级
性状	类纺锤形略扁稍皱缩	类纺锤形略扁稍皱缩	类纺锤形略扁稍皱缩	类纺锤形略扁稍皱缩
杂质	不得检出	不得检出	不得检出	不得检出
色泽	果皮鲜红、紫红色或枣红色	果皮鲜红、紫红色或枣红色	果皮鲜红、紫红色或枣红色	果皮鲜红、紫红色或枣红色
滋味、气味	具有枸杞应有的滋味、气味	具有枸杞应有的滋味、气味	具有枸杞应有的滋味、气味	具有枸杞应有的滋味、气味
不完善粒质量分数 /%	≤ 1.0	≤ 1.5	≤ 3.0	≤ 3.0
无使用价值颗粒	不允许有	不允许有	不允许有	不允许有

资料来源：牛建强.枸杞的采收制干包装存储[J].农村经济与技，2017，28（4）：291+306.

2. 根据不同时期果实的营养成分变化确定适时采果期

从果熟初期至果熟期的营养成分含量来看，与人体需要有关的营养成分和医疗保健成分均有所减少，其中甜菜碱、粗蛋白量、全氮量和类胡萝卜素等含量均呈显著下降趋势，一般下降20% 以上，而钙、磷含量下降10% 左右，维生素 C 含量明显增加50% 左右，铁含量增加13%，而总氨基酸和总糖的含量减少5%。由此可见，各种营养成分在成熟初期、后期虽有不同变化，但成熟初期营养成分含量高于成熟后期，为保证枸杞子产品质量，最佳采果期以果熟初期适宜。

3. 根据不同采果期果实干燥后色泽确定适时采果期

凡在枸杞色变末期和成熟初期采收的鲜果，干燥后干果鲜红，而在成熟期或过熟期采收的鲜果，干燥后干果出现红色、暗红、紫红、红褐色等，这与果实中色素含量和糖分变化有关。而色变前期采收的鲜果，干燥后呈浅红色，这与果实中色素转化量和糖分含量不足有关。根据以上三点和实践经验足以证明：适时采果期应选择在色变末期或成熟初期为最佳时机，即果实成熟时采摘为最好。

4. 采果时期与间隔时间

6月下旬至7月上旬，部分果实进入果熟初期且较为有阶段性，此期一般6~9 d采一次，7月中旬至8月下旬，大部分果实进入果熟初期，而且较为集中，交替出现高峰，一般5~6 d采一次，9月中旬以后，果实进入成熟初期较为缓慢，一般8~10 d采一次。

四、枸杞果实采摘注意事项

枸杞鲜果是浆果，含水量约80%以上，鲜果采摘以不破坏表皮为标准，为确保采收质量，要做到“三轻”“两净”“三不采”。

1. “三轻”

轻采：采果时手指摘取果柄用力适度，轻轻采下果实无捏伤痕迹；轻拿：采果时适时换手，手内不要捏果太多，防止果实挤压、破皮；轻放：将手内采下的鲜果轻轻放入盛鲜果的筐内，装满鲜果7.5 kg左右，不要装果太多，防止果筐底部果实被压破。

2. “两净”

树上采净：成熟的果实一次要采摘干净，如有遗漏未采，这些鲜果会因过熟脱落，或延期采回后，晒干变为“油货”，降低商品价值。地面捡净：采果时有掉到地上的鲜果，要捡拾干净。有农谚“颗粒归仓”，就是要做到丰产丰收。

3. “三不采”

果实未完全成熟不采：枸杞是连续开花结果，同一结果枝上有成熟果、半成熟果，在采摘时要采红色膨大的成熟果，橙黄或是果皮不发亮的半成熟果留在下一批次采收。

下雨或有露水时不采：下雨天或早上有露水未干时采摘的鲜果表面有水，摊开晒干后果实颜色会由红色变成暗褐色而成为等外货，降低售价。

喷过农药和叶面肥未过残留期不采：采果期内会喷洒农药或叶面肥，一般需要间隔5 d以上喷在树上的农药和肥料才会失效，此时间为残留期。过了残留期再采果，不受农药和肥料的污染。在采果期间，每采完1次的鲜果，立即喷洒生物农药或叶面肥，过5 d以后再采下1次，就达到了安全采收的要求。

第二节 枸杞鲜果无损采摘专用机械与装备

一、枸杞采摘机械研究现状

枸杞机械化采摘研究始于21世纪初，主要以内蒙古、宁夏、新疆等主要枸杞种植区为研究地。目前我国的枸杞机械化采摘方式主要有振动式、梳理式、剪切式和气动式等。各种机械采摘方式相对人工采摘均大大提高了采摘效率。

1. 振动式枸杞采摘机

振动式枸杞采摘机以国家枸杞工程技术研究中心与宁夏吴忠绿源科技有限公司联合研制的“4ZGB−30型便携式枸杞采摘机”为代表，该机械的成功研制，打破了数百年来枸杞人工采摘的历史。

振动式枸杞采摘机主要由电动机、高频发生器、偏心轮、连杆、抓枝器等组成（图7−1）。其工作原理是根据枸杞“无限花序、连续花果”的生长发育特性和成熟果实与果萼结合力低于青果、花和叶片与枝条结合力的特点，利用振动原理，将枸杞枝条放入抓枝器中，由电源带动高频发生器产生高频电流，电动机带动偏心轮高速转动，再通过连杆带动抓枝器做高频振动，使成熟果实在振动力和重力作用下脱落，从而实现机械采摘。振动式枸杞采摘机的采摘效率达10～30 kg/h，是人工采摘效率3～5 kg/h 的3～20倍，采净率达90% 以上，果实破损率在10% 以下，可节约采摘成本1 000元 / 亩。此种采摘机的缺点是机械振动容易引起手腕疲劳，操作人员持续工作能力大大降低；振动范围广，会引起其他枝条的抖动，造成果实采收损失；采摘时抓枝器与枝条接触的时间长短不易掌握，易出现将青果采摘下来或成熟果采摘不完全的现象。

2. 梳理式枸杞采摘机

梳理式枸杞采摘机机型较多，如田文庆等研发的枸杞收获机、邓沛强等研发的枸杞采摘器、马军等研发的枸杞采摘机、刘云设计的枸杞采摘耙、杨永顺设计的枸杞采摘器、高怀智等研发的梳理式枸杞采摘机和枸杞采摘电动机械手，他们大多都有动力部分、传动部分、梳理部分和收集部分构成，通过梳理部分对枸杞枝条和果实进行梳理，将熟果从枝条上梳理下来收集，完成采摘（图7–2）。

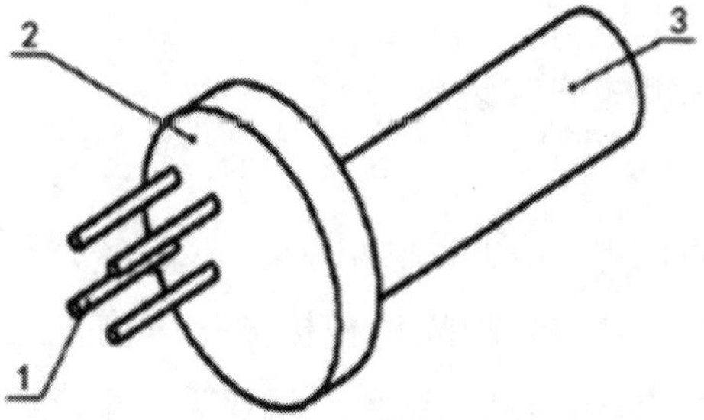

1.抓枝器；2.偏心轮；3.电机。

图7–1　振动式枸杞采摘机

资料来源：何军，曹有龙.GB—30 型便携式枸杞采摘机［J］. 中国科技成果，2010（22）：56.

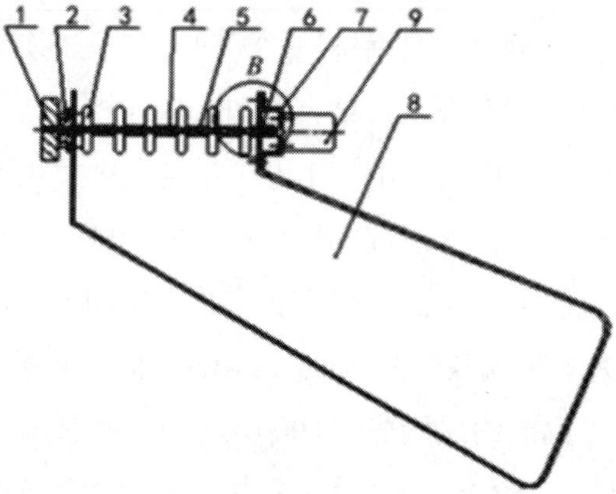

1.飞轮；2.轴承座；3.柔性梳果器；4.间隔套；5.细轴；
6.联轴器；7.电机支架；8.机壳；9.高速微型电动机。

图7–2　梳理式枸杞采摘机

资料来源：高怀智，高祖军，汪奇，等.梳理式枸杞采摘机[P].中国，201410820639.4，2014–12–25.

以高怀智研发的梳理式枸杞采摘机为例进行说明，该机主要有电动机、联轴器、细轴、梳果器和飞轮构成。工作时，电动机通过联轴器将动力传给细轴，然后由细轴带动梳果器将熟果从枝条上梳理下来掉入机壳内。该类采摘机的主要问题是枸杞枝条韧性大，果柄柔软，花和果实分布相互穿插无规律，采摘机具仅能使部分成熟枸杞脱落，还会将花朵捋下，同时由于梳理器的作用，枸杞果与枝条及其树刺将免不了摩擦和碰撞，导致枸杞果破损率升高。

3. 剪切式枸杞采摘机

剪切式枸杞采摘机有赵伟康等设计的滚刀式枸杞可选择采摘机，曾小虎设计的新型枸杞采摘器；赵金鱼等研发的枸杞采摘头，其构成均有动力部分、剪切部分和收集部分，通过类似于剪刀的剪切装置将枸杞果剪切下来。

以曾小虎设计的新型枸杞采摘器为例进行说明（图7–3），该机主要由电机、连杆、采果头、果实收集装置和过滤装置组成。采摘时，由电机通过摆杆和连

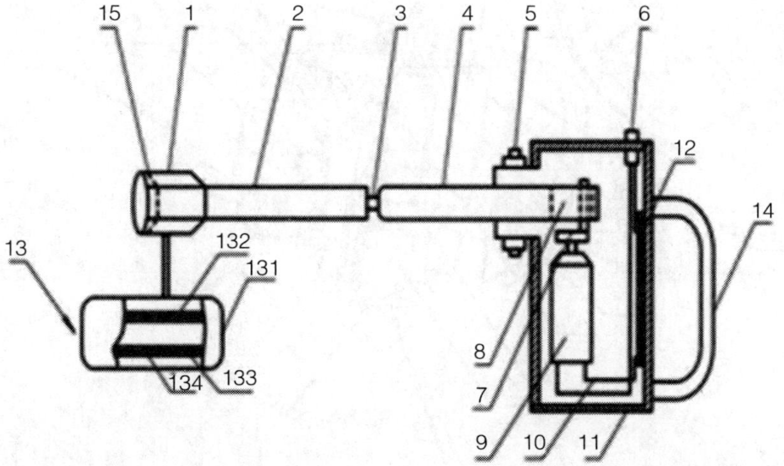

1.采果头；2.连杆；3.调节杆；4.摆杆；5.转轴；7.偏心轮；8.摆杆槽；9.直流电机
11.外壳；13.果实收集装置；15.采果刀；132.大孔过滤网；133.小孔过滤网。

图7–3 剪切式枸杞采摘机

资料来源：曾小虎. 一种新型枸杞采摘器[P]. 中国，201320198433.3，2013–04–18.

杆将动力传给采果头，采果头运动将枸杞果从枝条上切下，然后掉入收集装置筛选。此类采摘机存在的问题主要是易将成熟枸杞果切破，将未成熟枸杞果、花朵、叶片、枝条茎秆剪切下来或割伤，影响枸杞后续生长和总产量，同时对人的依赖程度较大，对成熟枸杞果的选择需要人工识别，采摘效率低。

4. 气吸式枸杞采摘机

张换高等研发的气吸式枸杞采摘机由机架、采集装置、动力装置和存储装置等构成（图7-4）。该机采集装置包括吸头、吸入软管、出气软管和吸入管连接器。工作时，由蓄电池为气泵供电，产生少量压缩空气提供给空气放大器，其一端产生真空低压或负压，依次通过放大器连接器、吸入管连接器、吸入软管和吸头，将采摘的果实吸入到收集桶。整个采摘过程中，采摘果实受损率极低。

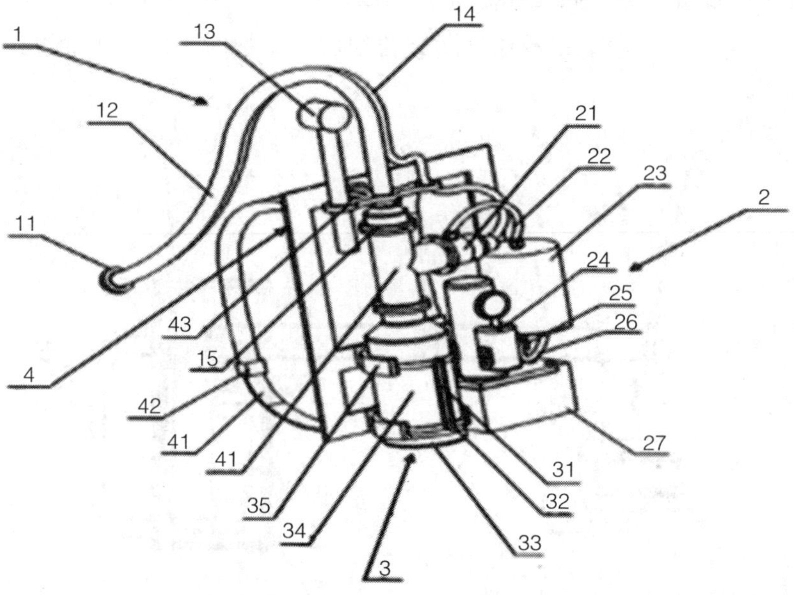

1.采集装置；2.动力装置；3.存储装置；4.机架；11.吸头；12.吸入软管；14.出气软管；15.入管连接器；21.空气放大器；23.气缸；24.气泵；25.安全网；26.进气连接软管；27.蓄电池；28.放大器连接器。

图7-4 气吸式枸杞采摘机

资料来源：张换高，徐博豪，周一笛，等. 一种气吸式枸杞采摘机[P]. 中国，201320129765.6，2013-03-21.

该机存在主要问题是产生的气压大小和量比较有限，气压经过气管时产生很大阻力，从而造成压力损失，难以持续提供稳定的使成熟枸杞脱落的气压，同时其对成熟枸杞的识别需要人来完成，效率相对低。

二、枸杞采摘机械的设计与试验

1. 基于振刷式枸杞采收机设计与试验

西北农林科技大学机械与电子工程学院陈军等，根据枸杞鲜果与果柄脱离机理，采用单个集中质量力学模型建立采收机动力学模型，运用ADAMS对采收机进行运动学与动力学仿真，得到各参数的取值范围。在此基础上，开展田间试验，优化振刷式枸杞采收机结构与工作参数。

振刷式枸杞采收机主要由振动系统、梳刷系统、回位系统及控制系统4部分组成（图7–5）。振动系统主要包括凸轮、轴、联轴器、电机Ⅰ等，梳刷系统主要包括梳刷、齿轮传动系、电机Ⅱ、从动件等，回位系统主要包括滑块、导轨、回位弹簧等，控制系统主要包括电机Ⅰ电源、电机Ⅱ电源、电机Ⅰ调速器、电机Ⅱ调速器等。工作时，手持机架外壳手柄，将挂果枝条置于两梳刷间，启动采收机，电机Ⅰ转速由电机Ⅰ调速器调节，电机Ⅰ带动凸轮转动，从动件受迫振动，其在最远行程处受到回位弹簧作用作往复直线运动，电机Ⅱ在电机Ⅱ调速器的控制下通过齿轮传动系带动梳刷转动，当对枸杞鲜果的作用力大于枸杞鲜果与果柄的结合力时，枸杞鲜果与果柄脱离，靠自身重力下落并沿从动件中斜槽滑入到收集箱中，采收机继续沿挂果枝条移动，从而完成枸杞振刷采收。

当枸杞鲜果与梳刷接触时，枸杞鲜果受到重力G、梳刷转动对其的垂直向下作用力P和从动件因凸轮转动产生的振动对其的水平作用力T这3个力的作用（图7–6）。在3个力的作用下，枸杞鲜果对果柄有水平切和垂直拉的作用效果，当合力大于枸杞鲜果与果柄的结合力时，枸杞鲜果与果柄脱离。为了保证采收机对枸杞鲜果的作用力大于枸杞鲜果与果柄的结合力，须建立采收机动力学模型。由于回位弹簧水平安装，从动件等平移物体只存在横向变形，故采用单个集中质量力学模型。

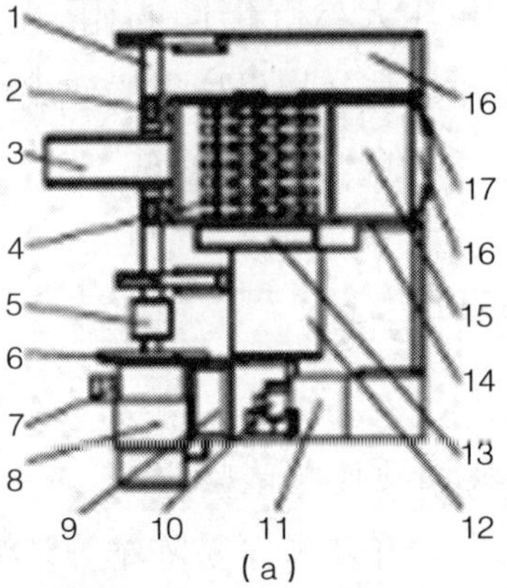

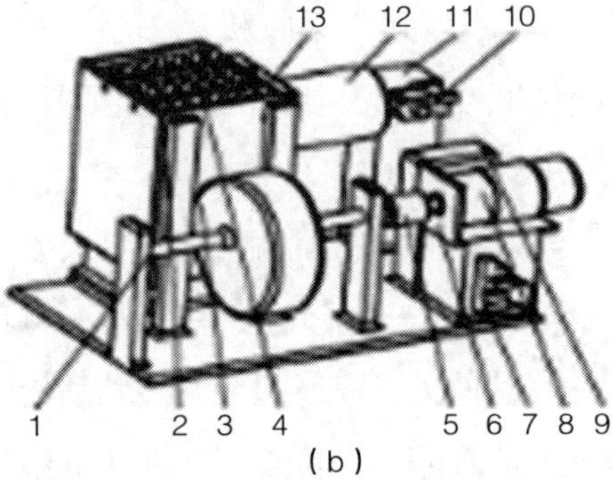

1.轴；2.回位弹簧；3.凸轮；4.梳刷；5.联轴器；6.电机Ⅰ支架；7.电机Ⅰ调速；8.电机Ⅰ；9.电机Ⅰ电源；10.电机Ⅱ调速器；11.电机Ⅱ电源；12.电机Ⅱ；13.齿轮传动系；14.收集箱；15.从动作；16.滑块；17.导轨；18.机架。

图7–5　振刷式枸杞采收机结构示意图

资料来源：陈军，赵健，陈云，等.振刷式枸杞采收机设计与试验优化[J].农业机械学报，2019，50（1）：152–161，95.

该团队建立了熟果采收率、青果错采率、熟果破损率与梳刷转速、凸轮转速、梳刷样式之间的数学模型，确定了最佳参数组合为梳刷转速64.52 r/ min、凸轮转速29.68r/ min、梳刷样式Ⅱ型，并进行了田间试验验证。田间试验表明，熟果采收率为89.12%，青果错采率为5.87%，熟果破损率为6.24%。

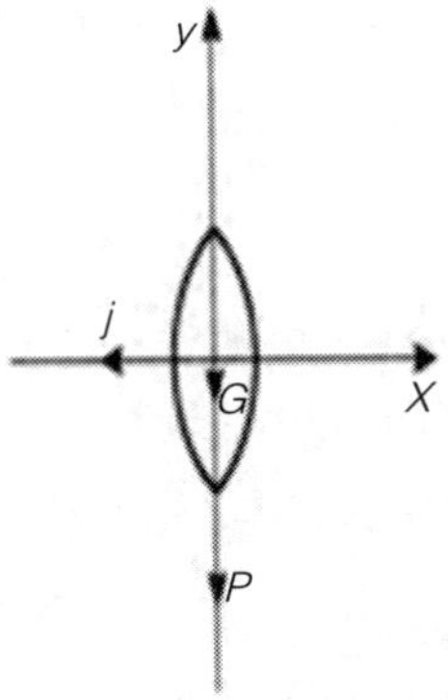

图7–6　枸杞鲜果受力分析图

资料来源：陈军，赵健，陈云，等.振刷式枸杞采收机设计与试验优化[J].农业机械学报，2019，50（1）：152–161，95.

2. 基于振动式枸杞采摘机理仿真分析与样机试验

农业部南京农业机械化研究所张最等研究了枸杞振动采摘机理，提出了将挂果枝条受迫振动简化为悬臂梁受迫振动的模型，用解析法求解挂果枝条各个节点的受迫振动响应。由于质量差异，挂果枝条同一节点上成熟枸杞果实、未成熟枸杞果实和花朵受到的采摘惯性力不同。综合考虑枸杞挂果枝条下垂的自然特性和成熟枸杞果、未成熟枸杞果、花朵位置分布的不确定性，建立了振动采摘力学模型，得到枸杞挂果枝条受迫振动时各节点处枸杞和花朵所受惯性力的通解。

同时，运用MATLAB 对振动式枸杞采摘机工作参数进行优化和仿真试验，优化得到合理的迫振载荷和驱动轮转速组合，仿真试验得到受迫振动枸杞挂果枝条各节点处枸杞与花朵所受采摘惯性力随转速变化规律仿真曲线，对转速取值进行调整。对平均有20个节点的挂果枝条振动采摘成熟枸杞鲜果，满足条件的工作参数为：节点1、节点8、节点14和节点18振动载荷分别为17N、−18.7N、18.5N 和−18.9N，其他节点载荷设为0，驱动轮转速为2 870 r/ min，该转速水平在仿真得到的合理的转速区间为2 868.84～2 871.21r/ min。

利用自走式枸杞采摘样机进行采摘试验，采摘试验的品种为宁杞1号，在不同的转速条件下成熟枸杞果采净率、未成熟枸杞果采摘率、花朵采摘率、成熟枸杞果损伤率和机采人采效率比的试验结果：驱动轮转速在2 870 r/ min 水平下，成熟枸杞果采摘效率为815颗 / min，成熟枸杞果采净率为86.70%，未成熟枸杞果采摘率为7.36%，花朵采摘率为7.43%，成熟枸杞果损伤率为8.62%，机采人采效率比为5.43。

3. 基于往复振动方法的枸杞低损采收技术装备设计

农业农村部南京农业机械化研究所与宁夏农林科学院就振动、气压、剪切、梳刷等方法在大型机械上的应用已做了多年探索性研发工作，团队就击振、往复式高频低幅振动和气动采收方法开展了大型自走式枸杞联合收获技术与装备研发和试验工作，结合配套的枸杞规范化栽培技术研究，目前已突破自走式枸杞连续采收技术瓶颈，在大型自走式枸杞联合收获机研发方面取得了阶段性成果。团队研制高地隙跨行动力平台为基础，以适宜机械采摘的篱架式枸杞栽培农艺为条件，以隧道式仿形往复振动系统和柔性接果防漏归集系统为目标，集成创制基于往复振动方法的枸杞低损采收机。

该机的设计需结合枸杞篱栽培技术进行，该技术通过篱架将枸杞枝条培养为两层，结果枝组沿种植行向分布于枸杞树体两侧，结果枝悬垂形成两层结果带。基于此，设计了左右两侧振动关键部件总成自动控制系统和上端振动关键部件总成自动控制系统（图7-7）。另外，就采摘插齿纵向往复移动，使得枸杞果沿纵向飞出，为防止枸杞漏集，设计了挡果随动装置，该机构可随机器前进，枝条触碰挡果塑料板，迫使挡果塑料板沿中心轴转动，不影响机器前进，又能使得枝条果子飞出采摘区间。挡果板与采摘部件相对位置固定，左右阵列振动关键部件总成在电推杆作用下将采摘关键部件移动至标定位置，挡板也随动。为防止枸杞脱果过程撞击采摘区部件，在隧道内金属部件表层套上一层海绵或软布材料，防止枸杞果撞击损伤。下侧集果装置设计了从内向外侧横向输送带，且输送带表层包裹一层海绵，防止枸杞果撞击硬质输送带而损伤，输送带通过履带总成的履带上侧和盖板下侧之间将枸杞果传送至履带外侧的纵向输送带。输送带驱动全部通过电机驱动。外侧输送带输送后侧设计了提升输送装置，提升最高点下侧放置鼓风机，位于后侧设计了接果盒，风机将树叶吹走，实现果实分选归集。

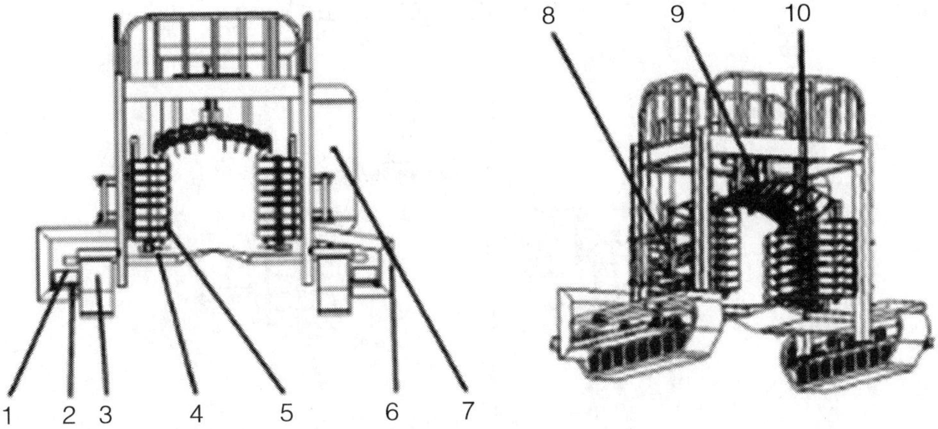

1.集果系统；2.外纵向输送系统；3.履带总成；4.内横向输送系统；5.挡果随动装置；6.风管；7.储气罐；8.左阵列振动关键部件总成及控制系统；9.上端阵列振动部件总成及控制系统；10.右阵列振动关键部件总成及控制系统。

图7–7　枸杞低损采收机总体结构设计

资料来源：梅松，肖宏儒，石志刚，等.基于往复振动方法的枸杞低损采收技术装备设计与试验[J].中国农机化学报，2019，40（11）：100–105，208.

根据枸杞果实成熟度，将各往复振动关键部件作业频率调整至最佳频率，然后将左右和上端阵列振动关键部件总成移动至标定位置，检查插齿限位开关，确保在气缸作用下伸缩极限位置触发开关，使得各组往复振动单元能及时得电并进行作业，最后通过扩压机调整作业压强至少0.4MPa，打开气阀，观察上端振动部件和左右上下半区阵列振动部件交替伸缩作业情况，直至一切调试完毕。当机器缓慢行驶且确保机器沿直线行驶，上端阵列振动部件在气缸作用下向下运动至极限位置停2s，其间插齿得电往复振动，随后通过程序控制气缸复位，停歇2s，周而复始；另一方面，左右两侧阵列振动关键部件分割为上下半区阵列振动部件总成，每次左侧下半区和右侧上半区同时在气缸作用下，作业区停歇2s，其间各振动部件得电，插齿往复振动，插齿迫使枸杞枝条往复振动，使得成熟果在惯性力作用下脱离。作业停歇时间到达，通过继电器控制气缸电磁阀反向通气，使得振动部件总成返回原位，停歇2s，与此同时，左侧上半区和右侧下半区两侧阵列振动关键部件在气缸作用下被推至作业位置，同样停歇2s，最后回到原位置。以此交替作业。实现枸杞结果枝条高频振动连续采收的目标。

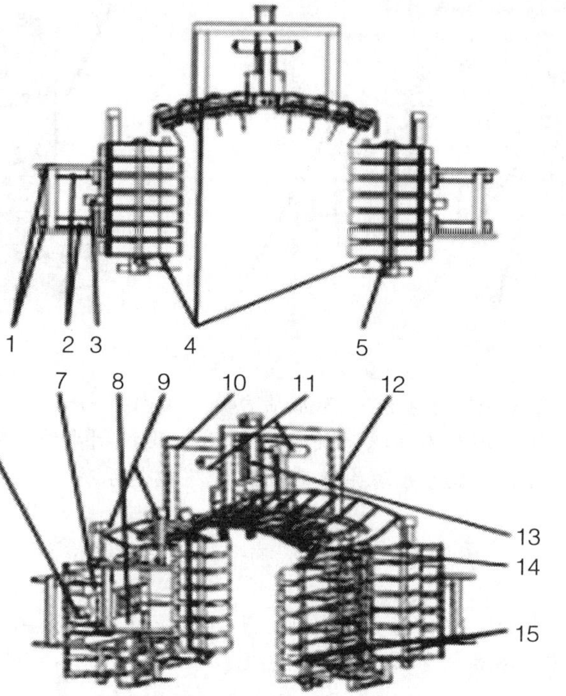

1.上、下滑轨机构；2.上、下气缸驱动总成；3.前横移驱动电动推杆；
4.枸杞枝条导向架；5.单个往复振动部件总成；6.后横移驱动电动推杆；
7.上半区阵列振动部件总成；8.下半区阵列振动部件总成；
9.左右阵列振动部件总成升降电动推杆；10.上振动采摘总成机架；
11.上振动采摘总成升降驱动推杆；12.上振动采摘总成移动滑轨；
13.上阵列振动部件驱动气缸系统；14.上端单个振动采摘部件；
15.前后挡果随动装置。

图7-8　隧道式仿形采摘关键部件设计

资料来源：梅松，肖宏儒，石志刚，等.基于往复振动方法的枸杞低损采收技术装备设计与试验[J].中国农机化学报，2019，40（11）：100-105，208.

隧道式仿形采摘关键部件设计如图7-8所示，作业部件为往复振动部件单元总成，电机驱动凸轮机构高速转动，使得凸轮末梢铰接的插齿沿设计的5 cm 滑槽做往复曲柄滑块运动。该装置主要通过插齿作用枝条，往复运动，相邻插齿作用枝条方向运动，利用惯性力和疲劳振动原理，使得枸杞果挣脱果柄或者果蒂的束缚。根据标准化种植农艺技术，将往复振动部件单元进行阵列组合，并设计阵列组合的总体自动控制系统。具体为左侧振动关键部件总成自动控制系统原理：左侧前后电动推杆驱动阵列组合总成部件沿左侧上下四组滑轨移动，实现关键部件左右作业标定位置移动；另外，左侧上侧前后两组电动推杆，且固定于整机机架，推杆另一侧推动阵列组合总成部件上下移动，实现关键部件上下作业标定位置移动；最后，根据两侧枸杞枝条垂挂分为上半区和下半区，将阵列组合总成部件分割为上下半区机构，分别通过上、下气缸驱动上半区三列四排往复振动单元整体往复间歇运动，运动行程根据气缸行程控制10 cm或15 cm。右侧振动关键部件总成自动控制系统原理同左。上端振动关键部件总成自动控制系统为振动插齿沿上侧仿形板阵列分布，上侧前后电动推杆驱动上端振动关键部件总成沿前后左右机架滑轨上下移动，实现上端部件上下标定位置移动，而上气缸则驱动上阵列采摘关键上下移动，气缸行程10 cm或15 cm。

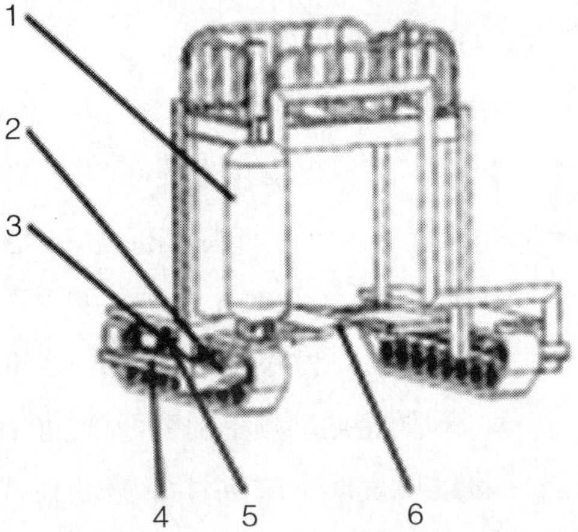

1.储气罐；2.接果盒；3.分选管道；4.外纵向输送系统；5.内横向输送系统；
6.柔性接果兼避枸杞主干部件。

图7-9 柔性接果与分选归集部件设计

资料来源：梅松，肖宏儒，石志刚，等.基于往复振动方法的枸杞低损采收技术装备设计与试验[J].中国农机化学报，2019，40（11）：100-105，208.

如图7–9所示，首先经过振动，掉落的枸杞果会掉入柔性接果盒内，避开枸杞主干部件和内横向输送带，前者由下侧毛刷密集分布铰接于卡槽，且按30°斜度安装于内横向输送带端部机架，毛刷上侧分段铺一层硅胶皮，防止枸杞果卡于毛刷内部。枸杞果沿硅胶皮顺斜角滚落至内横向输送带，随后枸杞果从内到外，穿过履带下侧和履带机架上侧空隙，将果实及其他杂物输送掉落外侧下方的外纵向输送带，外纵向输送末端设计提升机构，使得果实和杂物掉落下侧接果盒。在输送带下侧安装分选风管，通过控制气流排量，使得其他杂物被吹离，达到分选目的。

根据篱架式机械化采摘农艺种植要求，阵列设计左右和上端仿形往复振动部件总成采摘系统，并集成柔性接果与自动传输风选系统和跨行自走式动力平台，创制了枸杞低损采收机。农艺栽培和农机试验结果如下。

①适宜篱架式机械化采摘农艺种植模式：枸杞植株株距1.5 m，行距为3 m，每隔15 m，固定高度为1.5 m的立架。在篱架0.6 m高度及顶部距地1.5m位置分别固定腰部横担和顶部横担，篱架宽度0.4 m。枝条垂挂两侧。行间土地平整，枸杞根部两侧起垄，垄宽0.4 m，垄高为12 cm。

②针对夏果初茬的试验结果表明：振动频率为37.5～50.0 Hz，枸杞成熟果的采净率为89.5%～96.4%，采净率随着振动频率提高，显著提高；在同一振动频率前提下，随着枸杞果成熟度提升，采净率整体提高，成熟度与采净率关联显著。振动频率为42.5～47.5 Hz，含杂率较高；而振动频率37.5 Hz，含杂率控制在14.4%～18.4%，显著降低含杂率。另外，振频为37.5～50 Hz，干果损伤率为3.4%～10.2%，干果损伤率呈现随着振动频率提高而增加的趋势。

③针对夏果中茬的试验结果表明：阵列往复振动部件总成的振动频率在32.5～37.5 Hz，整机作业采净率仍保持近90%，与高频采净率对比，差别不大；振动频率在37.5～45 Hz，干果损伤率随着振动频率增加，呈先减小后增加趋势，数据显示当频率设置为37.5 Hz左右，该机采摘干果损伤率最低。

④根据试验最佳振动频率37.5Hz，再选取频率35.0 Hz和40.0 Hz，进一步开展秋天鲜果损伤研究。试验表明：鲜果损伤率均在5%以内，与干果损伤对比，要低于干果损伤率，这缘于部分枸杞鲜果受内伤，肉眼难以分辨，当烘干后，

损伤痕迹就会凸显，因此符合实际规律。该机作业效率较高，一机抵30个人工。

三、枸杞采摘机的研究方向及发展趋势

1. 枸杞采摘机的研究方向

（1）提高工作效率　目前，市面上有各种各样类似于上述各种方式采摘枸杞的便携式机械采摘机，虽然这些采摘机的采摘效率相对人工采摘提高了不少，且质量轻、使用方便，但其采摘效率还是远不能满足日益扩大的枸杞产业收获需求，且这些采摘机对人的依赖性较大，对人的操作技术要求较高。后续枸杞机械采摘机的研制应向大型自动化方向发展，实现枸杞果的高效及时收获。

（2）减少损伤率　枸杞鲜果皮薄极易损伤，枝条多刺且分布杂乱，在机械收获过程中，由于外力作用，枸杞果极易与枝条或刺发生碰撞、摩擦而致使枸杞果破损，导致果肉损失，降低枸杞品质，最终降低果农经济收入。同时，现在研制的大多数枸杞采摘机在采摘时，对未采摘的其他枝条有影响力，致使其他枝条上的成熟枸杞果从果萼上脱落掉到地上，造成多余人工捡拾的工序和枸杞果损失。后续采摘机的研制，应充分考虑采摘头（器）与枸杞枝条和枸杞果的接触方式，减少枸杞果与采摘器的接触次数、时间与力度，避免枸杞果因破损，而影响品质和价格。同时，缩小采摘机具对其他枝条和果实影响力的范围、增大脱落枸杞果的接受范围，确保减少人工投入和枸杞免受损失。

（3）提高采摘精准度　现有大部分工作效率略高的枸杞采摘机，其采摘方式均属于粗放型采摘，在采摘过程中，不是将青果采下就是将熟果漏采，没有真正实现对成熟枸杞果的精准采摘，既对青果未造成影响，又对熟果完全采摘。在后续枸杞采摘机的研制中应考虑提高采摘效率的同时，确保对枸杞果的采摘精准度，降低枸杞因采摘工序而造成的损失，进而保证果农的收入。

2. 发展趋势

（1）大型自走式　小型便携式枸杞采摘机对大幅度提高采摘效率的作用有限，还是需要大量的人工投入，这对采摘期相对集中的枸杞收获作用不明显。大型自走式枸杞采摘机采用多个采摘头，同时作用于多个挂果枝条，相当于几

个人拿着采摘工具在同时采摘，能大幅度提高其采摘效率，保证大面积成熟枸杞在短时间内完成收获。

（2）智能化采摘　采用智能化枸杞采摘机包括计算机智能识别系统、控制系统和采摘执行机构。识别系统根据果实颜色不同和深浅确定其是否为采摘对象，然后由计算机控制系统发出指令，由执行机构实施采摘或另寻目标。智能化枸杞采摘机可以对最佳采摘期的熟果完成高效、及时、精准的采摘，既保证了熟果的优良品质，又减少了误采青果造成的经济损失。

第三节　枸杞鲜果贮藏

枸杞鲜果已成为消费者热捧的时令果品。但是由于枸杞鲜果皮薄肉嫩，水分含量高，常温条件下果实放置2～4 d就会变色、变味，腐烂指数逐步上升；8～10 d果实腐烂指数急剧增加，甚至完全失去食用价值。所以市场上以枸杞干果制品为主，枸杞干果在烘干、浸泡、晾晒过程中，营养流失程度较高，特别是枸杞富含的枸杞多糖在干果中损失严重。因此，进行采后枸杞鲜果生理变化和保鲜技术的研究具有重要的现实意义和商业价值。

一、枸杞鲜果采后生理变化

1. 内含物变化

枸杞鲜果主要营养成分为氨基酸、胡萝卜素、维生素C、微量元素等，采摘后其呼吸作用依然活跃，也是脱离树体后主导的新陈代谢过程。常温下枸杞鲜果细胞中的碳水化合物逐渐氧化分解，淀粉降解导致果实软化，呼吸作用逐渐使参与该化学反应的营养物质发生质变。乙烯使细胞膜透性大大增加，CO_2更易进入细胞增加氧化分解，加速糅质和有机物的消耗，淀粉水解酶的活性增强，从而促使果肉变软。

2. 采后呼吸作用

采收后的枸杞鲜果仍然是有生命的活体，其化学成分在新陈代谢中不断变化，呼吸作用影响枸杞贮藏过程中的品质，也影响其耐贮藏性和抗病性。葛玉萍等以宁杞1号为研究对象，使用0.03 mm、0.05 mm、0.07 mm厚度的保鲜膜包装枸杞鲜果，贮藏于4℃下的结果表明，采收当日枸杞鲜果呼吸速率较高，为41.34 mg／（kg·h），采后贮藏期间呼吸速率迅速下降。而魏天军等研究结果表明，宁杞1号是一种呼吸强度极高的浆果，在恒温（20±5）℃条件下，绿色幼果的呼吸强度最高，达407.05～420.34 mg/（kg·h），鲜红果实的呼吸强度最低，达139.99 mg／（kg·h），初步证明宁杞1号属于非呼吸跃变型果实。当果实呼吸强度与其组织中营养成分的消耗速率呈正相关关系时，温度是影响果实呼吸强度最重要的因素之一，酶的活性与乙烯释放量的多少也直接影响着呼吸作用的强弱。因此，控制温度、乙烯的产生量、生物酶的活性可延长果实贮藏期。

3. 乙烯的生理作用

众所周知，乙烯是一种催熟激素，果实成熟过程中会释放乙烯，所以民间通常将香蕉、苹果等水果混合存放起到催熟的作用。乙烯在水果贮藏期间会破坏细胞膜的完整性，软化果实，加速呼吸作用，促进果实成熟，其释放量与保鲜效果之间存在一定关系，乙烯释放量越低呼吸高峰出现越晚。1-甲基环丙烯（1-methylcyclopropene，1-MCP）是一种安全、高效的乙烯受体抑制剂，能够抑制乙烯产生，降低乙烯峰值，达到保持果实品质的作用。因此在枸杞鲜果保鲜过程中，可以通过喷洒1-MCP的方法来减缓果实的成熟速率，从而延长鲜果的贮藏期。

4. 酶的作用

生物酶是有机物化学反应的催化剂。当环境温度适宜酶活性时，化学反应速率大大增加，反之则减缓。因此，在枸杞鲜果保鲜过程中，可以通过改变温度来影响酶的活性，从而减缓化学反应的发生。冯美等的研究表明，枸杞鲜果采后在常温贮藏初期和果实开始腐烂时，果胶甲酯酶（PME）和多聚半乳糖醛酸酶（PG）具有较高的活性，能使果胶等大分子物质降解，其中PME的活性峰值出现在贮藏当天，可能在枸杞鲜果的前期软化腐烂中起着重要作用。

二、枸杞鲜果采后贮藏保鲜方法

1. 物理方法

（1）低温贮藏　枸杞鲜果采摘正值盛夏季节，由于呼吸强度随温度的升高而增强，需要通过降低环境温度来抑制呼吸强度及相关生物酶的活性，从而延缓其代谢和衰老进程。所谓低温贮藏是在果实冰点以上的适宜低温环境条件下，对浆果进行保鲜的方法。低温贮藏具有安全、效果好、可操作性强等优点；缺点是耗能较大，不够低碳经济。赵游丽等研究表明，1℃、8℃低温处理的枸杞鲜果呼吸强度、细胞膜相对透性和失水率显著低于20℃处理组，维生素 C 和可溶性固体物含量显著高于20℃处理组，低温贮藏有利于枸杞鲜果保鲜，延缓衰老，延长贮藏时间，以1℃低温贮藏效果更佳。

（2）气调冷藏　即 MA 冷藏，是在维持园艺产品正常生命活动的基础上，通过降低呼吸作用、蒸发作用来抑制微生物的侵染和滋生，延缓生理代谢、推迟后熟，防止其衰老和腐烂变质，最终达到减少损失、延长贮藏期的目的。

气调贮藏结合其他保鲜技术可取得更好的保鲜效果。王瑞庆等通过比较1.0 μL/L 的1-MCP 处理、聚乙烯膜气调包装和硅窗膜气调包装对（2±1）℃条件下枸杞鲜果的保鲜效果，得出聚乙烯膜气调包装和硅窗膜气调包装可保持果实较高的可溶性固形物含量，提高固酸比，延缓表皮皱缩，保持果实香气、质地等感官品质，其中以聚乙烯膜气调包装效果最佳，可使枸杞果实贮藏期延长至14 d。李颖超等研究表明，无论常温还是低温条件下，保鲜膜包装均可降低枸杞鲜果果实的失重率，保持良好的外观和口感，且低温结合保鲜膜包装可延长枸杞鲜果的贮藏期，更好地保持果实品质。

（3）热处理　热处理是指在枸杞鲜果贮藏前将其置于非致死高温环境中进行短时间处理，通过降低鲜果的呼吸作用，有效抑制乙烯释放，从而延缓其衰老，延长枸杞果实贮藏期的一种方法。魏雯雯等将宁杞4号枸杞置于（42±1）℃热水中浸泡10 min，发现热处理可以显著降低枸杞果实的腐烂率，保持维生素 C 含量，在一定程度上抑制枸杞果实贮藏末期色泽、果柄、果皮和汁液变化等感官品质的下降，从而延长贮藏期。胡文瑾等研究表明，热水和热乙醇处理均可有效抑制枸杞果实低温贮藏期间的腐烂率，降低失重率，维持果实品质，可作为枸杞防腐保鲜的新方法。热空气处理还可抑制乙烯形成酶（EFE）向乙烯转化的过程，从而推迟果实软化，延长贮藏期。热处理技术操作简单，成本低廉，但只是作为辅助性的采后处理方式，且不适当的热处理会对枸杞鲜果的品质和风味造成不良影响。

2. 化学方法

（1）植物生长调节剂　植物生长调节剂是指能够调节植物生长发育的化学物质或纯天然植物提取物，它通过人为干预的方式来调节并抑制植物生命过程的某些环节，从而达到保鲜目的。目前应用于果蔬保鲜中的植物生长调节剂一般有2，4–D、胺鲜酯（DA–6）、氯吡脲、复硝酚钠、防落素、赤霉素、6–苄基氨基嘌呤等。袁莉等研究了不同浓度赤霉素溶液对枸杞鲜果保鲜效果的影响，发现赤霉素处理后枸杞鲜果腐烂率显著降低。在低温（0±1）℃贮藏24 d时，0.05 g/L 赤霉素（GA_3）处理组的腐烂率仅为未处理组的一半；30 d 时仍具有新鲜枸杞固有的风味，但是GA_3在降低腐烂率中的具体作用机理尚有待进一步研究，而且GA_3作为一种化学制剂，在人们日益关注食品安全的今天，如何做到安全的使用，依然需要加强研究与市场监督。

（2）化学保鲜剂　化学保鲜是在果实表面涂抹化学保鲜剂，对其细胞膜进行保护，达到延缓果实衰老与变质的目的。化学保鲜剂具有使用方便、效果显著、低耗能等优势，但化学保鲜剂的滥用、残留超标极易对人体健康产生威胁，引发食品安全问题。王瑞庆等发现，1–MCP 处理可延长枸杞鲜果的保鲜期，通过与乙烯受体不可逆结合，抑制呼吸作用，进而抑制果实中参与反应的蛋白质和细胞壁降解酶的活性，较好地保持细胞和整个果实的完整性，同时保持果肉抗坏血酸盐含量，提高枸杞抗氧化能力，降低果实腐烂率。CF 保鲜剂是由济南果品研究院研制成功的一种果蔬保鲜剂。王瑞庆等将枸杞鲜果以1 000 μL/L 的 CF 保鲜剂浸泡3 min 后于（2±1）℃下贮藏，发现1 000 μL/L 的 CF 保鲜剂处理可提高果实固酸比、香气和质地等感官品质，显著降低枸杞果实的腐烂率，改善果实口感，但加快了可溶性固形物和可滴定酸含量的下降。壳聚糖保鲜剂可以在果实表面形成一层半透膜，阻止果实内部与外部空气进行气体交换。果实的呼吸作用使得膜内空气 CO_2浓度较高，O_2浓度较低，适当高浓度的 CO_2可抑制呼吸作用，使果实不易腐烂。李树萍等研究表明，壳聚糖涂膜保鲜处理可有效降低宁杞1号枸杞鲜果的腐烂率，保持可溶性固形物、滴定酸、维生素 C 和丙二醛含量，维持较高的过氧化物酶活性，保持果实较好的品质，延长贮藏期，且以1.5% 壳聚糖保鲜效果最显著。 ClO_2是近年来受到国内外普遍关注的一种新型高效、安全无毒的消毒剂，它在消毒杀菌、防腐保鲜以及安全无毒等方面具有独特的性能。李树萍等将宁杞1号枸杞鲜果置于4℃环境中，利用20 mg/mL、40 mg/mL、80 mg/mL 的 ClO_2处理对枸杞鲜果的结果表明，ClO_2处理能有效控制枸杞腐烂、维生素 C 含量下降，可溶性固形物含量和含酸量也比对照变化慢，可保持果实较高的品质，延长贮藏期。

（3）生物方法　果蔬化学保鲜剂大多是杀菌剂，长期大量地使用会增加农药残留量，存在潜在危害，研发高效、安全、天然、无毒、无残留的保鲜技术更加符合人们对食品安全的要求。生物保鲜技术除具有上述的优点外，还能更大程度地保留果蔬原有的外观、风味和营养，因此在果蔬保鲜领域有巨大的应用空间和发展潜能。从天然物质中提取的生物活性物质，具有安全、无毒、无残留等特点，已成为近年来国内外研究的热点。荷叶内含有多种生物碱和黄酮类化合物，具有很强的抗氧化作用和抑菌效果，可用作食品添加剂和防腐保鲜剂。从柠檬果或果皮中提取的芳香油、柠檬油，富含黄酮类等具有显著抗氧化作用的成分，可用于保健食品和药品行业中。赵荣祥等通过研究荷叶乙醇提取物、柠檬油等18种植物提取物对枸杞鲜果的保鲜作用，发现在室温（20 ± 3）℃时，2 g/L 荷叶乙醇提取物、400 μL/L 柠檬油提取物对枸杞鲜果保鲜效果最好，处理5 d 后好果率均在80% 以上。由此可见，天然提取物对于枸杞鲜果的保鲜具有很大的开发空间，未来可将天然提取物结合其他保鲜方法作为枸杞保鲜的研究方向。

（4）其他保鲜方法　枸杞保鲜的方法还有很多，例如辐射保鲜、减压保鲜等。目前枸杞鲜果在市场销售中尚属罕见，说明采摘后枸杞鲜果保鲜研究工作仍有巨大的发展空间。相关方面专家往往会根据枸杞鲜果的特性，结合多种方法进行保鲜，例如自发气调结合1-MCP 等。应根据具体情况选择适宜的贮藏保鲜方法，争取让枸杞鲜果早日走出西北，进入我国南方甚至全世界普通果蔬超市的货架。

三、枸杞鲜果保鲜技术的发展趋势

近年来，枸杞鲜果的保鲜技术已经引起国内外学者、专家的重视并取得了一定的成效，但由于相关保鲜技术的机理作用尚未研究透彻，因此保鲜技术依然停留在实验室理论探索与讨论阶段。为了进一步拓展枸杞鲜果市场，今后的研究实践工作可以从以下几个方面展开。

1. 加快保鲜技术推广应用

虽然其他果蔬的保鲜技术已经朝着综合型保鲜包装技术发展，但是枸杞鲜果的保鲜技术却并没有在商业市场上得到全面推广。未来枸杞鲜果保鲜技术应该朝着安全、天然、高效的方向发展，成为能够广泛应用的普及技术。

2. 加强生物保鲜技术研发

传统的化学合成保鲜剂虽有较好的防腐保鲜效果，但对人体有一定的不利影响。荷叶乙醇提取物、柠檬油等天然生物保鲜剂因绿色环保的优势，引起越来越多人们的重视。在大力推进枸杞鲜果走向商业市场的同时，应该始终以食品安全为根本，吸取其他果蔬生物保鲜技术成功经验，重点研发枸杞鲜果生物保鲜技术。

3. 推进枸杞分子生物学水平研究

深入开展与枸杞鲜果衰老相关的激素调节机制研究，立足分子生物学角度研究枸杞果实细胞衰老机理，从枸杞果实基因根源出发，不断在枸杞原有品种的基础上研发改良新品种。

4. 采用机械式采摘枸杞

低成本、高效率、智能化的机械采摘，降低水果损伤率，采摘后如能进行冷链流通，可最大限度地提高枸杞鲜果的贮藏性。智能化农业采摘和冷链物流的普及也将为枸杞鲜果保鲜运输带来便利。

第四节 枸杞鲜果制干

鲜果制干是整个枸杞生产过程中不可缺少的重要环节。为规范生产，提高枸杞品质和质量，枸杞制干技术、方式、工艺和设备等都有了较大的改善。

除了传统干燥方法，微波干燥、冷冻干燥、真空脉动干燥等也用于枸杞的干燥，但均具有不同程度的优缺点。根据现代农产品和中药产业发展的需求，枸杞制干方式趋于规模化、集约化、智能化以及标准化生产的发展模式。

一、自然晾晒法

枸杞制干中自然晾晒、拱棚晾晒方式方法简单，处理规模大，生产成本低，但干燥时间较长，自然晾晒大约190 h，拱棚晾晒约120 h。自然晾晒过程中容易霉变，受天气影响大，易遭受灰尘、毛发和苍蝇等污染，干燥后油果增多，含水量不均，保存过程中容易发霉和生虫。拱棚晾晒是在自然晾晒的基础上改进的，在一定程度上缩短了晾晒时间，晾晒过程霉变减少、油果变少，受天气影响也变小，但仍然易遭受灰尘、毛发和苍蝇等污染。

二、热风烘干法

热风烘干是目前较普遍的枸杞制干方式，烘干需30～42 h，可以有效杜绝传统晒干的弊病确保干果质量。同时，随着加热方式的转变，电加热、太阳能加热等新型绿色烘干设备被广泛应用。

烘干设施采用引风机送风，空气能热泵加热的通风隧道。为了保证果实质量，控制温度是关键。第一阶段温度不得低于40℃ 、高于45℃，即出风口温度为40～45℃。温度过低，烘干时间长，果实水分得不到及时散失，影响色泽和质量；温度过高，鲜果水分多，果肉好似泡在热水中，处于水煮状态，同样影响果色和质量。烘干最后阶段，最高不得超过65℃，即进风口温度为60～65℃。烘干法需要适宜的温度、相应的时间，才能保证枸杞营养成分达到标准含水量和良好色泽。

太阳能干燥具有节约能源和提高产品质量等功效，在热风辅助下其干燥时间40~56 h，干净卫生无污染。同时太阳辐射能分散性大、热值低，枸杞干燥能耗较高，需要大面积的集热器，设备投资较高。太阳能干燥受季节、天气、地区纬度和时间等因素影响，具有间歇性和不稳定性。采用与常规能源联合供热的干燥系统，即太阳能组合干燥技术，是未来的一个发展方向，但在温度、时间等因素的控制方面还需要加强。

三、冷冻干燥

采用真空冷冻技术干燥的枸杞基本不发生褐变，枸杞颜色与鲜果接近，且营养成分保留较完整，但其设备昂贵，干燥过程中动力成本高，加工费超过30元 / kg，批处理量小，枸杞呈现膨化状态，比较脆，缺乏良好的口感及外观。

四、真空脉动干燥

远红外辅助加热脉冲真空干燥方法是一种利用远红外辐射在脉冲真空条件下加热物料的新型干燥技术。该方法可利用真空压力下的脉冲操作，增强干燥室中干燥介质（空气）的循环来提高干燥速率，有效地去除表面水分，防止氧化、褐变等生物化学反应，使物料的色泽和营养成分得到最大程度的保留。

潘旭等在远红外辅助脉冲真空干燥与传统干燥方法对枸杞子制干效果对比中发现，远红外辅助脉冲真空干燥、真空冷冻干燥、晒干、热风烘干制得的枸杞子综合评分分别为 0.99、0.72、0.23、0.05。在4种制干方式中，远红外辅助脉冲真空干燥技术的干燥时间最短、品质最佳，该研究结果可为探索枸杞子的适宜干燥技术提供参考。为了更好地实现人为对枸杞制干过程的控制，智能化制干方式是枸杞制干的发展趋势。

第八章　篱架栽培机械装备的发展及应用

枸杞园管理的机械化水平，是产业实现现代化生产的重要标志之一。枸杞生产要实现机械化作业，必须在保证产量和品质的情况下，以机械化作业的视角，提出适宜于枸杞机械化生产的全新农机农艺融合模式。

第一节　枸杞机械化栽培管理模式的发展

农艺技术包括品种培育、种植制度、耕作制度、土肥水药管理等。种植制度是一个地区或生产单位的作物布局（结构）、熟制与种植方式的总称，其中栽培模式包括行距、株距、种植密度、修剪形式等，这与机械化作业密切相关。

随着宁夏枸杞产业的发展，青海、甘肃、新疆、内蒙古和河北等地的种植面积也不断扩大，其栽培技术较多沿用了宁夏传统的栽培技术，基本实现了宁夏枸杞土地耕整、中耕除草、施肥喷药的机械化，但是在宁夏枸杞修剪和采摘两方面仍然采用大量人工，人力资源的短缺造成劳动力成本的增加，国内学者逐步开展宁夏枸杞篱架栽培技术的研究。

钟鉎元在秦国峰研究的基础上，筛选出了宁杞1号，并以宁杞1号为基础，首次研究和推广了枸杞无性繁殖技术体系，实现了种植品种的一致性，并对枸杞的适宜株行距进行了研究，通过6年的产量测定，确定了几种标准化栽培模式。①大密度长方形配置：株行距1.0 m × 2.0 m、1.5 m × 2.0 m，栽植株数为222～333株/667 m^2，适宜在老产区传统的小面积分散种植和人工田间作业；②长方形配置：株行距1.0 m × 3.0 m，栽植株数222株 /667 m^2，适宜大面积集中栽植和机械化作业。确定了单主干、单中心干多主枝的圆锥形为首推树形，钟鉎元的研究让机械作业有了可能。自20世纪90年代开始，机械园在宁夏农林科学院、宁夏农垦南梁农场得以推广，枸杞的施肥、植保基本实现了机械化，但由于这两项技术在总成本中占比小，且2002年以前我国劳动力成本较低，企业品牌意识较低，此项技术并未得到大面积推广，即便是推广此项技术的地区，在建园和整形修剪技术方面依然极为粗放，长期沿用“打横不打顺，清膛抽串条；密处行疏剪，缺空留油条；短截着地枝，旧梢换新梢”的枸杞修剪原则和“截底、剪顶、清膛、修围”的修剪步骤，重结果枝管理，不重树形管理，“自然半圆形”使用较为广泛，机械作业效率不高。2002年以后，劳动力成本逐年攀升，日工资由2002年的18元上涨到当前的100元，但枸杞价格却始终在30元 / kg 左右徘徊。迫于劳动用工成本提高，2005年，中宁杞乡公司在中宁产区建设了首个千亩机耕园。2011年宁夏百瑞源贺兰山滴灌水肥一体化枸杞种植基地开始建设，2013年滴灌矮篱整形修剪技术在百瑞源贺兰山基地投入使用。戴国礼等首次提出了枸杞的现代种植园应实现农机农艺融合，为确保机械化，将滴灌管架设在80 cm 的篱架架丝上，在整形方式上提倡单主干，并首次将第一分支带一次性提高到80～100 cm，便于除草、施肥机械作业。确定骨干枝组每级长度不得超过20 cm，总幅宽不得超过1 m，树冠冠幅控制在1.4 m，株高控制在1.4 m，确保植保等机械作业效率的修剪体系。至此，真正意义上的枸杞现代农艺技术初露端倪。2015年首套针对宁夏地区早春病虫害防治关键期多风开发的枸杞防风植保机出现，现代针对枸杞的专项机械研究初露端倪。在防风植保机械出现之后，相关单位又继续研制了枝条还田机、开沟机、行间株间除草机、跨行施肥机等设备，农机人员首次和品种选育、整形修剪、水肥管理、植保技术、采摘加工的农艺技术人员真正意义上走到了一起。

随着宁夏枸杞种植面积的扩大，宁夏枸杞种植的主体已发生了变化，合作社、农场主成为宁夏枸杞新的经营主体，其种植面积都在6.67～33.33 hm^2，甚至更多。枸杞的整形修剪是以单株修剪为主，修剪工人或是技术人员对修剪的理解决定了枸杞最终的树形，人为因素比较大。同时，枸杞的修剪次数多、工作量大，制约了宁夏枸杞修剪的标准化和规范化。而枸杞修剪、采摘劳动相对集中，劳动力严重不足，难以满足宁夏枸杞修剪、鲜果采摘需要，直接造成了产量、质量的下降，人工费用的大幅上升，进一步增加了种植企业及农户的成本。因此减少宁夏枸杞在育苗、建园、土水肥管理、整形修剪、病虫害防治等栽培过程中的人工成本，加快宁夏枸杞标准化、规范化、规模化、机械化体系建设已成为现阶段枸杞农艺技术需要解决的重点问题。

第二节 枸杞篱架栽培适用机械与装备

目前枸杞种植经营主体均为种植大户、合作社与企业，彻底改变了以前的一家一户的种植模式，为枸杞生产的机械化奠定了良好的基础。随着枸杞专用机械的研制与应用，田间管理效率提高30%~50%，得到了广大农民和企业的认可，也为研制枸杞修剪、采摘机械奠定了良好的技术支撑。（表8-1）

表 8-1 枸杞生产过程及主要机械

技术环节	机械使用频率	机械装备
枸杞标准化建园	多年一次	开/合沟定植、开沟施肥（厩肥、有机肥）
枸杞追肥管理	一年少次	开沟追肥
枸杞中耕除草	一年多次	株/行间除草
枸杞病虫害防治	一年多次	植保机械
枸杞整形修剪	一年少次	整形修剪、枝条粉碎

一、链式定植开沟机

该机械适应于不同土壤条件的枸杞定植开沟作业。链条系统由传统的中置改为偏置设计，更加适合枸杞定植时开沟使用。该机械的结构紧凑、调整操作方便，开沟尺寸稳定、质量好，开沟尺寸可调、土壤适应性好。在普通拖拉机上通过安装超低速变速器实现低速缓行，保证开沟深度、宽度左右均匀，利用北斗导航卫星定位系统可实现开沟机的智能开沟。（表8-2）

表 8-2 枸杞链式定植开沟机技术参数

项 目	参数
型号	12KL-200
沟宽 / mm	400 ~ 600
沟深 / mm	0 ~ 1000
工作效率 / （667 m^2 · h^{-1}）	3
配套动力 /hp	≥ 120
与动力机连接形式	后悬挂，利用拖拉机动力输出轴驱动链式开沟作业
主要用途	枸杞定植开沟
机械人工效率比	7 : 1

注：1hp=745.7 W。

资料来源：石志刚，万如.枸杞良种良法配套栽培规范化机械化综合生产技术[M].银川：阳光出版社，2018.

二、输送式厩肥施肥机

该机械采用大容量肥料箱的输肥装置，通过链条及挡料板输送肥料，可以防止有机肥架空，同时实现大量排肥的功能。肥料输送至排肥装置后，通过排肥装置的挡料板将肥料分隔均匀，最后利用离心力排出，能够保证排肥的稳定及均匀无断条。（表8-3）

表 8-3 枸杞输送式厩肥施肥机技术参数

项目	参数
结构型式	牵引式
外形尺寸（长 × 宽 × 高）/ mm	4 500 × 2 800 × 2 200
作业效率 / （km · h^{-1}）	≥ 6

续表

项目	参数
肥料箱容积 /m^3	3.6
排肥形式	钢链输送式
配套动力 / hp	≥ 45
施肥宽度 / mm	200

注：1hp–745.7 W。

资料来源：石志刚，万如.枸杞良种良法配套栽培规范化机械化综合生产技术[M].银川：阳光出版社，2018.

三、双绞龙可调整追肥机

该机械适用于颗粒肥料的施肥作业。利用双绞龙可调整施肥装置，能够有效调节设备和枸杞树之间的距离，解决了低矮植物施肥难以调节、肥料浪费的难题；利用可变量播肥设备和大容量肥料箱，根据植物特性和肥料需求，合理控制施肥量，保证施肥均匀度，节省人工成本。（表8–4）

表 8–4　枸杞双绞龙可调整追肥机技术参数

项目	参数
型号	2BF–1
规格 / mm	1 200 × 500 × 600
施肥量 /（kg · h^{-1}）	25 ~ 125
施肥深度 / mm	0 ~ 350
配套动力 /hp	≥ 35
工作效率 /（667 m^2 · h^{-1}）	5 ~ 8
与动力机连接形式	双绞龙驱动链条输出动力
主要用途	枸杞中耕追肥（颗粒肥料）
机械人工效率比	8 : 1

注：1hp=745.7 W。

资料来源：石志刚，万如.枸杞良种良法配套栽培规范化机械化综合生产技术[M].银川：阳光出版社，2018.

四、旋耕式除草机

该机械适用于不含砂石的土壤条件下株行间除草作业。杂草的识别与定位是株间机械除草的关键点，本机械主要采用液压感应装置，机械触杆可有效回避枸杞；除草装置采用旋刀式，利用液压油缸带动旋耕刀水平反复摆动。（表8–5）

表 8–5　枸杞机械触感旋刀式株行间除草机技术参数

项目	参数
型号	3Z–40
作业宽 / m	3
配套动力 /hp	≥ 35
工作效率 /（$667\,m^2 \cdot h^{-1}$）	6 ~ 10
与动力机连接形式	拖拉机后输出轴驱动液压油泵，利用液压传动实现作业
主要用途	枸杞行株间除草作业（砂石土质除外）
机械人工效率比	5 : 1

注：1hp=745.7 W。
资料来源：石志刚，万如.枸杞良种良法配套栽培规范化机械化综合生产技术[M].银川：阳光出版社，2018.

五、液电感应犁刀式株行间除草机

该机械适用于各种土壤条件的株行间除草作业。除草机采用电子传感器，除草装置从侧面伸入枸杞株间进行除草，在传感系统的作用下，当除草装置挨近植株时退出以避开植株。杂草的识别与定位是株间机械除草的关键点，本机械主要采用负压传感器，用于杂草和作物的传感器检测，遇到枸杞自动回弹，以此清除株间杂草。除草装置采用犁刀式，利用传感器控制液压油缸带动犁刀水平反复摆动，有效解决了爪式旋转刀造成杂草缠绕等诸多问题。（表8–6）

表 8–6　液电感应犁刀式株行间除草机技术参数

项目	参数	项目	参数
型号	3CZ–3B	整机尺寸（长 × 宽 × 高）/mm	1 320 × 2 400 × 1 380
株间工作幅宽 /mm	700	除草率 /%	94.1
除草形式	株间铲草、行间中耕	除草深度 /mm	≤ 50
总 质 量 /kg	380	作业效率 /（667 m^2 · h^{-1}）	16
悬挂形式	三点悬挂	配套动力 /hp	≥ 60

注：1hp=745.7 W。

资料来源：石志刚，万如.枸杞良种良法配套栽培规范化机械化综合生产技术[M].银川：阳光出版社，2018.

六、可升降折叠式双翼防风植保机

该机械适用于枸杞园的喷药植保作业。根据枸杞的行距、株距可以上下、左右调节喷药支架；利用可升降折叠式防风翼及立体式喷药系统能够有效防止吹风对喷药的影响，提高喷药安全性及药剂利用率；采用了立体式喷头设计，喷药方向更加全面，有上下方向喷药喷头，左右喷药喷头，前后喷药喷头，喷药效果更加优良。节药效果达到20% 以上，病虫害防治提高程度10% 以上。（表 8–7）

表 8–7　枸杞可升降折叠式双翼防风植保机技术参数

项目	参数	项目	参数
型号	3WP–2000	配套动力 /hp	40~ 70
工作压力 /Mpa	2 ~ 4	药箱容积 /L	2 000
搅拌方式	回水搅拌	喷幅 /m	3.6 ~ 4.5
泵排量 /（L · min^{-1}）	80 ~ 215	泵转速 /（r · min^{-1}）	600
总质量 /kg	987	作业效率 /（667 m^2 · h^{-1}）	16.4

注：1hp=745.7 W。

资料来源：石志刚，万如.枸杞良种良法配套栽培规范化机械化综合生产技术[M].银川：阳光出版社，2018.

七、枝条还田机

该机械适用于枸杞的茎秆、枝条粉碎还田，机械部件通用性强，适用面广。粉碎还田一体化作业设计，方便操作，提高了作业效率；利用双面反向刀头实现枝条粉碎，粉碎后碎枝能与土壤均匀地混合。（表8-8）

表 8-8　枸杞枝条还田机技术参数

项目	参数	项目	参数
型号	4ZFH-160B	传动方式	齿轮+皮带
工作幅宽 /mm	160	与拖拉机挂接方式	三点悬挂
粉碎刀型号	“Y” 形组合刀	配套拖拉机输出轴转速 /（$r \cdot min^{-1}$）	540
工作效率 /（$667\ m^2 \cdot h^{-1}$）	9	外形尺寸（长 × 宽 × 高）/mm	1 350 × 1 880 × 990
粉碎率 /%	≥ 89	切碎轴额定转速 /（$r \cdot min^{-1}$）	2 000 r/ min
配套动力 /hp	≥ 70	切碎机构总安装刀数 / 把	30

注：1hp=745.7 W。

资料来源：石志刚，万如.枸杞良种良法配套栽培规范化机械化综合生产技术[M].银川：阳光出版社，2018.

八、枸杞整形修剪专用机械与装备的研制

近几年，国家进一步调整优化农业结构，将“设施农牧业 + 特色林果业”作为主攻方向，枸杞种植面积也随之不断扩大。人工整形剪枝作业耗时过长，远不能满足剪枝的高效作业要求，随着产业效益的不断扩大，作业工具升级需求呼声越来越大，为减少果农劳动强度、提高作业效率，促使枸杞生产向着机械化、自动化方向发展，枸杞整形修剪专用机械的研发势在必行。

1. 国外林木整形修剪机械研究现状

自20世纪初开始，为解决果园栽培中繁重的整形剪枝作业，西方国家开始使用一些简易的机械刀剪工具，随后在小型背负式整形剪枝机上配置汽油发动机或柴油发动机作为动力源，节省人力，使整形剪枝作业更加高效。从20世纪

80年代至今，各种果园栽培整枝专用修枝机纷繁出现在市场上，如修枝剪、修枝机、智能仿生整枝机械手臂等，这些剪枝作业设备主要以汽油机或电动机作为动力源来驱动液压马达、液压泵和圆盘锯等动力元件。目前各种类型的整形剪枝设备已经比较齐全，果园栽培整形剪枝设备已向机械智能化发展。

意大利 Fa-MA 公司开发的窗式整形剪枝机，使用传统机械修剪方式修剪树冠外缘，完成内外两层平行修剪的同时又可以剪掉地面与第一层主枝之间的多余杂枝，既完成长短枝交替布局的冠型又达到为果树冠层“开窗”的效果，提高果树的透光性。

德国爱德华公司设计的剪枝机，将剪枝剪悬挂在用于牵引或动力驱动的动力设备前端，将执行前端配置的修剪设备替换为疏花作业头，即可实现机械疏花。由于整形剪枝作业场景不同，所以剪枝机架上备选圆盘刀、弧形刀等多种整形元件，执行前端配置的设备也不同，实现装置功能多样化，达到了疏花整形剪枝于一体的要求。

日本株式会社 SEIREI 制造的整形剪枝机器属于半自动攀爬类型，该设备配置链条锯片，轮式驱动结构的攀爬主要依靠弹性好、断面宽的低压轮胎，机械上下树采用遥控方式。因为轮式驱动将旋转轴线改变为横向方向，导致其无法在弯曲程度较大的枝干上进行整形剪枝作业，只能选择主干和主干枝完成作业。

法国 Haulotte 公司生产的电动升降平台通过自动升降完成了梧桐高空修剪作业。通过在不同平台上固定剪枝支座、剪枝刀片和剪枝液压缸等器械使各个平台在作业时可以被液压单独控制、互不干涉。除此之外还有自承式钢索升降平台，其作业高度可达20 m，通过具有垂直安装的绞缆筒来实现升降功能。

2. 国内林木整形修剪机械研究现状

目前国内市场上已有很多自动化程度较高的产品，其工作方式大多为手动式半自动化，产品型号多样且操作简单、容易上手。

曹慧鹏研发的3QDJ-3O 园林气动剪枝机，选用汽油发动机作为驱动装置，联动可移动式微型空压机和气动剪进行剪枝，可以剪断直径≥26 mm 的新鲜绿植树枝，剪枝效果较为理想。

乌鲁木齐优尼克生物科技有限公司通过在剪枝机架顶部和侧面安装往复式

切割器设计生产出一款喂料型高效葡萄枝剪枝机，通过液压油缸调整修剪高度，配合喂料器杆首部的刀刃和往复式切割器高效地多方位快速剪切葡萄树枝条。

张俊梅等人通过对日本 SEIREI 株式会社制造的 AB232-R 型远程控制自动立木整形剪枝机的远程运动控制系统研究试验，研发了 BSR-Z23型无线电远程控制自动立木整形剪枝机，该设备以 FPGA 集成芯片技术和无线数字抗干扰遥控技术为基础，由行走、动力传动、树枝锯切、控制和无线电遥控等系统组成。作业人员通过弹性定心夹紧树干，启动遥控器，沿树干螺旋上升，自主完成剪枝作业，当操作人员发出下降或者停止指令后，立木整形剪枝机沿着主干反螺旋下降，然后从主干取下立木整形剪枝机移动到其他树木上，完成一个工作循环。

新疆大学杨宛章设计研发的 QJG-4Q 型气动果树整形剪枝机主要针对果树展开作业，通过气动元件驱动执行末端安装的园艺剪，并且在一定程度上减轻了园艺剪的重量，方便人工操作，降低成本。该剪枝机最高修剪高度可达4 m，最大剪枝直径可达49 mm，可以满足新疆林果业的需求。

3. *枸杞整形修剪机械研究现状*

枸杞具有较强的发枝力，枝叶繁密，树干结构松散凌乱，一年在夏秋两季开花、结果。如果管理不当则无法培育丰产优质的树形和群体结构，没有科学的整形修剪，不仅影响枸杞当年的产量，还会使树势提前老化。因此整形修剪是保证枸杞丰产稳产的重要措施之一。

葛瑞婷等通过卷积神经网络提取枸杞剪枝点的特征信息，实现枸杞剪枝点的精确识别，这为实现剪枝机器人自主完成整形剪枝作业奠定了基础。使用计算机视觉与机器学习的方法确定枸杞剪枝点，具有低成本、高灵活性、高效率等优点，为实现枸杞剪枝作业智能化和机械自动化提供了新的思路和借鉴。

宁夏农林科学院枸杞工程技术研究所研制的枸杞专用整形修剪机，包括横向支撑连接臂、竖向支撑连接臂、连接座、横向锯齿固定架、竖向锯齿固定架、横向锯齿、第一锯齿控制装置、第二锯齿控制装置、第三锯齿控制装置、第一竖向锯齿和第二竖向锯齿，连接座配装在竖向支撑连接臂的上端，横向支撑连接臂的一端与连接座配装，另一端与横向锯齿固定架和竖向锯齿固定架配装，横向锯齿配装在横向锯齿固定架上。第一锯齿控制装置固定在横向锯齿固定架上，且与横向锯齿配装。第一竖向锯齿和第二竖向锯齿配装在竖向锯齿固定架上，第二锯齿控制装置与第一竖向锯齿配装，第三锯齿控制装置与第二竖向锯齿配装，竖向支撑连接臂用于与牵引机的架体配装。第一锯齿控制装置控制横向锯齿切割，第二锯齿控制装置控制第一竖向锯齿切割，第三锯齿控制装置控制第二竖向锯齿切割。

针对宁夏枸杞整形修剪的需要研发专用机械设备已成为实现枸杞全程机械化的关键所在。枸杞为无限花序、花果同期，树干结构松散凌乱。单一通过研制整形修剪机械很难解决枸杞整形修剪的问题，必须结合枸杞品种选育、栽培模式的创新，共同实现农机农艺融合。

枸杞篱架栽培技术的创新与发展，实现了枸杞主干、枝条的“定向”生长，将传统“单株修剪”模式转变为以行为单位的修剪模式，从栽培模式上为机械化整形修剪提供了基础，从现有试验示范结果看工作效率大幅提升，下一步应继续加强适宜机械化修剪的品种及专用设备的研发，实现品种与农机农艺的融合，最终为枸杞生产的全程机械化奠定良好的基础。

第九章　品质与效益分析

第一节　枸杞的有效成分和功效作用

国内外对枸杞化学成分的研究主要集中在宁夏枸杞的果实和叶片中，其中以宁夏枸杞果实研究居多，其余组织中的成分极少或尚未研究报道。

一、枸杞的有效成分

1. 氨基酸

枸杞果实中含氨基酸营养成分种类多，含量高，对人体营养价值较大，作为构成蛋白质分子的基本单位，无疑是构成人体内最基本物质之一。也是生物代谢的物质基础。枸杞果实中含有人体需要的19种氨基酸，总和达9.9 mg/100 g（表9–1）；叶片中也同样含有19种氨基酸，其中以风干叶含量最多，为12.02 mg/100 g，冻干叶次之为9.46 mg/100 g，鲜叶最少为2.9 mg/100 g；枸杞果柄和枸杞根中含有18种氨基酸。

表 9–1　枸杞子氨基酸含量测定结果

单位：%

名称	总量	游离	水溶蛋白	名称	总量	游离	水溶蛋白
天冬氨酸	1.76	1.21	0.40	亮氨酸	0.30	0.09	0.03
苏氨酸	0.29	0.07	0.07	酪氨酸	0.16	0.05	—
丝氨酸	0.43	0.14	0.11	苯丙氨酸	0.16	0.06	0.02
谷氨酸	1.27	0.63	0.28	赖氨酸	0.16	0.02	0.02

续 表

名称	总量	游离	水溶蛋白	名称	总量	游离	水溶蛋白
甘氨酸	0.19	0.04	0.03	氨	0.58	0.30	0.07
丙氨酸	0.64	0.37	0.18	组氨酸	0.10	0.04	0.02
半胱氨酸	—	—	—	精氨酸	0.45	0.19	0.09
缬氨酸	0.26	0.05	0.05	色氨酸	—	—	—
蛋氨酸	0.04	—	—	脯氨酸	0.91	0.65	0.13
异亮氨酸	0.20	0.04	0.04	总和	7.90	3.95	1.54

资料来源：李丁仁，李爽，曹弘哲.宁夏枸杞［M］.银川：宁夏人民出版社，2012：76.

2. 黄酮类物质

枸杞子中含有多种黄酮类化合物，如槲皮素、山柰酚及其糖苷类等化合物。枸杞叶中也含有丰富的黄酮类成分，其中还发现了木犀草素、芦丁、金合欢素及其糖苷等黄酮类化合物。地骨皮中含有芹菜素、蒙花苷等黄酮类物质，总黄酮含量高达13%。

据宁夏医学院李国莉报道，黄酮类物质具有止咳、平喘、祛痰并能扩张冠状动脉及降低血胆固醇作用。随着自由基生命科学的发展，目前研究认为，黄酮类具有明显的抗氧化作用，同时测定了宁夏枸杞的抗氧化功能，当宁夏枸杞干果水提取物浓度为8.3 mg/mL 时，其抗氧化活性明显高于公认的水溶性抗氧化剂维生素 C（$p<0.01$）。由此推断，黄酮类物质可能是宁夏枸杞重要的抗氧化成分之一。枸杞干叶黄酮含量与枸杞干果比较，枸杞干叶含量高于枸杞干果（表9-2）。宁夏枸杞黄酮含量干果为（542.50 ± 38.40）mg/100 g，干叶为（577.5 ± 25.00）mg/100 g。

表 9-2 宁夏枸杞黄酮含量测定结果

名称	黄酮含量（X＋S）/（mg·100 g^{-1}）	CV/%
枸杞干果	542.50 ± 38.40	7.00
枸杞干叶	577.50 ± 25.00	4.30
枸杞渣	371.30 ± 5.60	—

资料来源：李丁仁，李爽，曹弘哲.宁夏枸杞［M］.银川：宁夏人民出版社，2012：80.

3. 枸杞多糖及其他糖类

枸杞中糖的种类、含量及比例是决定品质和价值的关键因素，糖类物质中枸杞多糖和总糖公认是枸杞子中最重要的有效成分，《中国药典》（2015年版）和 GB/T 8672—2014都规定了枸杞多糖的含量限度。

枸杞多糖（LBP）是宁夏枸杞中主要的化学成分，占枸杞子干重的5%~8%，其分子量在8~241kDa。枸杞多糖组成研究发现，其中含有阿拉伯糖、鼠李糖、木糖、甘露糖、半乳糖和葡萄糖6种中性单糖和半乳糖醛酸，总糖含量高达87.32%，半乳糖醛酸含量为26.50%。由此可知，枸杞多糖是酸性杂多糖同多肽或蛋白质构成的复合性多糖。大多数研究利用的都是枸杞多糖的粗品，对于其提取分离和纯化方法及其组成成分和结构的分析研究报道较少。

枸杞果实中含有大量游离糖，因此枸杞子口味甜，总糖也是划分枸杞等级的重要指标之一。宁夏枸杞多糖含量在5.76%～6.63%，多糖含量随枸杞等级的提高而增加，如特级枸杞多糖含量为6.63%，甲级为6.03%，乙级为5.76%（表9-3）。由表9-4看出总糖、还原糖含醛基糖的含量一等品枸杞低于二等枸杞，而甜味较明显的蔗糖、果糖含量，一等品高于二等枸杞。传统经验认为，中药枸杞子以味甜、色红、个大、饱满、肉厚者为佳。说明一等枸杞子千粒重大，粒数少，水分含量较高，灰分低，与经验鉴别结果一致，尤其是蔗糖含量和果糖含量，一等品枸杞明显高于二等品，特别是蔗糖味较甜，可能是一等品枸杞味甜的主要原因。说明传统经验鉴别枸杞质量有一定依据。

总之，枸杞总糖和多糖影响着枸杞的品质，总糖是枸杞甜味的重要来源，多糖是主要活性成分，糖分越高，品质越好。果实内糖分是枸杞中类胡萝卜素、酸及其他营养成分物质合成的基础原料，但含量过多时，枸杞容易板结，影响长期保存。

表 9–3　宁夏枸杞多糖含量测定结果

名称	等级	标准 /（粒 · 50 g^{-1}）	实际粒数 /（粒 · 50 g^{-1}）	枸杞多糖含量 / %
宁夏枸杞	特	≤ 370	400	6.63
	甲	≤ 580	560	6.03
	乙	≤ 900	800	5.76

资料来源：李丁仁，李爽，槽弘哲.宁夏枸杞［M］.银川：宁夏人民出版社，2012：78.

表 9–4　枸杞糖含量比较

项目 / 含糖类别	等级	平均 / %	统计结果
总糖	一	39.5	$p < 0.05$
	二	44.39	
还原糖	一	33.39	$p < 0.05$
	二	39.35	
果糖	一	7.249	$p < 0.05$
	二	4.601	
蔗糖	一	5.552	$p < 0.05$
	二	2.230	
含醛基糖	一	16.37	$p < 0.05$
	二	25.16	

资料来源：李丁仁，李爽，曹弘哲.宁夏枸杞［M］.银川：宁夏人民出版社，2012：79.

4. 类胡萝卜素

枸杞果实橙红色的物质基础是其中的类胡萝卜素类物质，含量仅占干果的0.03%~0.50%，经皂化和未皂化的枸杞果提取物共含有11种游离类胡萝卜素和7种类胡萝卜素酯。游离类胡萝卜素包括 β－胡萝卜素、β－隐黄素和玉米黄素。

类胡萝卜素脂肪酸酯主要是玉米黄素双棕榈酸酯、玉米黄素单棕榈酸酯和 β－隐黄素棕榈酸酯。其中主要的类胡萝卜素是以酯化形式存在的玉米黄质，占总类胡萝卜素的1/3～1/2。

类胡萝卜素按分子组成可分为含氧类胡萝卜素和非含氧类胡萝卜素。含氧类胡萝卜素包括叶黄素类和类胡萝卜素酯，是枸杞中含量占绝对优势的类胡萝卜素，主要为类胡萝卜素酯、玉米黄素及隐黄素等；非含氧类胡萝卜素又被称为胡萝卜素或类胡萝卜素碳氢化合物，主要为 β－胡萝卜素及其异构体类化合物。

研究发现，枸杞类胡萝卜素对热、酸、氧化剂比较稳定，但对光、Cu^{2+} 极不稳定。枸杞具有季节性，果实分为夏果和秋果，不同生长时期的枸杞类胡萝卜素含量及各胡萝卜素的构成比例有所不同，即总胡萝卜素、叶黄素和玉米黄素的含量随枸杞成熟度的增加而增加，β－胡萝卜素的含量随枸杞成熟度的增加而降低，而 β－隐黄素含量在成熟期达最大值。不同地区、品种、加工方式和测定方法等因素对类胡萝卜素各组分的含量都有影响，但其组成基本一致。

植物类胡萝卜素只有能在人体内转化成维生素 A 的类胡萝卜素才具有生理活性，如 β－胡萝卜素被称为维生素 A 原。近年来研究发现，包括那些不具维生素 A 原活性的类胡萝卜素在清除自由基、提高免疫功能及抗癌力方面也有重要作用，国内学者对宁夏枸杞中类胡萝卜素进行测定，表明枸杞果中的主要色素有胡萝卜素、一羟叶黄素（隐黄质）和二羟叶黄素（玉米黄质）及其软脂酸酯（酸浆果红素），其中胡萝卜素作为维生素的植物性来源受到重视。从表9-5看出，宁夏枸杞类胡萝卜素含量以鲜果含量最高为19.61 mg/100 g，干果较低为9.84 mg/100 g。

表 9-5　枸杞胡萝卜素含量比较

单位：mg /100 g

名称	类胡萝卜素	一羟叶黄素	二羟叶黄素
枸杞子	9.84	5.45	16.03
枸杞鲜果	19.61	—	—

资料来源：李丁仁，李爽，曹弘哲.宁夏枸杞［M］.银川：宁夏人民出版社，2012：79.

5. 甜菜碱

枸杞植物中含有较丰富的生物碱，枸杞子中主要含有甘氨酸甜菜碱，简称甜菜碱，被《中国药典》（2015年版）载入作为判断枸杞质量的标准。目前，也被广泛用于化工制药，种植养殖及食品添加等。

宁夏枸杞甜菜碱含量以枸杞叶柄含量最高，叶片次之，果实最少。甜菜碱是一类季铵盐化合物、化学名称为N－甲基代氨基酸。枸杞对脂质代谢或抗脂肪肝的作用主要是由于所含的甜菜碱引起的，它在体内起甲基供应体的作用。（表9-6）

表 9-6　宁夏枸杞甜菜碱含量测定结果

单位：%

名称	测定方法	平均含量	标准偏差	变异系数
枸杞子	光度测定法	0.97	0.090	9.30
	红外光谱法	1.11	0.014	1.27
枸杞叶	光度测定法	1.15	0.13	10.40
	红外光谱法	1.36	0.050	3.64
枸杞柄	光度测定法	1.82	0.064	3.50
	红外光谱法	1.92	0.085	4.42

资料来源：李丁仁，李爽，曹弘哲.宁夏枸杞［M］.银川：宁夏人民出版社，2012：77.

6. 维生素E及其他有机物含量

宁夏枸杞维生素E含量如表9-7所示，鲜叶含量最高，鲜果次之，干果低于鲜果，籽含量最少。粗脂肪，籽最多，干果次之，鲜叶最少。

表 9-7　宁夏枸杞维生素E含量

名称	α－生育酚/（$mg \cdot 100\,g^{-1}$）	β＋γ－生育酚/（$mg \cdot 100\,g^{-1}$）	δ－生育酚/（$mg \cdot 100\,g^{-1}$）	总 α-生育酚当量/mg	α－生育酚占比/%
干果	10.207	5.574	3.678	11.366~12.481	89.80
鲜果	0.985	0.222	0.886	1.040~1.084	94.71
鲜叶	11.479	0.592	0.125	11.599~11.717	98.69
籽	1.785	14.903	6.473	4.843~7.824	36.85

资料来源：李丁仁，李爽，曹弘哲.宁夏枸杞［M］.银川：宁夏人民出版社，2012：80.

7. 常量及微量元素含量

人体由60多种元素所组成，根据元素在人体内的含量不同，可分为常量元素和微量元素两大类。凡是占人体总重量的万分之一以上的元素，如碳、氢、氧、氮、钙、磷、镁、钠等，称为常量元素；凡是占人体总重量的万分之一以下的元素，如铁、锌、铜、锰、铬、硒、钼、钴、氟等，称为微量元素（铁又称半微量元素）。微量元素虽然在人体内的含量不多，但与人的生存和健康息息相关，对人的生命起至关重要的作用。

宁夏枸杞干果中的常量元素以钾最多，次为磷、钠和镁；枸杞叶片钙含量最高，次为镁、钾和钠；枸杞叶柄中仍以钙含量最高，次为钾、镁和钠。

枸杞干果、叶片、叶柄中均有微量含量，种类达32种（表9-8）。

表 9-8 宁夏枸杞常量、微量元素含量

单位：%

元素	枸杞子	枸杞叶	枸杞柄	元素	枸杞子	枸杞叶	枸杞柄
镁	0.109 1	1.075 0	0.615 0	钡	0.000 1	0.008 6	0.002 1
磷	0.178 0	0.118 0	0.063 8	矾	0.000 04	0.000 5	0.000 4
钙	0.085 0	0.125 0	1.270 0	砷	0.000 03	＜0.0060	＜0.006
铝	0.008 2	0.075 0	0.045 7	镉	＜0.000 5	＜0.000 5	＜0.000 5
铁	0.009 2	0.0485	0.027 0	钴	＜0.000 2	＜0.000 2	＜0.000 2
钾	1.132 0	0.567 5	0.667 0	镍	＜0.000 03	＜0.003	0.000 3
钠	0.149 8	0.449 1	0.489 0	硒	0.000 17	0.000 42	0.000 39
锰	0.001 1	0.021 3	0.003 3	铅	0.000 21	0.000 54	0.000 49
硼	0.001 6	0.009 9	0.018 8	锡	＜0.000 3	＜0.000 3	0.001 4
锂	0.000 2	0.010 9	0.002 4	汞	0.000 013	0.000 022	0.000 025
锌	0.002 1	0.002 8	0.001 62	铬	0.000 4	＜0.000 2	＜0.000 2
铜	0.001 6	0.000 7	0.000 9	银	＜0.000 1	＜0.000 1	＜0.000 1
钼	＜0.000 8	＜0.000 8	＜0.000 8	锆	＜0.000 1	＜0.000 1	＜0.000 1
铍	＜0.000 3	＜0.000 3	＜0.000 3	铌	＜0.000 1	＜0.000 1	＜0.000 1
钛	0.000 1	0.002 0	0.001 6	镧	＜0.000 2	＜0.000 2	＜0.000 2
锶	0.000 8	0.065 4	0.023 1	钇	0.000 2	＜0.000 2	0.000 2

资料来源：李丁仁，李爽，曹弘哲.宁夏枸杞［M］.银川：宁夏人民出版社，2012：75.

8. 枸杞质量标准

我国目前枸杞产品标准有国家标准 GB/T 18672—2014《枸杞》（代替 GB/T 18672—2002）、行业标准 NY 5248—2004《无公害食品枸杞》（已废止）、NY/T 1051—2014《绿色食品 枸杞及枸杞制品》（代替 NY/T 1051—2006）、SN/T 0878—2000《进出口枸杞子检验规程》以及《中华人民共和国药典》。

国家标准《枸杞（ 枸杞子）》于2002年颁布实施，GB/T 18672—2014《枸杞》与原先标准相比，主要技术变化有5个方面：一是修改了标准名称；二是修改了理化指标项目，调整了总糖的指标数值；三是删除了卫生指标及相关内容；四是修改了附录 A 测定步骤中“样品溶液的制备”部分内容；五是修改了附录 B 的全部内容。新标准涉及感官指标6项、理化指标8项，是我国第一个枸杞产品国家标准，提出了枸杞多糖及总糖的检测方法，填补了没有枸杞国家标准的空白。

行业标准《绿色食品 枸杞及枸杞制品》是农业部于2006年初次颁布实施的，于2014年进行修订，是迄今为止国内比较全面的枸杞产品标准，内容包括感官指标6项、理化指标5项、卫生指标17项，其中农药残留14项、有毒有害重金属3项。该标准体现了绿色食品无污染、安全、优质、营养的原则，解决了绿色食品枸杞生产、认证没有产品标准可依的问题。

《进出口枸杞子检验规程》是20世纪90年代制定，2000年年修订的我国最早的枸杞产品行业标准。该标准首次界定了枸杞产品的术语、定义，提出了取样方法和检验方法，将二氧化硫、致病菌作为进出口枸杞子检验的重要卫生指标予以控制，为枸杞产品标准体系的建设奠定了重要的基础。

《中华人民共和国药典》（2015年版），提出了枸杞子的鉴别方法（薄层色谱法），理化指标6项，包括水分、总灰分、重金属及有害元素、浸出物、枸杞多糖和甜菜碱。

二、枸杞功效作用

1. 传统功效及应用

《本草经疏》记载：“润而滋补，兼能退热，而专于补肾、润肺、生津、益气，为肝肾真阴不足、劳乏内热补益之要药……老人阴虚者十之七八，故服食家为益精明目之上品。昔人多谓其能生精益气，除阴虚内热明目者，盖热退则阴生，阴生则精血自长。肝开窍于目，黑水神光属肾，二脏之阴气增益，则目自明矣。”张介宾《景岳全书》中曰：“味重而纯，故能补阴，阴中有阳，故能补气，所以滋阴而不致阴衰，助阳而能使阳旺。”《本草汇言》：“俗云枸杞善能治目，非治目也，能壮精益神，神满精足，故治目有效”。《重庆堂随笔》：“《圣济》以一味治短气，余谓其专补心血，非他药所能及也。”中医典籍中早已记载枸杞子是一种延缓衰老药，描述为“轻身、乌须、明目、延年……”不少补益方剂如右归丸、七宝美髯丹、杞菊地黄丸等配伍中都有枸杞子。《名医别录》曰：“冬采根，春夏采叶，秋采茎实，阴干。”“下胸胁气，客热头痛，补内伤、大劳、嘘吸，坚筋骨，强阴，利大小肠。”综上可知，中医典籍中关于枸杞子的功效及主治的记载有“补肾、润肺、补肝、明目、生精益气、补阴养血”等，与现代药典“滋补肝肾，益精明目，用于虚劳精亏，腰膝酸痛，眩晕耳鸣，阳痿消渴，血虚萎黄，目昏不明”基本一致。

（1）药用部位　枸杞子（成熟干燥果实），别名苟起子（《本草经集注》）、枸杞红实（《宝庆本草折衷》）、甜菜子（《救荒本草》）、西枸杞（《本草纲目》）、狗奶子（《广雅疏证》）。

地骨皮（宁夏枸杞根皮），别名杞根、地骨、地辅、地节（《神农本草经》），枸杞根、苟起根（《本草经集注》），枸杞根皮（《药性论》）。

（2）药材性状　枸杞子呈类纺锤形或椭圆形、长椭圆形，长6～20 mm，直径3～10 mm。表面红色或暗红色，顶端有小突起状的花柱痕，基部有白色的果梗痕。果皮柔韧，皱缩；果肉肉质，柔润。种子20～50粒，类肾形，扁而翘，表面浅黄色或棕黄色。鲜果外果皮表皮细胞表面观呈类多角形或长多角形，垂周壁平直或细波状弯曲，外平周壁表面有平行的角质条纹。中果皮薄壁细胞呈类多角形，壁薄，胞腔内含橙红色或红棕色球形颗粒。种皮石细胞表面观呈不规则多角形，壁厚，波状弯曲，层纹清晰。气微，味甜。

地骨皮：根皮筒状或槽状，长3～10 cm，宽0.5～1.5 cm，厚0.1～0.3 cm。外表面灰黄色至棕黄色，粗糙，有不规则纵裂纹，易呈鳞片状剥落。内表面黄白色至灰黄色，较平坦，有细纵纹。体轻，质脆，易折断，断面不平坦，外层黄棕色，内层灰白色。气微，味微甘而苦。

（3）功能主治　枸杞子味甘性平，滋补肝肾，益精明目，用于虚劳精亏，腰膝酸痛，耳鸣、内热消渴，血虚萎黄，目昏不明。

地骨皮味甘性寒。主治凉血除蒸，清肺降火。用于阴虚潮热，骨蒸盗汗，肺热咳嗽，咯血，衄血，内热消渴。

①用法用量

枸杞子内服：煎汤，5～15 g；或入丸、散、膏、酒剂。

地骨皮内服：煎汤，9～15 g，大剂量可用到15～30 g，脾胃虚寒者慎服。

②临床组方

治肝肾不足，眼目昏暗，瞻视不明，茫茫漠漠，常见黑花，多有冷泪。枸杞子三两，巴戟（去心）一两，甘菊（拣）四两，苁蓉（酒浸，去皮，切，焙）二两。上为细末，炼蜜丸如梧桐子大。每服三十至五十丸，温酒或盐汤下，空腹食前服。出自《局方》菊睛丸。

治肾虚腰痛。枸杞子、地骨皮各一斤，川萆薢、川杜仲各十两，俱晒燥，微炒，以好酒三斗，净坛内浸之，煮一日，滤出渣。早晚随量饮之。出自《千金方》。

2. 现代药理学研究

（1）抗氧化、延缓衰老作用　研究表明，枸杞醇提物和水提物均有较强的抗氧化作用，存在一定的剂量效应关系，并且枸杞醇提物清除羟自由基（·OH）和超氧阴离子自由基（O_2^-）的能力要强于水提物。枸杞乙酸乙酯提取部位对羟自由基有很强的抑制和清除作用，并具有浓度依赖性，可清除邻苯三酚自氧化体系产生的超氧阴离子自由基，减少其对红细胞的氧化作用。新疆枸杞大孔树脂95%乙醇洗脱部分具有一定抗氧化作用，当终反应浓度为100 μg/mL时，该样品的丙二醛（MDA）抑制率平均值为88.4%，半数抑制浓度（IC_{50}）平均值为31.3%。研究表明，老年人服用枸杞后，根据血液情况可观察到机体功能状态的主要指标均有所改善，脑力与体力也有所增强。动物试验还发现，枸杞能提高鼠科动物体内的超氧化物歧化酶（SOD）、过氧化氢酶（CAT）的活性，增强总抗氧化能力（TAOC），降低丙二醛（MDA）水平，降低肌酸激酶的活动，降低内源性脂质过氧化和力竭运动产生的氧化应激。

枸杞总黄酮类化合物（TSL）可阻断 Fe^{2+}−Cys−His 体系诱发的鼠肝粒体脂质过氧化，当 TSL 终浓度在0.025～2.0 mg/ml 范围时，对 MDA 的阻断率为38.38%～99.96%，呈“剂量－效应”关系，扫描电镜观察到 TSL 对脂质过氧化所致红细胞形态结构的破坏具有保护作用。同时，枸杞总黄酮能明显抑制线粒体脂质过氧化测量值（MDA），保护线粒体膜的流动性，通过 ESR 自旋捕集技术，可发现其清除作用。

黑果枸杞色素对 DPPH 自由基有清除作用，表现出一定抗氧化作用，其抗氧化能力强于维生素 E，弱于维生素 C，黑果枸杞色素提取物粗品对动植物性油脂均有抗氧化作用，并随色素添加量的增加，抗氧化性增强，且高温条件下色素抗氧化性稳定。黑果枸杞叶片甲醇提取物对 DPPH、羟自由基、超氧阴离子自由基均有较好的清除作用，最高清除活性分别达72.72%、54.90%、92.08%。研究表明，黑果枸杞色素能显著抑制小鼠红细胞溶血且增强小鼠血清抗氧化活性能力，抑制小鼠肝组织脂质过氧化产物 MDA 生成和小鼠肝线粒体肿胀度并显示出一定的量－效关系。通过对青藏高原不同产地黑果枸杞花色苷等多酚的体外抗氧化活性进行评价，结果表明，黑果枸杞抗氧化作用产地之间差异很大，并与多酚含量和花色苷含量呈相关性，前者的相关性大于后者。与其他富含花色苷类果蔬比较，黑果枸杞花色苷不仅含量高，而且具有相对较高的体外抗氧化活性。

（2）对免疫功能的促进与调节作用　枸杞对机体特异性免疫功能有促进作用，对免疫有双向调节作用。许多研究表明，枸杞和枸杞多糖（LBP）具有很多免疫调节功能，包括各种免疫细胞的活化。医学最新研究显示，枸杞多糖能够增强细胞介入免疫和体液免疫反应。例如，实验动物每天服用枸杞多糖510 mg/ kg 1周后，发现 T 细胞自然杀伤细胞的活性增加。枸杞对 IgE 反应实验证明，使用枸杞果实能够减少过敏性反应的抗体，其机制可能是促进 CD8+T 细胞和调节细胞因子。

枸杞提取物能抑制环磷酰胺引起的白细胞数目减少并促进其恢复，显著延缓白细胞死亡。枸杞多糖也可增强细胞白介素 IL−2和肿瘤坏死因 TNF− 在人体外周血单核细胞逆转录聚合酶链反应（RT–PCR 技术）；在生物活性鉴定时发现剂量 – 效应 mRNA 和蛋白中的表达。枸杞多糖（LBP）诱发免疫反应并具有潜在的癌症疗效。研究表明，枸杞多糖通过激活巨噬细胞增强先天性免疫，激活 RAW264.7巨噬细胞的 NF–B 和 AP–1转录因子，诱导肿瘤坏死因子 IL–1β、IL–12p40mRNA 的表达，并促进肿瘤坏死因子剂量效应的产生。

黑果枸杞多糖及花色苷具有增强免疫能力的作用。黑果枸杞果实多糖通过对巨噬细胞的激活作用而发挥免疫作用。黑果枸杞色素能明显地增强雏鸡的免疫功能。

（3）降血糖、血脂与血压的作用　随着人们物质生活和精神生活的不断充裕，高脂高糖食物的摄入也成为常态，长期的饮食不洁导致人体血糖血脂不断上升，进而引发糖尿病、动脉粥样硬化等各类疾病，临床主要表现为血糖和血脂的异常增高。

枸杞是糖尿病患者唯一可以食用的含糖食品，可作为保健品或降血糖药物。有临床实验报告显示枸杞有预防糖尿病的作用，而被认为中国知名的传统医药。有研究表明，枸杞多糖长期干预的降血糖作用接近于阳性对照组罗格列酮，利用枸杞多糖干预2型糖尿病患者3个月后发现糖尿病患者空腹血糖明显降低。此外，枸杞多糖在肠道内抑制葡萄糖吸收，提高细胞对葡萄糖的摄取能力也是其发挥降糖作用的一个方面。也有研究显示，黑果枸杞果实多糖有较好的防治糖尿病的作用，且对糖尿病的多饮多食、体脂量下降等症状也有一定的缓解作用。

枸杞能显著降低血清胆固醇及三酰甘油含量，并能减轻或防止动脉粥样硬化斑块的形成。实验结果表明，枸杞子对实验性高脂血症兔的血脂有明显影响，能显著降低血清胆固醇及三酰甘油含量，高密度脂蛋白相应上升，降脂有效率为100%。枸杞对心脑血管病具有预防和治疗作用，黑果枸杞也具有较好地预防和治疗心脑血管疾病的作用。目前，研究主要集中在黑果枸杞花色苷类色素及叶黄酮方面。研究发现，黑果枸杞色素对高脂血症小鼠血脂水平升高和脂质过氧化均有一定的抑制作用。黑果枸杞花色苷对体外氧化低密度脂蛋白（Ox–LDL）致人脐静脉内皮细胞（HUVECs）氧化损伤具有保护作用，可减缓被损伤细胞的 G0/G1比率及凋亡率，增高 S 期细胞比率、G2/M 比率；同时可提高细胞代谢中超氧化物歧化酶、过氧化物酶、谷胱甘肽过氧化酶的活性，降低丙二醛的含量。通过对黑果枸杞叶黄酮的降血脂作用研究发现，黑果枸杞总黄酮在一定质量浓度范围内能抑制羟自由基（·OH）诱发卵磷脂脂质过氧化作用，防止红细胞膜氧化溶血，且具有一定的量－效关系，且芦丁、槲皮素、木犀草素、异鼠李素和山柰素5种黄酮成分可能是黑果枸杞叶黄酮的抗氧化和降血脂活性的主要作用成分。

血管紧张素转化酶（ACE），在肾素－血管紧张素系统中主要参与升压过程，具有调控血压的重要作用。ACE 抑制肽有助于对血管紧张素转化酶作用，促进对高血压的调控。枸杞中 ACE 化学合成多肽对 SHR 大鼠有一定的降压作用，可能是通过 ACE−AngII−AT1R 和 ACE2−Ang−（1~7）−Mas−R 通路的平衡发挥降压作用。

（4）养肝护肝的作用 枸杞作为强有力的抗氧化剂，拥有非常强的肝脏保护能力。枸杞子作为一味传统常用中药，临床使用历史已非常久远。在倡导中药现代化的今天，其中的主要活性成分亦得到了人们的高度重视。实验研究显示，动物长期喂服含有枸杞子的水提取物或甜菜碱的饲料，对四氯化碳（CCl_4）引起的肝损伤有保护作用，抑制 CCl_4引起的肝及血清中脂质的变化，降低谷草转氨酶。每日灌服枸杞子水浸液，对 CCl_4引起的小鼠肝损伤也有保护作用，能抑制脂肪在肝细胞内沉积，并促进肝细胞新生。宁夏枸杞对酒精性肝损伤大鼠具有脂质过氧化及保护肝细胞的作用。枸杞根、地上部分、果实的提取物对 CCl_4所致的肝脏损伤有保护作用，枸杞果实对 CCl_4所致的肝脏损伤保护的机制可能与其抗氧化作用和调节细胞色素 P4502E1（CYP2E1）的表达有关。

从枸杞属植物中分离得到的甜菜碱 betaine，是一种季铵型生物碱，在体内起甲基供体的作用，可促进脂肪代谢，抑制脂肪肝，脑苷脂类化合物可显著降低 CCl_4所致受损细胞释放的谷丙转氨酶（GPT）和山梨醇脱氢酶（SDH）的水平，发挥保护肝脏的作用。实验发现，枸杞果实氯仿－甲醇提取物对 CCl_4 所致大鼠肝脏细胞毒性有显著的保护作用，进一步活性指导下的分离得到了活性化合物 zeaxanthin 和 zeaxanthin dipalmitate，其乙酸乙酯提取部位也有显著保肝作用，活性指导下的进一步分离得到了两个糖脂类化合物1−O−（9Z,

12Z，15Z－octadecatrienoyl）－2－O－（9Z，12Z，15Z－octadecatrienoyl）－3－O－β－D－galactopyranosyl glycerol、1－O－（9Z，12Z－octadecadienoyl）－2－O－（9Z，12Z，15Z－octadecatrienoyl）－3－O－β－D－galactopyranosyl glycerol 及一组混合物（6′－O－palmitoyl）－β－sitosterol－3－O－β－D－glucopyranoside 和（6′－O－stearoyl）－β－sitosterol－3－O－β－D－glucopyranoside。从枸杞 *Lycium chinense* Mill. 果实中分离得到的化合物4－[Formyl－5－（hydroxymethyl）－1H－Pyrrol－1－yl]butanoic acid 和4－[formyl－5－（methoxymethyl）－1H－pyrrol－1－yl] butanoic acid，在相当于保肝药水飞蓟素0.1 μM 治疗剂量的64.4% 和65.8% 时即有显著的保肝作用，上述这些单体化合物有望作为先导化合物开发保肝新药。

（5）明目作用　研究表明，枸杞多糖与类胡萝卜素化合物作为枸杞中明目的主要功效成分，对创伤性视神经损伤、糖尿病所致的视网膜病变及视网膜神经节细胞氧化应激损伤等具有明显的保护和抑制作用，枸杞在眼科疾病的研究应用也进一步推动了中药多环节、多靶点的药理作用研究工作。

研究发现，眼睛的所有组织中都存在类胡萝卜素，在视网膜的凹处和周围区域叶黄素和玉米黄素的含量不同，其周围区域叶黄素含量最高，而在中心凹处玉米黄素的含量高。研究表明，玉米黄素和叶黄素对眼睛有保护作用，与中老年性退行性黄斑病变呈负相关关系。此病发生的部位是在眼底视网膜的中央黄斑区域，是产生视力功能最敏锐的部位。研究显示，人体视网膜中心后部的视网膜黄斑富含抗氧化色素，它是由高密度的玉米黄素和叶黄素产生的。玉米黄素和叶黄素是视网膜黄斑区域中存在的类胡萝卜素，从饮食中摄取它们可以影响黄斑色素密度，经常食用富含类胡萝卜素，尤其是玉米黄素和叶黄素的食品，能降低患老年性黄斑变性的可能性。补充叶黄素和玉米黄素对老化性视网膜黄斑病变，至少是早期的病变，具有明显的改善效果，同时还可降低老年性失明的风险。

（6）抗癌和抗肿瘤作用　枸杞、枸杞叶对人胃腺癌 KATO－Ⅲ细胞及枸杞果柄、枸杞叶对人宫颈癌细胞均有明显抑制作用，枸杞对多种癌细胞有抑制作用。

关于枸杞多糖（LBP）通过免疫调节起到抗癌作用有很多研究报道，LBP 可以防止非胰岛素依赖型糖尿病大鼠的发病，甚至减缓癌变概率。有研究报道，LBP可通过降低丙二醛含量增高超氧化物歧化酶活性，提高机体抗氧化能力，从而拮抗二乙基亚硝胺的诱癌作用。LBP与其他治疗肿瘤的方法结合，能显著增强抗肿瘤效果，还能减轻这些疗法带来的副作用。有资料还表明，类胡萝卜素的摄入量或血浆类胡萝卜素水平也与乳腺癌、膀胱癌、宫颈癌、胃癌、前列腺癌、口腔癌等肿瘤的发生率呈负相关，天然类胡萝卜素能降低一些人类肿瘤的发生率。

（7）抗疲劳作用　疲劳是机体复杂的生理生化变化的综合反应。体力活动或剧烈运动时，机体主要靠糖原酵解来获得能量。当糖原被大量消耗而又得不到及时补充时，糖酵解产物乳酸过量堆积导致机体内环境失调和代谢过程紊乱，由此导致全身性疲劳的发生。研究表明，枸杞对提高负荷运动的适应能力、抗疲劳和加速消除疲劳具有十分明显的作用。枸杞子能增加机体肝糖原储备，还具有加快恢复运动后血乳酸到运动前水平的作用。此外，枸杞中的多糖分解可以改善机体能量代谢，加速肝糖原分解供能，减少蛋白质分解供能，证明枸杞子具有抗疲劳活性。

（8）抗菌、抗病毒活性作用　地骨皮75%乙醇提取物对12种常见细菌有抑菌作用，尤其对甲型溶血性链球菌、肺炎双球菌、铜绿假单胞菌抑菌效果显著，其平均最低抑菌浓度（MIC）为0.125 mg/mL；对其他9种细菌（金黄色葡萄球菌、表皮葡萄球菌、白色念珠菌、大肠杆菌、肺炎克雷伯菌、甲型副伤寒杆菌、伤寒沙门菌、福氏志贺杆菌、痢疾志贺杆菌）的MIC是0.25 mg/mL 。

从枸杞叶、茎和根皮中纯化得到的Lyciumoside I对幽门螺杆菌有显著抑制作用。从枸杞根皮乙酸乙酯提取部位中分离得到的Dihydro-N-caffeoyltyra mine、trans-N-caffeoyltyra mine、cis-N-caffeoyltyra mine和（+）lyoniresinol 3α-O-β-D-glucopyranoside均对白色念珠菌有抵抗作用，显示其抗真菌活性，其中化合物Dihydro-N-caffeoyltyra mine、trans-N-caffeoyltyra mine、cis-N-caffeoyltyra mine的活性浓度是5-10 μg/mL，对人红细胞无溶血作用，化合物（+）lyoniresinol 3α-O-β-D-glucopyranoside除对白色念珠菌（Calbicans）有很强的抗真菌作用外，对耐甲氧西林金黄色葡萄球菌（MRSA）和致病真菌均有强的

抑制作用，同时对人红细胞无溶血作用，可作为先导化合物开发抗菌药。

宁夏枸杞果实提取物对玉米弯孢霉病菌（*Curvularia lunata*）、茄子褐纹病菌（*Phomopsis vexans*）、黄瓜褐斑病菌（*Corynespora cassiicola* Wei）和梨轮纹病菌（*Macrophoma kuwatsukai* Hara）四种病原菌都有较强的抑制作用，但其作用方式、作用机理有待于进一步研究。此外，实验证实枸杞果实对轮状病毒（Rotavirus）也有一定抑制作用。

（9）保护生殖系统　枸杞多糖（LBP）能抑制过氧化氢诱导的睾丸细胞损伤，对生殖细胞具有明显的保护作用。有研究表明，LBP 可使睾丸损伤大量血清性激素水平升高，增加睾丸、附睾的脏器系数，提高大鼠睾丸组织的 SOD 活性，降低丙二醛含量，使受损的睾丸组织恢复到接近正常。同时，还发现 LBP 各剂量均能使过氧化氢染毒细胞的拖尾细胞百分率和尾长显著降低，二者呈剂量 - 反应关系，LBP 能抑制过氧化氢诱导的睾丸细胞损伤，对生殖细胞具有明显的保护。

（10）其他临床应用　枸杞子对慢性萎缩性胃炎有一定疗效，对糖尿病视网膜病变患者的氧化损伤有保护作用，具有促进肝损伤的修复、降血糖、抗辐射、抗疲劳、促进造血功能恢复等功能作用。美国加利福尼亚艾滋病防治中心已将枸杞列为预防艾滋病的首选药物之一。枸杞通过对肠道菌落的影响，具有减肥的作用。

第二节　不同产地枸杞果实品质分析

枸杞广泛分布在我国西北地区，包括宁夏、新疆、内蒙古、甘肃、青海等地，是西北地区重要的经济作物，也是我国西北地区土壤改良的先锋作物。目前枸杞产业水平发展越来越好，枸杞区域布局也逐渐成为适地适栽的原则，而自然条件是区域布局的关键要素，不同产区由于生态环境的不同，栽培品种有明显地域性。

一、不同产地枸杞果实外观品质分析

调查结果表明（表9–9），不同产地枸杞的单果重差别较大（F=13.119，$p<0.05$），青海诺木洪枸杞的平均单果重最大，达0.912 g；甘肃靖远县和新疆精河县枸杞次之，两者之间差异不显著，但显著高于内蒙古和宁夏4个产地；内蒙古杭锦后旗、内蒙古乌拉特前旗、宁夏中卫市中宁县、宁夏银川市西夏区之间差异不显著，其中宁夏银川市的平均单果重仅为0.597 g，是调查产区中最小的，仅占青海诺木洪农场的65.5%。总体来说，宁夏银川和中宁产枸杞果实较小。

表 9–9　不同产地枸杞果实外观形态比较

产地	平均单果重 /（g·粒$^{-1}$）	平均纵径 / cm	平均横径 / cm	平均纵横比
内蒙古乌拉特前旗	0.612 ± 0.069 c	1.924 ± 0.142 c	0.937 ± 0.040 bc	2.055 ± 0.138 bc
内蒙古杭锦后旗	0.622 ± 0.082 c	1.875 ± 0.106 cd	1.086 ± 0.097 a	1.740 ± 0.200 d
青海诺木洪	0.912 ± 0.134 a	2.630 ± 0.200 a	0.957 ± 0.057 bc	2.749 ± 0.158 a
宁夏银川市	0.597 ± 0.056 c	1.688 ± 0.071 e	0.892 ± 0.042 cd	1.898 ± 0.130 cd
宁夏中宁县	0.599 ± 0.069 c	1.732 ± 0.079 de	0.832 ± 0.023 d	2.083 ± 0.096 bc
新疆精河县	0.750 ± 0.067 b	1.727 ± 0.058 de	1.015 ± 0.091 ab	1.714 ± 0.177 d
甘肃靖远县	0.839 ± 0.110 ab	2.093 ± 0.128 b	0.949 ± 0.029 bc	2.208 ± 0.169 b

注：采用S–N–K单因素方差分析法，同列数值小写字母不同表示该指标差异显著，$p<0.05$。

资料来源：王亚军，梁晓婕，张波，等.产地差异对宁夏枸杞果实形态及糖分含量的影响[J].干旱地区农业研究，2018，36（5）：68–75，81.

在果实纵径方面，不同产地枸杞的纵径差异显著（F=44.497，$p<0.05$）。其中青海诺木洪枸杞果实的纵径（2.630 cm）最大，明显长于其他产地，并达到显著性水平；甘肃靖远县的枸杞果实纵径次之，其次为内蒙古乌拉特前旗和内蒙古杭锦后旗，甘肃靖远枸杞明显长于内蒙古乌拉特前旗和杭锦后旗；宁夏中宁县、新疆精河县和宁夏银川市的枸杞果实纵径较小，三者之间差异不显著，其

中宁夏银川市的枸杞果实纵径最小。该结果与平均单果重的结果相似。

在果实横径方面，内蒙古杭锦后旗枸杞的横径（1.086 cm）最大，显著高于其他6个产地；新疆精河县的枸杞果实横径次之，但与内蒙古杭锦后旗枸杞的平均横径差异不显著；青海诺木洪、甘肃靖远县、内蒙古乌拉特前旗和宁夏银川市枸杞的平均横径分别为0.957 cm、0.949 cm、0.937 cm 和0.892 cm，四者之间差异不显著；宁夏中宁县的枸杞果实平均横径最小，为0.832 cm，且与其他各产区之间达到显著差异水平。分析各产区果实单果重和纵横径的数据，表明宁夏枸杞果实较小，而青海枸杞最大。

果实纵横比是反映果形的重要指标。青海诺木洪枸杞果实纵横比（2.749）最大，与其他6个产区差异显著，表明青海诺木洪的枸杞果实纵径长、横径短，整个果形修长，属长果形；甘肃靖远县、宁夏中宁县及内蒙古乌拉特前旗的枸杞纵横比次之，果形较青海诺木洪枸杞的果形圆，长椭圆形果；宁夏银川市、内蒙古杭锦后旗和新疆精河县的枸杞纵横比较小，说明此三地的果实为椭圆形。其中，新疆精河县的枸杞果实纵横比最小，说明该地的枸杞果实相对较圆。

二、不同产地枸杞果实营养成分分析

在7个产区的枸杞果实中（表9-10），甜菜碱含量由大到小依次为新疆精河县＞宁夏银川市＞甘肃靖远县＞宁夏中宁县＞青海诺木洪＞内蒙古乌拉特前旗＞内蒙古杭锦后旗。新疆精河县和宁夏银川市的甜菜碱含量极显著高于其他各产区（$p<0.01$），甘肃靖远县、宁夏中宁县和青海诺木洪枸杞的甜菜碱含量次之，三者间的差异不显著（$p>0.01$）。但甘肃靖远县和青海诺木洪的差异显著（$p<0.05$），内蒙古乌拉特前旗和杭锦后旗产区的枸杞中甜菜碱含量明显低于其他各产区，但两地之间差异不显著。

表 9-10 不同产地枸杞果实中内在营养成分分析

产地	甜菜碱 / ‰	黄酮 / %	类胡萝卜素 / ‰	枸杞多糖 / %	总糖 / %	果糖 / %	葡萄糖 / %	糖碱比
内蒙古杭锦后旗	3.52 Cd	0.33 Bb	0.84 BCb	3.95 Bb	59.57 Aa	23.76 Aa	21.64 BCb	169.23
内蒙古乌拉特前旗	4.25 Cd	0.33 Bb	1.21 ABa	4.37 Bb	54.72 ABab	19.95 Aa	18.00 Cc	128.75
新疆精河县	15.77 Aa	0.36 Bb	0.64 Cb	3.74 Bb	52.52 ABab	21.13 Aa	25.77 ABa	33.30
宁夏银川市	12.77 Aa	0.36 Bb	0.71 Cb	3.94 Bb	52.77 ABab	22.62 Aa	27.57 Aa	41.32
宁夏中宁县	7.39 Bbc	0.59 Aa	1.54 Aa	7.53 Aa	48.74 Bb	9.16 Cc	7.67 Dd	65.95
甘肃靖远县	8.62 Bb	0.66 Aa	1.56 Aa	4.87 Bb	54.03 ABab	14.35 Bb	11.25 Dd	62.68
青海诺木洪	5.83 Bc	0.87 Aa	1.47 Aa	4.79 Bb	53.28 ABab	12.51 BCb	9.92 Dd	91.39

注：采用S-N-K单因素方差分析法，同列数值小写字母表示0.05水平差异显著，大写字母表示0.01水平差异显著。

资料来源：王亚军，梁晓婕，张波，等.产地差异对宁夏枸杞果实形态及糖分含量的影响[J].干旱地区农业研究，2018，36（5）：68-75，81.

7个产区枸杞果实的总黄酮含量呈现两极分化，青海诺木洪、甘肃靖远县和宁夏中宁县所产的枸杞果实中的总黄酮含量较高，极显著地高于其他4个产区（$p<0.01$），但三地之间差异不显著。宁夏银川市、新疆精河县、内蒙古乌拉特前旗和内蒙古杭锦后旗所产的枸杞果实中的总黄酮含量较低，但4个产地之间差异不显著。

7个产区中的类胡萝卜素含量范围在0.64‰~1.56‰，甘肃靖远县、宁夏中宁县、青海诺木洪和内蒙古乌拉特前旗的枸杞中类胡萝卜素的含量较高，均大于1.00‰，但4地之间差异不显著。甘肃靖远县、宁夏中宁县和青海诺木洪的类胡萝卜素含量明显高于内蒙古杭锦后旗、宁夏银川市和新疆精河县3个产区，且达极显著水平（$p<0.01$），与内蒙古乌拉特前旗差异不显著（$p>0.05$）；内蒙古乌拉特前旗枸杞中的类胡萝卜素含量与宁夏银川市和新疆精河县这两个产区的差异达极显著水平（$p<0.01$），与内蒙古杭锦后旗产区的差异达显著水平（$p<0.05$）；内蒙古杭锦后旗、宁夏银川市和新疆精河县这3个产区所产的枸杞果实中类胡萝卜素

含量较低，其中新疆精河县产区的最低，为0.64‰，仅占甘肃靖远县产区枸杞果实中类胡萝卜素含量的41%。

果实的枸杞多糖含量由大到小依次表现为宁夏中宁县＞甘肃靖远县＞青海诺木洪＞内蒙古乌拉特前旗＞内蒙古杭锦后旗＞宁夏银川市＞新疆精河县。宁夏中宁县的枸杞果实中的枸杞多糖含量（7.53%）明显高于其他6个产地，并达极显著水平（$p<0.01$）。其他6个产区所产的枸杞果实中枸杞多糖含量差异均不显著，其中新疆精河县产区的枸杞多糖含量最低（3.74%），仅为宁夏中宁县产区的49.7%。

7个产地的枸杞果实中总糖含量范围为48.74%~59.57%，其中内蒙古杭锦后旗产区的总糖含量最高，宁夏中宁县产区的总糖含量最低。除内蒙古杭锦后旗与宁夏中宁县两个产地的枸杞果实总糖含量之间存在具有极显著差异（$p<0.01$）外，其他各产地之间差异不显著。

7个产地的枸杞果实中果糖含量由大到小依次表现：内蒙古杭锦后旗＞宁夏银川市＞新疆精河县＞内蒙古乌拉特前旗＞甘肃靖远县＞青海诺木洪＞宁夏中宁县。内蒙古杭锦后旗、宁夏银川市、新疆精河县和内蒙古乌拉特前旗4个产地的枸杞果糖含量极显著高于甘肃靖远县、青海诺木洪、宁夏中宁县（$p<0.01$），且彼此之间差异不显著。青海诺木洪和甘肃靖远县枸杞果糖含量差异不显著，但明显高于宁夏中宁县 其差异达极显著水平；宁夏中宁县枸杞的果实中果糖含量最低。

在葡萄糖含量方面，宁夏银川的枸杞果实中葡萄糖含量最高，与新疆精河县之间差异不显著，但与其他产地的差异达极显著水平。新疆精河县的枸杞葡萄糖含量次之，高于其他5个产地，与内蒙古杭锦后旗的差异达显著水平，与其他4个产地达极显著水平。内蒙古杭锦后旗和乌拉特前旗的葡萄糖含量排第三，但明显高于甘肃靖远县、青海诺木洪和宁夏中宁县，其差异达极显著水平（$p<0.01$）。甘肃靖远县、青海诺木洪和宁夏中宁县3个产区枸杞的葡萄糖含量较低，三者之间差异不显著（$p>0.05$）。

表 9-11 不同产地枸杞果实微量元素方差分析

单位：mg/kg

枸杞产地	铁	锰	锌	硒
内蒙古乌拉特前旗	61.76 ± 10.51 BC	10.20 ± 0.70 A	15.42 ± 1.07 AB	0.031 ± 0.003 BC
内蒙古杭锦后旗	53.46 ± 9.72 C	7.76 ± 0.91 BC	12.74 ± 2.29 B	0.014 ± 0.004 C
青海诺木洪	52.30 ± 13.85 C	6.15 ± 1.30 C	2.28 ± 1.54 C	0.030 ± 0.009 BC
宁夏银川市	118.52 ± 19.72 A	9.97 ± 1.75 AB	14.65 ± 4.13 AB	0.015 ± 0.003 C
宁夏中宁县	96.28 ± 43.80 ABC	8.12 ± 0.90 ABC	2.72 ± 1.55 C	0.061 ± 0.018 A
新疆精河县	80.84 ± 17.29 ABC	7.50 ± 0.67 C	18.06 ± 2.75 A	0.042 ± 0.011 AB
甘肃靖远县	103.86 ± 17.60 AB	9.76 ± 0.53 AB	5.99 ± 2.08 C	0.045 ± 0.017 AB

注：采用S-N-K单因素方差分析法，同列数值大写字母不同表示该指标差异显著，$p<0.01$。

资料来源：王亚军，梁晓婕，李越鲲，等.全国枸杞主产区枸杞果实中微量元素的研究[J].宁夏农林科技，2019，60（5）：21-24，42.

微量元素分析表明（表9-11），枸杞果实中铁的含量范围为52.30~118.52 mg/ kg。其中，宁夏中宁和银川产地的枸杞果实中的铁含量明显高于内蒙古乌拉特前旗、内蒙古杭锦后旗和青海诺木洪产区。枸杞果实中锰的含量为6.15~10.20 mg/ kg，内蒙古乌拉特前旗产地的枸杞果实中锰的含量明显高于内蒙古杭锦后旗、新疆精河县和青海诺木洪3个产地。枸杞果实中锌的含量范围为2.28 ~18.06 mg/ kg，新疆精河县和内蒙古乌拉特前旗、宁夏银川市3个产地枸杞果实中的锌含量显著高于其他各产区。枸杞果实中硒的含量范围为0.014 ~0.061 mg/ kg，宁夏中宁县产区所产的枸杞果实中的硒含量最高，明显高于内蒙古乌拉特前旗、青海诺木洪、宁夏银川市和内蒙古杭锦后旗4个产区。

第三节 不同篱架树形对枸杞果实品质的影响

枸杞产业健康发展的前提是果实品质优、产量高以及标准的种植模式，目前枸杞产业的栽培者，把品种、种植管理技术、整形修剪方式等相互结合，组成各种种植模式。篱架栽培模式让枸杞植株的整形修剪更加简单易操作，提高了树体的通风透光性及果实品质和产量，对促进枸杞产业提质增效及枸杞栽培制度的变革具有重要意义。

本节中以枸杞优良新品系16–23–7–8、16–14–5–4、14–87和14–104为试验材料，采用"干"字形、主干分层形及主干形3种篱架栽培树形，结合2021年和2022年共计8批次夏果果实营养成分的测定，对不同篱架树形、不同采摘期下的果实营养品质进行了差异性分析，并通过双因素方差分析探索了树形及采摘期是否存在交互效应，最终利用主成分综合评价法找出了最适宜果实营养成分积累的树形，研究结果为枸杞新品系适宜的篱架栽培模式的推广提供了技术支撑。

一、枸杞品系16–23–7–8

1. 总糖含量

同一树形不同时间以及相同时间不同树形条件下，枸杞品系16–23–7–8果实中的总糖含量均存在显著差异（$p<0.05$）。随着时间的推移，2021年和2022年"干"字形树形的各批次果实中总糖含量整体上均表现为下降趋势；主干分层形的各批次果实中总糖含量整体上表现为波动式上升的趋势；主干形的各批次果实中总糖含量在2021年和2022年的表现略有不同，其中2021年表现为波动式升高的趋势，而2022年表现为波动下降的趋势（表9–12）。

表9–12　枸杞品系16–23–7–8不同树形、不同时间果实总糖含量差异性分析

单位：g/100g

年份	不同时间	总糖		
		"干"字形	主干分层形	主干形
2021年	6月22日	40.96 ± 0.13Cc	42.89 ± 0.10Ba	42.10 ± 0.18Bb
	6月29日	45.55 ± 0.46Aa	41.96 ± 0.10Cb	40.39 ± 0.32Cc
	7月8日	42.67 ± 0.17Bc	46.55 ± 0.06Ab	48.41 ± 0.20Aa

续表

年份	不同时间	总糖		
		"干"字形	主干分层形	主干形
2022年	6月16日	54.77 ± 0.91Aa	49.93 ± 0.77Bb	—
	6月23日	52.30 ± 1.06Bb	43.71 ± 1.00Dc	58.72 ± 0.87Aa
	6月30日	51.99 ± 0.81Bb	50.81 ± 0.02ABb	57.08 ± 1.14Ba
	7月8日	47.99 ± 0.77Cb	47.18 ± 0.07Cb	49.47 ± 0.56Da
	7月15日	46.42 ± 0.89Cb	51.30 ± 0.14Aa	51.10 ± 0.50Ca

注：同一年份，表中含有不同大写字母表示相同树形条件下不同时间果实营养成分之间差异显著（$p<0.05$）；表中含有不同小写字母表示相同时间下不同树形果实营养成分之间差异显著（$p<0.05$）。

不同树形、不同时间均对枸杞品系16-23-7-8果实中的总糖含量造成显著影响，且不同树形与不同时间之间存在着交互效应。（表9-13）。

表 9-13　不同树形和不同时间果实总糖含量方差分析表

变异源	*SS*	*df*	*MS*	*F*值	*p*值
不同树形	143.971	2	71.985	56.861	$p<0.001$
不同时间	1156.077	6	192.679	152.197	$p<0.001$
不同树形 × 不同时间	434.316	11	39.483	31.188	$p<0.001$
误差	62.033	49	1.266		
总变异	1742.446	68			

2. 枸杞多糖含量

同一树形不同时间中除2022年主干形的枸杞多糖含量在各批次之间不具有显著差异性外（$p>0.05$），其余果实中的枸杞多糖含量均存在显著差异（$p<0.05$）；相同时间不同树形条件下，枸杞品系16-23-7-8果实中的枸杞多糖含量也存在显著差异（$p<0.05$）。2021年和2022年不同树形下各批次枸杞果实中枸杞多糖含量的变化趋势有所不同，随着时间的推移，"干"字形2021年枸杞果实中枸杞多糖含量呈先下降后上升的趋势，在2022年则呈先上升后下降的趋势。主干分层形

2021年枸杞果实中枸杞多糖含量呈波动式上升的趋势，在2022年则呈波动式下降的趋势；主干形2021年枸杞果实中枸杞多糖含量呈先下降后上升的趋势，而在2022年枸杞果实中的枸杞多糖含量则在各批次之间基本持平（表9-14）。

表 9-14　枸杞品系 16-23-7-8 不同树形、不同时间果实中枸杞多糖含量差异性分析

单位：g/100 g

年份	不同时间	枸杞多糖		
		“干”字形	主干分层形	主干形
2021 年	6 月 22 日	5.16 ± 0.19Aa	4.59 ± 0.10Bb	5.28 ± 0.14Aa
	6 月 29 日	3.80 ± 0.05Cc	4.32 ± 0.12Ca	4.04 ± 0.11Cb
	7 月 8 日	4.86 ± 0.05Bb	5.21 ± 0.15Aa	4.61 ± 0.18Bb
2022 年	6 月 16 日	3.07 ± 0.05Cb	4.02 ± 0.01Aa	—
	6 月 23 日	3.57 ± 0.15Bb	3.59 ± 0.15BCb	4.07 ± 0.15Aa
	6 月 30 日	4.08 ± 0.15Aa	3.41 ± 0.05Cb	4.24 ± 0.18Aa
2022 年	7 月 8 日	3.33 ± 0.07Bc	3.64 ± 0.08Bb	4.40 ± 0.16Aa
	7 月 15 日	3.47 ± 0.12Bb	3.70 ± 0.14Bb	4.02 ± 0.13Aa

注：同一年份，表中含有不同大写字母表示相同树形条件下不同时间果实营养成分之间差异显著（$p<0.05$）；表中含有不同小写字母表示相同时间下不同树形果实营养成分之间差异显著（$p<0.05$）。

枸杞多糖含量方差分析表明，不同树形、不同时间均对枸杞品系16-23-7-8果实中的枸杞多糖含量造成了显著的影响（$p<0.05$）；且不同树形与采摘时间相比，不同树形对枸杞果实中枸杞多糖含量的影响较为显著（$p<0.001$）；但两者之间不存在交互效应（表9-15）。

表 9-15　不同树形和不同时间果实枸杞多糖含量方差分析表

变异源	SS	df	MS	F 值	p 值
不同树形	1.687	2	0.843	5.151	$p<0.001$
不同时间	12.317	6	2.053	12.539	$p<0.05$
不同树形 × 不同时间	3.479	11	0.316	1.932	$p=0.058$
误差	8.022	49	0.164		
总变异	26.334	68			

3. 甜菜碱含量

同一树形条件下，不同时间采摘的枸杞品系16-23-7-8果实中的甜菜碱含量仅在2021年“干”字形与主干分层形两种树形下不具有显著差异（$p>0.05$），其余均存在显著差异（$p<0.05$）；而相同时间不同树形条件下，则在2021年6月22日与7月8日两个时间不具有显著差异（$p>0.05$），其余均存在显著差异（$p<0.05$）。随着时间的推移，2021年和2022年“干”字形树形下各批次果实中甜菜碱含量整体上均表现为下降趋势；而2021年和2022年主干分层形与主干形各批次枸杞果实中甜菜碱含量的变化趋势有所不同，其中主干分层形在2021年表现为下降趋势，而在2022年表现为上升趋势。主干形在2021年表现为先升高后下降的趋势，在2022年含量则基本持平（表9-16）。

表 9-16　枸杞品系 16-23-7-8 不同树形、不同时间果实甜菜碱含量差异性分析

单位：g/100 g

年份	不同时间	甜菜碱		
		“干”字形	主干分层形	主干形
2021 年	6 月 22 日	0.63 ± 0.11Aa	0.65 ± 0.08Aa	0.71 ± 0.03Ba
	6 月 29 日	0.75 ± 0.01Ab	0.63 ± 0.03Ab	1.16 ± 0.14Aa
	7 月 8 日	0.61 ± 0.01Aa	0.55 ± 0.06Aa	0.65 ± 0.14Ba
2022 年	6 月 16 日	2.00 ± 0.01Aa	1.40 ± 0.00Db	—
	6 月 23 日	1.44 ± 0.30Ec	1.67 ± 0.03Cb	2.02 ± 0.07Aa
	6 月 30 日	1.78 ± 0.03Ca	1.64 ± 0.04Cb	1.55 ± 0.06Bc
	7 月 8 日	1.53 ± 0.02Dc	1.99 ± 0.03Ab	2.11 ± 0.00Aa
	7 月 15 日	1.85 ± 0.07Bb	1.90 ± 0.04Bb	2.08 ± 0.01Aa

注：同一年份，表中含有不同大写字母表示相同树形条件下不同时间果实营养成分之间差异显著（$p<0.05$）；表中含有不同小写字母表示相同时间下不同树形果实营养成分之间差异显著（$p<0.05$）。

甜菜碱含量方差分析表明，不同时间对枸杞品系16-23-7-8果实中的甜菜碱含量造成的影响显著高于不同树形。不同树形与不同时间之间互相不具有交互效应（表9-17）。

表 9-17 不同树形和不同时间果实甜菜碱含量方差分析表

变异源	*SS*	*df*	*MS*	*F* 值	*p* 值
不同树形	0.608	2	0.304	1.919	p=0.158
不同时间	12.916	6	2.153	13.586	$p < 0.001$
不同树形 × 不同时间	1.371	11	0.125	0.787	p=0.625
误差	7.764	49	0.158		
总变异	22.413	68			

4. 黄酮含量

同一树形不同时间、相同时间不同树形下，枸杞品系16-23-7-8果实的黄酮含量均存在显著差异（p <0.05）（表9-18）。随着时间的推移，2021年和2022年“干”字形树形下各批次果实中黄酮含量整体上均表现为先下降后上升的趋势；而2021年和2022年主干分层形树形下各批次果实中黄酮含量变化趋势有所不同，2021年呈下降趋势，2022年呈波动式上升趋势；主干形树形下各批次枸杞果实中黄酮含量在2021年和2022年均表现为下降趋势（表9-18）。

表 9-18　枸杞品系 16-23-7-8 不同树形、不同时间果实黄酮含量差异性分析

单位：g/100 g

年份	不同时间	黄酮		
		“干”字形	主干分层形	主干形
2021 年	6 月 22 日	13.38 ± 0.03Ac	13.97 ± 0.07Ab	18.47 ± 0.40Aa
	6 月 29 日	11.91 ± 0.05Cc	13.29 ± 0.17Bb	14.18 ± 0.10Ba
	7 月 8 日	12.62 ± 0.19Ba	11.82 ± 0.08Cb	10.44 ± 0.18Cc
2022 年	6 月 16 日	9.99 ± 0.03Aa	8.61 ± 0.00Bb	—
	6 月 23 日	8.20 ± 0.00Cc	10.88 ± 0.04Aa	10.20 ± 0.02Bb
	6 月 30 日	9.12 ± 0.37Bb	8.38 ± 0.03Bc	10.62 ± 0.00Aa
	7 月 8 日	8.08 ± 0.01Cb	9.02 ± 0.30Ba	9.02 ± 0.02Da
	7 月 15 日	9.99 ± 0.41Aa	9.00 ± 0.04Bb	9.60 ± 0.02Cab

注：同一年份，表中含有不同大写字母表示相同树形条件下不同时间果实营养成分之间差异显著（p<0.05）；表中含有不同小写字母表示相同时间下不同树形果实营养成分之间差异显著（p<0.05）。

不同树形、不同时间均会对枸杞品系16-23-7-8果实中的黄酮含量造成显著影响（$p<0.001$），且不同树形与不同时间之间存在着交互效应（表9-19）。

表 9-19　树形和不同时间果实黄酮含量方差分析表

变异源	*SS*	*df*	*MS*	*F* 值	*p* 值
不同树形	25.999	2	13.000	13.197	$p<0.001$
不同时间	283.215	6	47.202	47.921	$p<0.001$
不同树形 × 不同时间	62.252	11	5.659	5.746	$p<0.001$
误差	48.266	49	0.985		
总变异	419.408	68			

5. 胡萝卜素含量

同一树形不同时间以及相同时间不同树形条件下，枸杞品系16-23-7-8果实中的胡萝卜素含量均存在显著差异（$p<0.05$）。随着时间的推移，2021年和2022年"干"字形树形下各批次果实中胡萝卜素含量变化趋势有所不同，2021年呈下降趋势，2022年呈波动式上升趋势；主干分层形树形下，2021年枸杞果实中胡萝卜素含量呈先上升后下降的趋势，而2022年呈波动式上升的趋势；主干形树形下，2021年枸杞果实中胡萝卜素含量呈先上升后下降的趋势，而2022年则呈下降趋势（表9-20）。

表 9-20　枸杞品系 16-23-7-8 不同树形、不同时间果实胡萝卜素含量差异性分析

单位：g/100 g

年份	不同时间	胡萝卜素		
		"干"字形	主干分层形	主干形
2021 年	6 月 22 日	88.47 ± 2.15Aa	83.66 ± 0.38Cb	76.22 ± 0.69Bc
	6 月 29 日	89.91 ± 1.47Ac	101.04 ± 0.45Ab	120.65 ± 1.00Aa
	7 月 8 日	67.56 ± 1.41Bb	92.82 ± 1.05Ba	63.35 ± 2.16Cc

续表

年份	不同时间	胡萝卜素		
		“干”字形	主干分层形	主干形
2022年	6月16日	159.20 ± 0.10Ca	138.60 ± 1.30Cb	—
	6月23日	165.87 ± 1.85Ac	258.60 ± 1.40Ab	412.43 ± 0.25Aa
	6月30日	165.37 ± 0.25Ab	54.20 ± 0.60Ec	227.27 ± 0.75Ba
	7月8日	134.27 ± 0.35Da	134.77 ± 0.65Da	94.27 ± 0.55Db
	7月15日	190.17 ± 0.45Ab	199.20 ± 0.60Ba	144.50 ± 1.50Cc

注：同一年份，表中含有不同大写字母表示相同树形条件下不同时间果实营养成分之间差异显著（$p<0.05$）；表中含有不同小写字母表示相同时间下不同树形果实营养成分之间差异显著（$p<0.05$）。

不同树形、不同时间均会对枸杞品系16-23-7-8果实中的胡萝卜素含量造成显著影响，且不同树形与不同时间之间存在着交互效应（表9-21）。

表9-21　不同树形和不同时间果实胡萝卜素含量方差分析表

变异源	*SS*	*df*	*MS*	*F*值	*p*值
不同树形	23539.308	2	11769.654	53.380	$p<0.001$
不同时间	263115.065	6	43852.511	198.887	$p<0.001$
不同树形 × 不同时间	135875.314	11	12352.301	56.022	$p<0.001$
误差	10803.981	49	220.489		
总变异	422181.200	68			

6. 综合评价

以每种树形下8批次果实营养成分的均值作为参考依据进行综合评价，采用SPSS 23.0 主成分分析法对三种不同树形下枸杞果实的5个营养成分指标进行计算。结果表明，第一主成分（PC1）特征值为4.747，大于1，累积方差贡献率达到了94.941%；前1个主成分反映了原始变量的几乎全部信息，因此提取前1个主成分代替原来5个指标来综合评价不同树形下枸杞果实品质情况。（表9-22）

表 9-22 1个主成分的特征向量、特征值、贡献率和累计贡献率

项目	PC1
总糖	0.428
枸杞多糖	0.438
甜菜碱	0.457
黄酮	0.454
胡萝卜素	0.459
特征值	4.747
方差贡献率	94.941
累计贡献率	94.941

第一主成分的方差贡献率为94.941%，在PC1中特征向量由大到小分别为胡萝卜素>甜菜碱>黄酮>枸杞多糖>总糖，且均与PC1呈正相关关系。

利用SPSS 23.0数据处理系统得到主成分因子得分情况（表9-23）。根据得分情况进行排名，能够较为直观地揭示不同树形下枸杞果实的品质情况。由表9-23可知，以PC1排序主干形>“干”字形>主干分层形。

表 9-23 不同树形下枸杞果实品质综合排名

不同树形	F	排名
“干”字形	-1.251	2
主干分层形	-1.265	3
主干形	2.517	1

综上所述，主干形更适宜于枸杞品系16-23-7-8果实营养成分的累积，果实品质最优。

二、枸杞品系16-14-5-4

1. 总糖含量

同一树形不同时间枸杞品系16-14-5-4果实中总糖含量互相均具有显著差异（$p<0.05$）；而相同时间不同树形条件下，除2022年6月23日三种树形的枸杞果实总糖含量不具有显著差异外（$p>0.05$），其余采摘时间不同树形的果实总糖均有显著差异（$p<0.05$）。随着时间的推移，2021年和2022年"干"字形树形下各批次果实中总糖含量整体上均呈现下降趋势；主干分层形树形下各批次枸杞果实中的总糖含量在2021年和2022年变化趋势有所不同，其中2021年呈下降趋势，2022年呈先上升后下降的趋势；主干形树形下各批次枸杞果实中的总糖含量在2021年和2022年变化趋势也有所不同，其中2021年呈下降趋势，2022年呈先上升后下降的趋势（表9-24）。

表 9-24　枸杞品系 16-14-5-4 不同树形、不同时间果实总糖含量差异性分析

单位：g/100 g

年份	不同时间	总糖		
		"干"字形	主干分层形	主干形
2021 年	6 月 22 日	45.85 ± 0.42Ab	49.70 ± 0.06Ba	49.60 ± 0.30Aa
	6 月 29 日	42.48 ± 0.44Cc	50.90 ± 0.33Aa	47.23 ± 0.73Bb
	7 月 8 日	44.51 ± 0.42Bb	41.71 ± 0.21Cc	45.69 ± 0.25Ca
2022 年	6 月 16 日	57.27 ± 0.05Aa	49.90 ± 0.17Dc	51.88 ± 0.68Bb
	6 月 23 日	52.69 ± 1.02Ba	53.3 ± 1.10Ca	50.68 ± 1.11Ba
	6 月 30 日	51.43 ± 0.41Cc	58.48 ± 0.74Aa	54.48 ± 0.89Ab
	7 月 8 日	50.10 ± 0.55Dc	57.63 ± 1.11ABa	54.99 ± 0.92Ab
	7 月 15 日	48.01 ± 0.53Ec	56.00 ± 1.13Ba	50.97 ± 0.63Bb

注：同一年份，表中含有不同大写字母表示相同树形条件下不同时间果实营养成分之间差异显著（$p<0.05$）；表中含有不同小写字母表示相同时间下不同树形果实营养成分之间差异显著（$p<0.05$）。

不同树形、不同时间均对枸杞品系16-14-5-4果实中的总糖含量造成显著

影响，且不同树形与不同时间之间存在着交互效应（表9–25）。

表 9–25 不同树形和不同时间果实总糖含量方差分析表

变异源	*SS*	*df*	*MS*	*F* 值	*p* 值
不同树形	121.778	2	60.889	5.360	$p < 0.05$
不同时间	454.367	6	75.728	6.666	$p < 0.001$
不同树形 × 不同时间	317.804	12	26.484	2.331	$p < 0.05$
误差	579.379	51	11.360		
总变异	1471.512	71			

2. 枸杞多糖含量

同一树形不同时间条件下，枸杞品系16–14–5–4果实中枸杞多糖含量仅在2021年的“干”字形和主干形两种树形下无显著差异（p >0.05），其余均具有显著差异（p <0.05）；相同时间不同树形条件下，仅2021年6月22日和6月29日两天互相之间无显著差异（p >0.05），其余均具有显著差异（p <0.05）。随时间变化，2021年和2022年“干”字形树形下各批次果实中枸杞多糖含量整体上均呈先上升后下降的趋势；2021年和2022年主干分层形树形下各批次果实中枸杞多糖含量的变化趋势有所不同，其中2021年呈先下降后上升趋势，2022年呈波动式下降的趋势；而主干形在2021年和2022年果实中枸杞多糖的含量均呈先上升后下降的趋势（表9–26）。

表 9–26 枸杞品系 16–14–5–4 不同树形、不同时间果实中枸杞多糖含量差异性分析

单位：g/100 g

年份	不同时间	枸杞多糖		
		“干”字形	主干分层形	主干形
2021 年	6 月 22 日	4.45 ± 0.35Aa	4.75 ± 0.11Ba	4.37 ± 0.22Aa
	6 月 29 日	4.53 ± 0.05Aa	4.57 ± 0.09Ca	4.59 ± 0.20Aa
	7 月 8 日	4.15 ± 0.06Ac	5.12 ± 0.06Aa	4.43 ± 0.12Ab

续表

年份	不同时间	枸杞多糖		
		"干"字形	主干分层形	主干形
2022年	6月16日	3.85 ± 0.10Ba	3.69 ± 0.06Ca	3.34 ± 0.10Bb
	6月23日	3.26 ± 0.02Cb	3.86 ± 0.04Ba	3.13 ± 0.11Cb
	6月30日	4.28 ± 0.10Aa	3.58 ± 0.14CDb	3.82 ± 0.14Ab
	7月8日	4.00 ± 0.11Ba	4.03 ± 0.09Aa	3.36 ± 0.02Bb
	7月15日	4.00 ± 0.07Ba	3.47 ± 0.01Db	3.41 ± 0.25Bb

注：同一年份，表中含有不同大写字母表示相同树形条件下不同时间果实营养成分之间差异显著（$p<0.05$）；表中含有不同小写字母表示相同时间下不同树形果实营养成分之间差异显著（$p<0.05$）。

不同树形和不同时间均对枸杞品系16-14-5-4果实中枸杞多糖含量造成了一定影响，且两因素间存在交互作用（表9-27）。

表 9-27　不同树形和不同时间果实枸杞多糖含量方差分析表

变异源	*SS*	*df*	*MS*	*F* 值	*p* 值
不同树形	1.132	2	0.566	6.762	$p < 0.05$
不同时间	11.586	6	1.931	23.075	$p < 0.001$
不同树形 × 不同时间	3.003	12	0.250	2.991	$p < 0.05$
误差	4.268	51	0.084		
总变异	20.295	71			

3. 甜菜碱含量

同一树形不同时间条件下，仅2021年主干分层形与主干形在不同采摘时间的果实中甜菜碱含量无显著差异（$p>0.05$），其余均有显著差异（$p<0.05$）；在相同时间不同树形条件下，仅2021年6月22日和6月29日枸杞果实中甜菜碱含量无显著差异（$p>0.05$），其余均有显著差异（$p<0.05$）。随时间变化，2021年和2022年"干"字形树形下各批次果实中甜菜碱含量整体上均呈先下降后上升的趋势；在主干分层形树形下，2021年各批次枸杞果实中甜菜碱含量基本持平，2022年呈先下降后上升的趋势；主干形树形下，2021年呈先上升后下降的趋势，而2022年

呈波动式上升的趋势（表9–28）。

表 9–28 枸杞品系 16–14–5–4 不同树形、不同时间果实甜菜碱含量差异性分析

单位：g/100 g

年份	不同时间	甜菜碱		
		“干”字形	主干分层形	主干形
2021 年	6 月 22 日	0.61 ± 0.01Aa	0.60 ± 0.10Aa	0.58 ± 0.02Aa
	6 月 29 日	0.47 ± 0.11Ba	0.60 ± 0.05Aa	0.68 ± 0.15Aa
	7 月 8 日	0.69 ± 0.03Aa	0.60 ± 0.02Ab	0.63 ± 0.01Ab
2022 年	6 月 16 日	1.79 ± 0.04Cb	2.07 ± 0.03Ba	0.77 ± 0.01Ec
	6 月 23 日	1.71 ± 0.00Db	1.85 ± 0.01Ca	1.42 ± 0.04Cc
	6 月 30 日	1.28 ± 0.00Eb	1.76 ± 0.05Da	1.26 ± 0.01Db
	7 月 8 日	2.06 ± 0.04Ba	2.07 ± 0.09Ba	1.90 ± 0.05Ab
	7 月 15 日	2.42 ± 0.08Aa	2.20 ± 0.00Ab	1.59 ± 0.06Bc

注：同一年份，表中含有不同大写字母表示相同树形条件下不同时间果实营养成分之间差异显著（$p<0.05$）；表中含有不同小写字母表示相同时间下不同树形果实营养成分之间差异显著（$p<0.05$）。

不同树形、不同时间均对枸杞品系16–14–5–4果实中甜菜碱含量造成了显著影响，但两者之间不具有交互作用（表9–29）。

表 9–29 不同树形和不同时间果实甜菜碱含量方差分析表

变异源	*SS*	*df*	*MS*	*F* 值	*p* 值
不同树形	1.994	2	0.997	5.907	$p < 0.05$
不同时间	16.314	6	2.719	16.107	$p < 0.001$
不同树形 × 不同时间	3.062	12	0.225	1.512	$p=0.151$
误差	8.609	51	0.169		
总变异	29.705	71			

4. 黄酮含量

同一树形不同时间下，枸杞果实中黄酮含量仅在2022年“干”字形与主干分层形各批次间无显著差异（$p>0.05$），其余均具有显著差异（$p<0.05$）。相

同时间不同树形条件下，枸杞果实中黄酮含量仅在2022年6月23日与7月8日无显著差异（$p>0.05$），其余均具有显著差异（$p<0.05$）。随时间变化，2021年相同树形条件下各批次枸杞果实中的黄酮含量均呈下降趋势；2022年“干”字形、主干分层形两种树形下各批次枸杞果实中的黄酮含量基本保持不变，而主干形呈下降趋势（表9-30）。

表 9-30　枸杞品系 16-14-5-4 不同树形、不同时间果实黄酮含量差异性分析

单位：g/100 g

年份	不同时间	黄酮		
		“干”字形	主干分层形	主干形
2021 年	6 月 22 日	12.80 ± 0.18Aa	12.25 ± 0.05Ab	12.47 ± 0.27Aab
	6 月 29 日	12.20 ± 0.20Ba	11.36 ± 0.31Bb	11.31 ± 0.23Bb
	7 月 8 日	10.23 ± 0.23Cb	10.24 ± 0.15Cb	10.79 ± 0.20Ca
2022 年	6 月 16 日	8.41 ± 0.03Ab	9.23 ± 0.02Aa	9.52 ± 0.03Aa
	6 月 23 日	9.02 ± 0.33Aa	9.17 ± 0.03Aa	9.79 ± 0.03Aa
	6 月 30 日	8.52 ± 0.03Ab	9.07 ± 0.03Aa	8.23 ± 0.01Cb
	7 月 8 日	8.50 ± 0.04Aa	9.22 ± 0.03Aa	8.91 ± 0.04Ba
	7 月 15 日	8.62 ± 0.02Aa	8.88 ± 0.04Aa	7.72 ± 0.20Cb

注：同一年份，表中含有不同大写字母表示相同树形条件下不同时间果实营养成分之间差异显著（$p<0.05$）；表中含有不同小写字母表示相同时间下不同树形果实营养成分之间差异显著（$p<0.05$）。

不同时间对枸杞果实中的黄酮含量造成了显著影响，但不同树形对其含量的影响不显著，且两者之间不具有交互效应（表9-31）。

表 9-31　不同树形和不同时间果实黄酮含量方差分析表

变异源	*SS*	*df*	*MS*	*F* 值	*p* 值
不同树形	0.188	2	0.094	0.326	p=0.724
不同时间	133.338	6	22.223	77.189	$p<0.001$
不同树形 × 不同时间	8.708	12	0.726	2.521	p=0.011
误差	14.683	51	0.288		
总变异	156.972	71			

5. 胡萝卜素含量

如表9-32所示，相同树形不同时间以及相同时间不同树形条件下，枸杞品系16-14-5-4果实中胡萝卜素含量均存在显著差异（$p<0.05$）。随时间变化，2021年“干”字形树形下各批次枸杞果实中胡萝卜素的含量呈下降趋势，而2022年则呈波动式上升的趋势；2021年和2022年主干分层形、主干形的各批次枸杞果实中胡萝卜素含量变化趋势一致，整体上均表现为波动式上升的趋势。

表 9-32 枸杞品系 16-14-5-4 不同树形、不同时间果实胡萝卜素含量差异性分析

单位：g/100 g

年份	不同时间	胡萝卜素		
		“干”字形	主干分层形	主干形
2021 年	6 月 22 日	106.82 ± 0.51Aa	89.95 ± 0.32Ac	101.00 ± 0.83Bb
	6 月 29 日	86.73 ± 0.50Ba	71.78 ± 3.33Bb	73.55 ± 0.97Cb
	7 月 8 日	79.80 ± 0.82Cc	93.30 ± 0.83Ab	108.51 ± 1.23Aa
2022 年	6 月 16 日	192.23 ± 0.65Ca	140.00 ± 0.20Ec	144.40 ± 0.20Eb
	6 月 23 日	298.60 ± 8.40Aa	280.73 ± 0.25Bb	231.70 ± 1.70Cc
	6 月 30 日	104.63 ± 1.15Ec	329.40 ± 1.30Aa	248.10 ± 1.40Bb
	7 月 8 日	129.00 ± 1.40Dc	204.63 ± 1.65Da	170.20 ± 1.60Db
	7 月 15 日	211.47 ± 0.55Bc	263.30 ± 0.40Cb	285.30 ± 0.70Aa

注：同一年份，表中含有不同大写字母表示相同树形条件下不同时间果实营养成分之间差异显著（$p<0.05$）；表中含有不同小写字母表示相同时间下不同树形果实营养成分之间差异显著（$p<0.05$）。

表9-33的结果表明，不同树形、不同时间均会对枸杞品系16-14-5-4果实中的胡萝卜素含量造成显著影响，且不同树形与不同时间之间存在着交互效应。

表 9-33 不同树形和不同时间果实胡萝卜素含量方差分析表

变异源	*SS*	*df*	*MS*	*F* 值	*p* 值
不同树形	405.150	2	202.575	112.327	$p<0.001$
不同时间	2344.569	2	1172.285	650.025	$p<0.001$
不同树形 × 不同时间	1673.424	4	418.356	231.976	$p<0.001$
误差	32.462	18	1.803		
总变异	4455.605	26	1795.019		

6. 综合评价

以每种树形下8批次果实营养成分的均值作为参考依据进行综合评价，采用 SPSS 23.0 主成分分析法对三种不同树形下枸杞果实的5个营养成分指标进行计算。结果表明，第一主成分（PC1）和第二主成分（PC2）特征值分别为3.384和1.616，都大于1，并且累积方差贡献率达到了100%；前2个主成分反映了原始变量的几乎全部信息，因此提取前2个主成分代替原来5个指标来综合评价不同树形下枸杞果实品质情况。

表 9-34　2 个主成分的特征向量、特征值、贡献率和累计贡献率

项目	PC1	PC2
总糖	0.499	–0.312
枸杞多糖	0.274	0.680
甜菜碱	0.387	0.552
黄酮	0.534	–0.147
胡萝卜素	0.490	–0.339
特征值	3.384	1.616
方差贡献率	67.687	32.313
累计贡献率	67.687	100.000

第一主成分的方差贡献率为67.687%，在 PC1中总糖、黄酮和胡萝卜素的特征向量较大，并均与 PC1呈正相关关系。第2主成分的方差贡献率为32.313%，在 PC2中枸杞多糖和甜菜碱的特征向量较大，且均与 PC2呈正相关。

利用 SPSS 23.0数据处理系统得到主成分因子得分情况（表9–35）。根据得分情况进行排名，能够较为直观地揭示不同树形下枸杞果实的品质情况。由表9–35可知，以 PC1排序主干分层形＞主干形＞“干”字形；以 PC2排序，“干”字形＞主干分层形＞主干形。由于两个主成分的方差贡献率不同，所以对其评价时，以各个主成分的贡献率为权重，由主成分得分和对应的权重相乘求和构建综合评价函数 F=0.676 87F1+0.323 13F2。因而，进行综合评价时各指标所占权重由大到小分别为黄酮＞总糖＞胡萝卜素＞枸杞多糖＞甜菜碱。（表9–34）

表 9-35　不同树形下枸杞果实品质综合排名

不同树形	*F*1	*F*2	*F*	排名
“干”字形	−1.361	1.128	−0.557	2
主干分层形	2.092	0.251	1.497	1
主干形	−0.731	−1.378	−0.940	3

在综合评价函数表达式中：F 为不同树形下枸杞果实品质综合评价得分，根据综合评价模型，得到排序结果为主干分层形＞“干”字形＞主干形。综上所述，主干分层形更适宜于枸杞品系16-14-5-4果实营养成分的累积，果实品质最优。

三、枸杞品系14-87

1. 总糖含量

相同树形不同时间以及相同时间不同树形条件下，枸杞品系14-87果实中的总糖含量在各处理下均存在显著差异（$p<0.05$）。随着时间推移，2021年和2022年“干”字形树形下各批次枸杞果实中的总糖含量均呈波动式下降的趋势；在主干分层形方面，2021年各批次枸杞果实中的总糖含量呈下降趋势，而2022年呈先上升后下降的趋势；2021年和2022年主干形树形下各批次枸杞果实中的总糖含量均呈先下降后上升的趋势（表9-36）。

表 9-36　枸杞品系 14-87 不同树形、不同时间果实总糖含量差异性分析

单位：g/100 g

年份	不同时间	总糖		
		“干”字形	主干分层形	主干形
2021 年	6 月 22 日	42.64 ± 0.22Ac	50.67 ± 0.26Ab	52.20 ± 0.33Aa
	6 月 29 日	39.31 ± 0.23Cc	49.89 ± 0.22Ba	42.78 ± 0.53Cb
	7 月 8 日	40.67 ± 0.47Bc	46.11 ± 0.06Ca	45.28 ± 0.41Bb

续表

年份	不同时间	总糖		
		"干"字形	主干分层形	主干形
2022年	6月16日	54.18 ± 0.40Ba	53.12 ± 0.97Bb	—
	6月23日	46.13 ± 0.96Cb	48.07 ± 0.77Da	48.49 ± 1.03Ca
	6月30日	54.30 ± 1.37Ba	54.07 ± 0.61Ba	45.67 ± 1.08Db
	7月8日	60.18 ± 0.80Ab	62.07 ± 0.29Aa	50.42 ± 0.85Bc
	7月15日	53.47 ± 0.86Ba	51.37 ± 0.57Cb	52.50 ± 0.44Aab

注：同一年份，表中含有不同大写字母表示相同树形条件下不同时间果实营养成分之间差异显著（$p<0.05$）；表中含有不同小写字母表示相同时间下不同树形果实营养成分之间差异显著（$p<0.05$）。

不同时间对枸杞品系14-87果实中的总糖含量造成的影响显著，而不同树形并没有显著影响，且不同树形与不同时间不存在交互效应（表9-37）。

表 9-37　不同树形和不同时间果实总糖含量方差分析表

变异源	*SS*	*df*	*MS*	*F* 值	*p* 值
不同树形	121.685	2	60.843	2.941	p=0.062
不同时间	531.530	6	88.588	4.282	$p < 0.05$
不同树形 × 不同时间	459.454	11	41.769	2.019	p=0.047
误差	1013.745	49	20.689		
总变异	2182.065	68			

2. 枸杞多糖含量

同一树形不同时间条件下，仅2021年主干形和2022年主干分层形的各批次枸杞果实中的枸杞多糖含量无显著差异（$p>0.05$），其余均有显著差异（$p<0.05$）；相同时间不同树形条件下，仅2021年6月22日和2022年7月15日的3种树形下的枸杞果实中枸杞多糖含量无显著差异（$p>0.05$），其余也均有显著差异（$p<0.05$）。随着时间变化，2021年和2022年"干"字形树形下枸杞果实中枸杞多糖含量均呈先下降后上升的趋势；主干分层形在2021年和2022年各批次枸杞果实中的枸

杞多糖含量变化趋势有所不同，其中2021年呈下降趋势，2022年基本持平；主干形在2021年和2022年各批次枸杞果实中枸杞多糖的含量变化趋势也有所不同，其中2021年基本持平，而2022年呈波动式上升趋势（表9-38）。

表 9-38　枸杞品系 14-87 不同树形、不同时间果实枸杞多糖含量差异性分析

单位：g/100 g

年份	不同时间	枸杞多糖		
		“干”字形	主干分层形	主干形
2021 年	6 月 22 日	4.59 ± 0.34Aa	4.70 ± 0.22Aa	4.51 ± 0.18Aa
	6 月 29 日	3.67 ± 0.09Bb	4.54 ± 0.06Aa	4.50 ± 0.06Aa
	7 月 8 日	4.69 ± 0.06Aa	3.87 ± 0.03Bb	4.51 ± 0.18Aa
2022 年	6 月 16 日	4.78 ± 0.21Aa	4.34 ± 0.15ABb	—
	6 月 23 日	4.98 ± 0.00Aa	4.49 ± 0.16Ab	3.88 ± 0.09Cc
	6 月 30 日	3.96 ± 0.15Cc	4.24 ± 0.02ABb	4.89 ± 0.17Aa
	7 月 8 日	4.00 ± 0.16Ca	4.12 ± 0.18Ba	3.49 ± 0.04Db
	7 月 15 日	4.30 ± 0.13Ba	4.31 ± 0.01ABa	4.12 ± 0.05Ba

注：同一年份，表中含有不同大写字母表示相同树形条件下不同时间果实营养成分之间差异显著（$p<0.05$）；表中含有不同小写字母表示相同时间下不同树形果实营养成分之间差异显著（$p<0.05$）。

仅不同时间对枸杞品系14-87果实中枸杞多糖含量造成显著影响，但两因素间存在交互效应（表9-39）。

表 9-39　不同树形和不同时间果实枸杞多糖含量方差分析表

变异源	SS	df	MS	F 值	p 值
不同树形	0.009	2	0.005	0.067	p=0.935
不同时间	2.058	6	0.343	5.082	$p<0.001$
不同树形 × 不同时间	5.476	11	0.498	7.377	$p<0.001$
误差	3.307	49	0.067		
总变异	10.933	68			

3. 甜菜碱含量

同一树形不同时间条件下，仅2021年“干”字形和主干形在各批次枸杞果实中的甜菜碱含量无显著差异（$p>0.05$），其余均有显著差异（$p<0.05$）；相同时间不同树形条件下，2021年6月29日、7月8日及2022年6月30日不同树形条件下枸杞果实中甜菜碱含量互相无显著差异（$p>0.05$），其余均有显著差异（$p<0.05$）。随时间变化，2021年和2022年“干”字形树形下枸杞果实中甜菜碱含量变化趋势有所不同，2021年呈下降趋势，2022年呈波动式上升趋势。主干分层形树形下，2021年各批次枸杞果实中甜菜碱含量呈上升趋势，2022年则呈先升后降的趋势；主干形树形下，2021年各批次枸杞果实中甜菜碱含量呈下降趋势，而2022年则呈先下降后上升的趋势（表9-40）。

表 9-40　枸杞品系 14-87 不同树形、不同时间果实甜菜碱含量差异性分析

单位：g/100 g

年份	不同时间	甜菜碱		
		“干”字形	主干分层形	主干形
2021 年	6 月 22 日	0.71 ± 0.03Aa	0.43 ± 0.08Bb	0.71 ± 0.02Aa
	6 月 29 日	0.69 ± 0.12Aa	0.54 ± 0.05ABa	0.68 ± 0.07Aa
	7 月 8 日	0.59 ± 0.11Aa	0.63 ± 0.07Aa	0.67 ± 0.16Aa
2022 年	6 月 16 日	1.52 ± 0.07Ba	1.09 ± 0.00Cb	—
	6 月 23 日	1.39 ± 0.01Bb	1.77 ± 0.06Aa	1.46 ± 0.01Bb
	6 月 30 日	1.56 ± 0.60Ba	1.53 ± 0.04Ba	1.44 ± 0.05Ba
	7 月 8 日	1.53 ± 0.61Ba	1.48 ± 0.67Ba	1.16 ± 0.03Cb
	7 月 15 日	2.16 ± 0.11Aa	1.74 ± 0.02Ab	1.66 ± 0.032Ab

注：同一年份，表中含有不同大写字母表示相同树形条件下不同时间果实营养成分之间差异显著（$P<0.05$）；表中含有不同小写字母表示相同时间下不同树形果实营养成分之间差异显著（$P<0.05$）。

不同时间对枸杞品系14-87果实中甜菜碱含量存在显著影响，而不同树形对枸杞品系14-87果实中甜菜碱含量不存在显著影响，且两因素之间不存在交互效应（表9-41）。

表 9-41 不同树形和不同时间果实甜菜碱含量方差分析表

变异源	*SS*	*df*	*MS*	*F* 值	*p* 值
不同树形	0.283	2	0.141	2.322	p=0.109
不同时间	12.304	6	2.051	33.683	$p < 0.001$
不同树形 × 不同时间	0.996	11	0.091	1.488	p=0.167
误差	2.983	49	0.061		
总变异	16.597	68			

4. 黄酮含量

同一树形不同时间条件下，枸杞品系14-87果实中的黄酮含量均有显著差异（p <0.05）；相同时间不同树形条件下，仅2022年6月30日三种树形下枸杞果实中的黄酮含量互相间无显著差异（p >0.05），其他均有显著差异（p <0.05）。随着时间推移，2021年和2022年“干”字形树形下各批次枸杞果实中黄酮含量均呈现波动式上升的趋势；主干分层形和主干形2021年各批次枸杞果实中黄酮含量均呈先上升后下降的趋势，2022年各批次枸杞果实中黄酮含量均呈波动式下降的趋势（表9-42）。

表 9-42 枸杞品系 14-87 不同树形、不同时间果实黄酮含量差异性分析

单位：g/100 g

年份	不同时间	黄酮		
		“干”字形	主干分层形	主干形
2021 年	6 月 22 日	11.48 ± 0.37Cc	13.80 ± 0.14Ba	12.23 ± 0.09Bb
	6 月 29 日	13.18 ± 0.10Bb	14.48 ± 0.25Aa	14.29 ± 0.32Aa
	7 月 8 日	15.44 ± 0.16Aa	11.25 ± 0.24Cb	10.28 ± 0.21Cc
2022 年	6 月 16 日	8.10 ± 0.00Cb	9.68 ± 0.04Aa	—
	6 月 23 日	9.60 ± 0.04ABa	8.32 ± 0.00Cb	9.60 ± 0.00Aa
	6 月 30 日	9.28 ± 0.04Ba	8.79 ± 0.04BCa	8.63 ± 0.03Ba
	7 月 8 日	8.31 ± 0.01Cb	9.07 ± 0.03Ba	8.40 ± 0.03Bb
	7 月 15 日	10.09 ± 0.03Aa	8.72 ± 0.00BCb	8.70 ± 0.01Bb

注：同一年份，表中含有不同大写字母表示相同树形条件下不同时间果实营养成分之间差异显著（p<0.05）；表中含有不同小写字母表示相同时间下不同树形果实营养成分之间差异显著（p<0.05）。

不同时间对枸杞品系14−87果实中的黄酮含量造成了显著影响，不同树形对其影响不显著，且不同树形与不同时间之间不存在交互效应（表9−43）。

表 9−43　不同树形和不同时间果实黄酮含量方差分析表

变异源	*SS*	*df*	*MS*	*F*值	*p*值
不同树形	1.621	2	0.811	0.433	p=0.651
不同时间	216.988	6	36.165	19.331	$p < 0.001$
不同树形 × 不同时间	38.543	11	3.504	1.873	p=0.067
误差	91.671	49	1.871		
总变异	350.151	68			

5. 胡萝卜素含量

相同树形不同时间以及相同时间不同树形条件下，枸杞品系14−87果实中的胡萝卜素含量在各处理下均有显著差异（$p < 0.05$）。随着时间推移，2021年和2022年“干”字形树形下各批次枸杞果实中胡萝卜素含量的变化趋势一致，均为先上升后下降；而主干分层形在两年间变化趋势有所不同，其中2021年表现为下降趋势，2022年表现为先上升后下降的趋势；2021年和2022年主干形树形下各批次枸杞果实中胡萝卜素含量的变化趋势也相同，均为先上升后下降的趋势（表9−44）。

表 9−44　枸杞品系 14−87 不同树形、不同时间果实胡萝卜素含量差异性分析

单位：g/100 g

年份	不同时间	胡萝卜素		
		“干”字形	主干分层形	主干形
2021 年	6 月 22 日	87.89 ± 0.74Bb	123.60 ± 2.08Aa	77.37 ± 0.51Cc
	6 月 29 日	122.25 ± 1.26Aa	113.43 ± 1.59Bb	98.02 ± 1.66Ac
	7 月 8 日	67.37 ± 1.82Cc	75.23 ± 0.29Cb	93.04 ± 0.51Ba

续 表

年份	不同时间	胡萝卜素		
		“干”字形	主干分层形	主干形
2022年	6月16日	150.00 ± 1.10Eb	322.07 ± 1.15Ca	—
	6月23日	211.57 ± 1.45Cb	325.23 ± 2.85BCa	152.33 ± 1.55Dc
	6月30日	236.80 ± 2.20Bb	415.33 ± 0.45Aa	222.57 ± 0.25Bc
	7月8日	286.90 ± 2.50Ab	327.57 ± 2.15Ba	289.70 ± 0.20Ab
	7月15日	203.00 ± 1.20Dc	247.33 ± 1.05Da	208.20 ± 0.20Cb

注：同一年份，表中含有不同大写字母表示相同树形条件下不同时间果实营养成分之间差异显著（$p<0.05$）；表中含有不同小写字母表示相同时间下不同树形果实营养成分之间差异显著（$p<0.05$）。

不同树形、不同时间均会对枸杞品系14-87果实中的胡萝卜素含量造成显著影响，但两者之间不存在交互效应（表9-45）。

表9-45 不同树形和不同时间果实胡萝卜素含量方差分析表

变异源	*SS*	*df*	*MS*	*F*值	*p*值
不同树形	101 350.346	2	50 675.173	10.991	$p < 0.001$
不同时间	254 637.780	6	42 439.630	9.205	$p < 0.001$
不同树形 × 不同时间	83 267.053	11	7 569.732	1.642	p=0.116
误差	22 5909.856	49	4 610.405		
总变异	657 088.621	68			

6. 综合评价

以每种树形下8批次果实营养成分的均值作为参考依据进行综合评价，采用SPSS 23.0 主成分分析法对三种不同树形下枸杞果实的5个营养成分指标进行计算。结果表明，第一主成分（PC1）和第二主成分（PC2）特征值分别为3.666和1.334，都大于1，并且累积方差贡献率达到了100%；前2个主成分反映了原始变量的几乎全部信息，因此提取前2个主成分代替原来5个指标来综合评价不同树形下枸杞果实品质情况。

表 9-46　2 个主成分的特征向量、特征值、贡献率和累计贡献率

项目	PC1	PC2
总糖	0.521	-0.053
枸杞多糖	0.483	0.329
甜菜碱	0.177	0.815
黄酮	-0.445	0.453
胡萝卜素	0.515	-0.144
特征值	3.666	1.334
方差贡献率	73.313	26.687
累计贡献率	73.313	100.000

第一主成分的方差贡献率为73.313%，在PC1中总糖、枸杞多糖和胡萝卜素的特征向量较大，且均与PC1呈正相关关系。第2主成分的方差贡献率为26.687%，在PC2中甜菜碱和黄酮的特征向量较大，且均与PC2呈正相关。（表9-46）

利用SPSS23.0数据处理系统得到主成分因子得分情况（表9-47）。根据得分情况进行排名，能够较为直观地揭示不同树形下枸杞果实的品质情况。由表9-47可知，以PC1排序主干分层形＞“干”字形＞主干形；以PC2排序“干”字形＞主干分层形＞主干形。由于两个主成分的方差贡献率不同，所以对其评价时，以各个主成分的贡献率为权重，由主成分得分和对应的权重相乘求和构建综合评价函数 $F=0.733\,13\,F_1+0.266\,87\,F_2$。因而，进行综合评价时各指标所占权重由大到小分别为总糖＞胡萝卜素＞枸杞多糖＞甜菜碱＞黄酮。

表 9-47　不同树形下枸杞果实品质综合排名

不同树形	F_1	F_2	F	排名
“干”字形	-0.639	1.278	-0.127	2
主干分层形	2.152	-0.306	1.496	1
主干形	-1.513	-0.972	-1.368	3

在综合评价函数表达式中：F为不同树形下枸杞果实品质综合评价得分，根据综合评价模型，得到排序结果为主干分层形＞“干”字形＞主干形。综上所述，主干分层形更适宜于枸杞品系14-87果实营养成分的累积，果实品质最优。

四、枸杞品系14-104

1. 总糖含量

相同树形不同时间以及相同时间不同树形条件下，枸杞品系14-104果实中的总糖含量在各处理下均存在显著差异（$p<0.05$）。随着时间的推移，“干”字形树形下枸杞果实中总糖含量在2021年呈先下降后上升的趋势，在2022年呈先上升后下降的趋势；主干分层形树形下枸杞果实中总糖含量在2021年呈先下降后上升的趋势，在2022年呈波动式下降的趋势；主干形树形下枸杞果实中总糖含量在2021年和2022年的变化趋势一致，均表现为随采摘批次下降的趋势（表9-48）。

表9-48　枸杞品系14-104不同树形、不同时间果实总糖含量差异性分析

单位：g/100 g

年份	不同时间	总糖		
		“干”字形	主干分层形	主干形
2021年	6月22日	52.02 ± 0.05Aa	50.55 ± 0.11Bb	49.24 ± 0.22Ac
	6月29日	46.91 ± 1.70Ba	47.85 ± 0.04Ca	44.55 ± 0.26Bb
	7月8日	47.27 ± 0.37Bb	53.89 ± 0.37Aa	42.96 ± 0.06Cc
2022年	6月16日	54.88 ± 0.42Bc	58.79 ± 0.21Bb	60.58 ± 1.45Aa
	6月23日	49.01 ± 0.99Dc	52.12 ± 0.96Db	54.73 ± 0.47Ca
	6月30日	51.09 ± 0.18Cc	55.19 ± 0.52Cb	56.97 ± 0.67Ba
	7月8日	60.18 ± 0.80Ab	62.07 ± 0.29Aa	50.42 ± 0.85Dc
	7月15日	49.58 ± 0.46Db	52.70 ± 0.85Da	51.50 ± 1.18Da

注：同一年份，表中含有不同大写字母表示相同树形条件下不同时间果实营养成分之间差异显著（$p<0.05$）；表中含有不同小写字母表示相同时间下不同树形果实营养成分之间差异显著（$p<0.05$）。

不同树形、不同时间均会对枸杞品系14-104果实中的总糖含量造成显著影响，且不同树形与不同时间之间存在着交互效应（表9-49）。

表 9-49　不同树形和不同时间果实总糖含量方差分析表

变异源	*SS*	*df*	*MS*	*F*值	*p*值
不同树形	75.731	2	37.865	4.214	$p<0.05$
不同时间	691.628	6	115.271	12.830	$p<0.001$
不同树形 × 不同时间	465.413	12	38.784	4.317	$p<0.001$
误差	458.222	51	8.985		
总变异	1 738.696	71			

2. 枸杞多糖含量

相同树形不同时间下枸杞品系14-104果实中枸杞多糖含量均存在显著差异（$p<0.05$），相同时间条件下，除2021年6月29日枸杞果实中多糖含量在各树形间差异不显著（$p>0.05$），其他均具有显著差异（$p<0.05$）。随时间推移，“干”字形树形下枸杞果实中枸杞多糖的含量在2021年呈先上升后下降的趋势，在2022年呈波动式下降的趋势；主干分层形树形下各批次枸杞果实中枸杞多糖含量在2021年呈上升趋势，在2022年呈先上升后下降的趋势；主干形树形下各批次枸杞果实中枸杞多糖含量在2021年呈下降趋势，在2022年呈先上升后下降的趋势（表9-50）。

表 9-50　枸杞品系 14-104 不同树形、不同时间果实中枸杞多糖含量差异性分析

单位：g/100 g

年份	不同时间	枸杞多糖		
		“干”字形	主干分层形	主干形
2021 年	6 月 22 日	4.16 ± 0.07Bc	4.47 ± 0.05Bb	5.08 ± 0.06Aa
	6 月 29 日	4.60 ± 0.07Aa	4.58 ± 0.20Ba	4.43 ± 0.24Ba
	7 月 8 日	4.18 ± 0.27Bb	5.12 ± 0.06Aa	4.39 ± 0.18Bb

续表

年份	不同时间	枸杞多糖		
		“干”字形	主干分层形	主干形
2022年	6月16日	4.36±0.14Aa	3.15±0.08Dc	3.69±0.31Bb
	6月23日	3.18±0.11Dab	3.35±0.08Da	3.10±0.06Db
	6月30日	3.56±0.04Cc	4.72±0.15Aa	3.91±0.07Ab
	7月8日	4.00±0.16Ba	4.12±0.18Ba	3.49±0.04Cb
	7月15日	3.96±0.03Ba	3.71±0.10Cb	3.68±0.00Bb

注：同一年份，表中含有不同大写字母表示相同树形条件下不同时间果实营养成分之间差异显著（$p<0.05$）；表中含有不同小写字母表示相同时间下不同树形果实营养成分之间差异显著（$p<0.05$）。

不同时间对枸杞品系14-104果实中枸杞多糖含量会造成显著影响，但不同树形对其影响不显著，但不同树形与不同时间之间存在交互作用（表9-51）。

表9-51　不同树形和不同时间果实枸杞多糖含量方差分析表

变异源	*SS*	*df*	*MS*	*F*值	*p*值
不同树形	0.167	2	0.084	1.216	p=0.305
不同时间	12.990	6	2.165	31.498	$p<0.001$
不同树形 × 不同时间	7.008	12	0.584	8.497	$p<0.001$
误差	3.506	51	0.069		
总变异	23.962	71			

3. 甜菜碱含量

相同树形条件下，2021年“干”字形在不同时间采摘的枸杞果实中的甜菜碱含量无显著差异（$p>0.05$），其余均有显著差异（$p<0.05$）；在同一时间内，仅2021年6月29日和2022年7月15日不同树形下枸杞果实中甜菜碱含量无显著差异（$p>0.05$），其余均有显著差异（$p<0.05$）。随时间变化，“干”字形树形下各批次枸杞果实中甜菜碱含量在2021年呈下降趋势，在2022年呈波动式上升趋势；主干分层形树形下各批次枸杞果实中甜菜碱含量在2021年呈先上升后下降的趋势，在2022年呈波动式上升的趋势；主干形树形下各批次枸杞果实中甜菜碱含量在2021年和2022

年的变化趋势一致，均表现为先下降后上升的趋势（表9-52）。

表 9-52 枸杞品系 14-104 不同树形、不同时间果实甜菜碱含量差异性分析

单位：g/100 g

年份	不同时间	甜菜碱		
		"干"字形	主干分层形	主干形
2021 年	6 月 22 日	0.65 ± 0.05Aa	0.50 ± 0.03ABb	0.67 ± 0.07Aa
	6 月 29 日	0.62 ± 0.08Aa	0.60 ± 0.12Aa	0.49 ± 0.03Ba
	7 月 8 日	0.59 ± 0.05Aa	0.37 ± 0.02Bb	0.56 ± 0.08ABa
2022 年	6 月 16 日	1.57 ± 0.03Ba	1.34 ± 0.02Db	1.58 ± 0.01Ba
	6 月 23 日	1.41 ± 0.02Cb	1.62 ± 0.05Ba	1.46 ± 0.01Cb
	6 月 30 日	1.55 ± 0.06Ba	1.33 ± 0.03Db	1.35 ± 0.04Db
	7 月 8 日	1.53 ± 0.06Ba	1.48 ± 0.07Ca	1.16 ± 0.31Eb
	7 月 15 日	1.76 ± 0.09Aa	1.74 ± 0.60Aa	1.73 ± 0.07Aa

注：同一年份，表中含有不同大写字母表示相同树形条件下不同时间果实营养成分之间差异显著（$p<0.05$）；表中含有不同小写字母表示相同时间下不同树形果实营养成分之间差异显著（$p<0.05$）。

不同时间对枸杞品系14-104果实中的甜菜碱含量造成显著影响，而不同树形造成的影响不显著，且不同树形与不同时间之间不存在交互作用（表9-53）。

表 9-53 不同树形和不同时间果实甜菜碱含量方差分析表

变异源	*SS*	*df*	*MS*	*F*值	*p*值
不同树形	0.088	2	0.044	0.581	p=0.563
不同时间	12.374	6	2.062	27.284	$p < 0.001$
不同树形 × 不同时间	0.362	12	0.030	0.399	p=0.958
误差	3.855	51	0.076		
总变异	16.713	71			

4. 黄酮含量

同一树形不同时间条件下，枸杞品系14-104果实中的黄酮含量在各处理下均有显著差异（$p<0.05$）；同一时间不同树形条件下，仅2022年6月23日枸杞果

实中黄酮含量互相之间无显著差异（$p>0.05$），其余均有显著差异（$p<0.05$）。随时间变化，“干”字形树形下各批次枸杞果实中黄酮含量在2021年和2022年均呈先升高后降低的趋势；主干分层形树形下各批次枸杞果实中黄酮含量在2021年和2022年均呈波动式下降的趋势；主干形树形下各批次枸杞果实中黄酮含量在2021年和2022年均呈先升高后下降的趋势（表9-54）。

表9-54　枸杞品系14-104不同树形、不同时间果实黄酮含量差异性分析

单位：g/kg

年份	不同时间	黄酮		
		“干”字形	主干分层形	主干形
2021年	6月22日	14.59 ± 0.11Bb	16.41 ± 0.17Aa	11.62 ± 0.31Cc
	6月29日	16.41 ± 0.11Aa	13.29 ± 0.22Cc	14.53 ± 0.10Ab
	7月8日	12.82 ± 0.16Cc	14.21 ± 0.17Ba	13.31 ± 0.10Bb
2022年	6月16日	8.29 ± 0.00Cc	9.67 ± 0.01ABa	9.09 ± 0.04Bb
	6月23日	10.38 ± 0.03Aa	9.82 ± 0.03Aa	9.78 ± 0.02Aa
	6月30日	9.23 ± 0.33Ba	9.40 ± 0.01ABa	8.19 ± 0.03Cb
	7月8日	8.31 ± 0.02Cb	9.07 ± 0.03Ca	8.40 ± 0.03Cb
	7月15日	8.70 ± 0.03Ca	9.17 ± 0.02BCa	8.99 ± 0.02Ba

注：同一年份，表中含有不同大写字母表示相同树形条件下不同时间果实营养成分之间差异显著（$p<0.05$）；表中含有不同小写字母表示相同时间下不同树形果实营养成分之间差异显著（$p<0.05$）。

不同时间对枸杞品系14-104果实中的黄酮含量造成显著影响，不同树形对其影响不显著，且两者之间不存在交互作用（表9-55）。

表9-55　不同树形和不同时间果实黄酮含量方差分析表

变异源	*SS*	*df*	*MS*	*F*值	*p*值
不同树形	10.490	2	5.245	2.455	p=0.096
不同时间	338.945	6	56.491	26.444	$p<0.001$
不同树形 × 不同时间	50.111	12	4.176	1.955	p=0.049
误差	108.950	51	2.136		
总变异	507.987	71			

5. 胡萝卜素含量

相同树形不同时间以及相同时间不同树形条件下，枸杞品系14−104果实中的胡萝卜素含量在各处理下均有显著差异（$p<0.05$）。2021年“干”字形、主干分层形、主干形三种树形下各批次枸杞果实中胡萝卜素的含量分别呈先升后降、下降和下降的趋势；而在2022年三种树形下各批次枸杞果实中胡萝卜素含量均呈波动式下降的趋势（表9−56）。

表 9−56　枸杞品系 14−104 不同树形、不同时间果实胡萝卜素含量差异性分析

单位：mg/100 g

年份	不同时间	胡萝卜素		
		“干”字形	主干分层形	主干形
2021 年	6 月 22 日	84.25 ± 0.81Bc	108.71 ± 1.09Aa	101.58 ± 0.86Ab
	6 月 29 日	80.66 ± 0.14Cc	91.44 ± 0.80Ba	86.33 ± 1.23Bb
	7 月 8 日	91.60 ± 0.33Aa	72.69 ± 1.44Cc	77.62 ± 1.07Cb
2022 年	6 月 16 日	291.30 ± 0.00Aa	167.20 ± 0.40Cb	142.03 ± 0.06Dc
	6 月 23 日	293.63 ± 9.75Ac	364.00 ± 2.10Aa	328.20 ± 1.90Ab
	6 月 30 日	190.60 ± 0.70Ba	153.73 ± 1.75Dc	158.70 ± 1.00Cb
	7 月 8 日	286.90 ± 2.50Ab	327.57 ± 2.15Ba	289.70 ± 0.20Bb
	7 月 15 日	159.20 ± 0.30Ca	152.73 ± 1.25Db	134.60 ± 0.80Ec

注：同一年份，表中含有不同大写字母表示相同树形条件下不同时间果实营养成分之间差异显著（$p<0.05$）；表中含有不同小写字母表示相同时间下不同树形果实营养成分之间差异显著（$p<0.05$）。

不同时间对枸杞品系14−104果实中的胡萝卜素含量造成了显著影响，不同树形造成的影响不显著，且两者之间不存在交互效应（表9−57）。

表 9-57　不同树形和不同时间果实胡萝卜素含量方差分析表

变异源	*SS*	*df*	*MS*	*F*值	*p*值
不同树形	5664.945	2	2832.472	0.650	p=0.527
不同时间	353349.549	6	58891.592	13.506	$p < 0.001$
不同树形 × 不同时间	45930.585	12	3827.549	0.878	p=0.574
误差	222384.091	41	4360.472		
总变异	626819.534	71			

6. 综合评价

以每种树形下8批次果实营养成分的均值作为参考依据进行综合评价，采用SPSS 23.0 主成分分析法对三种不同树形下枸杞果实的5个营养成分指标进行计算。结果表明，第一主成分（PC1）和第二主成分（PC2）特征值分别为3.135和1.865，都大于1，并且累积方差贡献率达到了100%；前2个主成分反映了原始变量的几乎全部信息，因此提取前2个主成分代替原来5个指标来综合评价不同树形下枸杞果实品质情况。

表 9-58　2 个主成分的特征向量、特征值、贡献率和累计贡献率

项目	PC1	PC2
总糖	0.524	–0.274
枸杞多糖	0.550	–0.165
甜菜碱	–0.136	0.711
黄酮	0.533	0.244
胡萝卜素	0.347	0.577
特征值	3.135	1.865
方差贡献率	62.698	37.302
累计贡献率	62.698	100.000

第一主成分的方差贡献率为62.698%，在 PC1中总糖、枸杞多糖和黄酮的特征向量较大，且均与 PC1呈正相关关系。第二主成分的方差贡献率为37.302%，

在 PC2中甜菜碱和胡萝卜素的特征向量较大，且均与 PC2呈正相关。

利用 SPSS 23.0数据处理系统得到主成分因子得分情况（表9−59）。根据得分情况进行排名，能够较为直观地揭示不同树形下枸杞果实的品质情况。由表9−59可知，以 PC1排序主干分层形＞“干”字形＞主干形；以 PC2排序“干”字形＞主干分层形＞主干形。由于两个主成分的方差贡献率不同，所以对其评价时，以各个主成分的贡献率为权重，由主成分得分和对应的权重相乘求和构建综合评价函数 F=0.626 98 F_1+0.373 02 F_2。因而，进行综合评价时各指标所占权重由大到小分别为枸杞多糖＞黄酮＞总糖＞甜菜碱＞胡萝卜素。

表 9−59　不同树形下枸杞果实品质综合排名

不同树形	F_1	F_2	F	排名
“干”字形	−0.287	1.562	0.402	2
主干分层形	1.897	−0.590	0.969	1
主干形	−1.609	−0.972	−1.372	3

在综合评价函数表达式中：F 为不同树形下枸杞果实品质综合评价得分，根据综合评价模型，得到排序结果为主干分层形＞“干”字形＞主干形。综上所述，主干分层形更适宜于枸杞品系14−104果实营养成分的累积，果实品质最优。

五、综合评价

在不考虑枸杞品种（系）的情况下，以每种树形下的4个枸杞品系对应果实营养成分的均值作为参考依据进行综合评价，采用 SPSS 23.0 主成分分析法对3种不同树形下枸杞果实的5个营养成分指标进行计算。结果表明，第一主成分（PC1）和第二主成分（PC2）特征值分别为3.508和1.492，都大于1，并且累积方差贡献率达到了100%；前2个主成分反映了原始变量的几乎全部信息，因此提取前2个主成分代替原来5个指标来综合评价不同树形下枸杞果实品质情况。

第一主成分的方差贡献率为70.164%，在 PC1中总糖、枸杞多糖和胡萝卜素的特征向量较大，且均与 PC1呈正相关关系。第二主成分的方差贡献率为

29.836%，在 PC2中甜菜碱和黄酮的特征向量较大，其中甜菜碱与 PC2呈负相关关系，黄酮与 PC2呈正相关关系。（表9−60）

表 9−60 2 个主成分的特征向量、特征值、贡献率和累计贡献率

项目	PC1	PC2
总糖	0.467	0.396
枸杞多糖	0.521	0.182
甜菜碱	0.369	−0.591
黄酮	−0.364	0.599
胡萝卜素	0.492	0.318
特征值	3.508	1.492
方差贡献率	70.164	29.836
累计贡献率	70.164	100.000

利用 SPSS 23.0数据处理系统得到主成分因子得分情况（表9−61）。根据得分情况进行排名，能够较为直观地揭示不同树形下枸杞果实的品质情况。由表9−61可知，以 PC1排序主干分层形＞“干”字形＞主干形；以 PC2排序主干形＞主干分层形＞“干”字形。由于两个主成分的方差贡献率不同，所以对其评价时，以各个主成分的贡献率为权重，由主成分得分和对应的权重相乘求和构建综合评价函数 F=0.701 64 F_1+0.298 36 F_2。因而，进行综合评价时各指标所占权重由大到小分别为枸杞多糖＞胡萝卜素＞总糖＞黄酮＞甜菜碱。

表 9−61 不同树形下枸杞果实品质综合排名

不同树形	F_1	F_2	F	排名
“干”字形	−0.791	−1.312	−0.947	3
主干分层形	2.139	0.209	1.563	1
主干形	−1.348	1.103	−0.617	2

在综合评价函数表达式中 F 为不同树形下枸杞果实品质综合评价得分，根据综合评价模型，得到排序结果为主干分层形＞主干形＞“干”字形。综上所述，

主干分层形更适宜于枸杞果实营养成分的累积，果实品质最优。

第四节　效益分析

枸杞主要产区通常具有频发的风沙危害和高寒的气候条件，已严重影响枸杞丰产树形的培育。树形越高，抵御风沙的能力越小，大量结果枝梢匍匐于地表，造成大量果实糜烂废弃。同时，树形低矮导致结果枝分布空间相对较小，高寒、干旱、高温等恶劣气候条件下新枝生长量有限，对培育立体结果枝组形成不利因素。篱架栽培技术的应用，可有效提高枸杞植株的抗风能力，并通过篱架支撑性能，扩大结果枝组分布空间，提高通风透光性，重点解决了枸杞结果枝梢匍匐于地表而造成的果实糜烂问题。

1. 篱架栽培和普通栽培模式下树形对比

据樊光辉研究结果表明，篱架栽培与普通栽培模式对树高生长量和结果枝生长量的影响具有极显著差异。通过篱架栽培技术的应用，在支撑层辅助作用下，树体相对提高了高度，增加了生长空间。在篱架栽培条件下，结果枝受篱架设施的支撑，结果枝长可达到74.16 cm，而普通栽培条件下结果枝长只有57.81 cm。枸杞花芽分布在节间处，结果枝越长，节间数越多，花芽越多，结果量也随之增加。半径生长量没有显著差异，篱架栽培模式下，为培养"一面墙"式立体结果枝组，垂直于支撑层方向的结果主枝每年进行短截，与普通栽培修剪方式基本相同。(表9-62)

表 9-62　篱架栽培和普通栽培模式下树形统计分析

测定指标	篱架栽培	普通栽培	t	$t_{0.05}$	$t_{0.01}$
树高 / cm	187.08	86.60	7.6998	2.306	3.355
结果枝长 / cm	74.16	57.81	6.4040		
半径 / cm	80.45	75.30	0.8725		
结果枝 / 个	90.00	67.60	1.3118		
结果枝分布空间 / m^3	1.27	0.559	4.1624		
结果枝密度 / (个 · m^{-3})	72.612	125.882	4.5173		

资料来源：樊光辉.篱架栽培技术在枸杞栽培中的应用研究[J].青海农林科技，2021(02)：9-12.

篱架栽培与普通栽培模式下结果枝数无显著差异，但结果枝分布空间有极显著的差异，同时，结果枝密度也有极显著的差异。通过篱架栽培技术的应用，有效提高了树高和结果枝组分布空间，结果枝分别为90.0个和67.6个，虽然无显著差异，但结合结果枝分布空间，以结果枝密度分析，篱架栽培模式下为72.612个/m^3，而普通栽培模式下高达125.882个/m^3。结果枝密度越大，在枸杞结果期间，将严重影响树体的通风透光性，不仅对果实的生长发育造成诸多不利因素，而且对滋生大量病虫害创造有利条件，导致枸杞果实产量下滑，品质下降。通过引用篱架栽培技术，可有效增加树体的结果空间，降低有效空间内结果枝的分布密度，提高通风透光性，有利于枸杞果实提高产量和提升质量。（表9-62）

2. 篱架栽培和普通栽培模式下果实质量对比

表 9-63　篱架栽培和普通栽培模式下果实质量统计分析

测定指标	篱架栽培	普通栽培	t	$t_{0.05}$	$t_{0.01}$
干净果 /g	6 499.2	4 838	3.810 2	2.306	3.355
糜烂果 /g	29.2	1 128	9.321 9		
糜烂率 /%	0.45	23.62	9.028 5		
干净果总产 /（kg·hm^{-2}）	2 1642.3	16 110.6	3.810 2		
糜烂果总产 /（kg·hm^{-2}）	97.2	3756.3	9.321 8		
总产量 /（kg·hm^{-2}）	21 739.5	19 866.75	1.126 0		

资料来源：樊光辉.篱架栽培技术在枸杞栽培中的应用研究[J].青海农林科技，2021（02）：9-12.

据樊光辉研究结果表明，篱架栽培条件下，单株干净果6 499.2 g，糜烂果29.2 g，糜烂率0.45%；按3 330株/hm^2计，产量以干净果计，鲜果产量达21 642.3 kg/hm^2；损失以糜烂果计，鲜果损失为97.2 kg/hm^2。普通栽培条件下，单株干净果4 838.0 g，糜烂果1 128 g，糜烂率23.62%；按3 330株/hm^2计，产量以干净果计，鲜果产量达16 110.6 kg/hm^2；损失以糜烂果计，鲜果损失为3 756.3 kg/hm^2。t检验结果表明，篱架栽培和普通栽培模式下，干净果重、糜烂果重、糜烂率、干净果总量、糜烂果总量均有极显著差异。（表9-63）

如果将糜烂果纳入总产量中，篱架栽培和普通栽培模式总产量之间无显著差异，增产率为8.61%。以干净果为总产量计，两种栽培模式总产量之间有极显著差异，而且引用篱架栽培技术后，增产率高达25.56%。在实际生产中，为提高商品率，果实采摘时糜烂果基本被视为废品而抛弃，最终形成的干果产品的原料均为干净鲜果。因此，应用篱架栽培技术，对提高枸杞整株结果量的影响并不明显，但通过抬高结果主枝，提升结果枝组空间，增强抵御倒伏能力等措施，有效降低了果实糜烂率，对提高果实的有效产量和提升产品质量具有明显的影响。

表 9-64　篱架栽培和普通栽培模式下果实产量对比

单位：kg/亩

测定指标	时间	篱架栽培	普通栽培
鲜果产量	第一年	105	84
	第二年	210	125
	第三年	575	541

连续三年调查篱架栽培和普通栽培模式下枸杞鲜果产量，如表9-64所示，篱架栽培条件下，第一年与普通栽培条件下枸杞鲜果亩产量之间差异不大；在第二年，篱架栽培较普通栽培枸杞鲜果亩产量增加了85 kg，鲜果产量较普通栽培方式增加了68%；在第三年，篱架栽培较普通栽培枸杞鲜果亩产增加了34 kg，鲜果产量较普通栽培方式增加了6.3%。

3. 篱架栽培和普通栽培模式下生产效率对比

据樊光辉研究结果表明，篱架栽培和普通栽培模式下，病虫害防治、鲜果采摘以及整形修剪作业的生产效率均具有极显著差异。通过引用篱架栽培技术，喷洒农药劳动效率提高16.30%，节约喷施药剂14.27%；采摘效率提高10.25%，采摘工人每天增加收入27.68元；整修修剪效率提高37.75%，工人增加收入94.85元 /d。（表9-65）

课题组调查了篱架栽培（“干”字形）和普通栽培（主干分层形）模式下每亩地的修剪用工人数，如表9-66可知，主干分层形树形休眠期修剪1次，每亩用工3.1个，费用341元；抹芽摘心4次，每亩用工6.4个，费用704元。“干”字形树形修剪期修剪1次，每亩用工2.3人，费用253元；抹芽摘心4次，每亩用工4个，费用440元。总体来看，“干”字形树形休眠期修剪、夏季生长期抹芽摘心用工较主干分层形减少3.2个，节约成本352元，具有一定的劳动节约效应。

表 9–65　篱架栽培和普通栽培模式下生产效率对比

测定指标	篱架栽培	普通栽培	t	$t_{0.05}$	$t_{0.01}$
病虫害防治效率 /（$hm^2 \cdot h^{-1}$）	0.421	0.362	5.156 9	2.306	3.355
药剂量 /（$kg \cdot hm^{-2}$）	231.78	264.87	7.247 9		
鲜果采摘效率 /（$kg \cdot d^{-1}$）	99.18	90.06	10.484 3		
整形修剪效率 /（株 · d^{-1}）	228.00	166.00	9.803 1		

资料来源：樊光辉.篱架栽培技术在枸杞栽培中的应用研究[J].青海农林科技，2021（02）：9–12.

篱架栽培条件下，结果枝组分布空间相对较大，结果枝密度相对较小，地表基本裸露在外，喷施农药作业时基本没有死角，一次喷洒过去，药剂基本能够喷洒到各个部位；采摘果实作业中，可实现双手同时采摘；整形修剪作业时，结果枝生长相对有序，可有效提高剪枝速度。普通栽培条件下，枝叶密度大，分布空间小，结果枝分布紊乱，并且大部分匍匐于地表，对各项作业带来了诸多不利因素。喷施农药作业时死角多，一次喷洒过去，药剂很难喷洒到各个部位，需要人工辅助或近距离喷洒才能够喷洒到位；果实采摘时，大部分结果枝需要一手扶枝，一手采果；整形修剪作业时，同样需要花费更多的时间修正结果枝和判断修剪力度等。因此，通过篱架栽培技术的应用，可有效提高生产效率，节约成本，还可以提高工人收入。

表 9–66　修剪用工调查

树形	试验地面积 / 亩	时期	工作内容	用工数 / 个	每亩用工数 / 人	成本 / 元	每亩修剪工人数 / 人
主干分层形	12.8	3 月	休眠期修剪	40	3.1	341	9.5
		5 月	第一次抹芽、摘心	29.5	2.3	704	
			第二次抹芽、摘心	41	3.2		
		6 月	第一次抹芽	7	0.5		
			第二次抹芽	5	0.4		

续表

树形	试验地面积 / 亩	时期	工作内容	用工数 / 个	每亩用工数 / 人	成本 / 元	每亩修剪工人数 / 人
“干”字形	16.5	3 月	休眠期修剪	37.5	2.3	253	6.3
		5 月	第一次抹芽、摘心	21	1.3	440	
			第二次抹芽、摘心	36	2.2		
		6 月	第一次抹芽	5	0.3		
			第二次抹芽	4	0.2		

4. 篱架栽培与普通栽培模式下投资成本与收获对比分析

种植枸杞首先应考虑到建园投资，建园投资又分为一次性固定投资和每年生产管理投资，每年的经济效益等于每年的销售收入减去每年的管理投入。

（1）露天建园投资（固定投资）

① 种苗投入

普通栽培模式：667 m^2（即1亩，下同）÷[3 m（行距）×1 m（株距）]=220株 / 亩；篱架栽培模式：667 m^2（即1亩，下同）÷[3 m（行距）×1 m（株距）]=220株 / 亩。种苗投入均为：220株 ×5元 / 株 =1 100元。

② 水泥柱投入（篱架栽培模式）

667 m^2 ÷[3 m（行距）×10 m（株距）]=23根；篱架栽培模式下水泥柱成本为23根 / 亩 ×15元 / 根 =345元 / 亩。

③ 架面拉丝投入（篱架栽培模式）

每亩用1.8～2.0 mm 钢丝约80 kg，市场价格约为1.1元 /kg。篱架栽培模式下钢丝成本为80 kg/ 亩 ×1.1元 /kg=352元 / 亩。

④ 安装篱架人工费投入

每亩安装用工约2 000元。

以上①②③④项相加为枸杞园建园每亩的一次性固定投入，普通栽培模式只有种苗投入，成本为1100元 / 亩。

篱架栽培模式种苗投入 + 水泥柱投入 + 架面拉丝投入 + 人工费投入，成本为1 100+345+352+2 000=3 797元 / 亩。

（2）生产管理投入（每年循环）

① 每年循环使用农药

普通栽培模式为100元／亩；篱架栽培模式：根据樊光辉的研究结果，篱架栽培较普通栽培模式能够节约喷施药剂14.27%，因此篱架栽培模式下农药投入约为86元／亩。

② 每年肥料投入

普通栽培与篱架栽培模式下的肥料投入均按照500元／（亩·年）计。

③ 每年每亩生产管理、劳务工资

普通栽培模式：

第一年：生产管理劳务工资＋枸杞采摘劳务工资＝1 886+414=2 300元；

第二年：生产管理劳务工资＋枸杞采摘劳务工资＝1 886+644=2 530元；

第三年：生产管理劳务工资＋枸杞采摘劳务工资＝1 886+2 760=4 646元；

篱架栽培模式：

第一年：生产管理劳务工资＋枸杞采摘劳务工资＝1 446+557=2 003元；

第二年：生产管理劳务工资＋枸杞采摘劳务工资＝1 446+1 063=2 509元；

第三年：生产管理劳务工资＋枸杞采摘劳务工资＝1 446+2 935=4 381元；

每年具体劳务工资投入情况如表9–67和表9–68所示。

表 9–67 生产管理劳务工资投入

栽培模式	时间	田间管理（施肥、打药、除草等）			树形修剪（春季、冬季2次）			抹芽摘心（5—6月）		
		工资/（元·人$^{-1}$）	人数/人	小计/元	工资/（元·人$^{-1}$）	人数/人	小计/元	工资/（元·人$^{-1}$）	人数/人	小计/元
普通栽培	每年循环	500	1	500	110	3.1×2	682	110	6.4	704
	合计	1 886元								
篱架栽培	每年循环	500	1	500	110	2.3×2	506	110	4	440
	合计	1 446元								

注：表中树形修剪、抹芽摘心每亩用工数参照表9–66。

表 9-68　枸杞采摘劳务工资投入

栽培模式	时间	每亩采摘天数			每天所需人数			采摘劳务工资投入			
		枸杞鲜果产量 /（kg·亩$^{-1}$）	鲜果采摘效率 /（kg·d^{-1}）	每亩枸杞采摘天数 / d	鲜果采摘效率 /（kg·d^{-1}）	单人采摘效率 /（kg·人$^{-1}$·d^{-1}）	每天所需人数 / 人	每亩枸杞采摘天数 /d	每天所需人数 / 人	单人采摘工资 /（元·人$^{-1}$·d^{-1}）	小计 / 元
普通栽培	第一年	84	90.06	0.9	90.06	40	2.3	0.9	2.3	200	414
	第二年	125	90.06	1.4	90.06	40	2.3	1.4	2.3	200	644
	第三年	541	90.06	6.0	90.06	40	2.3	6.0	2.3	200	2 760
	合计	3 818 元									
篱架栽培	第一年	105	99.18	1.1	99.18	44	2.3	1.1	2.3	220	557
	第二年	210	99.18	2.1	99.18	44	2.3	2.1	2.3	220	1 063
	第三年	575	99.18	5.8	99.18	44	2.3	5.8	2.3	220	2 935
	合计	4 555 元									

注：表中每亩枸杞鲜果产量参照表9-64中数据；两种栽培模式下鲜果采摘效率参照表9-65中数据，单人鲜果采摘效率40（kg/人·d）为田间经验值，篱架栽培模式下人工采摘效率提高10%（见表9-65），因此篱架栽培模式下单人鲜果采摘效率为44（kg/人·d）；枸杞鲜果的人工采摘费为1.25元/kg。

（3）每亩枸杞商品果销售收入　每亩枸杞商品果（干果）销售收入如表9-69所示。

表 9-69　每亩枸杞商品果销售收入

普通栽培				篱架栽培			
时间	枸杞鲜果产量/（kg·亩$^{-1}$）	枸杞干果产量/（kg·亩$^{-1}$）	枸杞干果销售收入/（元·亩$^{-1}$）	时间	枸杞鲜果产量/（kg·亩$^{-1}$）	枸杞干果产量/（kg·亩$^{-1}$）	枸杞干果销售收入/（元·亩$^{-1}$）
第一年	84	21	945	第一年	105	26.3	1183.5
第二年	125	31.3	1408.5	第二年	210	52.5	2362.5
第三年	541	135.3	6088.5	第三年	575	143.8	6471

注：枸杞干果单价按照每千克45元计。

（4）每亩枸杞商品果纯利润

如表9-70所示，通过分析整理课题组已有数据及参考文献中的数据资料，初步估算了普通栽培及篱架栽培两种模式下每亩枸杞商品果前三年的纯利润。

可以看到在第一年，普通栽培模式下的投入较篱架栽培模式而言更少。

在第二年，由于普通栽培模式下枸杞商品果产量有所增加但仍处于较低水平，因此当年亏损金额有所降低，但仍未盈利；而篱架栽培模式下枸杞商品果产量大幅增加，且该模式下树体整形修剪、病虫害防治及采摘等工作效率更高，节省了一部分生产管理劳务工资的投入，因此在篱架栽培模式下第二年亏损金额大幅度降低。

在第三年，普通栽培模式与篱架栽培模式下均开始产生利润，但篱架栽培模式下纯利润约为普通栽培模式下的2倍；且从第四年开始，枸杞植株进入丰产期，篱架栽培模式下枸杞商品果产量会显著增大，预计从第四年开始就能将前三年的亏损全部收回，整体达到盈利状态。

表 9-70 每亩枸杞商品果纯利润

普通栽培						篱架栽培					
时间	枸杞干果销售收入 /（元 · 亩 $^{-1}$）	建园投资 /（元 · 亩 $^{-1}$）	农药肥料投入 /（元 · 亩 $^{-1}$）	生产管理劳务工资投入 /（元 · 亩 $^{-1}$）	纯利润 /（元 · 亩 $^{-1}$）	时间	枸杞干果销售收入 /（元 · 亩 $^{-1}$）	建园投资 /（元 · 亩 $^{-1}$）	农药肥料投入 /（元 · 亩 $^{-1}$）	生产管理劳务工资投入 /（元 · 亩 $^{-1}$）	纯利润 /（元 · 亩 $^{-1}$）
第一年	945	1 100	600	2 300	–3 055	第一年	1 183.5	3 797	586	2 003	–5 202.5
第二年	1 408.5	—	600	2 530	–1 721.5	第二年	2 362.5	—	586	2 509	–732.5
第三年	6 088.5	—	600	4 646	842.5	第三年	6 471	—	586	4 381	1 504
合计	8 442	1 100	1 800	9 476	–3 934	合计	10 017	3 797	1758	8 893	–4 431

通过篱架栽培技术的应用，有效提高了枸杞植株的抗风能力，并通过篱架支撑性能，扩大了结果枝组分布空间，提高了通风透光性，有助于培养立体结果枝组，可有效提高生产效率，节约成本，达到了提高产量和提升质量的目标。

篱架栽培模式下，虽然前期投入较多，但是投资周期短、效益回报快，在正常管理条件下，初步估计从枸杞种植的第四年起就能够进入盈利状态，可有效提高生产效率，节约成本，增加收入。

第十章　枸杞篱壁栽培技术规范

本规范由宁夏农林科学院枸杞科学研究所提出，该技术规范在国家枸杞工程术研究中心、宁夏中杞枸杞贸易集团有限公司、百瑞源枸杞股份有限公司、宁夏中杞生态农业科技有限公司、玺赞庄园枸杞有限公司、宁夏杞鑫种业有限公司、宁夏杞缘绿丰农林科技有限公司、宁夏枸杞产业发展中心、宁夏农垦集团等种植基地示范多年，为实现枸杞标准化、规范化、机械化、产业化的发展奠定了良好基础。

1. 范围

本规范规定了宁夏枸杞篱壁栽培的适宜区域、优良品种、篱壁建园、土肥水管理、整形修剪、病虫害防治、鲜果采收、制干。

本标准适用于枸杞生产及管理。

2. 规范性引用文件

下列文件对于本文件的应用是必不可少的。凡是注日期的引用文件，仅所注日期的版本适用于本文件。凡是不注日期的引用文件，其最新版本（包括所有的修改单）适用于本文件。

GB 3095—2012　环境空气质量标准

GB 5084—2021　农田灌溉水质标准

GB 15618—2018　土壤环境质量　农用地土壤污染风险管控标准（试行）

GB/T 17187—2009　农业灌溉设备　滴头和滴灌管技术规范和试验方法

GB/T 18672—2014　枸杞（枸杞子）

GB/T 19116—2003　枸杞栽培技术规程

DB64/T 676—2010　枸杞苗木质量

DB64/T 1160—2015　枸杞滴灌高效节水技术规程

DB64/T 850—2013　枸杞病害防治技术规程

DB64/T 851—2013　枸杞虫害防控技术规程

DB64/T 852-2013　枸杞病虫害监测技术规程

3. 适宜区域

3.1　地理位置

北纬35° 14′～39° 23′，东经104° 17′～107° 39′。

3.2　气候条件

年平均气温6.0～9.4℃，大于等于10℃年有效积温2 100～3 500℃，年日照时数2 200 h 以上。

3.3　立地条件

土壤类型为淡灰钙土、灌淤土、黑垆土；土质为轻壤、中壤或砂壤土，pH为7.0～8.5，含盐量0.5% 以下；地下水位100 cm 以下，引水灌区水矿化度1g/L，苦水地区水矿化度3～6 g/L。

3.4　环境质量

3.4.1　农田灌溉水质达到 GB 5084二级以上标准。

3.4.2　大气环境达到 GB 3095二级以上标准。

3.4.3　土壤质量达到 GB 15618二级以上标准。

4. 优良品种

选用优质、抗逆性强、适应性广的宁夏枸杞（*Lycium barbarum* L.）优良品种宁杞1号、宁杞4号、宁杞7号。也可根据生产需要选用宁杞5号、宁杞10号、科杞608-2、宁农杞9号等。苗木质量按照 DB 64/T 676—2010执行。

5. 篱壁建园

5.1　园地选择

选择地势平坦，有排灌条件，地下水位100～150 cm。

5.2　园地规划

5.2.1　选址

集中连片，规模种植，土地平整，高差在5 cm 以内，也可因地制宜分散种植，园地应远离交通干道100 m以上。

5.2.2　配套设施

设置沟、渠、路、林配套，便于排灌、机械化作业。

5.2.3　行向

南北行建园，每100 m设置人行通道，与行垂直，行头留6 m机耕作业道。

5.2.4　株行距

行距3.0 m，株距0.6～1.0 m，每667 m^2栽植222～370株。

5.2.5　土壤改良

沿定植行开沟，沟宽40 cm，深60 cm，沟底施肥，每667 m^2施腐熟的有机肥3～4 m^3，复合肥100 kg，混合覆土后，回填整平。

5.2.6　管道输水工程

按照GB/T 17187—2009执行。

5.3　篱架架型

5.3.1　矮篱架型

5.3.1.1　边柱

采用“N”字形，高度1.3 m，相距1 m（高度1.3 m，埋入地下0.3 m），中间由顶柱支撑固定。

5.3.1.2　中柱

在定植行每隔10.0 m埋设一根（高度1.3 m，埋入地下0.3 m）。

5.3.1.3　架丝

在距地面0.7 m处沿定植行拉1根12# 金属丝，用于滴灌管的悬挂。

5.3.1.4　绑杆

每株枸杞栽植时绑扶直立竹竿，间距1 m，竹竿高度1.2 m，埋入地下0.2 m，与金属丝垂直固定。

5.3.1.5　矮篱架型构成图

枸杞矮篱架型示意图见图10-1。

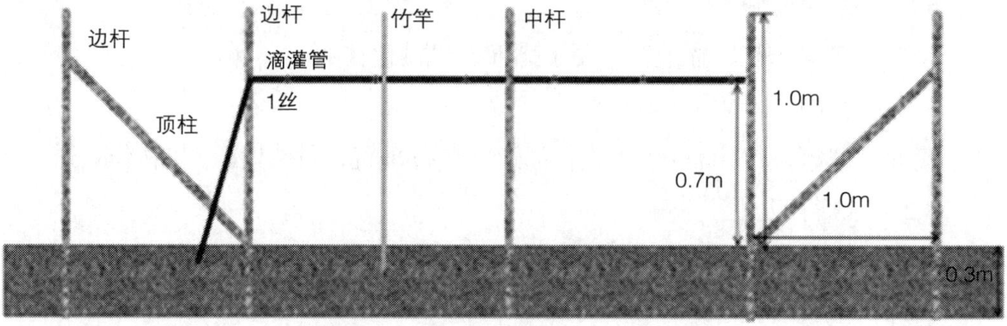

图10-1　枸杞矮篱架示意图

5.3.2 高篱架型

5.3.2.1　边柱

采用U型热镀锌钢，高度2.2 m，埋入地下0.4 m，外侧由花莲螺杆连接水泥预埋拉紧固定。

5.3.2.2　中柱

在定植行每隔10.0 m埋设一根（高度2.2 m，埋入地下0.4 m）。

5.3.2.3　架丝

在距地面0.4 m、1.0 m、1.6 m处沿定植行拉3根12# 金属丝。其中1号丝用于悬挂滴管；2号丝用于枸杞1龄（一层）定干及结果枝组的绑缚；3号丝用于枸杞2龄（两层）定干及结果枝组的绑缚。

5.3.2.4　绑杆

每株枸杞栽植时绑扶直立竹竿，间距1 m，竹竿高度1.8 m，与金属1号丝和4号丝垂直固定。

5.3.2.5　高篱架型构成图

枸杞高篱架型示意图见图10-2。

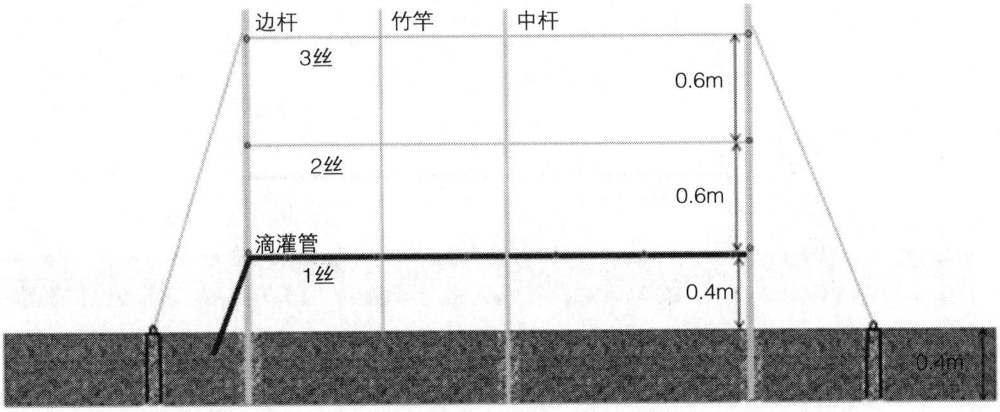

图10-2　枸杞高篱架型示意图

5.3.3　简化高篱架型

5.3.3.1　边柱

采用U型热镀锌钢，高度1.5 m，埋入地下0.3 m，外侧由花莲螺杆连接水泥预埋拉紧固定。

5.3.3.2　中柱

在定植行每隔10.0 m 埋设一根（高度：1.5 m，埋入地下0.3 m）。

5.3.3.3　架丝

在距地面0.4 m、1.1 m 处沿定植行拉2根12# 金属丝。其中1号丝用于悬挂滴管；2号丝用于枸杞中心干及结果枝组的绑缚。

5.3.3.4　绑杆

每株枸杞栽植时绑扶直立竹竿，间距1 m，竹竿高度：1.4 m，与金属1号丝和2号丝垂直固定。

5.3.3.5　简化高篱架型构成图

枸杞简化高篱架型示意图见图10-3。

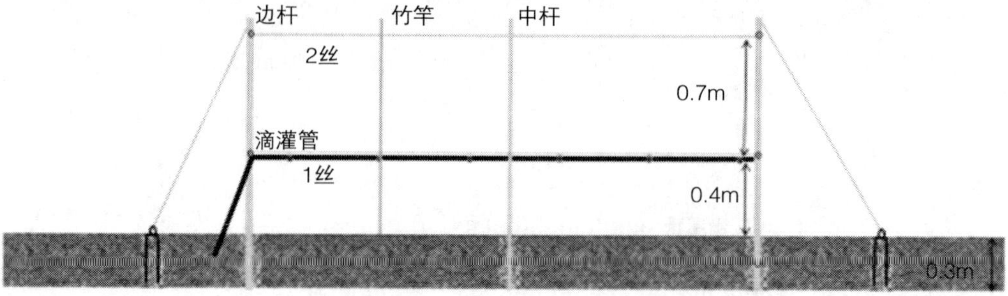

图10-3　枸杞简化高篱架型示意图

6. 苗木定植

6.1　栽植时间

3月下旬至4月上旬土壤解冻30 cm以上时栽植，必须边栽苗边灌水，才能保证苗木的成活率。

6.2　栽植方法

苗木定植前，根部用100 mg/L萘乙酸（NAA）水溶液蘸根5 s后，按株距在沟内定植，定植好后将沟填平并及时灌水。

7. 整形修剪

7.1　主干分层形树形

7.1.1　主干分层形树形结构

主干高度80～100 cm，树高140～160 cm，树冠由上、下层组成，第一层主枝3～5个，第二层主枝3～4个，层间距40～45 cm。上、下主枝错落有序，单株成龄树夏季结果枝数量200～300个。

7.1.2　1龄树整形修剪

栽植成活后，主干高度80～100 cm定干，剪口下选留3～5个强枝培养第一层主枝，于10～15 cm处摘心促发分枝，培养一级侧枝。其余结果枝缓放，作为临时结果枝。主干上剪除距地表40 cm以下的枝条。

7.1.3　2龄树整形修剪

7.1.3.1　休眠期整形修剪

每个主枝上选留2～3个一级侧枝于15～20 cm短截，疏除主干与主枝上的背上枝（除补空）、针刺枝、细弱枝、背下枝及主干上的临时结果枝。

7.1.3.2　生长期整形修剪

5—6月夏季生长期对主枝、一级侧枝上促发出的结果枝缓放，斜生强枝于10～15 cm处摘心，促发分枝，培养二级侧枝。8—9月秋季生长期选留距主干最近的1个徒长枝绑缚在主干固定杆上，生长至140～160 cm处打顶，促发分枝，培养第二层主枝。疏除主枝与一级侧枝上的背上枝（除补空）和主干、根上的萌蘖。

7.1.4　3龄树整形修剪

7.1.4.1　休眠期整形修剪

每个一级侧枝上选留2～3个二级侧枝于15～20 cm短截，第二层主枝于10～15 cm短截，疏除主干与主枝上的背上枝（除补空）、针刺枝、细弱枝、背下枝及临时结果枝。

7.1.4.2　生长期整形修剪

5—6月夏季生长期对第一层主枝上的一级侧枝、二级侧枝促发出的结果枝缓放，二级侧枝上的斜生强枝于10～15 cm处摘心，促发分枝，培养结果母枝。第二层主枝上促发出的结果枝缓放，斜生强枝于10～15 cm处摘心，促发分枝，培养一级侧枝。疏除主枝、一级侧枝、二级侧枝上的背上枝（除补空）和主干、根上的萌蘖。

7.1.5　4龄树整形修剪

7.1.5.1　休眠期整形修剪

第一层每个二级侧枝上选留2～3个结果母枝于20～30 cm短截，培养成结果枝组；第二层每个一级侧枝于10～15 cm短截，疏除主干与主枝及侧枝上的背上枝（除补空）、针刺枝、细弱枝、背下枝、临时结果枝。

7.1.5.2　生长期整形修剪

5—6月夏季生长期对第一层的每个二级侧枝、结果母枝上促发出的结果枝缓放，斜生强枝于15～20 cm 处摘心，促发结果枝；第二层主枝、一级侧枝上促发出的结果枝缓放，斜生强枝于10～15 cm 处摘心，促发分枝，培养结果母枝。疏除主枝、一级侧枝、二级侧枝上的背上枝（除补空）和主干、根上的萌蘖。

7.1.6　成龄树修剪

7.1.6.1　休眠期修剪

每个结果枝组上的结果母枝于20～30 cm 短截，选留侧枝上的临时结果枝更新结果枝组，调整侧枝方位、角度。

7.1.6.2　生长期整形修剪

同7.1.5.2生长期整形修剪。

7.1.7　主干分层形修剪示意图

7.1.7.1　1年生树修剪示意图

1年生树形修剪见图10-4。

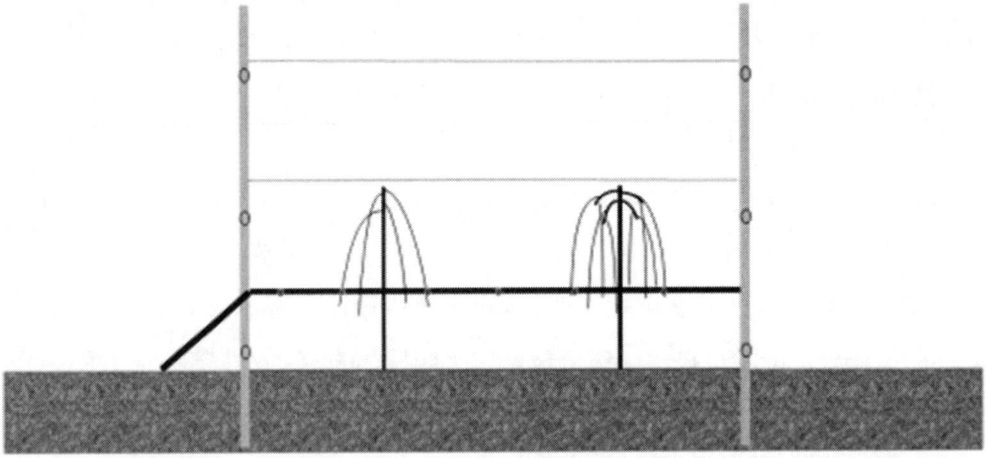

图10-4　1年生树修剪示意图

7.1.7.2　2年生树修剪示意图

2年生树形修剪见图10-5。

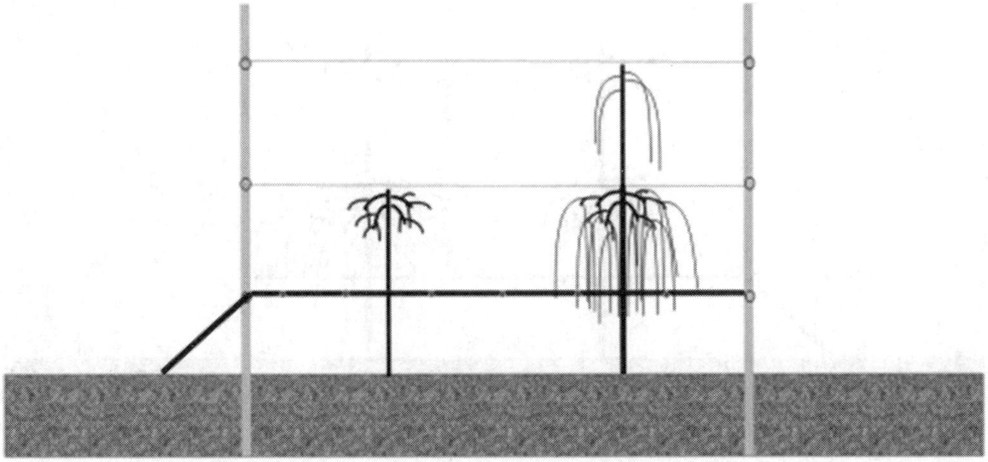

图10-5 2年生树修剪示意图

7.1.7.3 3年生树修剪示意图

3年生树形修剪见图10-6。

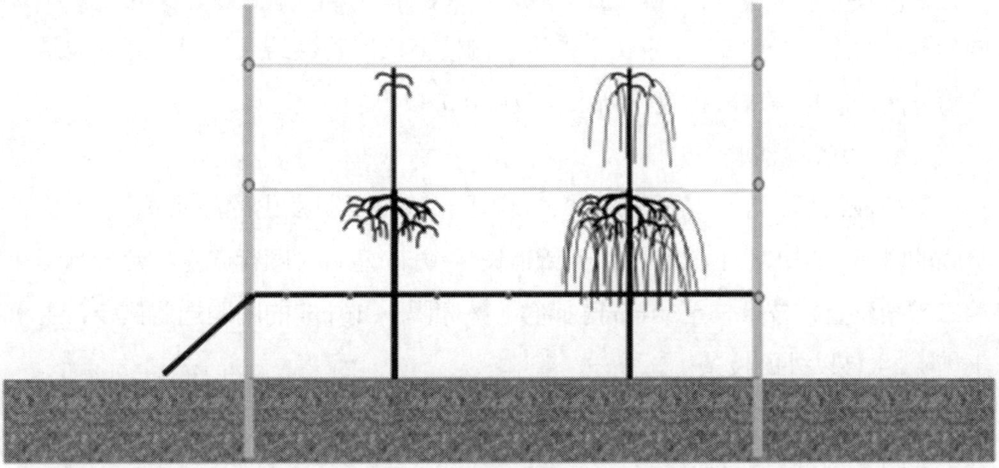

图10-6 3年生树修剪示意图

7.1.7.4 4年生树修剪示意图

4年生树形修剪见图10-7。

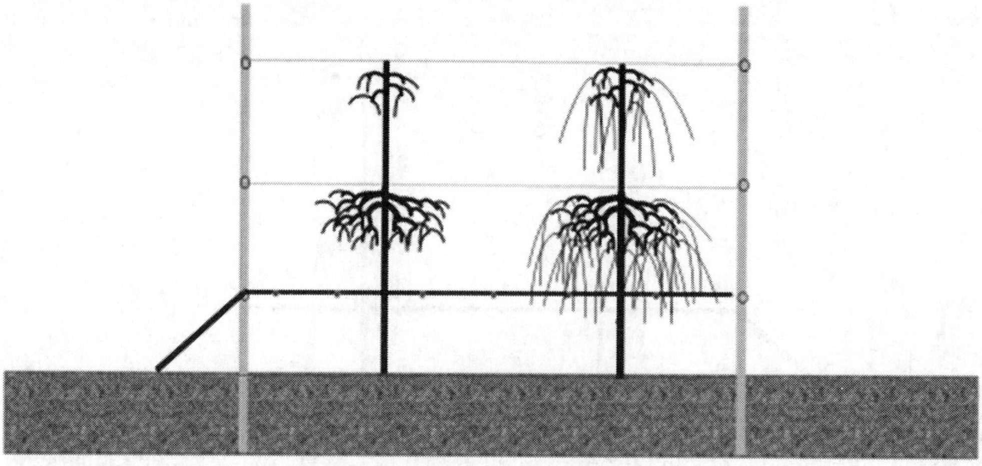

图10-7　4年生树修剪示意图

7.2 “干”字形树形

7.2.1 “干”字形树形结构

树高140～160 cm，树冠由上、下层组成，每层有两个主枝，反向分开顺行向延伸，每个主枝上有8个～10个侧枝，侧枝上直接着生结果枝组，结果枝悬垂在篱壁两侧。单株成龄树夏季结果枝数量180～240个。

7.2.2 1龄树整形修剪

栽植成活后，主干高度80～90 cm定干，剪口下萌发出的枝条选留2个生长势强的作第一层水平主枝培养，于新梢长至40 cm左右时顺行向左右延伸绑缚在第二层架丝上，枝条长至50 cm时摘心，按间隔8～10 cm的间距选留侧枝，主干上剪除2主枝以外的枝条。

7.2.3 2龄树整形修剪

7.2.3.1 休眠期整形修剪

第一层水平主枝上的水平侧枝、斜向上侧枝于枝头距架丝18～20 cm处短截，斜向下枝于8～10 cm处留背上芽短截，补空的二年生背上枝于3～5 cm处留外芽短截，促发分枝，培养结果枝组，疏除主枝上的背上枝（除补空）、细弱枝、背下枝或过密临时结果枝。

7.2.3.2 生长期整形修剪

5—6月夏季生长期对第一层侧枝上促发出的结果枝缓放，斜生强枝于10～15 cm处摘心，促发结果枝，培养成结果母枝。8—9月对第一层结果枝组于枝头距架丝40～45 cm处短截，选留距主干最近的1个徒长枝绑缚在主干固定杆上，生长至130～150 cm处打顶，促发分枝，选留2个生长势强的作第二层水平主枝培养，顺行向左右延伸绑缚在第三层架丝上，培养第二层水平主枝。疏除主枝、侧枝上的背上枝和主干、根上的萌蘖。

7.2.4 3龄树整形修剪

7.2.4.1 休眠期整形修剪

第一层水平主枝上的枝组于结果母枝枝头距架丝25～30 cm处短截，侧枝上选留2～3个结果母枝，第二层水平枝组培养同7.2.3。

7.2.4.2 生长期整形修剪

同7.2.3.2。

7.2.5 4龄树及成龄树整形修剪

7.2.5.1 休眠期整形修剪

第一层、第二层的枝组于结果母枝枝头距架丝25～30 cm处短截，侧枝上选留2～3个结果母枝。适当短截回缩结果枝组，侧枝上距主枝10～15 cm处留1个结果母枝，经1～2年培养成为新的结果枝组，替代更新。疏除主枝上的背上枝（除补空）、细弱枝、背下枝或过密临时结果枝。

7.2.5.2 生长期整形修剪

同7.2.3.2。

7.2.6 “干”字形修剪示意图

7.2.6.1 1年生树修剪示意图

1年生树形修剪见图10-8。

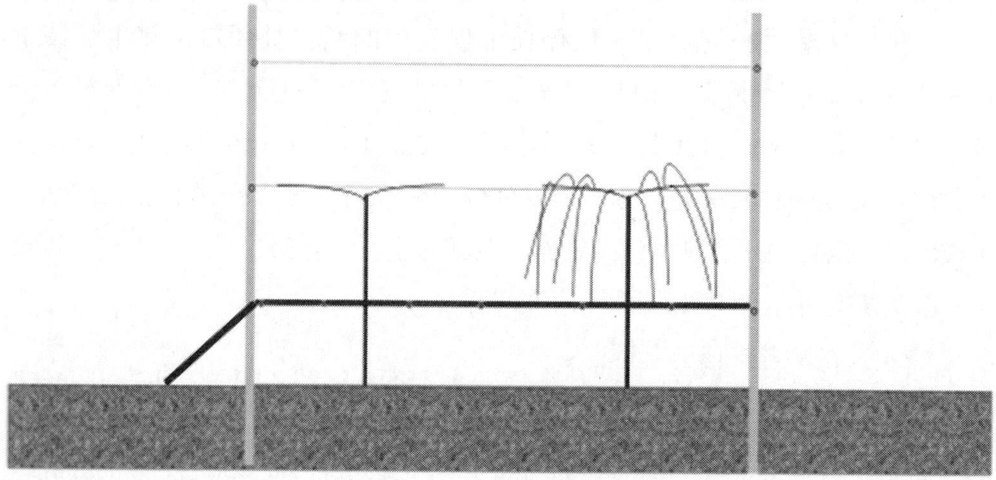

图10-8　1年生树修剪示意图

7.2.6.2　2年生树修剪示意图

2年生树形修剪见图10-9。

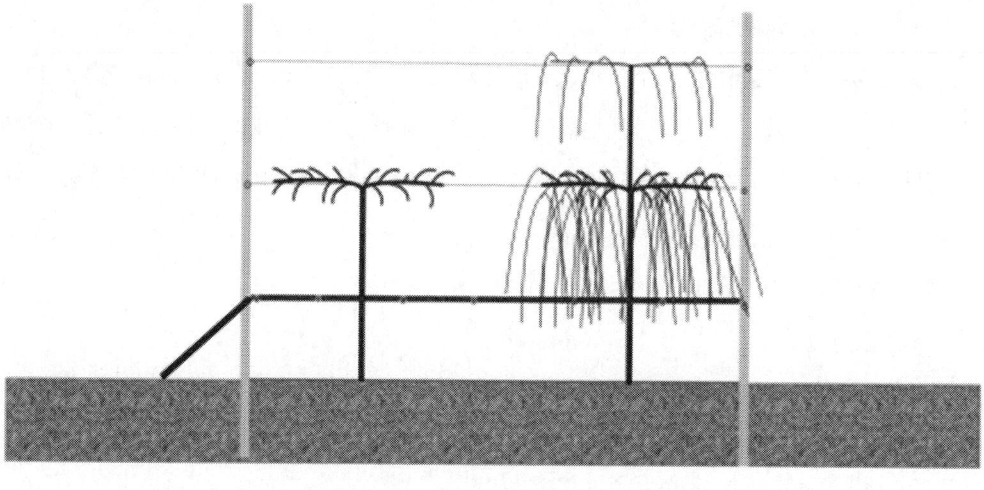

图10-9　2年生树修剪示意图

7.2.6.3　3年生树修剪示意图

3年生树形修剪见图10-10。

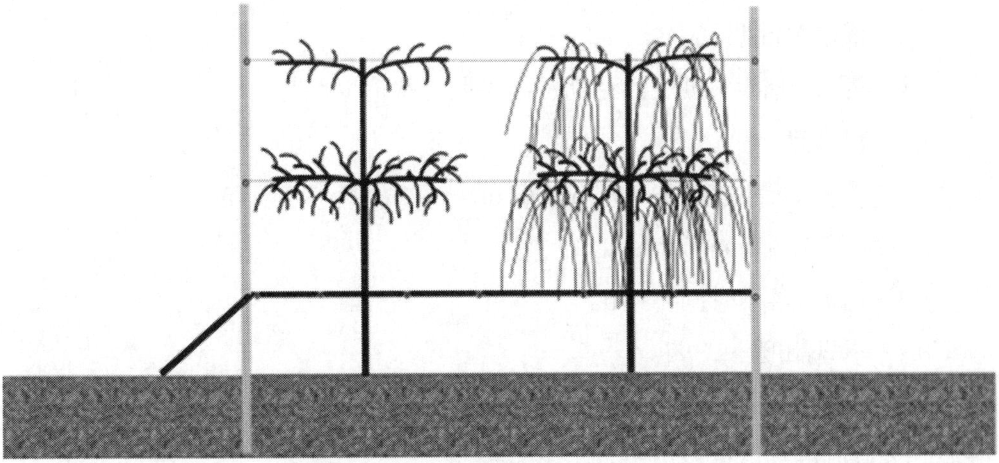

图10-10　3年生树修剪示意图

7.2.6.4　4年生树修剪示意图

4年生树形修剪见图10-11。

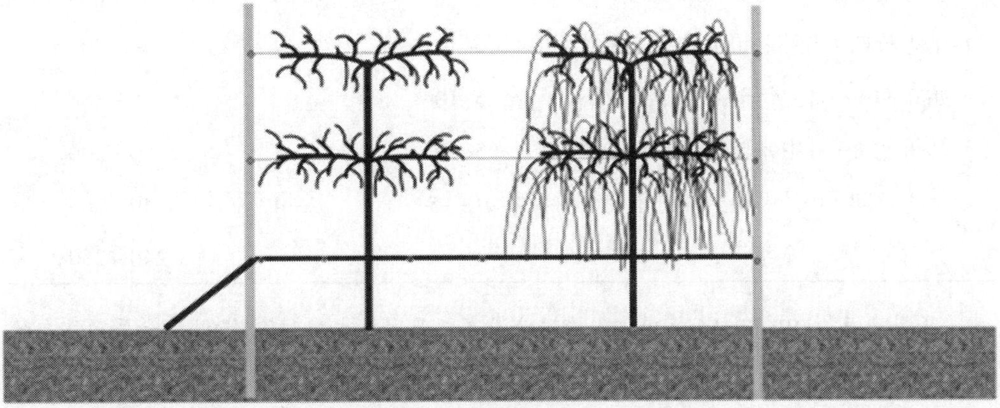

图10-11　4年生树修剪示意图

8. 节水灌溉技术

8.1　滴灌管铺设

沿篱架1号丝悬挂滴灌管，悬挂卡扣间距为0.5 m，端头预留0.5 m 滴灌管。

滴灌管铺设长度控制在80～100 m，长度大于100 m时，应采用压力补偿式滴头。

8.2 灌水关键期

萌芽期、春梢生长期、始花期、结果期、秋梢生长期。

8.3 滴灌量

8.3.1 单次灌水定额18～36 m^3/667 m^2。

8.3.2 滴头流量4～6 L/h。

8.3.3 单次灌水时间4～5 h。

8.4 灌溉制度

根据土壤深度20～30 cm处的土壤含水量小于等于田间持水量的60%时适时灌溉，灌溉制度具体见表10-1。

表10-1 枸杞节水滴灌时间及滴灌量

灌溉时期	灌溉间隔时间/d	灌水次数/次	灌水定额/（m^3·$667m^{-2}$）
萌芽期（3月下旬至4月下旬）	5~10	2～4	40～80
春梢生长期（5月上旬至6月上旬）	5~10	2～4	40～80
始花期（6月上旬至6月中旬）	5~10	1	18～36
结果期（6月中旬至8月中旬）	5~10	5～8	100～200
秋梢生长期（8月中旬至9月下旬）	10~15	2～4	40～80
全年			240～350

资料来源：DB64T1160-2015，枸杞滴灌高效节水技术规程[S].银川：宁夏回族自治区质量技术监督局.2015

9. 水肥一体化技术

9.1 肥料种类

N、P、K水溶肥，微量元素水溶肥，氨基酸肥、腐殖酸肥。

9.2 肥料量

在春梢生长期、始花期、果实膨大期、结果期，配合灌溉追肥5～8次，每667 m^2每次施纯氮3～5 kg、纯磷2～3 kg、纯钾2～3 kg，适时补充微量元素、氨基酸肥、腐殖酸肥等。

9.3 施肥方法

将水溶性肥溶解于施肥罐中，通过滴灌管施入，肥料浓度小于千分之一。

10. 行间生草

10.1 人工生草

10.1.1 草种的选择

选择当地的乡土草种或对枸杞病虫害有抑制的草种，为苦豆子、碱蓬、牛枝子、葫卢巴、甘草、紫花苜蓿、沙葱、黑麦草、小茴香和薄荷中的一种或多种。

10.1.2 枸杞园生草方式

采用行间生草方式，草两边分别距枸杞植株50 cm，不影响枸杞施肥、植保等机械作业。

10.1.3 整地

人工清理枸杞园杂草及石块，利用旋耕机疏松土壤20 cm，确保土壤平整疏松。在土壤管理粗放、杂草极多的枸杞园，控制杂草也可在播种前进行除草剂处理，除草剂有效期过后再播种草种或移栽生草的幼苗。

10.1.4 播种时期

白三叶草和多年生黑麦草，在春季或秋季均可播种；苜蓿在春季、夏季或秋季均可播种。春季播种，当气温稳定在5℃以上时即可播种。秋季为8月下旬至9月上旬。

10.1.5 用种量

播种可撒播或条播，用种量2～4 kg/667 m^2。白三叶、紫花苜蓿用种量为0.5～1.5 kg/667 m^2，黑麦草用种量为3～4 kg/667 m^2。

10.1.6 播种技术

采用撒播或条播的方式。由于草种较小，一般草种采用撒播进行播种。草种不易萌发，但分蘖能力或生长势大的草种可采用条播方法，如紫花苜蓿或白三叶。由于草种较小且轻，播种时要与细沙混匀后再进行播种，使用抖动法将草种均匀撒播到土壤表面，然后用短齿耙轻耙，使种子表面覆土2～3 cm，不需镇压。一般情况2～3 d 即可出苗，1周后可对少苗或无苗区补种。

10.1.7 播种后管理

生草初期及时清除杂草，春季播种需要人工去除杂草2～3次，从4月中旬开始，每隔10 d需要除杂草一次，直到播种的草具备极强抑制杂草能力为止。草种长至10 cm左右，结合降雨撒施氮肥5.0～7.5 kg/667 m^2，15 d以后再施一次。施肥后要及时灌水，使草种迅速生长。当草高近40 cm时，进行不定期割刈，保留高度10～15 cm，豆科草留茬15 cm以上，禾本科草留茬10 cm左右。

平地枸杞园可利用便携式割草机割刈4～6次，山地枸杞园采用便携式割冠机或动力式枸杞园割草机械进行割刈。每年割刈次数以4～6次为宜，雨季后期停止割刈。带状生草的，刈割下的草覆盖于树盘上。全园生草的，枸杞园刈割的草就地撒开，也可开沟深埋，与土混合沤肥。秋播的当年不进行割刈，自然生长越冬后进入常规割刈管理。

10.2 自然生草

10.2.1 草种选择

应选留具有无木质化或仅能形成半木质化茎、须根多、茎叶匍匐、矮生、覆盖面大、耗水量小、适应性广等特点的草种，并以1年生草种为主要对象。马唐、虱子草、虎尾草、绿狗尾草、稗草、车前草、蒲公英、荠菜、马齿苋、野苜蓿等，都可以作为自然生草种类利用。

10.2.2 自然生草管理

自然生草园一般春季进行人工拔除恶性草，连续2～4次。在枸杞树萌芽、开花、展叶需要肥水较多时，此时尽量控制草的生长，以保证土壤中的水分、有机质优先满足于枸杞树生长需要。

10. 病虫害防控

按照DB 64/T 850—2013、DB 64/T 851—2013和DB 64/T 852—2013执行。

11. 鲜果采收

11.1 采果时期

初期6月中旬至7月初；盛期7月上旬至8月上旬；秋果期9月下旬至10月下旬。

11.2 间隔时间

初期6~9 d一蓬；盛期5~6 d一蓬；秋果期8~10 d一蓬。

11.3　采果要求

鲜果成熟8~9成（红色），轻采、轻拿、轻放，树上采净、地下拣净，果筐容量为10 kg左右。下雨天或刚下过雨不采摘，早晨待露水干后再采摘，喷洒农药不到安全间隔期不采摘。

12. 鲜果制干

12.1　脱蜡

将采回的鲜果在油脂冷浸液或3%的碳酸钠水溶液中浸泡30 s左右，提起控干后，倒入制干用的果栈上，均匀地铺平，厚度2~3 cm。

12.2　制干

12.2.1　自然干燥法

将经过脱蜡处理铺在果栈上的鲜果，在专用晾晒场上，放在自然光下进行干燥。在果实干燥未达到指标前，不能随便翻动果实，遇降雨要及时防雨，切忌淋雨。自然干燥一般需4~6 d。

12.2.2　热风烘干法

将经过脱蜡处理铺在果栈上的鲜果放进烘干室，温度控制指标为进风口60~65℃，出风口40~45℃，经24~40 h可烘干枸杞，含水量在13%以下。干燥后的果实经脱柄去杂，按照GB/T 18672—2014要求分级包装贮存。

附　录

附录1　环境空气质量标准

（国家标准 GB 3095—2012）

1. 适用范围

本标准规定了环境空气功能区分类、标准分级、污染物项目、平均时间及浓度限值、监测方法、数据统计的有效性规定及实施与监督等内容。

本标准适用于环境空气质量评价与管理。

2. 规范性引用文件

本标准引用下列文件或其中的条款。凡是不注明日期的引用文件，其最新版本适用于本标准。

GB 8971　空气质量　飘尘中苯并 [a] 芘的测定　乙酰化滤纸层析荧光分光光度法

GB 9801　空气质量　一氧化碳的测定　非分散红外法

GB/T 15264　环境空气　铅的测定　火焰原子吸收分光光度法

GB/T 15432　环境空气　总悬浮颗粒物的测定　重量法

GB/T 15439　环境空气　苯并 [a] 芘的测定　高效液相色谱法

HJ 479　环境空气　氮氧化物（一氧化氮和二氧化氮）的测定　盐酸萘乙二胺分光光度法

HJ 482　环境空气　二氧化硫的测定　甲醛吸收 - 副玫瑰苯胺分光光度法

HJ 483　环境空气　二氧化硫的测定　四氯汞盐吸收 - 副玫瑰苯胺分光光度法

HJ 504　环境空气　臭氧的测定　靛蓝二磺酸钠分光光度法

HJ 539　环境空气　铅的测定　石墨炉原子吸收分光光度法（暂行）

HJ 590　环境空气　臭氧的测定　紫外光度法

HJ 618　环境空气　PM_{10}和$PM_{2.5}$的测量　重量法

HJ 630　环境监测质量管理技术导则

HJ/T 193　环境空气质量自动监测技术规范

HJ/T 194　环境空气质量手工监测技术规范

《环境空气质量监测规范（试行）》（国家环境保护总局公告 2007年第4号）

《关于推进大气污染联防联控工作改善区域空气质量的指导意见》（国办发〔2010〕33号）

3. 术语和定义

下列术语和定义适用于本标准。

3.1　环境空气 ambient air

指人群、植物、动物和建筑物所暴露的室外空气。

3.2　总悬浮颗粒物 total suspended particle （TSP）

指环境空气中空气动力学当量直径小于等于100 μm 的颗粒物。

3.3　颗粒物（粒径小于等于10 μm）particulate matter（PM_{10}）

指环境空气中空气动力学当量直径小于等于10 μm 的颗粒物，也称可吸入颗粒物。

3.4　颗粒物（粒径小于等于2.5 μm）particulate matter（$PM_{2.5}$）

指环境空气中空气动力学当量直径小于等于2.5 μm 的颗粒物，也称细颗粒物。

3.5　铅 lead

指存在于总悬浮颗粒物中的铅及其化合物。

3.6　苯并 [a] 芘 benzo[a]pyrene（BaP）

指存在于颗粒物（粒径小于等于10 μm）中的苯并 [a] 芘。

3.7　氟化物 fluoride

指以气态和颗粒态形式存在的无机氟化物。

3.8　1小时平均　1-hour average

指任何1小时污染物浓度的算术平均值。

3.9　8小时平均　8-hour average

指连续8小时平均浓度的算术平均值，也称8小时滑动平均。

3.10　24小时平均　24-hour average

指一个自然日24小时平均浓度的算术平均值，也称为日平均。

3.11　月平均 monthly average

指一个日历月内各日平均浓度的算术平均值。

3.12　季平均 quarterly average

指一个日历季内各日平均浓度的算术平均值。

3.13　年平均 annual mean

指一个日历年内各日平均浓度的算术平均值。

3.14　标准状态 standard state

指温度为273K，压力为101.325 kPa 时的状态。本标准中的污染物浓度均为标准状态下的浓度。

4. 环境空气功能区分类和质量要求

4.1　环境空气功能区分类

环境空气功能区分为二类：一类区为自然保护区、风景名胜区和其他需要特殊保护的区域；二类区为居住区、商业交通居民混合区、文化区、工业区和农村地区。

4.2　环境空气功能区质量要求

一类区适用一级浓度限值，二类区适用二级浓度限值。一、二类环境空气功能区质量要求见表1和表2。

4.3 本标准自2016年1月1日起在全国实施。基本项目（表1）在全国范围内实施：其他项目（表2）由国务院环境保护行政主管部门或者省级人民政府根据实际情况，确定具体实施方式。

4.4　在全国实施本标准之前，国务院环境保护行政主管部门可根据《关于推进大气污染联防联控工作改善区域空气质量的指导意见》等文件要求指定部分地区提前实施本标准，具体实施方案（包括地域范围、时间等）另行公告；各省级人民政府也可根据实际情况和当地环境保护的需要提前实施本标准。

5. 监测

环境空气质量监测工作应按照《环境空气质量监测规范（试行）》等规范性文件的要求进行。

5.1 监测点位布设

表1和表2中环境空气污染物监测点位的设置，应按照《环境空气质量监测规范（试行）》中的要求执行。

表 1 环境空气污染物基本项目浓度限值

序号	污染物项目	平均时间	浓度限值		单位
			一级	二级	
1	二氧化硫（SO_2）	年平均	20	60	μg/m^3
		24 小时平均	50	150	
		1 小时平均	150	500	
2	二氧化氮（NO_2）	年平均	40	40	
		24 小时平均	80	80	
		1 小时平均	200	200	
3	一氧化碳（CO）	24 小时平均	4	4	mg/m^3
		1 小时平均	10	10	
4	臭氧（O_3）	日最大 8 小时平均	100	160	μg/m^3
		1 小时平均	160	200	
5	颗粒物（粒径小于等于 10 μm）	年平均	40	70	
		24 小时平均	50	150	
6	颗粒物（粒径小于等于 2.5 μm）	年平均	15	35	
		24 小时平均	35	75	

表 2　环境空气污染物其他项目浓度限值

序号	污染物项目	平均时间	浓度限值		单位
			一级	二级	
1	总悬浮颗粒物（TSP）	年平均	80	200	μg/m³
		24 小时平均	120	300	
2	氮氧化物（NOx）	年平均	50	50	
		24 小时平均	100	100	
		1 小时平均	250	250	
3	铅（Pb）	年平均	0.5	0.5	
		季平均	1	1	
4	苯并 [a] 芘（BaP）	年平均	0.001	0.001	
		24 小时平均	0.002 5	0.002 5	

5.2　样品采集

环境空气质量监测中的采样环境、采样高度及采样频率等要求，按 HJ/T 193 或 HJ/T 194的要求执行。

5.3　分析方法

应按表3的要求，采用相应的方法分析各项污染物的浓度。

6. 数据统计的有效性规定

6.1　应采取措施保证监测数据的准确性、连续性和完整性，确保全面、客观地反映监测结果。所有有效数据均应参加统计和评价，不得选择性地舍弃不利数据以及人为干预监测和评价结果。

6.2　采用自动监测设备监测时，监测仪器应全年365天（闰年366天）连续运行。在监测仪器校准、停电和设备故障，以及其他不可抗拒的因素导致不能获得连续监测数据时，应采取有效措施及时恢复。

表 3　各项污染物分析方法

序号	污染物项目	手工分析方法		自动分析方法
		分析方法	标准编号	
1	二氧化硫（SO_2）	环境空气 二氧化硫的测定 甲醛吸收－副玫瑰苯胺分光光度法	HJ 482	紫外荧光法、差分吸收光谱分析法
		环境空气 二氧化硫的测定 四氯汞盐吸收－副玫瑰苯胺分光光度法	HJ 483	
2	二氧化氮（NO_2）	环境空气 氮氧化物（一氧化氮和二氧化氮）的测定 盐酸萘乙二胺分光光度法	HJ 479	化学发光法、差分吸收光谱分析法
3	一氧化碳（CO）	空气质量 一氧化碳的测定 非分散红外法	GB 9801	气体滤波相关红外吸收法、非分散红外吸收法
4	臭氧（O_3）	环境空气 臭氧的测定 靛蓝二磺酸钠分光光度法	HJ 504	紫外荧光法、差分吸收光谱分析法
		环境空气 臭氧的测定 紫外光度法	HJ 590	
5	颗粒物（粒径小于等于 10μm）	环境空气 PM_{10} 和 $PM_{2.5}$ 的测定重量法	HJ 618	微量振荡天平法、β 射线法
6	颗粒物（粒径小于等于 2.5μm）	环境空气 PM_{10} 和 $PM_{2.5}$ 的测定重量法	HJ 618	微量振荡天平法、β 射线法
7	总悬浮颗粒物（TSP）	环境空气 总悬浮颗粒物的测定重量法	GB/T 15432	—
8	氮氧化物（NO_X）	环境空气 氮氧化物（一氧化氮和二氧化氮）的测定 盐酸萘乙二胺分光光度法	HJ 479	化学发光法、差分吸收光谱分析法
9	铅（Pb）	环境空气 铅的测定 石墨炉原子吸收分光光度法（暂行）	HJ 539	—
		环境空气 铅的测定 火焰原子吸收分光光度法	GB/T 15264	—
10	苯并［a］芘（BaP）	空气质量 飘尘中苯并 [a] 芘的测定 乙酰化滤纸层析荧光分光光度法	GB 8971	—
		环境空气 苯并 [a] 芘的测定 高效液相色谱法	GB / T 15439	—

6.3　异常值的判断和处理应符合 HJ 630的规定。对于监测过程中缺失和删除的数据均应说明原因，并保留详细的原始数据记录，以备数据审核。

6.4　任何情况下，有效的污染物浓度数据均应符合表4中的最低要求，否则应视为无效数据。

表 4　污染物浓度数据有效性的最低要求

污染物项目	平均时间	数据有效性规定
二氧化硫（SO_2）、二氧化氮（NO_2）、颗粒物（粒径小于等于 10 μm）、颗粒物（粒径小于等于 2.5 μm）、氮氧化物（NOx）	年平均	每年至少有 324 个日平均浓度值 每月至少有 27 个日平均浓度值（二月至少有25个日平均浓度值）
二氧化硫（SO_2）、二氧化氮（NO_2）、一氧化碳（CO）、颗粒物（粒径小于等于 10 μm）、颗粒物（粒径小于等于 2.5 μm）、氮氧化物（NOx）	24 小时平均	每日至少有 20 个小时平均浓度值或采样时间
臭氧（O_3）	8 小时平均	每 8 小时至少有 6 小时平均浓度值
二氧化硫（SO_2）、二氧化氮（NO_2）、一氧化碳（CO）、臭氧（O_3）、氮氧化物（NOx）	1 小时平均	每小时至少有 45 分钟的采样时间
总悬浮颗粒物（TSP）、苯并 [a] 芘（BaP）、铅（Pb）	年平均	每年至少有分布均匀的 60 个日平均浓度值 每月至少有分布均匀的 5 个日平均浓度值
铅（Pb）	季平均	每季至少有分布均匀的 15 个日平均浓度值 每月至少有分布均匀的 5 个日平均浓度值
总悬浮颗粒物（TSP）、苯并 [a] 芘（BaP）、铅（Pb）	24 小时平均	每日应有 24 小时的采样时间

7. 实施与监督

7.1　本标准由各级环境保护行政主管部门负责监督实施。

7.2　各类环境空气功能区的范围由县级以上（含县级）人民政府环境保护行政主管部门划分，报本级人民政府批准实施。

7.3 按照《中华人民共和国大气污染防治法》的规定，未达到本标准的大气污染防治重点城市，应当按照国务院或者国务院环境保护行政主管部门规定的期限，达到本标准。该城市人民政府应当制定限期达标规划，并可以根据国务院的授权或者规定，采取更严格的措施，按期实现达标规划。

附录2 农田灌溉水质标准

（国家标准 GB/T 5084—2021）

1. 适用范围

本标准规定了农田灌溉水质要求、监测与分析方法和监督管理要求。

本标准适用于以地表水、地下水作为农田灌溉水源的水质监督管理。城镇污水（工业废水和医疗污水除外）以及未综合利用的畜禽养殖废水、农产品加工废水和农村生活污水进入农田灌溉渠道，其下游最近的灌溉取水点的水质按本标准进行监督管理。

2. 规范性引用文件

本标准引用了下列文件或其中的条款。凡是注明日期的引用文件，仅注日期的版本适用于本标准。凡是未注日期的引用文件，其最新版本（包括所有的修改单）适用于本标准。

GB 7467 水质 六价铬的测定 二苯碳酰二肼分光光度法

GB 7475 水质 铜、锌、铅、镉的测定 原子吸收分光光度法

GB 7484 水质 氟化物的测定 离子选择电极法

GB 7494 水质 阴离子表面活性剂的测定 亚甲蓝分光光度法

GB 11889 水质 苯胺类化合物的测定 N-（1-萘基）乙二胺偶氮分光光度法

GB 11896 水质 氯化物的测定 硝酸银滴定法

GB 11901 水质 悬浮物的测定 重量法

GB 11912 水质 镍的测定 火焰原子吸收分光光度法

GB 13195　水质　水温的测定　温度计或颠倒温度计测定法

GB 20922　城市污水再生利用　农田灌溉用水水质

GB/T 15505　水质　硒的测定　石墨炉原子吸收分光光度法

GB/T 16489　水质　硫化物的测定　亚甲基蓝分光光度法

HJ/T 49　水质　硼的测定　姜黄素分光光度法

HJ/T 50　水质　三氯乙醛的测定　吡唑啉酮分光光度法

HJ/T 51　水质　全盐量的测定　重量法

HJ/T 74　水质　氯苯的测定　气相色谱法

HJ 84　水质　无机阴离子（F^-、Cl^-、NO_2^-、Br^-、NO_3^-、PO_4^{3-}、SO_3^{2-}、SO_4^{2-}）的测定　离子色谱法

HJ/T 200　水质　硫化物的测定　气相分子吸收光谱法

HJ/T 343　水质　氯化物的测定　硝酸汞滴定法（试行）

HJ 347.2　水质　粪大肠菌群的测定　多管发酵法

HJ/T 399　水质　化学需氧量的测定　快速消解分光光度法

HJ 484　水质　氰化物的测定　容量法和分光光度法

HJ 485　水质　铜的测定　二乙基二硫代氨基甲酸钠分光光度法

HJ 486　水质　铜的测定　2，9-二甲基-1，10菲啰啉分光光度法

HJ 487　水质　氟化物的测定　茜素磺酸锆目视比色法

HJ 488　水质　氟化物的测定　氟试剂分光光度法

HJ 503　水质　挥发酚的测定　4-氨基安替比林分光光度法

HJ 505　水质　五日生化需氧量（BOD_5）的测定　稀释与接种法

HJ 592　水质　硝基苯类化合物的测定　气相色谱法

HJ 597　水质　总汞的测定　冷原子吸收分光光度法

HJ 621　水质　氯苯类化合物的测定　气相色谱法

HJ 637　水质　石油类和动植物油类的测定　红外分光光度法

HJ 639　水质　挥发性有机物的测定　吹扫捕集/气相色谱-质谱法

HJ 648　水质　硝基苯类化合物的测定　液液萃取/固相萃取-气相色谱法

HJ 686　水质　挥发性有机物的测定　吹扫捕集/气相色谱法

HJ 694 水质 汞、砷、硒、铋和锑的测定 原子荧光法

HJ 700 水质 65种元素的测定 电感耦合等离子体质谱法

HJ 716 水质 硝基苯类化合物的测定 气相色谱－质谱法

HJ 775 水质 蛔虫卵的测定 沉淀集卵法

HJ 776 水质 32种元素的测定 电感耦合等离子体发射光谱法

HJ 806 水质 丙烯腈和丙烯醛的测定 吹扫捕集/气相色谱法

HJ 810 水质 挥发性有机物的测定 顶空/气相色谱－质谱法

HJ 811 水质 总硒的测定 3，3'－二氨基联苯胺分光光度法

HJ 822 水质 苯胺类化合物的测定 气相色谱－质谱法

HJ 823 水质 氰化物的测定 流动注射－分光光度法

HJ 824 水质 硫化物的测定 流动注射－亚甲基蓝分光光度法

HJ 825 水质 挥发酚的测定 流动注射－4－氨基安替比林分光光度法

HJ 826 水质 阴离子表面活性剂的测定 流动注射－亚甲基蓝分光光度法

HJ 828 水质 化学需氧量的测定 重铬酸盐法

HJ 908 水质 六价铬的测定 流动注射－二苯碳酰二肼光度法

HJ 970 水质 石油类的测定 紫外分光光度法（试行）

HJ 1048 水质 17种苯胺类化合物的测定 液相色谱－三重四极杆质谱法

HJ 1067 水质 苯系物的测定 顶空/气相色谱法

HJ 1147 水质 pH 值的测定 电极法

NY/T 396 农用水源环境质量监测技术规范

3. 术语和定义

下列术语和定义适用于本标准。

3.1 农田灌溉用水 farmland irrigation water

为满足农作物生长需要，经人为输送，直接或通过渠道、管道供给农田的水。

3.2 水田作物 paddy field crops

适于水田淹水环境生长的农作物，如水稻等。

3.3　旱地作物 dry land crops

适于旱地、水浇地等非淹水环境生长的农作物，如小麦、玉米、棉花等。

4. 农田灌溉水质要求

4.1　农田灌溉水质控制项目分为基本控制项目和选择控制项目。

4.1.1　基本控制项目为必测项目，应符合表1的规定。

4.1.2　选择控制项目由地方生态环境主管部门会同农业农村、水利等主管部门根据农田灌溉用水类型和作物种类要求选择执行，应符合表2的规定。

表 1　农田灌溉水质基本控制项目限值

序号	项目类别		作物种类		
			水田作物	旱地作物	蔬菜
1	pH 值			5.5 ~ 8.5	
2	水温 /℃	≤		35	
3	悬浮物 /（mg / L）	≤	80	100	60[a]，15[b]
4	五日生化需氧量（BOD_5）/（mg / L）	≤	60	100	40[a]，15[b]
5	化学需氧量（COD_{cr}）/（mg / L）	≤	150	200	100[a]，60[b]
6	阴离子表面活性剂 /（mg / L）	≤	5	8	5
7	氯化物（以 Cl^- 计）/（mg / L）	≤		350	
8	硫化物（以 S^{2-} 计）/（mg / L）	≤		1	
9	全盐量 /（mg / L）	≤	1 000（非盐碱土地区），2 000（盐碱土地区）		
10	总铅 /（mg / L）	≤		0.2	
11	总镉 /（mg / L）	≤		0.01	
12	铬（六价）/（mg / L）	≤		0.1	
13	总汞 /（mg / L）	≤		0.001	
14	总砷 /（mg / L）	≤	0.05	0.1	0.05

续表

序号	项目类别		作物种类		
			水田作物	旱地作物	蔬菜
15	粪大肠菌群数 /（MPN / L）	≤	40 000	40 000	20 000[a]，10 000[b]
16	蛔虫卵数 /（个 / 10L）	≤	20		20[a]，10[b]

注：a. 加工、烹调及去皮蔬菜。b. 生食类蔬菜、瓜类和草本水果。

表 2　农田灌溉水质选择控制项目限值

序号	项目类别		作物种类		
			水田作物	旱地作物	蔬菜
1	氰化物（以 CN^- 计）/（mg / L）	≤	0.5		
2	氟化物（以 F^- 计）/（mg / L）	≤	2（一般地区），3（高氟区）		
3	石油类 /（mg / L）	≤	5	10	1
4	挥发酚 /（mg / L）	≤	1		
5	总铜 /（mg / L）	≤	0.5	1	
6	总锌 /（mg / L）	≤	2		
7	总镍 /（mg / L）	≤	0.2		
8	硒 /（mg / L）	≤	0.02		
9	硼 /（mg / L）	≤	1[a]，2[b]，3[c]		
10	苯 /（mg / L）	≤	2.5		
11	甲苯 /（mg / L）	≤	0.7		
12	二甲苯 /（mg / L）	≤	0.5		

续表

序号	项目类别		作物种类		
			水田作物	旱地作物	蔬菜
13	异丙苯 /（mg / L）	≤		0.25	
14	苯胺 /（mg / L）	≤		0.5	
15	三氯乙醛 /（mg / L）	≤	1	0.5	
16	丙烯醛 /（mg / L）	≤		0.5	
17	氯苯 /（mg / L）	≤		0.3	
18	1，2- 二氯苯 /（mg / L）	≤		1.0	
19	1，4- 二氯苯 /（mg / L）	≤		0.4	
20	硝基苯 /（mg / L）	≤		2.0	

注：a.对硼敏感作物，如黄瓜、豆类、马铃薯、笋瓜、韭菜、洋葱、柑橘等。
b.对硼耐受性较强的作物，如小麦、玉米、青椒、小白菜、葱等。
c.对硼耐受性强的作物，如水稻、萝卜、油菜、甘蓝等。

4.2　城镇污水处理厂再生水进行农田灌溉，同时应执行GB 20922的规定。

4.3　向农田灌溉渠道排放城镇污水以及未综合利用的畜禽养殖废水、农产品加工废水、农村生活污水，应保证其下游最近的灌溉取水点的水质符合本标准的要求。

5. 监测与分析方法

5.1　监测

农田灌溉水质基本控制项目和选择控制项目的监测布点和采样方法应符合NY / T 396的要求，待农田灌溉水质监测技术规范发布实施后从其规定。

5.2　分析方法

本标准控制项目分析方法按表3执行。本标准发布实施后国家发布的监测标准，如适用性满足要求，同样适用于本标准相应控制项目的测定。

表 3　农田灌溉水质控制项目分析方法

序号	分析项目	标准名称	标准编号
1	pH 值	水质　pH 值的测定　电极法	HJ 1147
2	水温	水质　水温的测定　温度计或颠倒温度计测定法	GB 13195
3	悬浮物	水质　悬浮物的测定　重量法	GB 11901
4	五日生化需氧量（BOD_5）	水质　五日生化需氧量（BOD_5）的测定　稀释与接种法	HJ 505
5	化学需氧量（COD_{Cr}）	水质　化学需氧量的测定　快速消解分光光度法	HJ/T 399
		水质　化学需氧量的测定　重铬酸盐法	HJ 828
6	阴离子表面活性剂	水质　阴离子表面活性剂的测定　亚甲蓝分光光度法	GB 7494
		水质　阴离子表面活性剂的测定　流动注射－亚甲基蓝分光光度法	HJ 826
7	氯化物	水质　氯化物的测定　硝酸银滴定法	GB 11896
		水质　无机阴离子（F^-、Cl^-、NO_2^-、Br^-、NO_3^-、PO_4^{3-}、SO_3^{2-}、SO_4^{2-}）的测定　离子色谱法	HJ 84
		水质　氯化物的测定　硝酸汞滴定法（试行）	HJ/T 343
8	硫化物	水质　硫化物的测定　亚甲基蓝分光光度法	GB/T 16489
		水质　硫化物的测定　气相分子吸收光谱法	HJ/T 200
		水质　硫化物的测定　流动注射－亚甲基蓝分光光度法	HJ 824
9	全盐量	水质　全盐量的测定　重量法	HJ/T 51
10	总铅	水质　铜、锌、铅、镉的测定　原子吸收分光光度法	GB 7475
		水质　65 种元素的测定　电感耦合等离子体质谱法	HJ 700
		水质　32 种元素的测定　电感耦合等离子体发射光谱法	HJ 776
11	总镉	水质　65 种元素的测定　电感耦合等离子体质谱法	HJ 700
		水质　32 种元素的测定　电感耦合等离子体发射光谱法	HJ 776
12	铬（六价）	水质　六价铬的测定　二苯碳酰二肼分光光度法	GB 7467
		水质　六价铬的测定　流动注射－二苯碳酰二肼光度法	HJ 908

续表 1

序号	分析项目	标准名称	标准编号
13	总汞	水质　总汞的测定　冷原子吸收分光光度法	HJ 597
		水质　汞、砷、硒、铋和锑的测定　原子荧光法	HJ 694
14	总砷	水质　汞、砷、硒、铋和锑的测定　原子荧光法	HJ 694
		水质　65 种元素的测定　电感耦合等离子体质谱法	HJ 700
15	总镍	水质　镍的测定　火焰原子吸收分光光度法	GB 11912
		水质　65 种元素的测定　电感耦合等离子体质谱法	HJ 700
		水质　32 种元素的测定　电感耦合等离子体发射光谱法	HJ 776
16	粪大肠菌群数	水质　粪大肠菌群的测定　多管发酵法	HJ 347.2
17	蛔虫卵数	水质　蛔虫卵的测定　沉淀集卵法	HJ 775
18	氰化物	水质　氰化物的测定　容量法和分光光度法	HJ 484
		水质　氰化物的测定　流动注射 - 分光光度法	HJ 823
19	氟化物	水质　氟化物的测定　离子选择电极法	GB 7484
		水质　无机阴离子（F^-、Cl^-、NO_2^-、Br^-、NO_3^-、PO_4^{3-}、SO_3^{2-}、SO_4^{2-}）的测定　离子色谱法	HJ 84
		水质　氟化物的测定　茜素磺酸锆目视比色法	HJ 487
		水质　氟化物的测定　氟试剂分光光度法	HJ 488
20	石油类	水质　石油类和动植物油类的测定　红外分光光度法	HJ 637
		水质　石油类的测定　紫外分光光度法（试行）	HJ 970
21	挥发酚	水质　挥发酚的测定　4– 氨基安替比林分光光度法	HJ 503
		水质　挥发酚的测定　流动注射 –4– 氨基安替比林分光光度法	HJ 825
22	硼	水质　硼的测定　姜黄素分光光度法	HJ/T 49
		水质　65 种元素的测定　电感耦合等离子体质谱法	HJ 700
23	总铜	水质　铜、锌、铅、镉的测定　原子吸收分光光度法	GB 7475
		水质　铜的测定　二乙基二硫代氨基甲酸钠分光光度法	HJ 485
		水质　铜的测定　2，9– 二甲基 –1，10 菲啰啉分光光度法	HJ 486
		水质　65 种元素的测定　电感耦合等离子体质谱法	HJ 700
		水质　32 种元素的测定　电感耦合等离子体发射光谱法	HJ 776

续表 2

序号	分析项目	标准名称	标准编号
24	总锌	水质 铜、锌、铅、镉的测定 原子吸收分光光度法	GB 7475
		水质 65 种元素的测定 电感耦合等离子体质谱法	HJ 700
		水质 32 种元素的测定 电感耦合等离子体发射光谱法	HJ 776
25	硒	水质 硒的测定 石墨炉原子吸收分光光度法	GB/T 15505
		水质 汞、砷、硒、铋和锑的测定 原子荧光法	HJ 694
		水质 65 种元素的测定 电感耦合等离子体质谱法	HJ 700
		水质 总硒的测定 3，3’二氨基联苯胺分光光度法	HJ 811
26	苯	水质 挥发性有机物的测定 吹扫捕集 / 气相色谱 – 质谱法	HJ 639
		水质 挥发性有机物的测定 吹扫捕集 / 气相色谱法	HJ 686
		水质 挥发性有机物的测定 顶空 / 气相色谱 – 质谱法	HJ 810
		水质 苯系物的测定 顶空 / 气相色谱法	HJ 1067
27	甲苯	水质 挥发性有机物的测定 吹扫捕集 / 气相色谱 – 质谱法	HJ 639
		水质 挥发性有机物的测定 吹扫捕集 / 气相色谱法	HJ 686
		水质 挥发性有机物的测定 顶空 / 气相色谱 – 质谱法	HJ 810
		水质 苯系物的测定 顶空 / 气相色谱法	HJ 1067
28	二甲苯	水质 挥发性有机物的测定 吹扫捕集 / 气相色谱 – 质谱法	HJ 639
		水质 挥发性有机物的测定 吹扫捕集 / 气相色谱法	HJ 686
		水质 挥发性有机物的测定 顶空 / 气相色谱 – 质谱法	HJ 810
		水质 苯系物的测定 顶空 / 气相色谱法	HJ 1067
29	异丙苯	水质 挥发性有机物的测定 吹扫捕集 / 气相色谱 – 质谱法	HJ 639
		水质 挥发性有机物的测定 吹扫捕集 / 气相色谱法	HJ 686
		水质 挥发性有机物的测定 顶空 / 气相色谱 – 质谱法	HJ 810
		水质 苯系物的测定 顶空 / 气相色谱法	HJ 1067

续表 3

序号	分析项目	标准名称	标准编号
30	苯胺	水质　苯胺类化合物的测定　N-（1-萘基）乙二胺偶氮分光光度法	GB 11889
		水质　苯胺类化合物的测定　气相色谱 - 质谱法	HJ 822
		水质　17 种苯胺类化合物的测定　液相色谱 - 三重四极杆质谱法	HJ 1048
31	三氯乙醛	水质　三氯乙醛的测定　吡唑啉酮分光光度法	HJ/T 50
32	丙烯醛	水质　丙烯腈和丙烯醛的测定　吹扫捕集 / 气相色谱法	HJ 806
33	氯苯	水质　氯苯的测定　气相色谱法	HJ/T 74
		水质　氯苯类化合物的测定　气相色谱法	HJ 621
		水质　挥发性有机物的测定　吹扫捕集 / 气相色谱 - 质谱法	HJ 639
		水质　挥发性有机物的测定　顶空 / 气相色谱 - 质谱法	HJ 810
34	1，2- 二氯苯	水质　氯苯类化合物的测定　气相色谱法	HJ 621
		水质　挥发性有机物的测定　吹扫捕集 / 气相色谱 - 质谱法	HJ 639
		水质　挥发性有机物的测定　顶空 / 气相色谱 - 质谱法	HJ 810
35	1，4- 二氯苯	水质　氯苯类化合物的测定　气相色谱法	HJ 621
		水质　挥发性有机物的测定　气相色谱 - 质谱法	HJ 639
		水质　挥发性有机物的测定　顶空 / 气相色谱 - 质谱法	HJ 810
36	硝基苯	水质　硝基苯类化合物的测定　气相色谱法	HJ 592
		水质　硝基苯类化合物的测定　液液萃取 / 固相萃取 - 气相色谱法	HJ 648
		水质　硝基苯类化合物的测定　气相色谱 - 质谱法	HJ 716

6. 实施与监督

本标准由各级人民政府生态环境主管部门会同农业农村、水利等相关主管部门监督与实施。

附录3 土壤环境质量农用地土壤污染风险管控标准

（国家标准 GB 15618—2018）

1. 适用范围

本标准规定了农用地土壤污染风险筛选值和管制值，以及监测、实施和监督要求。本标准适用于耕地土壤污染风险筛查和分类。园地和牧草地可参照执行。

2. 规范性引用文件

本标准内容引用了下列文件或其中的条款。凡是不注明日期的引用文件，其最新版本适用于本标准。

GB/T 14550 土壤质量 六六六和滴滴涕的测定 气相色谱法

GB/T 17136 土壤质量 总汞的测定 冷原子吸收分光光度法

GB/T 17138 土壤质量 铜、锌的测定 火焰原子吸收分光光度法

GB/T 17139 土壤质量 镍的测定 火焰原子吸收分光光度法

GB/T 17141 土壤质量 铅、镉的测定 石墨炉原子吸收分光光度法

GB/T 21010 土地利用现状分类

GB/T 22105 土壤质量 总汞、总砷、总铅的测定 原子荧光法

HJ/T 166 土壤环境监测技术规范

HJ 491 土壤 总铬的测定 火焰原子吸收分光光度法

HJ 680 土壤和沉积物 汞、砷、硒、铋、锑的测定 微波消解/原子荧光法

HJ 780 土壤和沉积物 无机元素的测定 波长色散 X 射线荧光光谱法

HJ 784 土壤和沉积物 多环芳烃的测定 高效液相色谱法

HJ 803 土壤和沉积物 12种金属元素的测定 王水提取－电感耦合等离子体质谱法

HJ 805 土壤和沉积物 多环芳烃的测定 气相色谱－质谱法

HJ 834 土壤和沉积物 半挥发性有机物的测定 气相色谱－质谱法

HJ 835 土壤和沉积物 有机氯农药的测定 气相色谱－质谱法

HJ 921　土壤和沉积物　有机氯农药的测定　气相色谱法

HJ 923　土壤和沉积物　总汞的测定　催化热解－冷原子吸收分光光度法

3. 术语和定义

下列术语和定义适用于本标准。

3.1　土壤 soil

指位于陆地表层能够生长植物的疏松多孔物质层及其相关自然地理要素的综合体。

3.2　农用地 agricultural land

指 GB／T 21010中的01耕地（0101水田、0102水浇地、0103旱地）、02园地（0201果园、0202茶园）和04草地（0401天然牧草地、0403人工牧草地）。

3.3　农用地土壤污染风险 soil contamination risk of agricultural land

指因土壤污染导致食用农产品质量安全、农作物生长或土壤生态环境受到不利影响。

3.4　农用地土壤污染风险筛选值 risk screening values for soil contamination of agricultural land

指农用地土壤中污染物含量等于或者低于该值的，对农产品质量安全、农作物生长或土壤生态环境的风险低，一般情况下可以忽略；超过该值的，对农产品质量安全、农作物生长或土壤生态环境可能存在风险，应当加强土壤环境监测和农产品协同监测，原则上应当采取安全利用措施。

3.5　农用地土壤污染风险管制值 risk intervention values for soil conta mination of agricultural land

指农用地土壤中污染物含量超过该值的，食用农产品不符合质量安全标准等农用地土壤污染风险高，原则上应当采取严格管控措施。

4. 农用地土壤污染风险筛选值

4.1　基本项目

4.1.1　农用地土壤污染风险筛选值的基本项目为必测项目，包括镉、汞、砷、铅、铬、铜、镍、锌，风险筛选值见表1。

表 1 农用地土壤污染风险筛选值（基本项目）

单位：mg/kg

序号	污染物项目		风险筛选值			
			pH ≤ 5.5	5.5 < pH ≤ 6.5	6.5 < pH ≤ 7.5	pH>7.5
1	镉	水田	0.3	0.4	0.6	0.8
		其他	0.3	0.3	0.3	0.6
2	汞	水田	0.5	0.5	0.6	1.0
		其他	1.3	1.8	2.4	3.4
3	砷	水田	30	30	25	20
		其他	40	40	30	25
4	铅	水田	80	100	140	240
		其他	70	90	120	170
5	铬	水田	250	250	300	350
		其他	150	150	200	250
6	铜	果园	150	150	200	200
		其他	50	50	100	100
7	镍		60	70	100	190
8	锌		200	200	250	300

注：①重金属和类金属砷均按元素总量计。
②对于水旱轮作地，采用其中较严格的风险筛选值。

4.2 其他项目

4.2.1 农用地土壤污染风险筛选值的其他项目为选测项目，包括六六六、滴滴涕和苯并［a］芘，风险筛选值见表2。

4.2.2 其他项目由地方环境保护主管部门根据本地区土壤污染特点和环境管理需求进行选择。

表 2　农用地土壤污染风险筛选值（其他项目）

单位：mg/kg

序号	污染物项目	风险筛选值
1	六六六总量	0.10
2	滴滴涕总量	0.10
3	苯并［a］芘	0.55

注：①六六六总量为a-六六六、β-六六六、γ-六六六、δ-六六六四种异构体的含量总和。

②滴滴涕总量为p，p'-滴滴伊、p，p'-滴滴滴、o，p'-滴滴涕、p，p'-滴滴涕四种衍生物的含量总和。

5. 农用地土壤污染风险管制值

5.1　农用地土壤污染风险管制值项目包括镉、汞、砷、铅、铬，风险管制值见表3。

表 3　农用地土壤污染风险管制值

单位：mg/kg

序号	污染物项目	风险管制值			
		pH ≤ 5.5	5.5 < pH ≤ 6.5	6.5 < pH ≤ 7.5	pH>7.5
1	镉	1.5	2.0	3.0	4.0
2	汞	2.0	2.5	4.0	6.0
3	砷	200	150	120	100
4	铅	400	500	700	1000
5	铬	800	850	1000	1300

6. 农用地土壤污染风险筛选值和管制值的使用

6.1　当土壤中污染物含量等于或者低于表1和表2规定的风险筛选值时，农用地土壤污染风险低，一般情况下可以忽略；高于表1和表2规定的风险筛选值时，可能存在农用地土壤污染风险，应加强土壤环境监测和农产品协同监测。

6.2 当土壤中镉、汞、砷、铅、铬的含量高于表1规定的风险筛选值、等于或者低于表3规定的风险管制值时，可能存在食用农产品不符合质量安全标准等土壤污染风险，原则上应当采取农艺调控、替代种植等安全利用措施。

6.3 当土壤中镉、汞、砷、铅、铬的含量高于表3规定的风险管制值时，食用农产品不符合质量安全标准等农用地土壤污染风险高，且难以通过安全利用措施降低食用农产品不符合质量安全标准等农用地土壤污染风险，原则上应当采取禁止种植食用农产品、退耕还林等严格管控措施。

6.4 土壤环境质量类别划分应以本标准为基础，结合食用农产品协同监测结果，依据相关技术规定进行划定。

7. 监测要求

7.1 监测点位和样品采集

7.1.1 农用地土壤污染调查监测点位布设和样品采集执行HJ／T166等相关技术规定要求。

7.2 土壤污染物分析

7.2.1 土壤污染物分析方法按表4执行。

表4 土壤污染物分析方法

序号	污染物项目	分析方法	标准编号
1	镉	土壤质量 铅、镉的测定 石墨炉原子吸收分光光度法	GB/T 17141
		土壤和沉积物 汞、砷、硒、铋、锑的测定 微波消解／原子荧光法	HJ 680
2	汞	土壤质量 总汞、总砷、总铅的测定 原子荧光法第1部分：土壤中总汞的测定	GB/T 22105.1
		土壤质量 总汞的测定 冷原子吸收分光光度法	GB/T 17136
		土壤和沉积物 总汞的测定 催化热解－冷原子吸收分光光度法	HJ 923

续表

序号	污染物项目	分析方法	标准编号
3	砷	土壤和沉积物 12 种金属元素的测定 王水提取－电感耦合等离子体质谱法	HJ 803
		土壤和沉积物 汞、砷、硒、铋、锑的测定 微波消解／原子荧光法	HJ 680
		土壤质量 总汞、总砷、总铅的测定 原子荧光法第 2 部分：土壤中总砷的测定	GB/T 22105.2
4	铅	土壤质量 铅、镉的测定 石墨炉原子吸收分光光度法	GB/T 17141
		土壤和沉积物 无机元素的测定 波长色散 X 射线荧光光谱法	HJ 780
5	铬	土壤 总铬的测定 火焰原子吸收分光光度法	HJ 491
		土壤和沉积物 无机元素的测定 波长色散 X 射线荧光光谱法	HJ 780
6	铜	土壤质量 铜、锌的测定 火焰原子吸收分光光度法	GB/T 17138
		土壤和沉积物 无机元素的测定 波长色散 X 射线荧光光谱法	HJ 780
7	镍	土壤质量 镍的测定 火焰原子吸收分光光度法	GB/T 17139
		土壤和沉积物 无机元素的测定 波长色散 X 射线荧光光谱法	HJ 780
8	锌	土壤质量 铜、锌的测定 火焰原子吸收分光光度法	GB/T 17138
		土壤和沉积物 无机元素的测定 波长色散 X 射线荧光光谱法	HJ 780
9	六六六总量	土壤和沉积物 有机氯农药的测定 气相色谱－质谱法	HJ 835
		土壤和沉积物 有机氯农药的测定 气相色谱法	HJ 921
		土壤质量 六六六和滴滴涕的测定 气相色谱法	GB/T 14550
10	滴滴涕总量	土壤和沉积物 有机氯农药的测定 气相色谱－质谱法	HJ 835
		土壤和沉积物 有机氯农药的测定 气相色谱法	HJ 921
		土壤质量 六六六和滴滴涕的测定 气相色谱法	GB/T 14550
11	苯并[a]芘	土壤和沉积物 多环芳烃的测定 气相色谱－质谱法	HJ 805
		土壤和沉积物 多环芳烃的测定 高效液相色谱法	HJ 784
		土壤和沉积物 半挥发性有机物的测定 气相色谱－质谱法	HJ 834
12	pH	土壤 pH 值的测定 电位法	－

8. 实施与监督

8.1　本标准由各级生态环境主管部门会同农业农村等相关主管部门监督实施。

附录4 农业灌溉设备滴头和滴灌管技术规范和试验方法

（国家标准 GB/T 17187—2009）

1. 范围

本标准规定了农业灌溉滴头、滴灌管及其配套接头的机械性能、技术要求和试验方法以及制造厂为保证滴头、滴灌管及其配套接头在田间正确安装和使用应提供的资料。

本标准适用于具有或不具有压力补偿功能，且流量不大于24 L/h（冲洗期间除外）的滴头、与滴水元件制成一体的滴流和涓流灌溉的滴灌管、滴灌带（包括可折叠滴灌带）或管系，也适用于连接滴灌管、滴灌带或管系的专用接头。

本标准不适用于渗灌管（沿整个长度上渗水的管道）。本标准未涉及管道堵塞方面的性能要求。

2. 规范性引用文件

下列文件中的条款通过本标准的引用而成为本标准的条款。凡是注日期的引用文件，其随后所有的修改单（不包括勘误的内容）或修订版均不适用于本标准，然而，鼓励根据本标准达成协议的各方研究是否可使用这些文件的最新版本。凡是不注日期的引用文件，其最新版本适用于本标准。

GB / T 15819—2006 灌溉用聚乙烯（PE）管材由插入式管件引起环境应力开裂敏感性的试验方法和技术要求（ISO8796 : 2004，MOD）

GB / T 15820—1995 聚乙烯压力管材与管件连接的耐拉拔试验（eqv ISO3501 : 1976）

3. 术语和定义

下列术语和定义适用于本标准。

3.1 滴头 emitter ; dripper

安装在灌溉毛管上，以滴或连续流形式出水，且流量不大于24L / h（冲洗期间除外）的装置。

3.2　管间滴头 in-line emitter

安装在灌溉毛管两管段之间的滴头。

3.3　管上滴头 on-line emitter

直接或间接地（如：借助于导管）安装在灌溉毛管管壁上的滴头。

3.4　多出水口滴头 multiple-outlet emitter

出水口的水流被分开并导流到几个明显不同位置上的滴头。

3.5　组合滴头 multiple emitter

每个出水口都是一个具有各自流量的二级滴头的多出水口滴头。

注：每个出水口的压力与流量关系式（$q = kp^{m}$）和流量通常与其他滴头无关。

3.6　滴灌管 emitting pipe

具有制造过程中加工形成或与管道（带）制成一体的孔口或其他出流装置，以滴或连续流形式出水，且流量不大于24 L / h（冲洗期间除外）的连续管子、管带或管系，包括可折叠管带。

3.7　恒流式滴头 / 滴灌管 regulated emitter / emitting pipe

压力补偿式滴头 / 滴灌管 pressure compensating emitter / emitting pipe

进水口压力在制造厂规定的范围内变化时，流量相对保持不变的滴头 / 滴灌管。

3.8　常规滴头 / 滴灌管 regular emitter / emitting pipe

进水口压力不为零时，流量亦不为零的滴头 / 滴灌管。

3.9　不滴漏滴头 / 滴灌管 non-leakage emitter / emitting pipe

当进水口压力低于制造厂声明的某一值（零除外）时，流量为零的滴头 / 滴灌管。

3.10　非恒流式滴头 / 滴灌管 unregulated emitter/emitting pipe

非压力补偿式滴头 / 滴灌管 non-pressure compensating emitter/emitting pipe

流量随进水口压力变化而变化的滴头 / 滴灌管。

3.11　流量 flow rate

单位时间内一个滴头或滴灌管的出水量。

3.12 最小工作压力 minimum working pressure

制造厂声明的能保证滴头／滴灌管正常工作的滴头／滴灌管进水口处的最低工作压力。

3.13 最大工作压力 maximum working pressure

制造厂推荐的能保证滴头／滴灌管正常工作的滴头／滴灌管进水口处的最高工作压力。

3.14 非复用型滴灌管 non-reusable emitting pipe

不能从田间拆除并重新安装使用的滴灌管。

3.15 复用型滴灌管 reusable emitting pipe

通过适当处置，能够从田间拆除并重新安装，以便在季节变化时或在其他环境条件下重复使用的滴灌管。

3.16 滴水元件 emitting unit

间隔一定距离重复出现的一节滴灌管，该节滴灌管包含其制造中加工形成的或与管道制成一体的所有出流装置和所有滴头进水口，通过该节滴灌管将水滴洒到一个明确位置的位置上。

3.17 单位滴灌管 unit emitting pipe

含有一个滴水元件的一段滴灌管。

3.18 卡箍 clamping band

密封滴灌管和接头连接处的环状或带状装置。

3.19 接头 fitting

用于与带或不带卡箍的滴灌管连接的连接装置。

3.20 进水口接头 inlet fitting

一端与标准灌溉管道或装置连接，另一端或多端与滴灌管连接的接头。

3.21 管间接头 in-line fitting

两端均与滴灌管连接的接头。

3.22 公称直径 nominal diameter

用以表示滴灌管尺寸的数字标记，其近似等于滴灌管的外径，单位为毫米（mm）。

3.23　公称尺寸 nominal size

用以表示管间滴头尺寸的数字标记，其近似等于与该滴头连接的滴灌毛管的内径，单位为毫米（mm）。

3.24　额定试验压力 nominal test pressure

P_n

非恒流式滴头／滴水元件进水口处用于试验的基准压力，或为100 kPa，或为制造厂说明书中指定的任何其他压力。

3.25　额定流量 nominal flow rate

q_n

非恒流式滴头／滴灌管由制造厂规定的，滴头／滴水元件在额定试验压力和水温为23℃ ±3℃下运行时的流量，单位为升每小时（L／h）。

3.26　额定流量 nominal flow rate

q_n

恒流式滴头／滴灌管由制造厂规定的，滴头／滴水元件在压力调节范围内和水温为23℃ ±3℃下运行时的流量，单位为升每小时（L／h）。

3.27　额定流量 nominal flow rate

q_n

多出水口滴头与3.25和3.26规定相对应的多出水口滴头的每个出水口的流量。

3.28　工作压力范围 range of working pressure

由制造厂推荐的能保证正常运行的滴头／滴水元件进水口处的水压范围，即包括并在最小工作压力 P_{min} 和最大工作压力 P_{max} 之间的所有水压。

3.29　调节范围 range of regulation

恒流式滴头／滴灌管每个滴头／滴水元件在额定流量下出水时，该滴头／滴水元件进水口处的所有水压。

3.30　滴头／滴水元件流态指数 emitter／emitting unit exponent

m

表征滴水流量和压力指数关系的数值。

注：$q \approx kp^m$——当指数为0时，滴水流量不随压力变化而变化；当指数为1

时，滴水流量随压力变化而线性变化。

3.31 可折叠滴灌管（带）collapsible hose（tape）

当压力为零时，一般由于滴灌管的管壁薄或制成材料为柔性而引起横断面（当滴灌管进水口压力在制造厂推荐的压力范围内时通常为圆形）发生变化的滴灌管。

3.32 滴水元件间距 spacing of emitting units

滴灌管上两个相邻滴水元件之间的距离。

4. 分类

滴头/滴灌管按下列规则分类（见4.1～4.5）。

4.1 按重复使用性分［滴灌管］

按使用寿命分为两类：

4.1.1 非复用型滴灌管

4.1.2 复用型滴灌管。

4.2 按压力调节方式分

按压力调节下运行方式分为两类：

4.2.1 非恒流（非压力补偿）式滴头/滴灌管；

4.2.2 恒流（压力补偿）式滴头/滴灌管。

4.3 按低压下的运行方式分

按低压下的运行方式分为两类：

4.3.1 常规滴头/滴灌管；

4.3.2 不滴漏滴头/滴灌管。

4.4 按滴头与管道的连接方式分

按滴头的连接方式分为三类：

4.4.1 管上（滴头）；

4.4.2 管间（滴头）；

4.4.3 一体式（滴灌管）。

4.5 按多出水口滴头状况方式分

4.5.1 组合滴头；

4.5.2　常规多出水口滴头。

5. 型号（滴灌管）

滴灌管型号应由下列内容组成：

a）名称“滴灌管”；

b）本标准编号；

c）公称直径，单位为毫米（mm）；

d）额定流量，单位为升每小时（L／h）；

最大工作压力，用100 kPa的倍数表示。

示例：

符合本标准，公称直径为16 mm，额定流量为2L／h，最大工作压力为120 kPa，其型号如下：滴灌管GB／T 17187−2009　16−2−1.2

6. 标记

6.1　滴灌管

每根滴灌管都应有包括下列内容的清晰耐久标记：

a）制造厂名称或注册商标；

b）生产年份识别标记；

c）符合5型号（滴灌管）规定的型号；

d）水流方向指示箭头（如果水流方向影响滴灌管的运行）。

在滴灌管上每间隔不大于5 m应给出上述标记。

对于无法在其上制出上述永久标记的非复用型滴灌管（4.1.1类），则应按6.4规定在包装上给出上述标记。

6.2　滴头

每个滴头都应有清晰耐久的标记，并包括下列内容：

a）制造厂名称或注册商标；

b）额定流量，单位为升每小时（L／h）；

c）公称尺寸（管间滴头），单位为毫米（mm）；

d）水流方向指示箭头（如果对正常运行是重要的）。

额定流量［见6.2b）］可用滴头任一部分的颜色表示，或用制造厂说明书中描述的其他方式表示。

6.3 接头

每个滴灌管接头都应有清晰耐久的制造厂名称或注册商标标记。

6.4 滴灌管的包装

当滴灌管以卷状供货时，每卷滴灌管都应有清晰、耐久且易于辨认的标签，并包括下列内容：

a）制造厂名称或注册商标；

b）符合5. 型号（滴灌管）规定的型号；

c）滴灌管公称直径，单位为毫米（mm）；

d）滴灌管分类编号或其他分类标记；

e）按4.1、4.2和4.3的分类；

f）每卷滴灌管的长度，单位为米（m）；

g）生产年份和批号；

h）单位滴灌管的额定流量，单位为升每小时（L／h）和额定试验压力（非恒流式滴灌管），P_n；

i）滴水元件间距，单位为米（m）

6.5 接头的包装

接头应包装后供货，每个包装单位都应有清晰、耐久且易于辨认的标签并包含下列内容：

a）制造厂名称；

b）接头分类编号；

c）配套滴灌管公称直径。如果需要，还要有与其连接的灌溉毛管的公称直径或螺纹公称尺寸；

d）生产年份和批号。

7. 结构和材料

7.1 一般要求

滴头／滴灌管及其零部件和接头均不应有能导致性能降低的制造缺陷。

无论是否带有卡箍，是采用手工还是制造厂提供的工具连接，滴头／滴灌管与其配套接头的结构都应保证连接方便。

7.2 尺寸（滴灌管）

7.2.1 制造厂应规定产品的外径、内径和壁厚，单位为毫米（mm）；产品实际尺寸与制造厂声明尺寸的一致性应符合9.4.2规定。

7.2.2 接头的连接尺寸应与滴灌管的尺寸相匹配，并保证连接方便、可靠。

7.3 材料

制造滴头／滴灌管及其接头的材料应能耐受农业灌溉常用化肥和农药的腐蚀，并应适宜在水温不超过60℃和制造厂声明的工作压力条件下使用。

所有材料应尽可能不利于藻类和细菌生长；暴露在光线中的零部件应不透光且耐紫外线（UV）辐射。

7.4 接头（滴灌管）

对每种规格尺寸的滴灌管，制造厂都应提供尺寸和形状与其相匹配并能可靠连接的接头。

无论是否采用卡箍连接，连接处均应具有承受工作压力范围内所有压力的足够强度。

卡紧装置，如卡带和螺旋件都应采用耐腐蚀材料或进行防腐蚀处理。

7.5 与灌溉毛管的连接（管间滴头）

当灌溉毛管为聚乙烯（PE）管时，管间接头端部使聚乙烯管直径的扩张量不应超过20%。

注：聚乙烯毛管尺寸按ISO 8779中的规定。

8. 试样和试验条件

8.1 试样

25个试样应由检测部门从至少500个滴头／滴水元件的批量产品中随机抽取。每个试样应至少包含一个滴头或一个从滴灌管上截取的完整滴水元件。各项试验所需的试样数量（滴头／滴水元件）在第9章相应条款中规定。对于滴灌管，应保证试样不在滴灌管的相邻截面截取，并且不包含一批产品的第一个或最后一个滴水元件。对多出水口滴头，试样应至少包括10个滴头或具有25个出水口。

8.2 试验顺序

试验应按第9章规定的顺序进行。从9.2开始的所有试验的试样，均应进行9.1规定的试验。

8.3 试验条件

除另有规定外，所有试验应在环境温度和水温均为23℃ ±3℃的条件下进行。试验用水应采用孔眼公称直径为75 μm~100 μm 或制造厂推荐的过滤器进行过滤，水中杂质的总含量不应超过25 mg／L。

8.4 测量装置的精确度

水压测量装置的测定值相对于真值的误差应不大于1%。

试验期间，压力的变化量应不大于2%。

流量测量装置的测定值相对于额定流量的误差应不大于 ±0.5%。

9. 技术要求和试验方法

9.1 流量一致性

9.1.1 一般要求

该试验适用于恒流式和非恒流式滴头／滴灌管。试样应包含25个按8.1要求抽取的滴头／滴水元件。对于多出水口滴头，应将每个出水口视为一个滴头。

9.1.2 非恒流式滴头／滴灌管

在滴头／滴水元件进水口处的压力等于额定试验压力下，测量滴头／滴水元件的流量。分别记录每个滴头／滴水元件的流量测定值。

按式（1）计算变异系数：

$$C_v = \frac{S_q}{\bar{q}} \times 100 \cdots\cdots\cdots\cdots\cdots\cdots (1)$$

式中：

C_v——- 变异系数，%；

S_q——- 试样流量标准偏差，单位为升每小时（L／h）；

$\bar{q}$——- 试样的平均流量，单位为升每小时（L／h）。

试样平均流量相对于额定流量 q_n 的偏差应不大于 ±7%。

试样流量的变异系数 C_v、应不大于7%。

9.1.3　恒流式滴头／滴灌管

调节试样中滴头／滴水元件的运行状态，使其共运行1h。调节步骤如下：

a）设置为最小工作压力，并保压3 min；

b）设置为最大工作压力，并保压3 min；

c）设置为最小工作压力，并保压3 min；

d）设置为最大工作压力，并保压3 min；

e）设置为最小工作压力，并保压3 min；

f）设置为最大工作压力，并保压3 min；

g）设置为压力调节范围的中间值，并保持到整个调节过程（1h）结束；

h）随后，在进水口压力保持调节范围中间值的条件下，立即按9.1.2的规定对滴头／滴水元件进行试验。

滴头／滴水元件应符合9.1.2规定的要求。

9.2　流量和进水口压力之间的关系

完成9.1规定的试验后，接着进行下列试验，确定流量和进水口压力的关系。对于组合滴头进行试验时，应将每个出水口视为一个滴头。

9.2.1　试验方法

以不大于50 kPa的级差，将压力从零增加到最大工作压力P_{max}的1.2倍，对每个滴头／滴水元件进行试验，应至少测取4个不同压力下的4个流量值。流量值应在达到试验压力并保持至少3 min后读取。

对不滴漏滴头／滴灌管，以不大于10 kPa的级差，将压力从零增加到最大工作压力P_{max}的0.5倍。然后，从最大工作压力P_{max}的0.5倍开始，以不大于50 kPa的级差继续增加压力。

对恒流式滴头／滴灌管，应与增加压力时采用的相同级差，将压力从最大工作压力P_{max}的1.2倍降到零，进行试验。

如果在增压和降压过程中，进水口的实际压力超过预定压力值10 kPa，应将压力回零，重新进行试验。

9.2.2　非恒流式滴头／滴灌管

按增压过程中测取的滴头／滴水元件流量值，计算每个压力值对应的平均流量$\bar{q}$，单位为升每小时（L/h）。

绘制平均流量$\bar{q}$和进水口压力之间的关系曲线。平均流量$\bar{q}$曲线与制造厂使用说明书中给出的曲线的偏差应不大于 ±7%。

9.2.3 恒流式滴头／滴灌管

按增压和降压过程中测取的滴头／滴水元件流量值，计算每个进水口压力值p对应的平均流量$\bar{q}$（8个流量测定值的平均值），单位为升每小时（L／h）。

平均流量$\bar{q}$相对于额定流量的偏差应不大于 ±7%。

对不滴漏滴头／滴水元件，开始滴漏和停止滴漏时的压力值相对制造厂声明压力值的变化量应不大于20%。

9.3 滴头／滴水元件流态指数的确定

滴头／滴水元件流量q，单位为升每小时（L/h）和进水口压力p，单位为千帕（kPa）之间的关系由公式（2）给出：

$$q \cong k \times p^{m} \cdots\cdots\cdots\cdots (2)$$

式中：

k——常数；

m——滴头／滴水元件流态指数。

用9.2.3测得的所有流量q和进水口压力值p，按公式（3）计算流态指数m：

$$m=\frac{\sum(\lg p_i)(\lg \bar{q}_i)-\frac{1}{n}(\sum \lg pi)(\sum \lg \bar{q}_i)}{\sum(\lg \bar{q}_i)^2-\frac{1}{n}(\sum \lg pi)^2} \cdots\cdots\cdots\cdots (3)$$

式中：

i——1，2，3，···，n；

n——9.2.2或9.2.3中采用的压力值的个数；

$\bar{q}$——试样的平均流量，单位为升每小时（L／h）；

p——进水口压力，单位为千帕（kPa）。

压力恒流式滴头／滴灌管流态指数m值应不大于0.2。

流态指数计算值与制造厂声明值的偏差应不大于 ±5%。

注：滴头／滴水元件“常数”k 可按式（4）计算：

$$k=\exp[\left(\frac{\sum \lg \bar{q}_i}{n}\right)-\frac{m-(\sum \ln \bar{q}_i)}{n}] \quad \cdots\cdots\cdots\cdots\cdots (4)$$

式中：

i——，2，3，·　·　·，n；

n——9.2.3中采用的压力值的个数；

$\bar{q}$——试样的平均流量，单位为升每小时（L／h）；

p——进水口压力，单位为千帕（kPa）；

m——滴头／滴水元件流态指数。

9.4　尺寸

9.4.1　滴灌管壁厚

使用精确度为0.01 mm 的仪器测量滴灌管壁厚。测量结果可圆整到0.05 mm。

测量滴灌管圆周上4个等间距部位的壁厚。在两个横断面上重复测量。因结构需要使滴灌管某些部位（例如滴灌管上的叠边）的壁厚变厚的情况应不考虑。

4个部位中每个部位的滴灌管壁厚测定值均不应小于制造厂声明壁厚的90%。

9.4.2　滴灌管内径

使用精确度为0.05 mm 的仪器测量滴灌管内径。测量结果可圆整到0.1 mm。

在滴灌管端部插入一个圆锥体（锥角应不大于10°　），测定滴灌管内径。测量中应注意不能使滴灌管直径扩张。沿滴灌管端部在圆锥体上作环形标记，测量圆锥体上标记处的直径。

可以采用测量滴灌管圆周长度，计算内径等其他测量方法。

滴灌管内径的测定值相对于制造厂声明值的偏差应不大于 ±0.3 mm。

9.4.3　滴水元件间距

测定滴水元件的3个间距，精确到1.0 mm。

滴水元件间距相对制造厂声明间距的偏差应不大于5%。

9.5　耐静水压

9.5.1　23℃ ±3℃环境温度下耐静水压

试验应在由管间接头连接的包含5个滴头或5个滴水元件的管道上进行。

试验分两个阶段（9.5.1.1和9.5.1.2）进行。

9.5.1.1　将试验组件与水源相连（用进水口接头连接滴灌管），并堵上出水口。向组件中灌水，并排除其中的空气。逐渐（不小于10s）增加水压，对非复用型滴灌管增加到最大工作压力 P_{max} 的1.2倍；对复用型滴灌管和滴头，增加到最大工作压力 P_{max} 的1.8倍；保持该压力1h。

试验组件应能承受该试验压力，滴头／滴灌管、滴水元件和连接接头均不应出现损坏现象。试验组件不应被拉开，进水口接头不应出现泄漏。管间接头处的泄漏量不应超过一个滴水元件的流量。

9.5.1.2　将试验压力降至额定试验压力，并保持该压力至少3 min。测量每个滴头／滴水元件的流量。

对高压下会进入“冲洗状态”以清除堵塞物的滴头，在测量额定压力下的流量值之前应将压力降至零。

每个滴头／滴水元件的流量相对于9.1中测定的该滴头／滴水元件原始流量的偏差应不大于 ±10%。

9.5.2　高温下耐静水压

试验应在连接到一灌溉毛管上3个滴头组成的组件上或由管间接头连接的3个单位滴灌管组件上进行。

9.5.2.1　用进水口接头将试验组件与水源相连，并堵上出水口。向组件中灌水，并排除其中的空气。将试验组件浸没在温度为40℃ ±3℃的水中，逐渐（不小于10 s）将水压增加到最大工作压力 P_{max}，保持该压力1h，试验组件应能承受该试验压力而不出现损坏现象。

9.5.2.2　将试验组件从水中取出，在环境温度下放置30 min。在23℃ ±3℃温度下给试验组件施加额定试验压力 P_n，保持该压力至少3 min，测定每个滴头／滴水元件的流量。

每个滴头／滴水元件的流量相对于9.1中测定的该滴头／滴水元件原始流量的偏差应不大于 ±10%。

9.6　耐拉拔（滴灌管）

试验在温度为23℃ ±3℃下进行。

对于复用型滴灌管，应在单位滴灌管上相距150 mm 划两条标记线。

将每个单位滴灌管固定在拉力试验机的夹紧装置上，均匀地（在20~30 s 内）增加拉力：

a）对非复用型滴灌管（见4.1.1），拉力增加到160 N；

b）对复用型滴灌管（见4.1.2），拉力增加到180 N。

如果制造厂提供资料中声明的最大许用拉力小于上述拉力，可以采用制造厂声明的拉力进行试验。

保持该拉力15 min 后撤去拉力。

非复用型滴灌管应能承受该试验拉力而不应出现扯碎或拉裂现象。

复用型滴灌管应能承受该试验拉力而不出现扯碎或拉裂现象，并且试样流量相对于试验前流量的变化量应不大于 ±10%，两条标记线之间的距离相对于试验前的距离的变化量应不大于5%。

9.7　接头和聚乙烯复用型滴灌管连接处的耐拉拔

采用的试验方法和试验设备应符合 GB / T15820的规定，但试验拉力应为180N，并保持15 min。

如果制造厂提供资料中声明的最大许用拉力小于上述拉力，可以采用制造厂声明的拉力进行试验。

接头不应从滴灌管中脱出。

如果滴灌管的材料不是聚乙烯或壁厚不均匀，则可将长度至少为300 mm 的两段滴灌管相连进行该项试验和进行9.6规定的耐拉拔试验。

9.8　滴头耐拉拔

试验应在环境温度为23℃ ±3℃的条件下进行，试验中使用的管道规格应与滴头匹配。

9.8.1　管间滴头

试验至少在3段管道（灌溉毛管）上进行，每段毛管上应有一个滴头。

给连接有滴头的两段管道上逐渐施加轴向拉力至拉力值为 F，单位为牛顿

（N）。F 值按式（5）计算，但应不大于500 N。

$F=1.5\pi\sigma_t e(D-e)$ ⋯⋯⋯⋯（5）

式中：

σ_t——管道材料的许用应力，单位为牛顿每平方毫米（N/mm^2）（例如：PE25型聚乙烯管的 $\sigma_t 2.5N/mm^2$）；

e——管道的最小壁厚，单位为毫米（mm）；

D——管道的外径，单位为毫米（mm）。

将滴头置于铅垂位置，用一重物或按 GB/T 15820规定的仪器施加力 F，并保持1h。

如果制造厂提供资料中声明的最大许用拉力小于上述拉力，可以采用制造厂声明的拉力进行试验。

滴头应能承受拉力 F 而不从管道中脱出。

如果灌溉毛管的材料不是聚乙烯或壁厚不均匀，则可将长度至少为300 mm的两段滴灌管相连进行该项试验和进行9.6规定的耐拉拔试验。

9.8.2　管上滴头

沿垂直于管道的方向，给滴头逐渐施加拉力至40 N，并保持1 h（见图1）。

滴头应能承受该拉力而不从管壁中脱出。

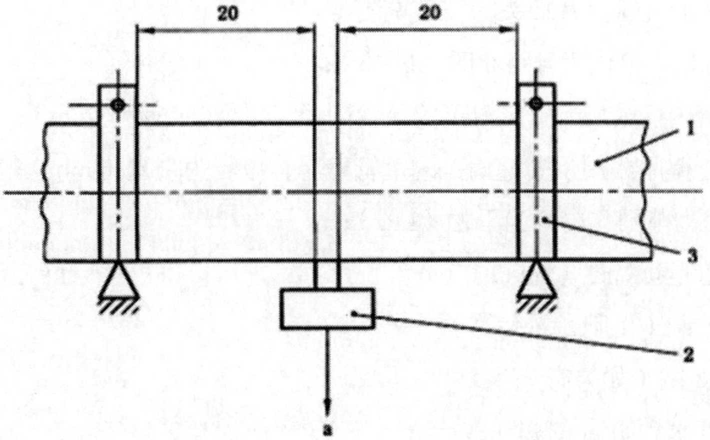

1–塑料管；2–滴头；3–卡箍。a F=40N。

图1　管上滴头耐拉拔试验

9.9　滴头－管道组件密封性

按制造厂推荐的连接方式（见第10章），将5个滴头与管道相连。

将滴头－管道组件一端与静压水源相连，并堵上另一端。

在环境温度为23℃ ±3℃下，对5个连接在灌溉毛管上的滴头进行试验。

按下述三个步骤增加压力：

a）施加0.4P_{max}压力，保压5 min；

b）施加0.8P_{max}压力，保压5 min；

c）施加1.2P_{max}压力，保压60 min。

除滴头出水口外，滴头体以及滴头与管道连接处不应有泄漏。

9.10　聚乙烯滴灌管耐环境应力开裂

试验和要求应符合 GB／T 15819的规定。

10. 制造厂应提供的资料

制造厂应向用户提供包括下列内容的产品资料信息：

a）滴头／滴灌管以及接头的分类编号；

b）连接滴灌管和供水管网或装置用的接头类型；

c）注明日期的正常操作说明书；

d）适用于不同用途接头的详细说明（包括标注在接头上的数字代码）；

e）滴头／滴灌管以及接头的安装说明；

f）额定流量，单位为升每小时（L／h）；

g）滴灌管内径或用于安装滴头的毛管内径，单位为毫米（mm）；

h）滴灌管壁厚或用于安装滴头的毛管壁厚，单位为毫米（mm）；

i）工作压力范围，单位为千帕（kPa）；

k）滴灌管运行特性（见9.2）；

1）使用限制（化肥、农药等）；

m）调节范围（如果有）；

n）过滤要求和防堵塞说明；

o）滴灌管上的滴头或滴水元件间距，单位为毫米（mm）；

p）推荐的滴灌管卷最小半径，单位为米（m）；

q）保养和贮存要求；

r）额定试验压力，单位为千帕（kPa）；

s）最大许用拉力［当制造厂声明的非复用型滴灌管（4.1.1类）的最大许用拉力小于160 N，或复用型滴灌管（4.1.2类）的最大许用拉力小于180N时］；

t）滴水元件之间的间距，单位为米（m）；

u）滴头／滴水元件常数，k；

v）适用于滴头的管道类型及其尺寸；

w）滴头与管道的连接型式；

x）冲洗时的额定流量（如果有），单位为升每小时（L／h）。

附录5　枸杞

（国家标准 GB/T 18672—2014）

1. 范围

本标准规定了枸杞的质量要求、试验方法、检验规则、标志、包装、运输和贮存。

本标准适用于经干燥加工制成的各品种的枸杞成熟果实。

2. 规范性引用文件

下列文件对于本文件的应用是必不可少的。凡是注日期的引用文件，仅注日期的版本适用于本文件。凡是不注日期的引用文件，其最新版本（包括所有的修改单）适用于本文件。

GB 5009.3　食品安全国家标准　食品中水分的测定

GB 5009.4　食品安全国家标准　食品中灰分的测定

GB 5009.5　食品安全国家标准　食品中蛋白质的测定

GB／T 5009.6　食品中脂肪的测定

GB／T 6682　分析实验室用水规格和试验方法

GB 7718　食品安全国家标准 预包装食品标签通则

SN／T 0878　进出口枸杞子检验规程

定量包装商品计量监督管理办法 国家质量监督检验检疫总局令［2005］第75号

3. 术语和定义

下列术语和定义适用于本文件。

3.1　外观 appearance

整批枸杞的颜色、光泽、颗粒均匀整齐度和洁净度。

3.2　杂质 impurity

一切非本品物质。

3.3　不完善粒 imperfect dried berry

尚有使用价值的枸杞破碎粒、未成熟粒和油果。

3.3.1　破碎粒 broken dried berry

失去部分达颗粒体积三分之一以上的颗粒。

3.3.2　未成熟粒 i mmature berry

颗粒不饱满，果肉少而干瘪，颜色过淡，明显与正常枸杞不同的颗粒。

3.3.3　油果 over−mature or mal−processed dried berry

成熟过度或雨后采摘的鲜果因烘干或晾晒不当，保管不好，颜色变深，明显与正常枸杞不同的颗粒。

3.4　无使用价值颗粒　non−consumable berry

被虫蛀、粒面病斑面积达2 mm^{2}以上、发霉、黑变、变质的颗粒。

3.5　百粒重 weight of one hundred dried berries

100粒枸杞的克数。

3.6　粒度 granularity

50 g 枸杞所含颗粒的个数。

4. 质量要求

4.1　感官指标

感官指标应符合表1的规定。

表 1 感官指标

项目	等级及要求			
	特优	特级	甲级	乙级
形状	类纺锤形略扁稍皱缩	类纺锤形略扁稍皱缩	类纺锤形略扁稍皱缩	类纺锤形略扁稍皱缩
杂质	不得检出	不得检出	不得检出	不得检出
色泽	果皮鲜红、紫红色或枣红色	果皮鲜红、紫红色或枣红色	果皮鲜红、紫红色或枣红色	果皮鲜红、紫红色或枣红色
滋味、气味	具有枸杞应有的滋味、气味	具有枸杞应有的滋味、气味	具有枸杞应有的滋味、气味	具有枸杞应有的滋味、气味
不完善粒质量分数 /%	≤ 1.0	≤ 1.5	≤ 3.0	≤ 3.0
无使用价值颗粒	不允许有	不允许有	不允许有	不允许有

4.2 理化指标

理化指标应符合表2的规定。

表 2 理化指标

项目	等级及指标			
	特优	特级	甲级	乙级
粒度 /（粒 / 50 g）	≤ 280	≤ 370	≤ 580	≤ 900
枸杞多糖 /（g/100 g）	≥ 3.0	≥ 3.0	≥ 3.0	≥ 3.0
水分 /（g/100 g）	≤ 13.0	≤ 13.0	≤ 13.0	≤ 13.0
总糖（以葡萄糖计）/（g/100 g）	≥ 45.0	≥ 39.8	≥ 24.8	≥ 24.8
蛋白质 /（g/100 g）	≥ 10.0	≥ 10.0	≥ 10.0	≥ 10.0
脂肪 /（g/100 g）	≤ 5.0	≤ 5.0	≤ 5.0	≤ 5.0
灰分 /（g/100 g）	≤ 6.0	≤ 6.0	≤ 6.0	≤ 6.0
百粒重 /（g/100 粒）	≥ 17.8	≥ 13.5	≥ 8.6	≥ 5.6

5. 试验方法

5.1　感官检验

按SN／T 0878规定执行。

5.2　粒度、百粒重的测定

按SN／T 0878规定执行。

5.3　枸杞多糖的测定

按附录A规定执行。

5.4　水分的测定

按GB 5009.3减压干燥法或蒸馏法规定执行。

5.5　总糖的测定

按附录B规定执行。

5.6　蛋白质的测定

按GB 5009.5规定执行。

5.7　脂肪的测定

按GB／T 5009.6规定执行。

5.8　灰分的测定

按GB 5009.4规定执行。

6. 检验规则

6.1　组批

由相同的加工方法生产的同一批次、同一品种、同一等级的产品为一批产品。

6.2　抽样

从同批产品的不同部位经随机抽取1%，每批至少抽2 kg样品，分别做感官、理化检验，留样。

6.3　检验分类

6.3.1　出厂检验

出厂检验项目包括：感官指标、粒度、百粒重、水分。产品经生产单位质检部门检验合格附合格证，方可出厂。

6.3.2 型式检验

型式检验每年进行一次，在有下列情况之一时应随时进行：

a）新产品投产时；

b）原料、工艺有较大改变、可能影响产品质量时；

c）出厂检验结果与上次型式检验结果差异较大时；

d）质量监督机构提出要求时。

6.4 判定规则

型式检验项目如有一项不符合本标准，判该批产品为不合格，不得复验。出厂检验如有不合格项时，则应在同批产品中加倍抽样，对不合格项目复验，以复验结果为准。

7. 标志、包装、运输和贮存

7.1 标志

标志应符合 GB 7718的规定。

7.2 包装

7.2.1 包装容器（袋）应用干燥、清洁、无异味并符合国家食品卫生要求的包装材料。

7.2.2 包装要牢固、防潮、整洁、美观、无异味，能保护枸杞的品质，便于装卸、仓储和运输。

7.2.3 预包装产品净含量允差应符合《定量包装商品计量监督管理办法》的规定。

7.3 运输

运输工具应清洁、干燥、无异味、无污染。运输时应防雨防潮，严禁与有毒、有害、有异味、易污染的物品混装、混运。

7.4 贮存

产品应贮存于清洁、阴凉、干燥、无异味的仓库中。不得与有毒、有害、有异味及易污染的物品共同存放。

附录6 枸杞苗木质量

（宁夏回族自治区地方标准 DB 64/T 676—2010）

1. 范围

本标准规定了枸杞苗木质量的术语和定义、苗木培育、种苗等级分级标准、检验、包装、贮藏和运输。

本标准适用于全国各枸杞产地及栽培区的枸杞苗木的繁育和销售。

2. 术语和定义

下列术语和定义适用于本标准。

2.1 苗木种类

依繁殖材料和培育方法划分的苗木群体，主要为硬枝扦插苗。

2.2 扦插苗

以枝条为繁殖材料，采用扦插法繁育的苗木。

2.3 苗龄

从扦插育苗到出圃，苗木实际生长的年龄。经历1个年生长周期为1龄苗。

2.4 1批苗木

在同1苗圃，同1繁殖材料，相同的育苗技术培育的同龄苗木，称为1批苗木（简称苗批）。

2.5 根幅

起苗修根后，以插条基部为中心的侧根幅度。

2.6 侧根数

从插条基部发出的根数。

2.7 品种纯度

品种种性的一致性程度。

2.8 插条

用作扦插繁殖的枝条。

3. 苗木培育

3.1　繁殖方法

采用硬枝扦插。

3.2　插条选择

在优良品种的生产园内，选择5年以下的健壮植株。

3.3　采条时间

3月中旬至4月上旬树液流动至萌芽前。

3.4　采条部位

树冠中、上部着生的枝条。

3.5　枝型

1年生徒长枝和中间枝。

3.6　粗度

0.5 cm~0.8 cm。

3.7　剪截插条

选择无破皮、无虫害的枝条，截成15 cm~18 cm长的插条，每100~200根一捆。

3.8　生根剂处理

插条下端5 cm处浸入100 mg / L~150 mg / L吲哚丁酸（IBA）加等量 α-萘乙酸（IAA）水溶液中浸泡2 h~3 h，或生根粉处理。

3.9　扦插方法

在已准备好的苗圃地（地势平坦、排灌畅通、土质肥厚的轻壤土，地下水位1.2m以下，pH值8左右，有机质含量1%以上，土壤全盐量0.3%以下，深翻25 cm，平整高差5 cm，耙耱，清除石块与杂“草”），采用打孔器按株行距10 cm×50 cm定点，插入后湿土踏实，地上部留1 cm外露一个饱满芽，上面覆一层细土，用脚拢一土棱，如果土壤墒情差，可不覆碎土，直接按行盖地膜。

3.10　插条量

每0.067 hm^2扦插1.2万~1.5万根插条。

3.11　苗圃管理

3.11.1　灌水

插条生长的幼苗苗高20 cm以上时灌第1水，6月下旬、7月下旬各灌水1次。

3.11.2　中耕除草

幼苗生长高度达10 cm以上时，中耕除草，疏松土壤，深5 cm；6、7、8月各1次，深10 cm。

3.11.3　修剪

苗高40 cm以上时选1直立健壮枝作主干剪顶，促进苗木主干增粗生长和侧枝生长。

3.11.4　追肥

6月下旬第1次间苗时追肥，每0.067 hm^2施入6.9 kg氮，施入后封沟灌水。

3.12　苗木出圃

翌年春季可于3月下旬—4月上旬土壤解冻后出圃移栽，起苗时不伤皮、不伤根，侧根完整。

4. 种苗等级分级标准

枸杞苗木共分为2级，等级规格指标见表1。

表 1　苗木等级规格指标

项目				规格
苗木等级	I级苗	根径，cm		>0.7
		苗高，cm		>50
		根系	根幅，cm	>20
			5 cm长侧根的条数	>5
	II级苗	根径，cm		>0.5
		苗高，cm		>40
		根系	根幅，cm	>15
			5 cm长侧根的条数	>3
综合控制条件				无病虫害，苗干通直，色泽正常，芽发育饱满、健壮，充分木质化，无机械损伤（截根、修枝除外）。

5. 检验

5.1 抽样

5.1.1 凡品种相同、1次出售的枸杞苗作为1个检验批次。

5.1.2 等级规格检验以 1 个检验批次为 1 个抽样批次。采用随机抽样方法。苗木数量超过100株时，抽样按表2执行，否则，11～100株检验10株，低于11株者，全部检验。每 1 个检验批次中不合格苗木不得超过5%，否则即认定该批枸杞苗木不符合本等级规格要求，为不合格苗木。

表 2 枸杞苗木检测抽样数量

苗木株数	检验株数
500～1，000	50
1，001～10，000	100
10，001～50，000	250
50，001～100，000	350
100，001～500，000	500
500，001 以上	750

5.1.3 成捆苗木先抽样捆，再在每个样捆内各抽10株；不成捆苗木直接抽取样株。

5.2 检验方法

5.2.1 根径用标准测量工具测量，读数精确到0.1 cm。

5.2.2 苗高用标准测量工具测量，自地径沿苗干垂直量至顶芽基部，读数精确到1 cm。

5.2.3 根幅用标准测量工具测量，以插条基部为中心量取其侧根的幅度，如2个方向根幅相差较大，应垂直交叉测量2次，取其平均值，读数精确到1 cm。

5.3 检验规则

5.3.1 苗木成批检验。

5.3.2　苗木检验允许范围，同1批苗木中低于该等级的苗木数量不得超过5%。

5.3.3　检验结果不符合规定，应进行重新分级，分级后再进行复检，并以复检结果为准。

6. 包装、假植和运输

6.1　包装

分品种、种类和等级，定量包装。注意苗木保湿，苗木根系沾泥浆每50棵1捆，装入草袋，草袋下部填入少许锯末，洒水捆好。包装内外附有苗木标签。

6.2　良种标签

枸杞苗木良种标签应包括品种名、良种审认定编号、等级、数量、登记号、检验证编号、种源及产地、生产单位和地址、出圃日期。

6.3　假植

如起苗后不立即运送或苗木运到后不立即栽植，则应进行假植。

6.4　运输

运输过程中要防止重压、暴晒、风干、雨淋、冻害等，并持有苗木质量合格证、苗木检疫合格证、苗木生产许可证、苗木良种标签。

附录7　枸杞病害防治技术规程

（地方标准 DB 64/T 850–2013）

1. 范围

本标准规定了枸杞病害防治技术的术语和定义、病害症状、发生规律和防治。

本标准适用于枸杞病害的防治。

2. 规范性引用文件

下列文件对于本文件的应用是必不可少的。凡是注日期的引用文件，仅所注日期的版本适用于本文件。凡是不注日期的引用文件，其最新版本（包括所有的修改单）适用于本文件。

GB 4285 农药安全使用标准

GB/T 8321.1-2000　农药合理使用准则（一）

GB/T 8321.2-2000　农药合理使用准则（二）

GB/T 8321.3-2000　农药合理使用准则（三）

GB/T 8321.4-2006　农药合理使用准则（四）

GB/T 8321.5-2006　农药合理使用准则（五）

GB/T 8321.6-2000　农药合理使用准则（六）

GB/T 8321.7-2002　农药合理使用准则（七）

GB/T 8321.8-2007　农药合理使用准则（八）

GB/T 8321.9-2009　农药合理使用准则（九）

GB/T 19116-2003　枸杞栽培技术规程

NY/T 1276-2007　农药安全使用规范总则

3. 术语和定义

下列术语和定义适用于本标准。

3.1　分生孢子

无性繁殖产生的一种薄壁孢子。单个、成群或成簇生长在分生孢子梗上，成熟时，分生孢子脱落，借助于一个或多个芽管而萌发。

3.2　分生孢子盘

真菌的一类无性子实体，呈浅碟状。通常在寄主某部位的表皮细胞下发育，产生分生孢子梗和分生孢子。

3.3　安全间隔期

最后1次施药的时间到收获日期相隔的天数，即收获前禁止使用农药的日期。

4. 枸杞主要病害发生规律

枸杞主要病害症状见附录 A。

4.1　枸杞炭疽病

4.1.1　病原菌

属真菌门（Eumycota Mycobionta），半知菌亚门（Deuteromycotina），黑

盘孢目（Melanconiales），炭疽菌属（Colletotrichum），胶胞炭疽菌（*C. gloeosporioides* Penzg）。

4.1.2 发病规律

初侵染源是树体和地面越冬的病残果，越冬菌态是病组织内的菌丝体和病残果上的分生孢子，病菌分生孢子主要借风、雨水传播，可多次侵染。病原菌发生的温度范围是15～35℃，最适宜温度范围是23～25℃；最适宜湿度是100%。当湿度低于75.6%时病原菌孢子萌发受阻，干旱不利于病原菌的发病及流行。一般5月中旬至5月下旬开始发病，6月中旬至7月中旬为高峰期，遇连阴雨病害流行速度快，雨后4 h孢子萌发，遇大降雨时，2～3 d内造成全园受害，常年可造成减产损失20%～30%，严重时可达80%，甚至绝收。青果染病初在果面上生小黑点或不规则褐斑，遇连阴雨病斑不断扩大，半果或整果变黑，湿度大时，病果上长出很多橘红色胶状小点；嫩枝、叶尖、叶缘染病产生褐色半圆形病斑，扩大后变黑，湿度大呈湿腐状，病部表面出现胶状橘红色小点，即病原菌的分生孢子盘和分生孢子。

4.2 枸杞白粉病

4.2.1 病原菌

属真菌门（Eumycota）、子囊菌亚门（Ascomycotina）、白粉菌目（Erysiphales），节丝壳属（*Arthrocladiella*），多孢穆氏节丝壳（*A. mougeotii* var. *polysporae* Z.Y.Zhao）。

4.2.2 发病规律

病菌以闭囊壳随病组织在土表面及病枝梢的冬芽内越冬，翌年春季开始萌动，在枸杞开花及幼果期侵染引起发病，6月下旬至9月下旬发生，8—9月发生严重。感病后天气干燥、日夜温差大有利于此病的传播扩散。主要危害叶片。叶面覆满白色霉斑（初期）和粉斑（后期），严重时枸杞植株外观呈一片白色，终致叶片逐渐变黄，易脱落。

4.3 枸杞根腐病

4.3.1 病原菌

属真菌门（Eumycota），半知菌亚门（Deuteromycotina），瘤座孢目

（Tuberculariales）、瘤座孢科（Tuberculariaceae）、镰刀菌属（Fusarium）、尖孢镰刀菌（*F.oxysporum*）、茄类镰刀菌（*F.solani*）、同色镰刀菌（*F.Concolor*）和串珠镰刀菌（*F.moniliforme*）。

4.3.2 发病规律

6月中旬、下旬发生，7—8月严重。病原菌可以从伤口入侵，也可以直接入侵，潜育期20℃时，在寄主有创伤的情况下3～5 d，无创伤时为19 d。地势低洼积水、土壤黏重、耕作粗放易发病；多雨年份、光照不足、种植过密、修剪不当、白僵土土质、机械创伤发病重。

4.4 枸杞流胶病

4.4.1 病原菌

属真菌门（Eumycota），半知菌亚门（Deuteromycotina），从梗孢目（Moniliales），丝孢纲（Hyphomycetes），从梗孢科（Moniliaceae），头孢霉属（Cephalosporium）、镰袍霉属（Fusarium），及细菌（Bacteria）。

4.4.2 发病规律

该病全年都会发生，一般在4—10月间，雨季特别是长期干旱后偶降暴雨，发病严重。流胶量以春、夏季树木生长旺盛期最大。机械损伤引起的流胶发生在树体的中、上部，冻伤造成的流胶多发生在树体上部，以南侧向阳较重；树龄大的枸杞流胶严重，幼龄树较轻；砂壤土栽培的枸杞流胶发病轻，黏重土壤流胶病易发生。病害发生严重时造成树皮龟裂以致形成溃疡，使树木枝干局部组织坏死，甚至导致枝干腐朽死亡。

5. 防治

5.1 防治原则

5.1.1 遵循“预防为主、综合防治”的防治原则。

5.1.2 以农业防治为基础，协调应用生物防治、物理防治和化学防治等措施对枸杞病害进行安全有效的防治。

5.2 防治方法

5.2.1 农业防治

5.2.1.1 清园封园

早春和晚秋清理枸杞园内被修剪下来的残、枯、病、虫枝条连同园地周围的枯草落叶，集中园外烧毁，消灭病源。

5.2.1.2　品种选择

选择适应性和抗病性强的优良品种，并严格选择健康苗木，苗木的质量指标应符合 GB / T 19116—2003的要求。

5.2.1.3　土壤耕作

早春土壤浅耕、中耕除草、挖坑施肥、灌水封闭和秋季翻晒园地，杀灭土层中携带病原菌的虫体等。

5.2.1.4　及时排灌

适量灌水，防止积水；灌水应在上午进行，以控制田间湿度，减少夜间果面结露。

5.2.1.5　整形修剪

按 GB / T 19116—2003中的10.1的要求进行，防止对枝干及根部组织造成损伤。

5.2.1.6　农事操作时，避免对植株根部组织的损伤。

5.2.1.7　发现根腐病株及时挖除，并将病株周围的土壤进行深翻暴晒或施入石灰消毒，必要时可换入新土，再补栽健株。

5.3　药剂防治

防治枸杞主要病害有效药剂使用方法见表1。严格执行 GB 4285、GB/T 8321.1—2000、GB/T 8321.2—2000、GB/T 8321.3—2000、GB/T 8321.4—2006、GB/T 8321.5—2006、GB/T 8321.6—2000、GB/T 8321.7—2002、GB/T 8321.8—2007、GB/T 8321.9—2009和 NY/T 1276 中的相关规定，严格掌握其浓度和用量、施用次数、施药方法和安全间隔期，并进行药剂的合理轮换使用。

表 1 防治枸杞病害药剂使用方法

病害种类	防治时期	药剂名称	剂型及含量	每 667 m^2 每次制剂施用量或稀释倍数（有效成分浓度）	每季最多使用次数	安全间隔期 /d	防治方法
炭疽病	5 月下旬至 10 月下旬阴雨天之前 1~2 d 及雨后 24 h 内	醚菌酯	50 水分散粒剂	18.5 ml / 3 000 倍	2	7	发病初期每隔 10 d 左右防治 1 次，连续防治 2 次 ~ 3 次。
		嘧菌酯	25%水剂	5.55 ml / 5 000 倍	2		
		春雷霉素	2%水剂	2.22 ml / 1 000 倍	2		
		申嗪霉素	1%悬浮剂	0.74 ml / 1 500 倍	2		
		多抗霉素	1.5%可湿性粉剂	1.67 ml / 1 000 倍	2		
		农抗 120	2%水剂	11 ml / 200 倍	2		
		苯醚甲环唑	10%水分散粒剂	5.55 ml / 2 000 倍	2		
		百菌清	75%可湿性粉剂	104 ml / 800 倍	2		
		石硫合剂	45%结晶	200 g / 250 倍	2		
		代森锰锌	80%可湿性粉剂	177.6 ml / 500 倍	2		
白粉病	7—9 月	三唑酮	15%可湿性粉剂	16.65 ml/1 000 倍	2	7	
		腈菌唑	12%乳油	5.33 ml / 2 500 倍	2		
		己唑醇	25%悬浮剂	3.7 ml / 7 500 倍	2		
		丙环唑	25%乳油	13.88 ml / 2 000 倍	2		
		甲基硫菌灵	36%悬浮剂	26.64ml / 1 500 倍	2		
		硫黄	50%悬浮剂	185 ml / 300 倍	2		
		石硫合剂	45%结晶	200 g / 250 倍	2		
根腐病	根茎处有轻微脱皮病斑	代森锰锌	80%可湿性粉剂	177.6 ml / 500 倍	2	7	灌根，5~10 L / 株，从 5 月份开始，每月 1 次，共 2 次 ~3 次。
		多菌灵	50%悬浮剂	400 倍	2		

续表

病害种类	防治时期	药剂名称	剂型及含量	每 667 m^2 每次制剂施用量或稀释倍数（有效成分浓度）	每季最多使用次数	安全间隔期/d	防治方法
流胶病	枝、干皮层破裂	石硫合剂	45%结晶	200 g / 250 倍	3	7	将胶液刮净，用药剂涂抹伤口，7 天 1 次，涂抹 3~5 次。
		多菌灵	50%悬浮剂	277.5 ml / 200 倍	3		
		甲基托布津	50%悬浮剂	277.5 ml / 200 倍	3		
		百菌清	75%可湿性粉剂	166.5 ml / 500 倍	2		

附录8　枸杞虫害防控技术规程

（地方标准 DB 64/T 851-2013）

1. 范围

本标准规定了枸杞虫害防控技术的术语和定义、主要害虫种类及发生规律、防治原则、农药使用原则和防控技术措施。

本标准适用于枸杞虫害的防控。

2. 规范性引用文件

下列文件对于本文件的应用是必不可少的。凡是注日期的引用文件，仅所注日期的版本适用于本文件。凡是不注日期的引用文件，其最新版本（包括所有的修改单）适用于本文件。

GB 4285 农药安全使用标准

GB/T 8321.1—2000　农药合理使用准则（一）

GB/T 8321.2—2000　农药合理使用准则（二）

GB/T 8321.3—2000　农药合理使用准则（三）

GB/T 8321.4—2006　农药合理使用准则（四）

GB/T 8321.5—2006　农药合理使用准则（五）

GB/T 8321.6—2000　农药合理使用准则（六）

GB/T 8321.7—2002　农药合理使用准则（七）

GB/T 8321.8—2007　农药合理使用准则（八）

GB/T 8321.9—2009　农药合理使用准则（九）

GB/T 19116—2003　枸杞栽培技术规程

NY/T 1276—2007　农药安全使用规范总则

DB 64/T 562—2009　枸杞蚜虫防治农药安全使用技术

DB 64/T 563—2009　枸杞瘿螨防治农药安全使用技术

3. 术语和定义

下列术语和定义适用于本标准。

3.1　农药残留

农药使用后1个时期内没有被分解而残留于生物体、收获物、土壤、水体、大气中的微量农药原体、有毒代谢物、降解物和杂质的总称。

3.2　安全间隔期

最后1次施药的时间到收获日期相隔的天数，即收获前禁止使用农药的日期。

3.3　生物农药

利用生物活体或其代谢物或生物体中提取的用于防治有害生物的农药或调节植物生长的制剂。

4. 枸杞主要害虫

4.1　枸杞主要害虫发生规律见附录 A。

4.2　枸杞主要害虫有：

a）枸杞蚜虫 *Aphis* sp.；

b）枸杞木虱 *Paratrioza sinica* Yang et Li；

c）枸杞负泥虫 *Lema decempunctata* Gebler；

d）枸杞瘿螨 *Aceria palida* Keifer；

e）枸杞红瘿蚊 *Jaapiella* sp.；

f）枸杞实蝇 *Neoceratitis asiatica* Becker；

g）枸杞蓟马。

5. 防治原则

5.1 预防为主、综合防治。

5.2 将枸杞整个生育期虫害的防治分为：早春清园封园、采果前期、采果期、秋果期、秋季封园5大阶段。

5.3 综合应用农业防治、物理防治、生物防治和化学防治的方法，达到安全、有效、经济、环保的防治目的。

5.4 采取“两头重、中间轻”的用药原则，准确掌握用药剂量和施药次数，严格执行安全间隔期，注意农药轮换使用。

6. 防治指标

防治指标如下：

a）枸杞蚜虫：5头 / 枝；

b）枸杞木虱：卵5粒 / 枝、若虫1头 / 叶、成虫3头 / 枝；

c）枸杞负泥虫：卵5粒 / 枝；

d）枸杞瘿螨：为害指数0.05；

e）枸杞红瘿蚊：虫果率3% / 枝，越冬虫蛹0.2头 /m^2；

f）枸杞实蝇：成虫1头 / 枝，越冬虫蛹0.2头 /m^2；

g）枸杞蓟马：5头 / 枝。

7. 防控技术

枸杞虫害安全防治历见附录 B，枸杞虫害防治农药安全使用方法见附录 C。

7.1 早春清园、封园（3月下旬至4月上旬）

7.1.1 彻底清园

早春结合枸杞树休眠期修剪工作，将修剪后的枝条及震落下的残留病虫果，以及园中、田边的杂草、落叶、枸杞根蘖苗全部清除干净，带出园外，集中烧毁。

7.1.2 全面封园

7.1.2.1 在4月上旬对枸杞园树体、地面、田边、地埂采用药剂全面进行封园。

7.1.2.2 48%毒死蜱乳油66.6 ml/667 m^2（800倍）+45%石硫合剂200 g/667 m^2（250倍），或48%毒死蜱乳油66.6 ml/667 m^2（800倍），或45%石硫合剂200 g/667 m^2（250倍）。

7.1.3 枸杞红瘿蚊和枸杞实蝇的防治方法

7.1.3.1 土壤施药

将5%毒·辛颗粒剂拌土撒施，施后立即灌水，每667 m^2施用2~3 kg。

7.1.3.2 地膜覆盖

早春枸杞园完成修剪、清园、整地后，在枸杞萌芽开始覆膜，不能迟于现蕾期，5月中旬后撤膜。覆膜宽度以枸杞树冠下的地面全部被膜覆盖为准。

7.1.3.3 地面覆草＋黏虫胶处理

在红瘿蚊出土前，将麦芒或截成10~20 cm的麦草铺在枸杞树下，把黏虫胶喷到树体和草上。

7.2 采果前期药剂防治（5月）

7.2.1 农业防治

灌头水后，将枸杞园浅翻1次，生长季节每5~7 d进行1次修剪工作，剪除植株根茎、主干、膛内、冠层萌发的徒长枝及被蚜虫、木虱等害虫危害较重的强壮枝。

7.2.2 枸杞蚜虫和枸杞木虱

7.2.2.1 化学农药

2.5%吡虫啉可湿性粉剂0.93 ml/667 m^2（2 000倍），最多使用2次，安全间隔期7 d；25%吡蚜酮可湿性粉剂13.88 ml/667 m^2（2 000倍）、50%抗蚜威可湿性粉剂18.5 ml/667 m^2（3 000倍）、15%唑虫酰胺（捉虫朗）乳油5.55 ml/667 m^2（3000倍），每种药剂最多使用1次，安全间隔期7 d。

7.2.2.2 复配制剂

小檗碱·吡虫啉3.18 ml/667 m^2（2 000倍），最多使用次数2次，安全间隔期4 d。

7.2.2.3 生物农药

0.2%黎芦碱可溶性液剂0.28 ml/667 m^2（800倍），0.5%印楝素乳油0.28 ml/667 m^2（2 000倍），1%鱼藤酮乳油1.85 ml/667 m^2（600倍），50%冬青·松节油乳油69.38 ml/667 m^2（800倍），1.2%烟碱·苦参碱乳油1.33 ml/667 m^2（1000倍），5%

云菊天然除虫菊素乳油2.78 ml/667 m^2（2 000倍），每种药剂最多使用2次。

7.2.3 枸杞瘿螨

7.2.3.1 化学农药

20％哒螨酮可湿性粉剂22.2 ml/667 m^2（1 000倍），最多使用1次，安全间隔期7d。

7.2.3.2 复配制剂

小檗碱·阿维菌素0.52 ml/667 m^2（3 000倍），最多使用2次，安全间隔期4 d。

7.2.3.3 生物农药

1.8％阿维菌素乳油0.67 ml/667 m^2（3 000倍）；0.2％藜芦碱可溶性液剂0.28 ml/667 m^2（800倍），0.5％印楝素乳油0.28 ml/667 m^2（2 000倍），50％冬青·松节油乳油69.38 ml/667 m^2（800倍），1.2％烟碱·苦参碱乳油1.33 ml/667 m^2（1 000倍），5％云菊天然除虫菊素乳油2.78 ml/667 m^2（2 000倍），每种药剂最多使用2次。

7.2.4 枸杞蓟马

7.2.4.1 化学农药

4.5％高效氯氰菊酯乳油2 ml/667 m^2（2 500倍），最多使用1次，安全间隔期7 d。

7.2.4.2 生物农药

6％乙基多杀菌素（艾绿士）悬浮剂2.22 ml~1.67 ml/667 m^2（3 000倍～4 000倍），最多使用2次，安全间隔期4 d；0.01％斑蝥素水剂0.02 ml/667 m^2（800倍），0.4％蛇床子素乳油0.22 ml/667 m^2（ 2000倍），每种药剂最多使用2次。

7.3 采果期生物防治与药剂防治协调控制（6—8月）

7.3.1 生物防治

7.3.1.1 释放天敌

7.3.1.1.1 释放天敌种类及虫态

多异瓢虫、七星瓢虫的蛹、成虫或卵。

7.3.1.1.2 防治对象

枸杞蚜虫。

7.3.1.1.3 释放条件

平均每枝蚜虫发生量为5～10头。

7.3.1.1.4 释放时间

6月～8月，一般以阴天和傍晚最佳，释放后1~2 h 内无降雨，否则要重新释放。

7.3.1.1.5 释放量

释放成虫及蛹，瓢蚜比为1∶100；释放卵，瓢蚜比为1∶10～1∶20。

7.3.2 药剂防治

7.3.2.1 枸杞蚜虫、枸杞木虱、枸杞瘿螨

0.6%苦参碱可溶性液剂0.67 ml/667 m^2（1 000倍）；0.2%小檗碱可溶性液剂0.22 ml/667 m^2（1 000倍）；99%绿颖矿物油439.56 ml/667 m^2（250倍）。

7.3.2.2 枸杞蓟马

6%乙基多杀菌素（艾绿士）悬浮剂2.22～1.67 ml/667 m^2（3 000倍～4 000倍），最多使用2次，安全间隔期4 d；0.6%苦参碱可溶性液剂0.67 ml/667 m^2（1 000倍），0.2%小檗碱可溶性液剂0.22 ml/667 m^2（1 000倍），0.01%斑蝥素水剂0.02 ml/667 m^2（800倍），0.4%蛇床子素乳油0.22 ml/667 m^2（2 000倍），每种药剂最多使用2次；99%绿颖矿物油439.56 ml/667 m^2（250倍），最多使用4次；50%硫黄悬浮剂185 ml/667 m^2（300倍），最多使用1次～2次，安全间隔期4 d。

7.3.3 农业防治

每5~7 d进行1次修剪工作，沿树冠自下而上、由内向外，剪除植株根茎、主干、膛内、冠层萌发的徒长枝和病虫危害严重的强壮枝和果枝。灌水后及时中耕除草，8月下旬翻土深度15~20 cm，做好枸杞园的养护和管理工作。

7.3.4 物理防治

7.3.4.1 防治对象及方法

7.3.4.1.1 防治蚜虫、木虱等害虫：黄板诱杀。

7.3.4.1.2 防治蓟马等害虫：蓝板诱杀。

7.3.4.2　悬挂高度

诱虫板下沿与植株生长点齐平，并随着植株的生长相应调整悬挂高度。

7.3.4.3　放置密度

根据田间虫口数量，每667 m^2悬挂规格为25 cm×30 cm 的黄板或蓝板35~45张，或20 cm×30 cm 的黄板或蓝板40~50张。

7.3.4.4　更换时间

当诱虫板因受风吹日晒及雨水冲刷而失去黏着力时及时更换，当害虫布满诱虫板无法再黏害虫时可更换或用钢锯条将虫体刮除重复使用。

7.4　秋果期生物农药防治（9月～10月）

7.4.1　枸杞蚜虫、枸杞木虱、枸杞瘿螨

0.6%苦参碱可溶性液剂0.67 ml/667 m^2（1000倍）；0.2%小檗碱可溶性液剂0.22 ml/667 m^2（1 000倍）；0.2%藜芦碱可溶性液剂0.28 ml/667 m^2（800倍）；0.5%印楝素乳油0.28 ml/667 m^2（2 000倍）；1%鱼藤酮乳油1.85 ml/667 m^2（600倍）；50%冬青·松节油乳油69.38 ml/667 m^2（800倍）；1.2%烟碱·苦参碱乳油1.33 ml/667 m^2（1 000倍）；5%云菊天然除虫菊素乳油2.78 ml/667 m^2（2 000倍）。

7.4.2　枸杞蓟马

0.01%斑蝥素水剂0.02 ml/667 m^2（800倍）；0.4%蛇床子素乳油0.22 ml/667 m^2（2 000倍），最多使用2次；99%绿颖矿物油439.56 ml/667 m^2（250倍），最多使用1次～2次，安全间隔期4 d。

7.5　秋园封闭控制越冬虫口基数（10月下旬）

7.5.1　秋季越冬前土壤处理：将5%毒·辛颗粒剂拌土撒施，每667 m^2施用2 kg~3 kg，施药后立即灌水。

7.5.2　树体喷雾处理：48%毒死蜱乳油66.6 ml/667 m^2（800倍）+45%石硫合剂200 g/667 m^2（250倍）封园。

附录9　枸杞水肥旬管理表

时间	生育期	灌水次数	灌水定额/（m^3·$667m^{-2}$）	纯氮量（N）/（kg·$667m^{-2}$）	纯磷量（P_2O_5）/（kg·$667m^{-2}$）	纯钾量（K_2O）/（kg·$667m^{-2}$）
4月上旬至下旬	萌芽期	1	30~40			
4月下旬至5月上旬	新梢生长期	2	14~16			
			14~16	2.24~2.88	0.56~0.72	0.84~1.08
5月上旬至5月下旬	开花初期	2	8~12			
			8~12	2.24~2.88	0.56~0.72	0.84~1.08
5月下旬至7月下旬	果熟期	7	8~12			
			8~12			
			8~12	1.32~1.76	0.60~0.80	1.08~1.44
			8~12	1.32~1.76	0.60~0.80	1.08~1.44
			8~12	1.32~1.76	0.60~0.80	1.08~1.44
			8~12	1.32~1.76	0.60~0.80	1.08~1.44
			8~12			
7月下旬至9月上旬	落叶期	2	14~16	1.32~1.76	0.60~0.80	1.08~1.44
			14~16			
10月下旬	休眠期	1	40			
全年		15	198−252	9.76~14.12	3.52~5.24	6.00~9.00

摘自：农机节水农艺一体化生产技术规程 第2部分：枸杞（DB 64/T 1289.2−2016）

附录10 枸杞主要害虫田间发生情况调查表

1. 枸杞主要害虫田间发生情况调查记录表

调查项目：枸杞主要害虫田间发生情况

调查地点：

调查时间：

天气情况：

调查记录人：

枸杞树	不同方位枝条	枸杞木虱			枸杞蚜虫		枸杞负泥虫			枸杞蓟马	
		卵/（粒/枝）	若虫/（头/枝）	成虫/（头/枝）	若虫/（头/枝）	有翅蚜/（头/枝）	卵/（粒/枝）	幼虫/（头/枝）	成虫/（头/枝）	若虫/（头/枝）	成虫/（头/枝）
1	东										
	南										
	西										
	北										
	中										
	平均										
2	东										
	南										
	西										
	北										
	中										
	平均										
…	…										
总数											
总平均数											
采用五点取样，每个点随机调查2株枸杞树，在东南西北中五个方位上随机抽取1个枝条，记录枝条30 cm范围内的害虫虫态及数量。											

2. 枸杞红瘿蚊、枸杞实蝇田间发生情况调查记录表

调查项目：枸杞红瘿蚊、枸杞实蝇虫田间发生情况

调查地点：

调查时间：

天气情况：

调查记录人：

枸杞树	不同方位枝条	枸杞红瘿蚊				枸杞实蝇			
		成虫 /（头 / 枝）	总蕾数 /（粒 / 枝）	虫蕾数 /（粒 / 枝）	虫蕾率 /（%）	成虫 /（头 / 枝）	总果数 /（粒 / 枝）	虫果数 /（粒 / 枝）	虫果率 /（%）
1	东								
	南								
	西								
	北								
	中								
	平均								
2	东								
	南								
	西								
	北								
	中								
	平均								
…	…								
总平均数									

五点取样，每点随机调查 2 株，每株在东、西、南、北、中五个方位上随机抽取 1 个枝条，调查记录每枝条上的总果数和虫果数。
虫果率 = 虫果数 / 总果数 ×100%。
总平均数 = 每棵树的虫果率 /10 棵树 ×100%。

3. 枸杞瘿螨、锈螨田间调查记录表

调查项目：枸杞瘿螨、锈螨田间发生情况

调查地点：

调查时间：

天气情况：

调查记录人：

<table>
<tr><td rowspan="2">枸杞树</td><td rowspan="2">不同方位枝条</td><td colspan="6">枸杞瘿螨、锈螨危害级数</td><td rowspan="2">虫情指数</td></tr>
<tr><td>0</td><td>1</td><td>3</td><td>5</td><td>7</td><td>9</td></tr>
<tr><td rowspan="6">1</td><td>东</td><td></td><td></td><td></td><td></td><td></td><td></td><td rowspan="6"></td></tr>
<tr><td>南</td><td></td><td></td><td></td><td></td><td></td><td></td></tr>
<tr><td>西</td><td></td><td></td><td></td><td></td><td></td><td></td></tr>
<tr><td>北</td><td></td><td></td><td></td><td></td><td></td><td></td></tr>
<tr><td>中</td><td></td><td></td><td></td><td></td><td></td><td></td></tr>
<tr><td>总和</td><td></td><td></td><td></td><td></td><td></td><td></td></tr>
<tr><td rowspan="6">2</td><td>东</td><td></td><td></td><td></td><td></td><td></td><td></td><td rowspan="6"></td></tr>
<tr><td>南</td><td></td><td></td><td></td><td></td><td></td><td></td></tr>
<tr><td>西</td><td></td><td></td><td></td><td></td><td></td><td></td></tr>
<tr><td>北</td><td></td><td></td><td></td><td></td><td></td><td></td></tr>
<tr><td>中</td><td></td><td></td><td></td><td></td><td></td><td></td></tr>
<tr><td>总和</td><td></td><td></td><td></td><td></td><td></td><td></td></tr>
<tr><td>3，4，5，…</td><td>…</td><td></td><td></td><td></td><td></td><td></td><td></td><td></td></tr>
<tr><td>平均虫情指数</td><td>—</td><td>—</td><td>—</td><td>—</td><td>—</td><td>—</td><td></td><td></td></tr>
</table>

4. 枸杞主要害虫发生情况汇总表

调查项目：枸杞主要害虫发生情况

调查地点：

调查时间：

天气情况：

调查记录人：

枸杞害虫	枸杞木虱			枸杞蚜虫		枸杞蓟马		枸杞负泥虫			枸杞瘿螨	枸杞锈螨	枸杞红瘿蚊	枸杞实蝇
	卵 /（粒）	若虫	成虫	若虫	有翅蚜	若虫	成虫	卵 /（粒）	幼虫	成虫				
发生总数 /（头 /10 株）														
平均数 /（头 / 株）														
虫情指数	—	—	—	—	—	—	—	—	—	—			—	—
总虫果（蕾）率 /（%）	—	—	—	—	—	—	—	——	—	—	—	—		

附录11 防治枸杞病虫害推荐使用农药名录（宁夏产区）

编号	农药种类		通用名	剂型及含量	稀释倍数	每年使用次数	主要防治对象	使用时期
1	化学农药	杀虫剂	吡虫啉	5% 乳油	2 000 倍	2	蚜虫、木虱、负泥虫	封园期、夏果前期（4—5 月）、秋果前期（8 月）
2			吡蚜酮	25% 可湿性粉剂	2 000 倍	2		
3			氟啶虫胺腈	50% 水分散粒剂	8 000 倍	1		
4			高效氯氟氰菊酯	2.5% 微乳剂	1 250 倍	1		
5			甲氨基阿维菌素苯甲酸盐	5% 微乳剂	3 000 倍	2		
6			乙基多杀菌素	6% 悬浮剂	4 000 倍	1	蓟马	
7		杀螨剂	阿维菌素	1.8% 乳油	3 000 倍	2	瘿螨	封园期、夏果前期（4—5 月）、秋果前期（8 月）
8			哒螨灵	15% 乳油	1 500 倍	2		
9			乙螨唑	11% 悬浮剂	5 000 倍	1		
10			乙唑螨腈	30% 悬浮剂	3 000 倍	2		
11		杀菌剂	嘧菌酯	25% 悬浮剂	1 500 倍	2	炭疽病、白粉病	秋果前期（8 月）
12			三唑酮	15% 可湿性粉剂	1 000 倍	1		
13			氟硅唑	40% 乳油	7 500 倍	1		
14	生物药剂	杀虫剂	印楝素	0.3% 乳油	600 ~ 800 倍	2	蚜虫、木虱、负泥虫	夏果期（6 月中旬至 7 月）、秋果期（9 月下旬至 10 月）
15			除虫菊素	1.5% 乳油	800 ~ 1 000 倍	2		
16			苦参碱	0.5% 可溶性液剂	1 000 倍	2		
17		杀菌剂	枯草芽孢杆菌	1000 亿孢子 /g 可湿性粉剂	1 000 倍	2	炭疽病、白粉病	秋果期（9 月下旬至 10 月）

续表

<table>
<tr><th>编号</th><th>农药种类</th><th>通用名</th><th>剂型及含量</th><th>稀释倍数</th><th>每年使用次数</th><th>主要防治对象</th><th>使用时期</th></tr>
<tr><td>18</td><td rowspan="2">矿物药剂</td><td>硫黄</td><td>50%悬浮剂</td><td>300倍</td><td>—</td><td>白粉病、瘿螨、蓟马</td><td>秋果期（9月下旬至10月）</td></tr>
<tr><td>19</td><td>石硫合剂</td><td>45%晶体/自制</td><td>100倍/5波美度</td><td>—</td><td>越冬病虫害</td><td>封园期（3月底，11月初）</td></tr>
</table>

附录12 枸杞病虫害安全防治历

<table>
<tr><th rowspan="2">防控阶段</th><th rowspan="2">枸杞生长阶段</th><th rowspan="2">防治时期</th><th colspan="6">防治对象</th></tr>
<tr><th>木虱</th><th>蚜虫</th><th>瘿螨</th><th>蓟马</th><th>红瘿蚊、实蝇</th><th>病害</th></tr>
<tr><td>萌芽期防治</td><td>萌动期</td><td>3月底至4月初</td><td colspan="6">1. 彻底清园 将修剪后的枝条及震落下的残留病虫果，集中处理
2. 全面封园 对枸杞树体、地面、田边、地埂采用石硫合剂进行全园封闭
3. 土壤浅耕 用旋耕机对园区进行浅耕，深度5 cm</td></tr>
<tr><td rowspan="3">采果前期防治</td><td>发芽至展叶期</td><td>4月中下旬</td><td colspan="4">1. 及时抹芽、摘心，去除无用徒长枝
2. 加强水肥管理，施用微生物菌剂
3. 选用低毒低残留的农药，以“杀虫剂+杀螨剂”的配方防治1次</td><td>1. 淘土监测
2. 土壤灌水+药剂处理
3. 地膜覆盖</td><td>—</td></tr>
<tr><td>新枝生长盛期</td><td>5月上旬</td><td colspan="4">1. 及时抹芽、摘心，去除无用徒长枝
2. 加强水肥管理保持树势，园区灌水不积水
3. 选用低毒低残留的农药，以“杀虫剂+杀螨剂”的配方防治1次</td><td>布控实蝇诱捕器</td><td>—</td></tr>
<tr><td>新果枝开花及老果枝现幼果</td><td>5月下旬</td><td colspan="3">选用低毒低残留的农药，以“杀虫剂+杀螨剂”的配方防治1次，注意安全间隔期</td><td>硫黄、乙基多杀菌素</td><td>布控实蝇诱捕器</td><td>—</td></tr>
</table>

续表

防控阶段	枸杞生长阶段	防治时期	防治对象					
			木虱	蚜虫	瘿螨	蓟马	红瘿蚊、实蝇	病害
夏果采收期防治	新果枝幼果期及老果枝果熟期	6月上中旬	1. 加强监测，每 7~10 d 上报一次虫情动态 2. 追施有机肥、合理灌水、及时中耕除草 3. 释放天敌：瓢虫、蚜茧蜂等 4. 生物农药防治：植物源农药（印楝素、除虫菊素、苦参碱等）、矿物源农药（硫黄、矿物油等）、微生物源农药（苏云金杆菌、枯草芽孢杆菌等）进行防治 5. 采用色诱、食诱、光诱、性诱等装置					
	果熟盛期、采摘期	6月下旬至7月下旬	1. 加强监测，每 7~10 d 上报一次虫情动态 3. 释放天敌：瓢虫、蚜茧蜂等 4. 生物农药防治：植物源农药（印楝素、除虫菊素、苦参碱等）、矿物源农药（硫黄、矿物油等）、微生物源农药（苏云金杆菌、枯草芽孢杆菌等）进行防治			蛇床子素、矿物油、乙基多杀菌素	布控实蝇诱捕器	枯草芽孢杆菌、丁子香芹酚、多杀霉素
秋果期防治	秋梢萌发、生长期	8月	1. 根际土壤微生物菌剂处理 2. 选用低毒低残留的农药，以“杀虫剂 + 杀螨剂”的配方防治 1 次，注意安全间隔期			蛇床子素、矿物油、乙基多杀菌素	—	选用低毒低残留的杀菌剂防治 1 次
	秋果期	9—10月	1. 加强监测，每 7~10 d 上报一次虫情动态 3. 释放天敌：瓢虫、蚜茧蜂等 4. 生物农药防治：植物源农药（印楝素、除虫菊素、苦参碱等）、矿物源农药（硫黄、矿物油等）、微生物源农药（苏云金杆菌、枯草芽孢杆菌等）进行防治			蛇床子素、矿物油、乙基多杀菌素	—	选用低毒低残留的杀菌剂预防白粉病
越冬前期防治	越冬前	11月	石硫合剂封园			—	冬灌土壤处理	—

参考文献

[1] 孙滢. 矮砧苹果园光能截获利用和树体结构优化模型的建立及验证 [D]. 泰安：山东农业大学，2018.

[2] 李桂祥，王长君，刘伟，等. 太阳入射角与果树株行距的关系 [J]. 中国农学通报，2014，30（13）：168-172.

[3] 黄晓东，王玉洁，石恒华，等. 树木树冠阴影面积与种植间距的编程计算分析研究 [J]. 北京农学院学报，2013，28（1）：50-52.

[4] 刘永朝. 篱式果园最佳行向探讨 [J]. 山东农业大学学报（自然科学版），2008（3）：393-398.

[5] 李伟明，覃芳，李桂芬，等. 一个数学模型在果树栽培学中的应用 [J]. 果树学报，2006（1）：129-132.

[6] 程述汉，束怀瑞，哈益明. 苹果园光能截获率的数学模型 [J]. 生物数学学报，2002（1）：69-73.

[7] 刘永朝. 密植果园行间距与冠形探讨 [J]. 邯郸农业高等专科学校学报，2000（1）：46-47.

[8] 焦恩宁，李云祥，王兵，等. 宁夏枸杞自交亲和性分析 [J]. 西北农业学报，2010，19（4）：115-119.

[9] 秦垦，王兵，焦恩宁，等. 宁夏枸杞自交亲和性初步研究 [J]. 宁夏农林科技，2010（1）：1-3.

[10] 王兵，焦恩宁，秦垦，等. 宁夏枸杞传粉生态学初步研究 [J]. 西北植物学报，2010，30（1）：68-77.

[11] 秦垦，王兵，焦恩宁，等 . 宁夏枸杞繁育系统初步研究 [J]. 广西植物，2009，29（5）：587–591，606.

[12] 秦垦，刘元恒，唐慧峰 . 枸杞雄性不育株系（YX–1）与宁杞1号的形态学比较及配套栽培技术 [J]. 宁夏农林科技，2008（3）：12–13，22.

[13] 钟鉎元，秦垦，洪凤英，等 . 宁夏枸杞主要农艺性状与产量的相关性分析 [J]. 宁夏农林科技，2008（3）：35–36.

[14] 齐国亮，苏雪玲，郑国琦，等 . 气象因子对宁夏枸杞果实生长及多糖含量的影响 [J]. 植物学报，2016，51（3）：311–321.

[15] 郑国琦，苏雪玲，马玉，等 . 宁夏枸杞种子性状对果实大小的影响 [J]. 北方园艺，2015（7）：134–137.

[16] 李伟 . 宁夏回族自治区优质枸杞产业发展影响因素及对策研究 [D]. 北京：北京林业大学，2015.

[17] 钱丹，赵振宇，马帅，等 . 我国枸杞的国际贸易情况及问题分析 [J]. 中国中药杂志，2019，44（13）：2880–2885.

[18] 马荣 . 乡村振兴战略下宁夏枸杞产业发展对策研究 [J]. 现代营销（学苑版），2021（6）：82–83.

[19] 卢有媛，郭盛，张芳，等 . 枸杞属药用植物资源系统利用与产业化开发 [J]. 中国现代中药，2019，21（1）：29–36.

[20] 黄婷，刘俭，秦垦，等 . 鲜食枸杞的品质要求研究 [J]. 宁夏农林科技，2013，54（12）：151，154.

[21] 张学忠，张秀萍，刘娟 . 枸杞裂果原因分析及预防措施 [J]. 现代农业科技，2019（3）：65，67.

[22] 胥生荣，张恩和，马瑞丽，等 . 干旱胁迫及复水对耐旱枸杞水力学特性的影响 [J]. 中国生态农业学报，2017，25（8）：1190–1197.

[23] 梁晓婕，李越鲲，王亚军，等 . 枸杞主栽品种耐盐性评价 [J]. 宁夏农林科技，2019，60（6）：17–21.

[24] 昌文军，高文胜．葡萄现代栽培关键技术 [M]. 北京：化学工业出版社，2016：114–116.

[25] 李晓梅，唐晓萍，董志刚，等．葡萄生产上几种常见架式及其应用 [J]. 山西果树，2015（2）：36–38.

[26] 赵英杰，薛云飞，吴涛，等．猕猴桃单干双臂树形的整形修剪技术 [J]. 山西果树，2011（5）：16–17.

[27] 张彪，梁建勇．矮化自根砧苹果建园技术 [J]. 山西果树，2017（5）：43–45.

[28] 王福堂．澳大利亚果树栽培经验 [J]. 河北果树，2005（4）：22–23

[29] 王文平，戴桂林，王燕平，等．国内外甜樱桃树形及修剪方法概况 [J]. 山西果树，2018（5）：14–16.

[30] 宋文，张洪平．芽的异质性在香梨幼树期整形修剪中的应用，农村科技，1998（12）：10

[31] 刘丽，李秋利，高登涛，等．树形对桃树生长、产量和品质的影响研究 [J]. 果树学报，2021（1）1–17.

[32] KAITH N，SHARMA U，SHARMAD，etal. Effect of different pruning intensities on growth，yield and leaf nutrients status of starking delicious apple in hilly region of himachal Pradesh[J].Journal of Farm Sciences，2011，1（1）：37–42.

[33] 谭彬，程钧，郑先波，等．桃树型及其调控关键基因研究进展 [J]. 果树学报，2020，37（4）：599–605.

[34] 肖龙，陈海江，邸葆，等．两种桃树树形冠层参数变化及对产量和品质的影响 [J]. 北方园艺，2012（17）：20–23.

[35] 郑先波，李明，谭彬，等．不同生长型桃的叶脉结构与树体结构的差异与关系 [J]. 华北农学报，2017，32（4）：195–200.

[36] 毛金梅．枸杞树体枝条类型及树形培养技术 [J]. 安徽农学通报，2013，19（12）：100，103.

[37] 李丁仁，李爽，曹弘哲．宁夏枸杞 [M]. 银川：宁夏人民出版社，2012：45-66.

[38] 牛自勉，孙俊宝，张文和，等．叶幕微区光环境对果树生长发育的影响 [J]. 中国农学通报，2015，21（12）：287-289.

[39] 苏雪玲，齐国亮，郑国琦，等．不同产地气象因子对宁夏枸杞果实糖分积累的影响 [J]. 西北植物学报，2015，35（8）：1634-1641.

[40] 魏钦平，鲁韧强，张显川，等．富士苹果高干开心形光照分布与产量品质的关系研究 [J]. 园艺学报，2004（3）：291-296.

[41] 李会科．渭北旱地苹果园生草的生态环境效应及综合技术体系构建［D］. 咸阳：西北农林科技大学，2008：8-25.

[42] 河北农业大学．果树栽培学总论 [M]. 北京：农业出版社，1980：212-258.

[43] 曹有龙，何军．枸杞栽培学 [M]. 银川：阳光出版社，2013：132-159.

[44] 安巍，焦恩宁，石志刚，等．枸杞规范化栽培及加工技术 [M]. 北京：金盾出版社，2005：42-57.

[45] 熊志勋，陈桂松，陈梅红．枸杞吸氮规律的研究 [J]. 特产研究，1991，（2）：38-41.

[46] 熊志勋，陈桂松，陈梅红，等．应用32P 研究枸杞对根际磷素的吸收利用 [J]. 宁夏农林科技，1995（2）：26-28.

[47] 李友宏，王芳，邓国凯．宁夏枸杞施钾增产显著 [J]. 农资科技，2003，（5）：15-17.

[48] 邓国凯，魏秀云．宁夏引黄灌区土壤钾素状况及钾素肥力的演变 [J]. 宁夏农林科技，1998（5）：4-6.

[49] 张晓煜，刘静，袁海燕．土壤和气象条件对宁夏枸杞灰分含量的影响 [J]. 生态学杂志，2004，23（3）：39-43.

[50] 秦国峰．枸杞研究 [M]. 银川：宁夏人民出版社，1982：48-59.

[51] 邓国凯，魏秀云，胡忠庆．宁夏枸杞施用稀土的技术与效果 [J]. 宁夏农林科技，1997（4）：16-18.

[52] 罗青，李晓莺，何军，等 .NutriSmart 生态型肥料对枸杞产量与品质的影响 [J]. 北方园艺，2007（9）：39–40.

[53] 宁莎莎 . 基于根域限制栽培的枸杞滴灌精量灌溉制度研究［D］. 咸阳：西北农林科技大学硕士论文，2021：4–5.

[54] 牛寅 . 设施农业精准水肥管理系统及其智能装备技术的研究［D］. 上海：上海大学，2016：15–16.

[55] 杨集昆，李法圣 . 中草药害虫枸杞木虱（同翅目：木虱科）新种描述及生物学纪要 [J]. 北京农业大学学报 .1982，（1）：39–46.

[56] 吴福桢，高兆宁 . 宁夏枸杞害虫区系分析及种类记述 [J]. 宁夏农林科技，1984（5）：22–29.

[57] 段立清 . 枸杞木虱及其天敌的生物学和行为机制的研究 [D]. 哈尔滨：东北林业大学，2003.

[58] 刘彦宁，任月萍 . 几种农药防治枸杞木虱和枸杞刺皮瘿螨的药效评价 [J]. 农业科学研究，2005（3）：100–102.

[59] 范永佳 . 景泰枸杞主要害虫种群动态及无公害防治技术研究 [D]. 兰州：甘肃农业大学 .2009.

[60] 谭大凤，陈阿兰 . 枸杞木虱的生物学特性及防治 [J]. 青海师范大学学报 .2002（4）：90–94.

[61] 刘赛，杨孟可，李建领，等 . 枸杞瘿螨发生及其与枸杞木虱相关性研究 [J]. 中国现代中药 .2019，21（5）：638–641.

[62] 王静 . 辽宁西部枸杞负泥虫生物学特性及无公害防治 [J]. 吉林农业 .2018（13）：77.

[63] 徐林波，刘爱萍，王慧 . 枸杞负泥虫的生物学特性及其防治措施 [J]. 中国植保导刊 .2007（9）：25–27.

[64] 韩运发 . 中国经济昆虫志：第五十五册（缨翅目）. 北京：科学出版社，1997.

[65] 吴福桢，高兆宁．宁夏农业昆虫图志 [M]. 北京：农业出版社，1966.
[66] 吴福桢，孟庆祥．枸杞实蝇的分布、为害、生活习性和防治方法 [J]. 宁夏农业科学通讯，1963（6）：35–37.
[67] 刘英慧，张同顺，孙明秀．枸杞炭疽病的人工免疫研究 [J]. 中草药，1987，18（1）：32–33.
[68] 曲玲，曹有龙．枸杞炭疽病菌毒素的初步研究 [J]. 植物保护，2004（5）：65–68.
[69] 邓放，王子权，朱士云．枸杞炭疽病侵染和发病规律的研究 [J]. 吉林农业大学学报，1988（2）：11–15.
[70] 贾倩，周星辰，顾沛雯．宁夏枸杞炭疽病病原菌的分子鉴定 [J]. 北方园艺，2014（10）：88–91.
[71] 张晓煜，张磊，刘静，等．宁夏枸杞炭疽病发生流行的气象条件分析 [J]. 干旱地区农业研究，2007（1）：181–184.
[72] 陈君，张建文，方琴，等．宁夏中宁枸杞炭疽病的发生与防治 [J]. 基层中药杂志 .2002（3）：41–42.
[73] 何嘉，王芳，胡荣梅，等．枸杞主要病虫害防治 [J]. 宁夏农林科技，2016，57（10）：39–41.
[74] 孙海霞，何嘉，张蓉，等. 9种杀菌剂对枸杞炭疽病菌的室内毒力测定 [J]. 江苏农业科学，2013，41（12）：139–141.
[75] 巫鹏翔，欧阳浩永，徐婧，等. 多异瓢虫成虫对枸杞木虱的捕食作用 [J]. 应用昆虫学报，2016，53（6）：1353–1360.
[76] 巫鹏翔，徐婧，张蓉，等．枸杞木虱成虫携带瘿螨越冬 [J]. 应用昆虫学报 .2016，53（2）：417–419.
[77] 王芳，刘畅，何嘉，等. 宁夏地区枸杞蚜虫抗药性测定 [J]. 西北农林科技大学学报（自然科学版），2017，45（12）：61–67.
[78] 张淑梅，何嘉，张蓉，等．人工释放多异瓢虫对枸杞蚜虫的田间控制作用 [J]. 宁夏农林科技 .2010（2）：3–4.

[79] 巫鹏翔，马宝旭，徐婧，等 . 沙地木虱跳小蜂对枸杞木虱的寄生生物学特性 [J]. 昆虫学报，2017，60（4）：431–440.

[80] 何嘉，孙海霞，张蓉，等. 生物药剂对枸杞蓟马的毒力及田间药效 [J]. 安徽农业科学 .2015，43（35）：176–177.

[81] 郭立明，何嘉 .石硫合剂在枸杞生产中的应用 [J]. 宁夏农林科技，2017，58（12）：46–47.

[82] 王芳，刘畅，何嘉，等 . 植物源新制剂在枸杞害虫防治中的应用效果评价 [J]. 中国现代中药，2017，19（3）：415–418.

[83] 万芳新，李武强，罗燕，等 . 超声预处理对枸杞远红外真空干燥特性及品质的影响 [J]. 中草药，2020，51（18）：4654–4663.

[84] 刘志虎，柴博，刘建明，等 . 枸杞制干方式现状与趋势 [J]. 农业工程，2020，10（2）：46–49.

[85] 赵丽娟，王丹丹，李建国，等 . 枸杞真空远红外干燥特性及品质 [J]. 天津科技大学学报，2017，32（5）：17–22.

[86] 牛建强 . 枸杞的采收制干包装存储 [J]. 农村经济与科技，2017，28（4）：291，306.

[87] 秦垦，闫亚美，米佳，等 . 制干方式对枸杞品质的影响 [J]. 宁夏农林科技，2015，56（12）：26–27，44.

[88] 毛金梅 . 枸杞鲜果采收及制干技术 [J]. 现代农业科技，2013（15）：299–300.

[89] 刘博洁 . 枸杞栽培管理技术 [J]. 河北林业，2010（3）：28–29.

[90] 吴广生，唐慧锋，李瑞鹏 . 宁夏枸杞在青海的发展现状 [J]. 宁夏农林科技，2008（2）：62，19.

[91] 张艳，苟金萍 . 枸杞生产技术标准化探讨 [J]. 宁夏农林科技，2006（4）：44，37.

[92] 石志刚，焦恩宁，李润淮，等 . 宁夏枸杞采收制干 SOP 探讨与研究 [J]. 世界科学技术，2003，（5）：67–70，82.

[93] 尹荣菊，陈丙义．枸杞冷浸制干效果和机理 [J]. 宁夏农林科技，1989，(3)：29-33，11.

[94] 王甲云，罗耀兴．枸杞冷浸制干技术 [J]. 宁夏农林科技，1989 (3)：52-53.

[95] 刘雅欣．枸杞鲜果碱水制干技术 [J]. 植物杂志，1986 (5)：4-5.

[96] 宁情．枸杞鲜果制干热风炉烘干法鉴定会简报 [J]. 宁夏农业科技，1982 (5)：24.

[97] 李润淮，祁书印．枸杞鲜果的采收 [J]. 宁夏农业科技，1982 (2)：53-54

[98] 孙波，鞠萍，杨科，等. 枸杞鲜果冻干制品中枸杞多糖的含量及抗氧化活性研究 [J]. 食品科技，2014，39 (10)：223-226.

[99] 王静，张卫卫，石勇，等. 真空冷冻干燥技术对食品品质的影响 [J]. 农产品加工，2018 (1)：36-38.

[100] 高雅，官孝瑶，黄嘉文，等. 真空冷冻干燥技术在功能性食品中的应用研究 [J]. 现代食品，2018 (22)：5-7.

[101] 马林强，慕松，李明滨，等. 枸杞的微波干燥特性及其对品质的影响 [J]. 农机化研究，2015 (5)：208-211.

[102] 赵丽娟，王丹丹，李建国，等. 枸杞真空远红外真空干燥特性及品质 [J]. 天津科技大学学报，2017，32 (5)：17-22.

[103] 崔萍. 宁夏枸杞储藏害虫印度谷螟生活习性及综合防治技术研究 [D]. 北京：中国农业大学，2004.

[104] 冉国伟，张慧媛，刘瑜，等. 智能多段式变温变湿太阳能枸杞烘干设备的设计与试验 [J]. 包装与食品机械，2015 (6)：34-38.

[105] 杜静. 枸杞表皮蜡质及制干技术研究 [D]. 兰州：兰州理工大学，2010.

[106] 王晓金. 太阳能生物质能一体机制干枸杞试验 [J]. 现代农业科技，2016 (3)：217，221.

[107] 崔惠琴，周建东．加强农机农艺融合化解枸杞产业发展“矛”与“盾” [J]. 当代农机，2018 (8)：69-70.

[108] 李锋，陈学东，张建华，等．枸杞开沟机智能监测装置 [P].CN111406470A，2020-07-14.

[109] 梅松，肖宏儒，石志刚，等.基于往复振动方法的枸杞低损采收技术装备设计与试验 [J]. 中国农机化学报，2019，40（11）：100−105，208.

[110] 赵映，肖宏儒，王新江，等.基于标准化种植模式下4GQB−3300枸杞采摘机设计与脱果试验 [J]. 中国农机化学报，2019，40（6）：43−51.

[111] 彭要，张正勇，刘洋，等.枸杞果实振动采摘的运动学及振动模式分析 [J]. 机械研究与应用，2019，32（2）：8−13+16.

[112] 胡玉智.农机农艺相融合 加快农机化发展步伐 [J]. 青海农技推广，2019（1）：75−77.

[113] 刘小宽，李斌，常健，等.枸杞采摘机器人双机械臂结构设计与分析 [J]. 高技术通讯，2019，29（2）：175−182.

[114] 彭要，张正勇，刘洋，等.精准夹持振动式枸杞采摘装置设计与实验 [J]. 机械研究与应用，2018，31（6）：123−129，132.

[115]. 中国果园机械化蓄势待发 [J]. 农机市场，2018（10）：17−20.

[116] 崔惠琴，周建东.加强农机农艺融合 化解枸杞产业发展“矛”与“盾” [J]. 当代农机，2018（8）：69−70.

[117] 秦英之，戴国礼，何军，等.枸杞生产农机农艺融合关键装备与技术研发的现状与展望 [J]. 宁夏农林科技，2018，59（7）：17−19.

[118] 李树森，李昱莹，赵庆同.气吸梳刷式枸杞采摘机结构设计 [J]. 科技创新与应用，2018（19）：28−29.

[119] 戴国礼，张波，何昕孺，等.宁夏枸杞篱壁栽培技术发展趋势探讨 [J]. 宁夏农林科技，2018，59（3）：16−20.

[120] 唐慧宇.中宁县枸杞生产农机农艺融合标准化技术规程 [J]. 当代农机，2018（1）：71−73.

[121] 马嘉伟.我国枸杞机械化采摘技术的现状及发展趋势 [J]. 机械研究与应用，2017，30（4）：151−153，155.

[122] 张复煜.枸杞栽植用开沟机 [P].CN106717317A，2017−05−31.

[123] 徐丽明，张凯良，吴刚，等．基于农机农艺融合的枸杞机械化栽培模式探讨 [J]. 新疆农机化，2017（1）：5–8.

[124] 周宗和．加强农机与农艺融合促进中宁枸杞现代化生产进程 [J]. 当代农机，2016（9）：78–80.

[125] 吴振山，马明呈，马梦茹．青海柴达木地区有机枸杞篱架栽培管理技术试验 [J]. 防护林科技，2016（8）：16–18+33.

[126] 石志刚，肖宏儒，万如，等．枸杞采摘机研究进展 [J]. 农业科技与装备，2016，（5）：53–56.

[127] 李荣德 .1QC–12型便携式枸杞采摘机的研制 [J]. 当代农机，2016（1）：70–71.

[128] 何苗，李成松，王丽红，等．枸杞采收装置的研究现状 [J]. 安徽农业科学，2015，43（33）：367–369，385.

[129] 谭振龙，谭兴爱，谭兴权，等．枸杞栽植用开沟机 [P].CN204762040U，2015–11–18.

[130] 谭振龙，谭兴爱，谭兴权，等．枸杞栽植用开沟机 [P].CN104871690A，2015–09–02.

[131] 张最，肖宏儒，丁文芹，等．振动式枸杞采摘机理仿真分析与样机试验 [J]. 农业工程学报，2015，31（10）：20–28.

[132] 张晓虎．枸杞机械化采摘技术研究与实践 [J]. 农民致富之友，2013（24）：171.

[133] 何军．便携式枸杞采摘机对枸杞树的要求 [J]. 山西果树，2012（4）：58.

[134] 程敬春，郭辉，韩长杰，等．枸杞机械采摘技术研究现状及发展趋势 [J]. 农业科技与装备，2012（3）：12–13.

[135] 何军，李晓莺，曹有龙，等．便携式枸杞采摘机对枸杞树的要求 [J]. 北方园艺，2012（1）：161–162.

[136] 叶力勤，李强，陈渐宁，等．便携式枸杞采摘机采摘性能研究 [J]. 宁夏农林科技，2009（4）：4–5+56.

[137] 李强，叶力勤，安巍．枸杞采摘机的适采条件 [J]. 新疆农机化，2009（3）：44–45.

[138] 李强，叶力勤，安巍．枸杞采摘机的适采条件 [J]. 农机化研究，2009，31（6）：126–128.

[139] 刘慧芹，龚明明，吴清近，等．韩国正尖枸杞高产栽培技术研究 [J]. 河北农业科学，2008（4）：25–26.

[140] 李丁仁，李爽．宁夏枸杞 [M]．银川：宁夏人民出版社，2012.

[141] 杨薛康，海春旭，梁欣，等．枸杞提取物的抗氧化作用 [J]. 第四军医大学学报，2007，28（6）：518–520

[142] 张丽，李灵芝，柴煊．枸杞子乙酸乙酯提取部位的抗氧化活性研究 [J]. 武警医学院报 .2008，17（4）：267–269

[143] 龚灿，热娜·卡斯木，衣不拉音·司马义，等．新疆枸杞子对大鼠肝微粒体脂质过氧化损伤体外模型的影响 [J]. 新疆医科大学学报，2007，30（1）：40–42.

[144] 白红进，汪河滨，罗锋．黑果枸杞色素的提取及其清除 DPPH 自由基作用的研究 [J]. 西北农业学报，2007，16（2）：190–192.

[145] 陶大勇，王选东，陈荣，等．黑果枸杞色素的体外抗氧化活性研究 [J]. 中兽医医药杂志，2007（2）：15–17.

[146] 白红进，周忠波，杜红梅．黑果枸杞叶片甲醇提取物清除自由基活性的研究 [J]. 时珍国医国药，2008，19（2）：326–327.

[147] 黄元庆，鲁建华，沈泳，等．枸杞总黄酮类化合物脂质过氧化研究 [J]. 卫生研究，1999，28（2）：115–116.

[148] 王颖，石庆华，阿依姑丽，等．新疆枸杞及枸杞三七复方有效成分的抗衰老作用 [J]. 新疆农业大学学报，2008，31（1）：85–89.

[149] 包海花，袁晓环，王春涛．枸杞对老年大鼠脑 NO、GSH–Px、LIP 含量影响的实验研究 [J]. 牡丹江医学院学报，2007，28（6）：18–20.

[150] 代海平，李志强，徐波 . 枸杞多糖抗家兔动脉粥样硬化的研究进展 [J]. 牡丹江医学院学报，2008，29（2）：73–74.

[151] 黄欣，赵海龙 . 青海枸杞叶水提取液对小鼠耐缺氧及抗疲劳的作用的研究 [J]. 中华实用中西医杂志，2007，20（5）：1334–1336.

[152] 李英杰，齐春会，张永祥 . 枸杞多糖免疫调节作用机制研究进展 [J]. 中国新药杂志，2004，13（10）：882–885.

[153] GONG H Y，SHEN P，JIN L，et al.Therapeutic effects of *Lycium barbarum* polysaccharide（LBP）on mitomycin C（MMC）–induced myelosuppressive mice[J]. Journal of Experimental Therapeutics and Oncologyl，2004，4（3）：181–187.

[154] CHEN Z，KWONG B，Tan H，et al. Activation of Tlymph ocytes by polysaccharide–protein complex from *Lycium barbarum* L.[J].International Immunopharmacology，2008，8（12）：1663–1671.

[155] ZHU J，ZHAO L H，ZHAO X P，et al. *Lycium barbarum* polysaccharides regulate phenotypic and functional maturation of murine dendritic cells[J]. Cell Biology International，2007，31（6）：615–619.

[156] 张云霞，王萍，刘敦华 . 枸杞活性成分的研究进展 [J]. 农业科学研究，2008，29（2）：79 – 83.

[157] 宁娜，韩建军 . 地骨皮的化学成分与药理作用 [J]. 现代药物与临床，2010，25（3）：172 – 176.

[158] 赵春久，李荣芷，何云庆，等 . 枸杞多糖的化学研究 [J]. 北京医科大学学报，1997，29（3）：231–232，240.

[159] 古丽热·玉苏甫 . 枸杞子提取物对四氧嘧啶诱发的小鼠糖尿病模型的影响 [J]. 中国临床医药研究杂志，2007，175：1–2.

[160] 张慧芳，黄燕，杨红霞 . 宁夏枸杞叶、果柄及根皮降血糖作用的初步研究 [J]. 农业科学研究，2008，29（4）：23–24.

[161] LI W L，ZHENG H C，BUKURU J，et al. Natural medicines used in the traditional Chinese medical system for therapy of diabetes mellitus[J]. Journal of Ethnopharmacology，2004，92（1）：1–21.

[162] 方志伟，刘非，付井成，等. 地骨皮降血糖作用的实验研究 [J]，中医药学报，2004，32（4）：47–48.

[163] 周晶，孟林，黄建安，等. 地骨皮对四氧嘧啶糖尿病小鼠的降糖作用 [J]. 中成药，2001，23（6）：424–425.

[164] 杨莉，叶真. 地骨皮对2型糖尿病大鼠肾病的防治作用与机制研究 [J]. 中华中医药学刊，2008，26（10）：2172–2175.

[165] 郑军义，赵万洲. 地骨皮的化学与药理研究进展 [J]. 海峡药学，2008，20（5）：.62–65.

[166] ASANO N，KATO A，MIYAUCHI M，et al. α–galactosidase inhibitors，N–methylcalystegines structure activity relationgships of calystegines from *Lycium chinense*[J]. European Journal of Biochemistry，1997，248（2）：296–303.

[167] YAMADA H，NAGAI T，SOFOLA A，et al.Alkaloids of *Lycium chinense* as glucosidase inhibitors [P]. Japanese Patent：04208264，1992–7–29.

[168] LUO Q，CAI Y Z，YAN J，et al. Hypoglycemic and hypolipidemic effects and antioxidant activity of fruit extracts from *Lycium barbarum*[J]. Life Sciences，2004，76（2）：137–149.

[169] 高大威，刘志伟，刘智华. 地骨皮降血糖效果研究及成分分析 [J]. 燕山大学学报，2007，31（3）：269–272.

[170] 张晓宇. 枸杞子抗癌作用及临床研究概述 [J]. 职业与健康，2007，23（18）：1657–1658.

[171] 贾琦珍，陶大勇，陈瑛，等. 黑果枸杞色素对巨噬细胞的激活作用的研究 [J]. 中兽医医药杂志，2008，27（1）：29–30.

[172] NANCE D M，AMAGASE H，CZ L B. Effects of *Lycium barbarum* on basal and lps-induced cytokine production[J]. Brain，Behavior and Immunity，2009，23：51.

[173] GAN L，ZHANG S H，YANG X L，et al.Immunomodulation and antitumor activity by a polysaccharide-protein complex from *Lycium barbarum* [J]. International Immunopharmacol，2004，4（4）：563-569.

[174] 黄元庆，谭安民，沈泳．枸杞黄酮类化合物清除氧自由基及对小鼠 L1210，癌细胞能量代谢的抑制作用 [J]. 卫生研究，1998，27（3）：109-111，115.

[175] HA K T，YOON S J，CHOI D Y，et al. Protective effect of *Lycium chinense* fruit on carbon tetrachloride-induced hepatotoxicity[J].Journal of Ethnopharmacology，2005，96（3）：529-535.

[176] KIM S Y，LEE K H，CHANG K S，et al.Taste and flavor compounds in box thorn（*Lycium chinense* Miller）leaves[J]. Food Chemistry. 1997，58（4）：297-303.

[177] KIRN S K，KIM Y C.Effects of singly administered betaine on hepatotoxicity of chloroform in mice[J]. Food & Chemical Toxicology，1998，36（8）：655-661.

[178] KIM S Y，CHOI Y H，HUH H，et al. New Antihepatotoxic Cerebroside from *Lycium chinense* Fruits[J]. Journal of Natural Products，1997，60（3）：274-276.

[179] KIM S Y，LEE E J，KIM H P，et al. A cerebroside from *Lycium chinense*，protects primary cultured rat hepatocytes exposed to galactosamine[J]. Phytotherapy Research，2000，14（6）：448-451.

[180] JANG Y P，LEE Y J，KIM Y C，et al. Production of a hepatoprotective cerebroside from suspension cultures of *Lycium chinense*[J]. Plant Cell Reports，1998，18：252-254.

[181] KIM H P，LEE E J，KIM Y C，et al. Zeaxanthin dipalmitate from *Lycium chinense* fruit reduces experimentally induced hepatic fibrosis in rats[J].Biological and Pharmaceutical Bulletin，2002，25(3)：390–392.

[182] JUNG K，CHRI Y W，KIM Y C，et al. Potentially Hepatoprotective Glycolipid Constituents of *Lycium chinense*.Fruits[J].Archives of pharmacal research，2005，28(12)：1381–1385.

[183] CHIN Y W，LIM S W，KIM S M，et al.Hepatoprotective Pyrrole Derivatives of *Lycium chinense* Fruits[J]. Bioorganic and Medicinal Chemistry Letters，2003，13(1)，79.

[184] 杨风琴，陈少平，马学琴.地骨皮的醇提取物及其体外抑菌活性研究[J].宁夏医学杂志，2007，29(9)：787–789.

[185] YAHARA S，SHIGEYAMA T，WAKAMATSU K，et al. Nohara，Cyclic Peptides，Acyclic diterpene glycosides and other compounds from *Lycium chinense* MILL. [J] Chemical & Pharmaceutical Bulletin，1993，41(4)：703–709.

[186] TERAUCHI M，KANAMORI H，NOBUSO M.Analysis of Acyclic Diterpene Glycosides in Lycii Folium[J]. Natural Medicines.1995，49(2)：133–136.

[187] TERAUCHI M，KANAMORI H，NOBUSO M，et al.Antimicrobial components in leaves of *Lycium chinense* MILL[J]. Shokuhin Eiseigaku Zasshi，1998，39(6)：399–405.

[188] LEE D G，PARK Y K，KIM M R，et al. Anti-fungal effects of phenolic amides isolated from the root bark of *Lycium chinense*[J]. Biotechnology Letters，2004，26(4)：1125–1130.

[189] LEE D G, JUNG H J, WOO E R, et al. Antimicrobial Property of (+)-Lyoniresinol-3α-O-β-D-Glucopyranoside Isolated From the Root Bark of *Lycium chinense* Miller: Against Human Pathogenic Microorganisms[J]. Archives of Pharmacal Research, 2005, 28(9): 1031-1036.

[190] 陆宁海，吴利民，付其林等. 枸杞抑菌活性的初步研究 [J]. 山西农业科学，2007，35（4）: 68-70.

[191] LIN C C, CHUANG S C, LIN J M, et al. Evaluation of the antiinflammatory hepatoprotective and antioxidant activities of *Lycium chinense* from Taiwan[J]. Food Chemistry, 1997, 4(3): 213-220.

[192] 李国莉，杨建军，赵伟明. 枸杞对酒精性肝损伤大鼠保护作用的研究 [J]. 宁夏医学院学报，2007，29（3）: 275-277.

[193] HO Y S, YU M S, LAI C W, et al. Characterizing the neuroprotective effects of alkaline extract of *Lycium barbarum* on β-amyloid peptide neurotoxicity[J]. Brain Research, 2007, 1158: 123-124.

[194] CHAN H C, CHANG R C, CHING A K, et al.Neuroprotective effects of *Lycium barbarum* Lynn on protecting retinal ganglion cells in an ocular hypertension model of glaucoma[J]. Experimental Neurology, 2007, 203(1): 269-273.

[195] 邓琳，张莉，白秦玉，等. 丹参和枸杞对中波紫外线损伤角质形成细胞的保护作用 [[J]. 江西中医学院学报，2007，19（3）: 61-63.

[196] 于雷，王建峰，刘丽波，等. 枸杞抗辐射作用 [J]. 中国公共卫生，2007，23（10）: 1158-1159.

[197] 王彦明，王一农. 枸杞多糖对去势雌性大鼠骨质疏松的作用 [[J]. 中国骨质疏松杂志，2008，14（8）: 576-578.

[198] 王亚军，梁晓婕，张波，等. 产地差异对宁夏枸杞果实形态及糖分含量的影响 [J]. 干旱地区农业研究，2018，36（5）: 68-75，81.

[199] 王亚军，梁晓婕，李越鲲，等 . 全国枸杞主产区枸杞果实中微量元素的研究 [J]. 宁夏农林科技，2019，60（5）：21–24，42.

[200] 王新亮 . 枸杞修剪整形技术 [J]. 现代农业，1997（1）：16.

[201] 钟鉎元 . 枸杞“三层楼”树型的整形修剪 [J]. 宁夏农林科技，1975（7）：23–25.

[202] 刘晓雯，樊光辉，张得芳，等 . 篱架栽培模式对枸杞叶片、果实形态特征及产量的影响 [J]. 北方园艺，2021（1）：122–126.

[203] 樊光辉 . 篱架栽培技术在枸杞栽培中的应用研究 [J]. 青海农林科技，2021（2）：9–12.